普通高等教育网络空间安全系列教材

网络空间安全标准与法律法规

王永全　廖根为　黄朝禹　主编

科学出版社

北京

内 容 简 介

本书精选了网络空间安全相关标准规范和法律法规，从网络空间安全保护的全视角出发对有关信息安全标准规范、法庭科学标准规范和网络空间安全有关法律法规进行了整理和分析。法律法规部分分别从国家政策、刑事法律、行政处罚、民事法律、知识产权、诉讼程序与证据等模块进行了梳理、汇总和精选。部分内容还采用了法条解读和典型案例分析的方法加强读者对难点问题的把握。

本书内容全面、重点突出，适合非法学专业学生学习使用，也可供从事网络空间安全的研究人员和实务工作者参考使用。

图书在版编目（CIP）数据

网络空间安全标准与法律法规/王永全，廖根为，黄朝禹主编. —北京：科学出版社，2020.11
普通高等教育网络空间安全系列教材
ISBN 978-7-03-065698-8

Ⅰ. ①网… Ⅱ. ①王…②廖…③黄… Ⅲ. ①计算机网络-网络安全-国家标准-中国-高等学校-教材②计算机网络-网络安全-科学技术管理法规-中国-高等学校-教材 Ⅳ. ①TP393.08-65②D922.175

中国版本图书馆 CIP 数据核字（2020）第 125199 号

责任编辑：潘斯斯 张丽花 / 责任校对：王 瑞
责任印制：赵 博 / 封面设计：迷底书装

斜 学 出 版 社 出版
北京东黄城根北街 16 号
邮政编码：100717
http://www.sciencep.com
三河市骏杰印刷有限公司印刷
科学出版社发行 各地新华书店经销
*
2020 年 11 月第 一 版 开本：787×1092 1/16
2025 年 1 月第九次印刷 印张：21 1/4
字数：500 000
定价：79.00 元
（如有印装质量问题，我社负责调换）

编　委　会

主　编：王永全　廖根为　黄朝禹

编　委（以姓氏笔画为序）：

王　弈　龙　敏　杨　芸

吴诗昕　沈臻懿　陈磊华

唐　玲　黄道丽　程　燕

詹　毅

前 言

网络空间安全涉及面广，不仅与国防安全、政治安全、经济安全、文化安全密切相关，而且与人们的社会生活紧密相联。网络空间安全的保护离不开法律、管理、技术、伦理、道德等多方面的综合运用，既需要做好事前的技术防范、管理防范、立法防范，也需要发展事中和事后的加密技术、入侵检测技术、安全渗透技术、应急响应技术、恢复技术、侦查技术，更需要法庭科学技术和法律的支持。因而，对于网络空间安全和计算机等相关专业的学生、研究人员和实务工作者，了解与掌握网络空间安全有关法律法规、标准规范十分重要。网络空间安全标准与法律法规，包括与网络空间相关的信息安全标准规范、网络空间安全的法庭科学标准有关规范和法律法规。目前国内尚未发现同时从这几个方面进行标准和法律法规汇集或解读的教材。

为此，我们汇聚了高校、科研单位、实务部门从事网络空间安全法律与技术研究的专业人员，对网络空间安全标准规范与法律法规进行了梳理、汇总和精选，并对每一部分进行了框架解读，供读者学习和参考。全书共八章，依次为信息安全标准规范、网络空间安全法庭科学有关标准规范、网络空间安全政策有关法律法规、网络空间安全刑事法律法规、网络空间安全行政处罚有关法律法规、网络空间安全民事法律法规、网络空间安全知识产权法律法规、网络空间安全程序与证据有关法律法规。鉴于网络空间安全刑事法律法规条文较复杂，为便于读者，特别是网络空间安全等非法学专业学生学习和参考，本书对部分条文进行了分析和解读，而网络空间安全民事法律法规和知识产权法律法规知识点较多、较细，在总体解读时采用了通过案例抛出问题并提供解答的方式使读者更易于理解。

由于网络空间安全法律法规体系研究仍在不断探讨中，本书的体例结构也是一种新的尝试。希望通过本书的抛砖引玉，能够进一步推动网络空间安全领域法律制度的深入研究。

作者（以撰写章节为序）及其分工如下：

第一章由王弈、程燕、唐玲、黄朝禹、王永全共同编写，第二章由王永全、廖根为、陈磊华、杨芸共同编写，第三章由黄道丽编写，第四章由龙敏编写，第五章由吴诗昕编写，第六章和第七章由詹毅编写，第八章由沈臻懿编写。

本书由主编王永全、廖根为和黄朝禹负责全书设计、统稿、校对和完善。本书的出版不仅得到了华东政法大学、论客科技（广州）有限公司的大力支持和帮助，而且受到科学出版社及各撰写者所在单位和部门领导的关心、帮助和鼓励，在此一并致谢！限于作者的时间、经验和知识水平等因素，书中难免会存在不足之处，尚祈读者能多提供宝贵意见，以资日后进一步完善。

作 者

2020 年 6 月

目　　录

第一章　信息安全标准规范

第一节　信息安全标准规范体系综述

随着信息技术的发展，信息安全问题越来越受到人们的重视。信息安全作为信息技术的重要组成部分，逐渐形成一个相对独立的研究领域。在信息技术高速发展的过程中，人们通过实践逐渐认识到要保证信息系统的安全，需要通过技术、管理和法律三位一体的全局性思考，才能解决信息安全领域遇到的根本性问题。单靠一条腿走路，永远无法找到解决问题的真正答案。

鉴于此，对于信息安全的研究可以分为信息安全技术、信息安全管理和信息法学三个子研究领域，每个子研究领域可以进一步细分为若干研究分支，以此类推，从而构成一个庞大的研究图谱。在这个研究图谱中，尽管跨越了三个不同的学科，但是三者殊途同归，为实现最终的目标而协同配合，共同努力。

本书旨在阐明技术、管理和法律三者之间的逻辑脉络，让读者对信息安全的研究领域的概貌有一个总体认识，着重了解信息安全技术标准体系、信息安全管理体系和相关的法律法规，能充分理解三者之间相辅相成，互为补充，共同构建信息安全防护体系的核心思想。

一、信息安全防护

对信息安全问题的探索与信息技术的发展密不可分，计算机和网络技术的飞跃发展，引发了人们对信息安全问题的思考与关注。在技术发展早期，信息安全问题一度被忽视，因为它所造成的困扰微不足道。直到网络技术的出现，信息安全问题才变得不容小觑。互联网的广泛应用成倍地放大了以往不受关注的安全问题，同时也出现了各种利用新技术研发的恶意代码和黑客技术，这使得本来就雪上加霜的信息安全问题变得愈发严重。

为了应对上述问题，人们开始研发有针对性地解决相应信息安全问题的技术和产品，随之出现了防火墙、入侵检测系统和反病毒软件等安全技术和安全产品，信息安全类企业如雨后春笋般出现，信息安全技术有了长足的发展。这一时期出现了美国《可信计算机系统评估准则》(Trusted Computer System Evaluation Criteria，TCSEC)、欧洲《信息技术安全评估准则》(Information Technology Security Evaluation Criteria，ITSEC)、《加拿大可信计算机产品评价准则》(Canadian Trusted Computer Product Evaluation Criteria，CTCPEC)、美国《联邦准则》(Federal Criteria，FC)、《通用评估准则》(Common Criteria，

CC)、英国 BS7799 标准、国际 ISO27000 系列标准等一系列信息安全等级保护、信息技术安全评价、安全行为管理、信息安全培训与认证等技术标准。

然而，随着对信息技术应用范围的拓展和深化，人们发现信息安全问题并没有因为有了诸多安全产品、技术和标准而减少，相反，安全问题随着技术进步层出不穷，安全技术的发展永远赶不上安全问题的出现。一个典型的例子就是与恶意代码的抗衡，反病毒软件查杀恶意代码的速度总是滞后于恶意代码的产生速度，无论反病毒软件公司的反应速度变得有多快，总有它无法识别的恶意代码存在。至此，人们开始反思以往解决信息安全问题的思路是否有局限性，是否抓住了问题的本质。

美国率先在该领域做出探索，美国国家安全局率先提出《信息安全保障技术框架》（Information Assurance Technical Framework，IATF）。它从整体和过程的视角来看待信息安全问题，强调人、技术和操作三个核心要素，提出了全时域的保障理念。从此，人们对信息安全问题的认识有了质的转变，不再采用"头疼医头、脚疼医脚"的被动防御思想，而是在信息系统或产品的设计研发之初就开始关注安全问题，并且持续监控，直到系统或产品被下架或淘汰的整个生命周期。这使得人们对安全问题的控制由被动转为主动，解决安全问题的思路也从发现问题然后找解决方案，转变为主动防御、将问题扼杀在萌芽状态，对安全问题的关注也扩展到信息系统或产品的整个生命周期，而不只是在出现安全问题的那个时间段。

二、信息安全标准规范体系

信息安全标准规范体系是信息安全保障体系中十分重要的技术体系，是整个信息安全标准化工作的指南。它是由信息安全领域内具有内在联系的标准组成的科学有机整体，是编制信息安全标准规范、修订计划的重要依据，是促进信息安全领域内的标准组成趋向科学合理化的手段。它的作用和意义主要体现在：一是确保有关产品、设施的技术先进性、可靠性和一致性，确保信息化安全技术工程的整体合理、可用、互联互通互操作；二是按国际规则实行信息技术产品市场准入时为相关产品的安全性合格评定提供依据，从而强化和保证我国信息化的安全产品、工程、服务的技术自主可控。

目前国际和国内已经形成了具有一定规模的信息安全标准规范体系。它可以大致分为四个部分：国际标准体系、国家标准体系、行业标准体系和地方标准体系。一般地，高层次的标准规范体系对其下的标准规范体系有约束力。但是在具体实践中，某些特定领域标准规范的执行要根据不同国家的法律体系和管理制度实施。

其中，与信息安全标准化有关的国际组织主要有四个：国际标准化组织（International Organization for Standardization，ISO）、国际电工委员会（International Electrotechnical Commission，IEC）、国际电信联盟（International Telecommunication Union，ITU）和国际互联网工程任务组（Internet Engineering Task Force，IETF）。国际信息安全标准体系主要由信息系统安全的一般要求、开发安全技术和机制、开发安全指南及安全管理支撑性文件和标准等几部分组成。

（一）国际组织

1. ISO

信息技术标准化委员会(ISO/IEC JTC1)所属安全技术分委员会(SC27)的前身是数据加密技术分委员会(SC20)，主要从事信息技术安全的一般方法和技术的标准化工作。国际标准化组织金融服务技术委员会(ISO/TC68)负责银行业务应用范围内有关信息安全标准的制定，主要制定行业应用标准，与SC27有着密切的联系。ISO/IEC JTC1负责制定的标准主要是开放系统互连、密钥管理、数字签名、安全评估等方面的。

2. IEC

IEC在信息安全标准化方面除了与ISO联合成立了JTC1下的分委员会外，还在电信、信息技术和电磁兼容等方面成立了技术委员会，如可靠性技术委员会(TC56)、设备安全和功效技术委员会(TC74 IT)、电磁兼容技术委员会(TC77)、音频/视频、信息技术和通信技术领域内电子设备的安全技术委员会(TC108)等，并且制定相关国际标准。

3. ITU

ITU-T SG17组负责研究网络安全标准，包括通信安全项目、安全架构和框架、计算安全、安全管理，以及用于安全的生物测定、安全通信服务等。

4. IETF

IETF制定标准的具体工作由各个工作组承担。IETF分成八个工作组，分别负责互联网路由、传输、应用等八个领域，其著名的网络密钥交换协议(IKE)和IP安全协议(IPSec)都在RFC(request for comments)系列之中，还有电子邮件、网络认证和密码及其他安全协议标准。

（二）国内信息安全标准化组织

我国对安全技术的标准化工作一直非常重视。本着"科学、合理、系统、适用"的原则，在充分借鉴和吸收国际先进信息安全技术标准化成果的基础上，初步形成了我国信息安全标准体系。

1984年6月，由全国计算机与信息处理标准化技术委员会组建了"数据加密"直属工作组(后来转为分技术委员会)；1992年改为全国信息技术标准化技术委员会的信息技术安全分技术委员会；2002年单独成立全国信息安全标准化技术委员会。

到目前为止，全国信息安全标准化技术委员会由七个工作组和一个特别工作组组成。

(1) WG1：信息安全标准体系与协调工作组；

(2) WG2：涉密信息系统安全保密标准工作组；

(3) WG3：密码技术标准工作组；

(4) WG4：鉴别与授权标准工作组；

(5) WG5：信息安全评估标准工作组；

（6）WG6：通信安全标准工作组；

（7）WG7：信息安全管理标准工作组；

（8）SWG-BDS：大数据安全标准特别工作组。

其中所涵盖的信息安全标准规范体系可分为七个大类：基础标准、技术与机制标准、管理标准、测评标准、密码技术标准、保密标准和通信安全标准。在每个大类下面再进一步细分，如图 1-1 所示。

图 1-1　信息安全标准规范体系

三、信息安全管理及体系

俗话说"三分技术，七分管理"。管理对信息安全保护的实现有十分重要的意义和作用。要有效保护信息系统硬件、软件及相关数据，使之不因为偶然或者恶意侵犯而遭受破坏、更改及泄露，保证信息系统能够连续、可靠、正常地运行，必须加强信息安全管理，构建信息安全管理体系。

（一）信息安全管理

信息安全管理（information security management，ISM）是通过维护信息的机密性、完整性和可用性来管理和保护组织所有信息资产的一项体制，是对信息安全保障进行指导、规范和管理的一系列活动和过程。信息安全管理的目的是通过保护信息系统内有价值的资产，如数据库、硬件、软件和环境等，实现信息系统的健康、有序和稳定运行，促进社会、经济、政治和文化的发展。其管理内容涉及人事管理、设备管理、场地管理、存储媒介管理、软件管理、网络管理、密码和密钥管理等。

伴随着信息技术在社会生产和生活各个领域的广泛应用，安全问题日益突显。保护信息系统的硬件、软件及相关数据，使之不因为偶然或者恶意侵犯而遭受破坏、更改及泄露，保证信息系统能够连续、可靠、正常地运行则显得尤为重要。从通信安全、计算机安全、网络安全，再到今天的网络空间安全，信息安全管理越来越成为人们关注的核心问题，是一个不容忽视的国家安全战略。在这种形势下，为了尽快制定适应和保障我国信息化发展的总体策略，全面提高信息系统安全水平，国务院、公安部等有关部门相继制定了一系列信息安全管理方面的法律法规、行业标准等。

1994 年 2 月 18 日，国务院发布的《中华人民共和国计算机信息系统安全保护条例》（简称《计算机信息系统安全保护条例》）是我国信息安全方面的第一部法规。法规第一条就表明制定的目的是保护计算机信息系统的安全，促进计算机的应用和发展，保障社会主义现代化建设的顺利进行。2007 年，公安部发布《信息安全等级保护管理办法》，标志着等级保护制度的全面建立和信息安全管理的基本制度初步建立。2017 年开始实施的《中华人民共和国网络安全法》（简称《网络安全法》）将信息安全等级保护制度修改为网络安全等级保护制度，进一步从法律层面确立了它的地位。

我国信息安全管理的立法是伴随着信息技术的逐步发展而渐次推进的。1994 年 4 月，我国通过一条 64K①的国际专线，全功能接入国际互联网，正式开启互联网时代。其后，《全国人民代表大会常务委员会关于维护互联网安全的决定》要求依法加强对互联网的运行安全和信息安全的监督管理，《计算机信息网络国际联网安全保护管理办法》进一步提出对计算机信息网络国际联网的管理要求。在互联网技术的推动下，传统的国家、地域概念被打破，网络安全问题逐渐呈现出全球化和跨域化的特征。面对数据全球化带来的跨域安全问题，我国又面临着需要构建针对跨境数据传递的安全预警系统，以及对各类

---

① 64K 指带宽 64Kbit/s。

型的跨境数据进行风险监管和监测的需求。2016 年 12 月，国家互联网信息办公室发布的《国家网络空间安全战略》突出强调了确保网络空间安全的重要意义，将网络安全上升到国家重大战略的高度。2017 年 6 月正式实施的《网络安全法》，是第一部全面规范网络空间安全管理的基础性法律，较全面地从法规角度阐述了网络安全相关的概念和内涵，从维护网络空间主权和国家安全、社会公共利益的高度，规定了一系列网络安全管理和监督制度，初步建立了我国网络安全法治的基本制度框架，为依法治理网络空间安全提供了法律保障。

信息安全管理发展至今，初步形成了其基本框架。具体可以分为三个层面。其一，一般性法律规定，这类法规并没有专门针对信息安全管理进行规定，但是这些法规的内容涉及信息安全管理的相关问题，如《中华人民共和国宪法》、《中华人民共和国刑事诉讼法》（简称《刑事诉讼法》）、《中华人民共和国国家安全法》（简称《国家安全法》）、《中华人民共和国网络安全法》（简称《网络安全法》）、《中华人民共和国密码法》（简称《密码法》）等；其二，针对信息系统和网络安全管理的法律规定，如《计算机信息系统安全保护条例》《中华人民共和国计算机信息网络国际联网管理暂行规定》《互联网信息服务管理办法》《互联网上网服务营业场所管理条例》《互联网群组信息服务管理规定》等；其三，针对特定领域安全管理的法律规定，如《中华人民共和国电信条例》（简称《电信条例》）、《计算机病毒防治管理办法》、《网上银行业务管理暂行办法》、《网络音视频信息服务管理规定》、《互联网视听节目服务管理规定》等。

随着云计算、大数据、人工智能等技术的兴起，人类正从"互联网时代"进入"大数据时代"，数据的飞速增长给信息安全管理工作带来了新的挑战。为了加强大数据安全的管理，我国相继出台和发布了一系列针对大数据安全问题的管理标准，如《信息安全技术 大数据服务安全能力要求》（GB/T 35274—2017)和《信息安全技术 数据交易服务安全要求》（GB/T 37932—2019)。

（二）信息安全管理体系

信息安全管理体系(information security management systems，ISMS)是组织机构单位按照信息安全管理体系相关标准的要求，制定信息安全管理方针和策略，采用风险管理的方法进行信息安全管理计划、实施、评审检查、改进的信息安全管理执行的工作体系。它是信息安全管理活动的直接结果，表示为方针、原则、目标、方法、计划、活动、程序、过程和资源的集合。

信息安全管理体系标准族(ISMS 标准族)是 ISO/IEC JTC1 SC27 制定的信息安全管理体系系统国际标准，旨在帮助各种类型、规模、特性的组织开发和管理其信息资产安全的框架，并为保护组织信息(如财务信息、知识产权、员工详细资料，或受客户或第三方委托的信息)的信息安全管理体系的独立评估做准备。

目前，ISMS 标准族内包含十多个标准，部分标准经翻译等同采用为我国的相关管理标准。标准的名称及与国标的对应关系如表 1-1 所示。

表 1-1 信息安全管理体系标准族

序号	国标标准编号	标准名称	对应的国标编号
1	ISO/IEC 27000: 2016	Information technology-Security techniques-Information security management systems - Overview and vocabulary （信息技术 安全技术 信息安全管理体系 概述和词汇）	GB/T 29246—2017
2	ISO/IEC 27001: 2013	Information technology-Security techniques-Information security management systems-Requirements （信息技术 安全技术 信息安全管理体系 要求）	GB/T 22080—2016
3	ISO/IEC 27002: 2013	Information technology-Security techniques-Code of practice for information security controls （信息技术 安全技术 信息安全控制实践指南）	GB/T 22081—2016
4	ISO/IEC 27003: 2010	Information technology-Security techniques-Information security management system implementation guidance （信息技术 安全技术 信息安全管理体系实施指南）	GB/T 31496—2015
5	ISO/IEC 27004: 2009	Information technology-Security techniques-Information security management-Measurement （信息技术 安全技术 信息安全管理 测量）	GB/T 31497—2015
6	ISO/IEC 27005: 2008	Information technology-Security techniques-Information security risk management （信息技术 安全技术 信息安全风险管理）	GB/T 31722—2015
7	ISO/IEC 27006: 2015	Information technology-Security techniques-Requirements for bodies providing audit and certification of information security management systems （信息技术 安全技术 信息安全管理体系审核和认证的机构要求）	
8	ISO/IEC 27007: 2017	Information technology-Security techniques-Guidelines for information security management systems auditing （信息技术 安全技术 信息安全管理体系审核指南）	GB/T 28450—××××①
9	ISO/IEC TR 27008: 2011	Information technology-Security techniques-Guidelines for auditors on information security controls （信息技术 安全技术 信息安全控制审核指南）	
10	ISO/IEC TS 27008: 2019	Information technology-Security techniques-Guidelines for the assessment of information security controls （信息技术 安全技术 信息安全控制评估指南）	
11	ISO/IEC 27010: 2015	Information technology-Security techniques-Information security management for inter-sector and inter-organizational communications （信息技术 安全技术 跨行业与跨组织通信的信息安全管理）	
12	ISO/IEC 27011: 2016	Information technology-Security techniques-Code of practice for Information security controls based on ISO/IEC 27002 for telecommunications organizations （信息技术 安全技术 基于 ISO/IEC 27002 的电信组织信息安全控制实用规则）	
13	ISO/IEC 27013: 2015	Information technology-Security techniques-Guidance on the integrated implementation of ISO/IEC 27001 and ISO/IEC 20000-1 （信息技术 安全技术 ISO/IEC 27001 和 ISO/IEC 20000-1 集成实施指南）	

① 2019 年 11 月 18 日发布的征求意见稿，拟代替 GB/T 28450—2012《信息安全技术 信息安全管理体系审核指南》。

续表

序号	国标标准编号	标准名称	对应的国标编号
14	ISO/IEC 27014: 2013	Information technology-Security techniques-Governance of information security (信息技术 安全技术 信息安全治理)	
15	ISO/IEC TR 27015: 2012	Information technology-Security techniques-Information security management guidelines for financial services (信息技术 安全技术 金融服务信息安全管理指南)	

第二节 信息安全标准规范介绍

一、信息安全标准规范总体情况

全国信息安全标准化技术委员会的成立标志着我国信息安全标准化工作进入"统筹规划,协调发展"的新时期。全国信息安全标准化技术委员会作为国家标准化管理委员会直属委员会,负责全国信息安全技术、安全机制、安全管理、安全评估等领域的标准化工作,统一、协调申报信息安全国家标准项目,组织国家标准的送审、报批工作,向国家标准化管理委员会提出信息安全标准化工作的方针、政策和技术措施等建议。信息安全标准从总体上可划分为七大类,分别为基础标准、技术与机制标准、管理标准、测评标准、密码技术标准、保密标准和通信安全标准,为现阶段信息安全标准制定、修订提供依据,为信息安全保障体系建设提供支撑。信息安全类技术与机制标准主要包括标识、鉴别、授权、电子签名、实体管理、物理安全技术等方面的标准。其中,标识、鉴别与授权构成一条技术线索,是安全系统不可或缺的部分。与这条主线相关的标准还包括基础设施标准〔如公钥基础设施(PKI)/特权管理基础设施(PMI)系列标准)〕、电子签名标准(如国家电子签名法配套的电子签名标准体系框架)等,这些标准与标识、鉴别与授权标准体系互相依存,并贯穿其中。具体标准情况分别见表1-2～表1-7。

表 1-2 密码算法和技术相关标准

序号	标准编号	标准名称	对应国际标准	发布日期	实施日期
1	GB/T 17901.1—1999	信息技术 安全技术 密钥管理 第1部分:框架	ISO/IEC 11770-1: 1996	1999-11-11	2000-05-01
2	GB/T 17964—2008	信息安全技术 分组密码算法的工作模式	ISO/IEC 10116: 1997	2008-06-26	2008-11-01
3	GB/T 18238.1—2000	信息技术 安全技术 散列函数 第1部分:概述	ISO/IEC 10118-1: 1994	2000-10-17	2001-08-01
4	GB/T 18238.2—2002	信息技术 安全技术 散列函数 第2部分:采用n位块密码的散列函数	ISO/IEC 10118-2: 2000	2002-07-18	2002-12-01
5	GB/T 18238.3—2002	信息技术 安全技术 散列函数 第3部分:专用散列函数	ISO/IEC 10118-3: 2004	2002-07-18	2002-12-01

续表

序号	标准编号	标准名称	对应国际标准	发布日期	实施日期
6	GB/T 25056—2018	信息安全技术 证书认证系统密码及其相关安全技术规范		2018-06-07	2019-01-01
7	GB/T 29829—2013	信息安全技术 可信计算密码支撑平台功能与接口规范		2013-11-12	2014-02-01
8	GB/T 31503—2015	信息安全技术 电子文档加密与签名消息语法		2015-05-15	2016-01-01
9	GB/T 32905—2016	信息安全技术 SM3 密码杂凑算法		2016-08-29	2017-03-01
10	GB/T 32907—2016	信息安全技术 SM4 分组密码算法		2016-08-29	2017-03-01
11	GB/T 32915—2016	信息安全技术 二元序列随机性检测方法		2016-08-29	2017-03-01
12	GB/T 32918.1—2016	信息安全技术 SM2 椭圆曲线公钥密码算法 第 1 部分：总则		2016-08-29	2017-03-01
13	GB/T 32918.2—2016	信息安全技术 SM2 椭圆曲线公钥密码算法第 2 部分：数字签名算法		2016-08-29	2017-03-01
14	GB/T 32918.3—2016	信息安全技术 SM2 椭圆曲线公钥密码算法第 3 部分：密钥交换协议		2016-08-29	2017-03-01
15	GB/T 32918.4—2016	信息安全技术 SM2 椭圆曲线公钥密码算法第 4 部分：公钥加密算法		2016-08-29	2017-03-01
16	GB/T 32918.5—2017	信息安全技术 SM2 椭圆曲线公钥密码算法第 5 部分：参数定义		2017-05-12	2017-12-01
17	GB/T 32922—2016	信息安全技术 IPSecVPN 安全接入基本要求与实施指南		2016-08-29	2017-03-01
18	GB/T 33133.1—2016	信息安全技术 祖冲之序列密码算法第 1 部分：算法描述		2016-10-13	2017-05-01
19	GB/T 33560—2017	信息安全技术 密码应用标识规范		2017-05-12	2017-12-01
20	GB/T 35275—2017	信息安全技术 SM2 密码算法加密签名消息语法规范		2017-12-29	2018-07-01
21	GB/T 36968—2018	信息安全技术 IPSec VPN 技术规范		2018-12-28	2019-07-01
22	GB/T 37033.1—2018	信息安全技术 射频识别系统密码应用技术要求第 1 部分：密码安全保护框架及安全级别		2018-12-28	2019-07-01

表 1-3 安全标识标准

序号	标准编号	标准名称	对应国际标准	发布日期	实施日期
1	GB/T 35287—2017	信息安全技术 网站可信标识技术指南		2017-12-29	2018-07-01
2	GB/T 36629.1—2018	信息安全技术 公民网络电子身份标识安全技术要求 第 1 部分：读写机具安全技术要求		2018-10-10	2019-05-01

序号	标准编号	标准名称	对应国际标准	发布日期	实施日期
3	GB/T 36629.2—2018	信息安全技术 公民网络电子身份标识安全技术要求 第 2 部分：载体安全技术要求		2018-10-10	2019-05-01
4	GB/T 36629.3—2018	信息安全技术 公民网络电子身份标识安全技术要求 第 3 部分：验证服务消息及其处理规则		2018-12-28	2019-07-01
5	GB/T 36632—2018	信息安全技术 公民网络电子身份标识格式规范		2018-10-10	2019-05-01

表 1-4 鉴别与授权标准

序号	标准编号	标准名称	对应国际标准	发布日期	实施日期
1	GB/T 15843.1—2017	信息技术 安全技术 实体鉴别 第 1 部分：总则	ISO/IEC 9798-1: 2010	2017-12-29	2018-07-01
2	GB/T 15843.2—2017	信息技术 安全技术 实体鉴别 第 2 部分：采用对称加密算法的机制	ISO/IEC 9798-2: 2008	2017-12-29	2018-07-01
3	GB/T 15843.3—2016	信息技术 安全技术 实体鉴别 第 3 部分：采用数字签名技术的机制	ISO/IEC 9798-3: 1998/Amd. 1: 2010	2016-04-25	2016-11-01
4	GB/T 15843.4—2008	信息技术 安全技术 实体鉴别 第 4 部分：采用密码校验函数的机制	ISO/IEC 9798-4: 1999	2008-06-09	2008-11-01
5	GB/T 15843.5—2005	信息技术 安全技术 实体鉴别 第 5 部分：使用零知识技术的机制	ISO/IEC 9798-5: 1999	2005-04-19	2005-10-01
6	GB/T 15843.6—2018	信息技术 安全技术 实体鉴别 第 6 部分：采用人工数据传递的机制	ISO/IEC 9798-6: 2010	2018-09-17	2019-04-01
7	GB/T 15852.1—2008	信息技术 安全技术 消息鉴别码 第 1 部分：采用分组密码的机制	ISO/IEC 9797-1: 1999	2008-07-02	2008-12-01
8	GB/T 15852.2—2012	信息技术 安全技术 消息鉴别码 第 2 部分：采用专用杂凑函数的机制	ISO/IEC 9797-2: 2002	2012-12-31	2013-06-01
9	GB/T 28455—2012	信息安全技术 引入可信第三方的实体鉴别及接入架构规范		2012-06-29	2012-10-01
10	GB/T 34953.1—2017	信息技术 安全技术 匿名实体鉴别 第 1 部分：总则	ISO/IEC 20009-1: 2013	2017-11-01	2018-05-01
11	GB/T 34953.2—2018	信息技术 安全技术 匿名实体鉴别 第 2 部分：基于群组公钥签名的机制	ISO/IEC 20009-2: 2013	2018-09-17	2019-04-01
12	GB/T 36624—2018	信息技术 安全技术 可鉴别的加密机制	ISO/IEC 19772: 2009	2018-09-17	2019-04-01
13	GB/T 25062—2010	信息安全技术 鉴别与授权 基于角色的访问控制模型与管理规范		2010-09-02	2011-02-01
14	GB/T 29242—2012	信息安全技术 鉴别与授权 安全断言标记语言		2012-12-31	2013-06-01
15	GB/T 30280—2013	信息安全技术 鉴别与授权 地理空间可扩展访问控制置标语言		2013-12-31	2014-07-15

续表

序号	标准编号	标准名称	对应国际标准	发布日期	实施日期
16	GB/T 30281—2013	信息安全技术 鉴别与授权 可扩展访问控制标记语言		2013-12-31	2014-07-15
17	GB/T 15851.3—2018	信息技术 安全技术 带消息恢复的数字签名方案 第3部分：基于离散对数的机制	ISO/IEC 9796-3: 2006	2018-12-28	2019-07-01
18	GB/T 31501—2015	信息安全技术 鉴别与授权 授权应用程序判定接口规范		2015-05-15	2016-01-01
19	GB/T 17902.1—1999	信息技术 安全技术 带附录的数字签名 第1部分：概述	ISO/IEC 14888-1: 1998	1999-11-11	2000-05-01
20	GB/T 17902.2—2005	信息技术 安全技术 带附录的数字签名 第2部分：基于身份的机制	ISO/IEC 14888-2: 1999	2005-04-19	2005-10-01
21	GB/T 17902.3—2005	信息技术 安全技术 带附录的数字签名 第3部分：基于证书的机制	ISO/IEC 14888-3: 1998	2005-04-19	2005-10-01
22	GB/T 17903.1—2008	信息技术 安全技术 抗抵赖 第1部分：概述	ISO/IEC 13888-1: 2004	2008-06-26	2008-11-01
23	GB/T 17903.2—2008	信息技术 安全技术 抗抵赖 第2部分：使用对称技术的机制	ISO/IEC 13888-2: 1998	2008-06-26	2008-11-01
24	GB/T 17903.3—2008	信息技术 安全技术 抗抵赖 第3部分：采用非对称技术的机制	ISO/IEC 13888-3: 1998	2008-07-02	2008-12-01
25	GB/T 19713—2005	信息技术 安全技术 公钥基础设施在线证书状态协议	IETF RFC 2560	2005-04-19	2005-10-01
26	GB/T 19714—2005	信息技术 安全技术 公钥基础设施证书管理协议	IETF RFC 2510	2005-04-19	2005-10-01
27	GB/T 20518—2018	信息安全技术 公钥基础设施 数字证书格式		2018-06-07	2019-01-01
28	GB/T 20520—2006	信息安全技术 公钥基础设施 时间戳规范		2006-08-30	2007-02-01
29	GB/T 36631—2018	信息安全技术 时间戳策略和时间戳业务操作规则		2018-09-17	2019-04-01
30	GB/T 36644—2018	信息安全技术 数字签名应用安全证明获取方法		2018-09-17	2019-04-01
31	GB/T 21053—2007	信息安全技术 公钥基础设施 PKI系统安全等级保护技术要求		2007-08-23	2008-01-01
32	GB/T 21054—2007	信息安全技术 公钥基础设施 PKI系统安全等级保护评估准则		2007-08-23	2008-01-01
33	GB/T 25061—2010	信息安全技术 公钥基础设施 XML数字签名语法与处理规范		2010-09-02	2011-02-01
34	GB/T 25064—2010	信息安全技术 公钥基础设施 电子签名格式规范		2010-09-02	2011-02-01
35	GB/T 25065—2010	信息安全技术 公钥基础设施 签名生成应用程序的安全要求		2010-09-02	2011-02-01
36	GB/T 26855—2011	信息安全技术 公钥基础设施 证书策略与认证业务声明框架		2011-07-29	2011-11-01

序号	标准编号	标准名称	对应国际标准	发布日期	实施日期
37	GB/T 29243—2012	信息安全技术 数字证书代理认证路径构造和代理验证规范		2012-12-31	2013-06-01
38	GB/T 29767—2013	信息安全技术 公钥基础设施 桥CA体系证书分级规范		2013-09-18	2014-05-01
39	GB/T 30272—2013	信息安全技术 公钥基础设施 标准一致性测试评价指南		2013-12-31	2014-07-15
40	GB/T 30275—2013	信息安全技术 鉴别与授权 认证中间件框架与接口规范		2013-12-31	2014-07-15
41	GB/T 31508—2015	信息安全技术 公钥基础设施 数字证书策略分类分级规范		2015-05-15	2016-01-01
42	GB/T 32213—2015	信息安全技术 公钥基础设施 远程口令鉴别与密钥建立规范		2015-12-10	2016-08-01
43	GB/T 35285—2017	信息安全技术 公钥基础设施 基于数字证书的可靠电子签名生成及验证技术要求		2017-12-29	2018-07-01
44	GB/Z 19717—2005	基于多用途互联网邮件扩展(MIME)的安全报文交换	RF 2630	2005-04-19	2005-10-01
45	GB/T 36633—2018	信息安全技术 网络用户身份鉴别技术指南		2018-09-17	2019-04-01
46	GB/T 36960—2018	信息安全技术 鉴别与授权 访问控制中间件框架与接口		2018-12-28	2019-07-01

表1-5 可信计算标准

序号	标准编号	标准名称	对应国际标准	发布日期	实施日期
1	GB/T 29827—2013	信息安全技术 可信计算规范 可信平台主板功能接口		2013-11-12	2014-02-01
2	GB/T 29828—2013	信息安全技术 可信计算规范 可信连接架构		2013-11-12	2014-02-01
3	GB/T 36639—2018	信息安全技术 可信计算规范 服务器可信支撑平台		2018-09-17	2019-04-01

表1-6 生物特征识别

序号	标准编号	标准名称	对应国际标准	发布日期	实施日期
1	GB/T 20979—2007	信息安全技术 虹膜识别系统技术要求		2007-06-18	2007-11-01
2	GB/T 36651—2018	信息安全技术 基于可信环境的生物特征识别身份鉴别协议框架		2018-10-10	2019-05-01
3	GB/T 37076—2018	信息安全技术 指纹识别系统技术要求		2018-12-28	2019-07-01

表 1-7 身份管理

序号	标准编号	标准名称	对应国际标准	发布日期	实施日期
1	GB/T 19771—2005	信息技术 安全技术 公钥基础设施 PKI 组件最小互操作规范		2005-05-25	2005-12-01
2	GB/T 29241—2012	信息安全技术 公钥基础设施 PKI 互操作性评估准则		2012-12-31	2013-06-01
3	GB/T 31504—2015	信息安全技术 鉴别与授权 数字身份信息服务框架规范		2015-05-15	2016-01-01

信息安全有关标准规范较多，截至 2019 年 3 月，全国信息安全标准化技术委员会归口的已发布的国家标准达 296 项，在研修订的标准达 116 项，限于篇幅，本书未一一列举。随着信息技术的不断发展和人们对信息安全重视程度越来越高，越来越多的新标准将不断研制和发布，一些陈旧标准也会不断地更新，尤其在信息安全管理、信息安全评估、通信安全、大数据安全、密码技术等领域。2020 年 3 月 6 日，国家市场监督管理总局、国家标准化管理委员会发布，全国信息安全标准化技术委员会归口的国家标准正式发布了 8 项，2020 年 4 月 28 日又正式发布了 26 项，见表 1-8。这也表明我国信息安全领域的标准化工作进程在加快。

表 1-8 新发布的网络安全国家标准

序号	标准编号	标准名称	代替标准号	实施日期
1	GB/T 17901.1—2020	信息技术 安全技术 密钥管理 第 1 部分：框架	GB/T 17901.1—1999	2020-10-01
2	GB/T 35273—2020	信息安全技术 个人信息安全规范	GB/T 35273—2017	2020-10-01
3	GB/T 38540—2020	信息安全技术 安全电子签章密码技术规范		2020-10-01
4	GB/T 38541—2020	信息安全技术 电子文件密码应用指南		2020-10-01
5	GB/T 38542—2020	信息安全技术 基于生物特征识别的移动智能终端身份鉴别技术框架		2020-10-01
6	GB/T 38556—2020	信息安全技术 动态口令密码应用技术规范		2020-10-01
7	GB/T 38558—2020	信息安全技术 办公设备安全测试方法		2020-10-01
8	GB/T 38561—2020	信息安全技术 网络安全管理支撑系统技术要求		2020-10-01
9	GB/T 20281—2020	信息安全技术 防火墙安全技术要求和测试评价方法	GB/T 20010—2005，GB/T 20281—2015，GB/T 31505—2015，GB/T 32917—2016	2020-11-01
10	GB/T 22240—2020	信息安全技术 网络安全等级保护定级指南	GB/T 22240—2008	2020-11-01
11	GB/T 25066—2020	信息安全技术 信息安全产品类别与代码	GB/T 25066—2010	2020-11-01
12	GB/T 25067—2020	信息技术 安全技术 信息安全管理体系审核和认证机构要求	GB/T 25067—2016	2020-11-01
13	GB/T 28454—2020	信息技术 安全技术 入侵检测和防御系统 (IDPS) 的选择、部署和操作	GB/T 28454—2012	2020-11-01
14	GB/T 30284—2020	信息安全技术 移动通信智能终端操作系统安全技术要求	GB/T 30284—2013	2020-11-01

续表

序号	标准编号	标准名称	代替标准号	实施日期
15	GB/T 34953.4—2020	信息技术 安全技术 匿名实体鉴别 第 4 部分：基于弱秘密的机制		2020-11-01
16	GB/T 38625—2020	信息安全技术 密码模块安全检测要求		2020-11-01
17	GB/T 38626—2020	信息安全技术 智能联网设备口令保护指南		2020-11-01
18	GB/T 38628—2020	信息安全技术 汽车电子系统网络安全指南		2020-11-01
19	GB/T 38629—2020	信息安全技术 签名验签服务器技术规范		2020-11-01
20	GB/T 38631—2020	信息技术 安全技术 GB/T 22080 具体行业应用 要求		2020-11-01
21	GB/T 38632—2020	信息安全技术 智能音视频采集设备应用安全要求		2020-11-01
22	GB/T 38635.1—2020	信息安全技术 SM9 标识密码算法 第 1 部分：总则		2020-11-01
23	GB/T 38635.2—2020	信息安全技术 SM9 标识密码算法 第 2 部分：算法		2020-11-01
24	GB/T 38636—2020	信息安全技术 传输层密码协议(TLCP)		2020-11-01
25	GB/T 38638—2020	信息安全技术 可信计算 可信计算体系结构		2020-11-01
26	GB/T 38644—2020	信息安全技术 可信计算 可信连接测试方法		2020-11-01
27	GB/T 38645—2020	信息安全技术 网络安全事件应急演练指南		2020-11-01
28	GB/T 38646—2020	信息安全技术 移动签名服务技术要求		2020-11-01
29	GB/T 38647.1—2020	信息技术 安全技术 匿名数字签名 第 1 部分：总则		2020-11-01
30	GB/T 38647.2—2020	信息技术 安全技术 匿名数字签名 第 2 部分：采用群众公钥的机制		2020-11-01
31	GB/T 38648—2020	信息安全技术 蓝牙安全指南		2020-11-01
32	GB/Z 38649—2020	信息安全技术 智慧城市建设信息安全保障指南		2020-11-01
33	GB/T 38671—2020	信息安全技术 远程人脸识别系统技术要求		2020-11-01
34	GB/T 38674—2020	信息安全技术 应用软件安全编程指南		2020-11-01

二、典型信息安全标准规范介绍

信息安全标准规范繁多，本章第三节节选了与网络空间安全法律控制最紧密相关的几个标准规范，其他联系较紧密的信息安全标准如下。

1.《信息安全技术 信息安全事件分类分级指南》（GB/Z 20986—2007）

2011 年 9 月 1 日，ISO 和 IEC 正式发布了《信息技术 安全技术 信息安全事件管理》（*Information technology-Security techniques-Information security incident management*）（ISO/IEC 27035：2011）。该国际标准在信息安全事件分类分级方面采用了基于我国《信息安全技术 信息安全事件分类分级指南》（GB/Z 20986—2007)的提案，并在我国有关部门的直接参与和努力下，其成为该国际标准的重要组成部分。这是我国第一次在信息安全领域成功地将国家标准推向国际标准。该国际标准在 ISO/IEC TR 18044: 2004 的基础上，引入了基于我国提案的信息安全事件分类分级内容，且占了相当篇幅。我国的提案和随后的修编工作，都为该国际标准从内容上的丰富到对原技术报告的改进作出了贡献。

2.《信息安全技术 密码应用标识规范》（GB/T 33560—2017）

该标准定义了密码应用中所使用的标识，用于规范算法标识、密钥标识、设备标识、数据标识、协议标识、角色标识等的表示和使用。关于商用密码领域中的对象标识符（OBJECT IDENTIFIER，OID）的定义在该标准附录 A 中规定。该标准适用于指导密码设备、密码系统的研制和使用过程中，对标识进行规范化的使用，也可用于指导其他相关标准或协议的编制中对标识的使用。该标准仅适用于 PKI 体系。

3.《信息安全技术 证书认证系统密码及其相关安全技术规范》（GB/T 25056—2018）

该标准代替国家标准《信息安全技术 证书认证系统密码及其相关安全技术规范》（GB/T 25056—2010）。主要内容包括：范围，规范性引用文件，术语和定义，缩略语，证书认证系统，密钥管理系统，密码算法、密码设备及接口，协议，证书认证中心建设，密钥管理中心建设，证书认证中心运行管理要求，密钥管理中心运行管理要求，检测等。

4.《信息安全技术 电子文档加密与签名消息语法》（GB/T 31503—2015）

该标准规定了电子文档加密与签名消息语法，此语法可用于对任意消息内容进行数字签名、摘要、鉴别或加密。该标准适用于电子商务和电子政务中电子文档加密与签名消息的产生、处理以及验证。

5.《信息安全技术 公民网络电子身份标识安全技术要求 第 1 部分：读写机具安全技术要求》（GB/T 36629.1—2018）

该标准规定了公民网络电子身份标识读写机具的基本安全要求、数据初始化安全要求、密码应用管理安全要求和密码应用服务安全要求。该标准适用于公民网络电子身份标识读写机具的设计、开发、测试、生产和应用。

6.《信息安全技术 公民网络电子身份标识格式规范》（GB/T 36632—2018）

该标准规定了公民网络电子身份标识的组成及密钥对产生要求、格式要求和编码规则。该标准适用于公民电子身份标识相关系统的设计、开发、测试、生产和应用。

7.《信息安全技术 网络用户身份鉴别技术指南》（GB/T 36633—2018）

该标准给出了网络环境下用户身份鉴别的主要过程和常见鉴别技术存在的威胁，并规定了抵御威胁的方法。该标准适用于网络环境下用户身份鉴别系统的设计、开发与测试。根据该标准规定，网络环境下用户身份鉴别的一般过程包括：注册和发放过程、提交和验证以及断言过程。

8.《信息技术 安全技术 信息安全管理体系 要求》(GB/T 22080—2016 或 ISO/IEC 27001: 2013)

ISO/IEC 27001 标准的前身为英国标准协会发布的《信息安全管理体系规范》(BS 7799-2: 2002),2005 年正式被 ISO 采用为国际标准。自从我国 2008 年将 ISO 27001: 2005 转化为国家标准 GB/T 22080—2008 以来,信息安全管理体系在国内进一步获得了全面推广。在第二版 ISO/IEC 27001: 2013 正式发布三年后,对应的《信息技术 安全技术 信息安全管理体系要求》(GB/T 22080—2016)由全国信息安全标准化技术委员会(SAC/TC 260)提出并归口,并于 2017 年 3 月 1 日正式实施。

ISO/IEC 27001 标准设计用于认证,它可以帮助组织建立、实现、维护和持续改进信息安全管理体系的要求。许多国家的政府机构、银行、电信运营商、跨国公司等各种规模的组织均采用这些标准对自身的信息安全系统进行管理和评估。若组织满足该标准的要求,则可向 ISMS 认证机构申请 ISMS 认证,经审核通过后,可以获得 ISMS 认证证书,表明该组织的 ISMS 符合 ISO/IEC 27001 标准的要求。近年来,伴随着 ISMS 国际标准的修订,ISMS 迅速得到很多国家的认可,是国际上具有代表性的信息安全管理体系标准。ISMS 认证也随之成为世界上许多国家的组织向社会及其相关方证明其信息安全水平和能力的一种有效途径。

GB/T 22080—2016 或 ISO/IEC27001: 2013 标准的另一大亮点是基于组织的资产风险评估。标准在描述 ISMS 建立的过程中,用较大的篇幅描述了风险评估和风险处理的过程,也就是说,要求组织通过业务风险的方法,来建立、实施、运行、监视、评审和持续改进 ISMS,以保护其信息资产的安全,确保信息安全体系的持续发展。

9.《信息安全技术 信息安全风险评估实施指南》(GB/T 31509—2015)

该标准是 GB/T 20984—2007 的操作性指导标准,从风险评估工作开展的组织、管理、流程、文档、审核等几个方面进行了细化。标准规定了信息安全风险评估实施的过程和方法,适用于各类安全评估机构或被评估组织对非涉密信息系统安全风险评估项目的管理,指导风险评估项目的组织、实施、验收等工作。

10.《信息安全技术 信息安全风险处理实施指南》(GB/T 33132—2016)

该标准在 GB/T 20984—2007、GB/Z 24364—2009、GB/T 31509—2015 的基础上,针对风险评估工作中反映出来的各类信息安全风险,从风险处理工作的组织、管理、流程、评价等方面给出了相关描述,用于指导组织形成客观、规范的风险处理方案,促进风险管理工作的完善。

11.《信息技术 安全技术 信息安全风险管理》(GB/T 31722—2015 或 ISO/IEC 27005: 2008)

该标准使用翻译法等同采用 ISO/IEC 27005: 2008《信息技术 安全技术 信息安全风

险管理》，旨在为组织内的信息安全风险管理提供指南。虽然标准未提供任何特定的信息安全风险管理方法，但提供了组织中信息安全风险管理的指导方针，以及通用的风险管理过程和风险处置活动，具体来说，包括风险评估、风险处置、风险接受、风险沟通、风险监视和风险评审各方面的建议，适用于各种类型的组织(如商务企业、政府机构、非营利性组织)希望管理可能危及其信息安全的风险。

第三节 信息安全有关标准规范

一、《信息安全技术 个人信息安全规范》节选

《信息安全技术 个人信息安全规范》（节选）

（GB/T 35273—2020）

1 范围

本标准规定了开展收集、存储、使用、共享、转让、公开披露、删除等个人信息处理活动的原则和安全要求。

本标准适用于规范各类组织的个人信息处理活动，也适用于主管监管部门、第三方评估机构等组织对个人信息处理活动进行监督、管理和评估。

2 规范性引用文件

下列文件对于本文件的应用是必不可少的。凡是注日期的引用文件，仅注日期的版本适用于本文件。凡是不注日期的引用文件，其最新版本(包括所有的修改单)适用于本文件。

GB/T 25069—2010 信息安全技术 术语

3 术语和定义

GB/T 25069—2010 界定的以及下列术语和定义适用于本文件。

3.1 个人信息 personal information

以电子或者其他方式记录的能够单独或者与其他信息结合识别特定自然人身份或者反映特定自然人活动情况的各种信息。

注1：个人信息包括姓名、出生日期、身份证件号码、个人生物识别信息、住址、通信联系方式、通信记录和内容、账号密码、财产信息、征信信息、行踪轨迹、住宿信息、健康生理信息、交易信息等。

注2：关于个人信息的判定方法和类型参见标准中的附录A。[①]

注3：个人信息控制者通过个人信息或其他信息加工处理后形成的信息，例如，用户画像或特征标签，能够单独或者与其他信息结合识别特定自然人身份或者反映特定自然人活动情况的，属于个人信息。

---

① 凡标准中包含附录内容，本书均未节选附录内容，附录部分请读者参阅原标准，以下同。

3.2 个人敏感信息 personal sensitive information

一旦泄露、非法提供或滥用可能危害人身和财产安全，极易导致个人名誉、身心健康受到损害或歧视性待遇等的个人信息。

注 1：个人敏感信息包括身份证件号码、个人生物识别信息、银行账户、通信记录和内容、财产信息、征信信息、行踪轨迹、住宿信息、健康生理信息、交易信息、14 岁以下(含)儿童的个人信息等。

注 2：关于个人敏感信息的判定方法和类型参见标准中的附录 B。

注 3：个人信息控制者通过个人信息或其他信息加工处理后形成的信息，如一旦泄露、非法提供或滥用可能危害人身和财产安全，极易导致个人名誉、身心健康受到损害或歧视性待遇等的，属于个人敏感信息。

3.3 个人信息主体 personal information subject

个人信息所标识或者关联的自然人。

3.4 个人信息控制者 personal information controller

有能力决定个人信息处理目的、方式等的组织或个人。

3.5 收集 collect

获得个人信息的控制权的行为。

注 1：包括由个人信息主体主动提供、通过与个人信息主体交互或记录个人信息主体行为等自动采集行为，以及通过共享、转让、搜集公开信息等间接获取个人信息等行为。

注 2：如果产品或服务的提供者提供工具供个人信息主体使用，提供者不对个人信息进行访问的，则不属于本标准所称的收集。例如，离线导航软件在终端获取个人信息主体位置信息后，如果不回传至软件提供者，则不属于个人信息主体位置信息的收集。

3.6 明示同意 explicit consent

个人信息主体通过书面、口头等方式主动作出纸质或电子形式的声明，或者自主作出肯定性动作，对其个人信息进行特定处理作出明确授权的行为。

注：肯定性动作包括个人信息主体主动勾选、主动点击"同意""注册""发送""拨打"、主动填写或提供等。

3.7 授权同意 consent

个人信息主体对其个人信息进行特定处理作出明确授权的行为。

注：包括通过积极的行为作出授权(即明示同意)，或者通过消极的不作为而作出授权(如信息采集区域内的个人信息主体在被告知信息收集行为后没有离开该区域)。

3.8 用户画像 user profiling

通过收集、汇聚、分析个人信息，对某特定自然人个人特征，如职业、经济、健康、教育、个人喜好、信用、行为等方面作出分析或预测，形成其个人特征模型的过程。

注：直接使用特定自然人的个人信息，形成该自然人的特征模型，称为直接用户画像。使用来源于特定自然人以外的个人信息，如其所在群体的数据，形成该自然人的特征模型，称为间接用户画像。

3.9 个人信息安全影响评估 personal information security impact assessment

针对个人信息处理活动，检验其合法合规程度，判断其对个人信息主体合法权益造成损害的各种风险，以及评估用于保护个人信息主体的各项措施有效性的过程。

3.10　删除 delete

在实现日常业务功能所涉及的系统中去除个人信息的行为，使其保持不可被检索、访问的状态。

3.11　公开披露 public disclosure

向社会或不特定人群发布信息的行为。

3.12　转让 transfer of control

将个人信息控制权由一个控制者向另一个控制者转移的过程。

3.13　共享 sharing

个人信息控制者向其他控制者提供个人信息，且双方分别对个人信息拥有独立控制权的过程。

3.14　匿名化 anonymization

通过对个人信息的技术处理，使得个人信息主体无法被识别或者关联，且处理后的信息不能被复原的过程。

注：个人信息经匿名化处理后所得的信息不属于个人信息。

3.15　去标识化 de-identification

通过对个人信息的技术处理，使其在不借助额外信息的情况下，无法识别或者关联个人信息主体的过程。

注：去标识化建立在个体基础之上，保留了个体颗粒度，采用假名、加密、哈希函数等技术手段替代对个人信息的标识。

3.16　个性化展示 personalized display

基于特定个人信息主体的网络浏览历史、兴趣爱好、消费记录和习惯等个人信息，向该个人信息主体展示信息内容、提供商品或服务的搜索结果等活动。

3.17　业务功能 business function

满足个人信息主体的具体使用需求的服务类型。

注：如地图导航、网络约车、即时通信、网络社区、网络支付、新闻资讯、网上购物、快递配送、交通票务等。

4　个人信息安全基本原则

个人信息控制者开展个人信息处理活动应遵循合法、正当、必要的原则，具体包括：

a)权责一致——采取技术和其他必要的措施保障个人信息的安全，对其个人信息处理活动对个人信息主体合法权益造成的损害承担责任。

b)目的明确——具有明确、清晰、具体的个人信息处理目的。

c)选择同意——向个人信息主体明示个人信息处理目的、方式、范围等规则，征求其授权同意。

d)最小必要——只处理满足个人信息主体授权同意的目的所需的最少个人信息类型和数量。目的达成后，应及时删除个人信息。

e)公开透明——以明确、易懂和合理的方式公开处理个人信息的范围、目的、规则等，并接受外部监督。

f)确保安全——具备与所面临的安全风险相匹配的安全能力，并采取足够的管理措施和技术手段，保护个人信息的保密性、完整性、可用性。

g)主体参与——向个人信息主体提供能够查询、更正、删除其个人信息，以及撤回授权同意、注销账户、投诉等方法。

5 个人信息的收集

5.1 收集个人信息的合法性

对个人信息控制者的要求包括：

a)不应以欺诈、诱骗、误导的方式收集个人信息；

b)不应隐瞒产品或服务所具有的收集个人信息的功能；

c)不应从非法渠道获取个人信息。

5.2 收集个人信息的最小必要

对个人信息控制者的要求包括：

a)收集的个人信息的类型应与实现产品或服务的业务功能有直接关联；直接关联是指没有上述个人信息的参与，产品或服务的功能无法实现。

b)自动采集个人信息的频率应是实现产品或服务的业务功能所必需的最低频率。

c)间接获取个人信息的数量应是实现产品或服务的业务功能所必需的最少数量。

5.3 多项业务功能的自主选择

当产品或服务提供多项需收集个人信息的业务功能时，个人信息控制者不应违背个人信息主体的自主意愿，强迫个人信息主体接受产品或服务所提供的业务功能及相应的个人信息收集请求。对个人信息控制者的要求包括：

a)不应通过捆绑产品或服务各项业务功能的方式，要求个人信息主体一次性接受并授权同意其未申请或使用的业务功能收集个人信息的请求。

b)应把个人信息主体自主作出的肯定性动作，如主动点击、勾选、填写等，作为产品或服务的特定业务功能的开启条件。个人信息控制者应仅在个人信息主体开启该业务功能后，开始收集个人信息。

c)关闭或退出业务功能的途径或方式应与个人信息主体选择使用业务功能的途径或方式同样方便。个人信息主体选择关闭或退出特定业务功能后，个人信息控制者应停止该业务功能的个人信息收集活动。

d)个人信息主体不授权同意使用、关闭或退出特定业务功能的，不应频繁征求个人信息主体的授权同意。

e)个人信息主体不授权同意使用、关闭或退出特定业务功能的，不应暂停个人信息主体自主选择使用的其他业务功能，或降低其他业务功能的服务质量。

f)不得仅以改善服务质量、提升使用体验、研发新产品、增强安全性等为由，强制要求个人信息主体同意收集个人信息。

5.4 收集个人信息时的授权同意

对个人信息控制者的要求包括：

a)收集个人信息，应向个人信息主体告知收集、使用个人信息的目的、方式和范围等规则，并获得个人信息主体的授权同意。

注1：如产品或服务仅提供一项收集、使用个人信息的业务功能时，个人信息控制者可通过个人信息保护政策的形式，实现向个人信息主体的告知；产品或服务提供多项

收集、使用个人信息的业务功能的，除个人信息保护政策外，个人信息控制者宜在实际开始收集特定个人信息时，向个人信息主体提供收集、使用该个人信息的目的、方式和范围，以便个人信息主体在作出具体的授权同意前，能充分考虑对其的具体影响。

注 2：符合 5.3 和 a)要求的实现方法，可参考附录 C。

b)收集个人敏感信息前，应征得个人信息主体的明示同意，并应确保个人信息主体的明示同意是其在完全知情的基础上自主给出的、具体的、清晰明确的意愿表示。

c)收集个人生物识别信息前，应单独向个人信息主体告知收集、使用个人生物识别信息的目的、方式和范围，以及存储时间等规则，并征得个人信息主体的明示同意。

注 3：个人生物识别信息包括个人基因、指纹、声纹、掌纹、耳廓、虹膜、面部识别特征等。

d)收集年满 14 周岁未成年人的个人信息前，应征得未成年人或其监护人的明示同意；不满 14 周岁的，应征得其监护人的明示同意。

e)间接获取个人信息时：

1)应要求个人信息提供方说明个人信息来源，并对其个人信息来源的合法性进行确认；

2)应了解个人信息提供方已获得的个人信息处理的授权同意范围，包括使用目的，个人信息主体是否授权同意转让、共享、公开披露、删除等；

3)如开展业务所需进行的个人信息处理活动超出已获得的授权同意范围的，应在获取个人信息后的合理期限内或处理个人信息前，征得个人信息主体的明示同意，或通过个人信息提供方征得个人信息主体的明示同意。

5.5 个人信息保护政策

对个人信息控制者的要求包括：

a)应制定个人信息保护政策，内容应包括但不限于：

1)个人信息控制者的基本情况，包括主体身份、联系方式。

2)收集、使用个人信息的业务功能，以及各业务功能分别收集的个人信息类型。涉及个人敏感信息的，需明确标识或突出显示。

3)个人信息收集方式、存储期限、涉及数据出境情况等个人信息处理规则。

4)对外共享、转让、公开披露个人信息的目的、涉及的个人信息类型、接收个人信息的第三方类型，以及各自的安全和法律责任。

5)个人信息主体的权利和实现机制，如查询方法、更正方法、删除方法、注销账户的方法、撤回授权同意的方法、获取个人信息副本的方法、对信息系统自动决策结果进行投诉的方法等。

6)提供个人信息后可能存在的安全风险，及不提供个人信息可能产生的影响。

7)遵循的个人信息安全基本原则，具备的数据安全能力，以及采取的个人信息安全保护措施，必要时可公开数据安全和个人信息保护相关的合规证明。

8)处理个人信息主体询问、投诉的渠道和机制，以及外部纠纷解决机构及联络方式。

b)个人信息保护政策所告知的信息应真实、准确、完整。

c)个人信息保护政策的内容应清晰易懂，符合通用的语言习惯，使用标准化的数字、图示等，避免使用有歧义的语言。

d)个人信息保护政策应公开发布且易于访问，例如，在网站主页、移动互联网应用程序安装页、附录 C 中的交互界面或设计等显著位置设置链接。

e)个人信息保护政策应逐一送达个人信息主体。当成本过高或有显著困难时，可以公告的形式发布。

f)在 a)所载事项发生变化时，应及时更新个人信息保护政策并重新告知个人信息主体。

注 1：组织会习惯性将个人信息保护政策命名为"隐私政策"或其他名称，其内容宜与个人信息保护政策内容保持一致。

注 2：个人信息保护政策的内容可参考附录 D。

注 3：在个人信息主体首次打开产品或服务、注册账户等情形时，宜通过弹窗等形式主动向其展示个人信息保护政策的主要或核心内容，帮助个人信息主体理解该产品或服务的个人信息处理范围和规则，并决定是否继续使用该产品或服务。

5.6 征得授权同意的例外

以下情形中，个人信息控制者收集、使用个人信息不必征得个人信息主体的授权同意：

a)与个人信息控制者履行法律法规规定的义务相关的；

b)与国家安全、国防安全直接相关的；

c)与公共安全、公共卫生、重大公共利益直接相关的；

d)与刑事侦查、起诉、审判和判决执行等直接相关的；

e)出于维护个人信息主体或其他个人的生命、财产等重大合法权益但又很难得到本人授权同意的；

f)所涉及的个人信息是个人信息主体自行向社会公众公开的；

g)根据个人信息主体要求签订和履行合同所必需的；

注：个人信息保护政策的主要功能为公开个人信息控制者收集、使用个人信息范围和规则，不宜将其视为合同。

h)从合法公开披露的信息中收集个人信息的，如合法的新闻报道、政府信息公开等渠道；

i)维护所提供产品或服务的安全稳定运行所必需的，如发现、处置产品或服务的故障；

j)个人信息控制者为新闻单位，且其开展合法的新闻报道所必需的；

k)个人信息控制者为学术研究机构，出于公共利益开展统计或学术研究所必要，且其对外提供学术研究或描述的结果时，对结果中所包含的个人信息进行去标识化处理的。

6 个人信息的存储

6.1 个人信息存储时间最小化

对个人信息控制者的要求包括：

a)个人信息存储期限应为实现个人信息主体授权使用的目的所必需的最短时间，法律法规另有规定或者个人信息主体另行授权同意的除外；

b)超出上述个人信息存储期限后，应对个人信息进行删除或匿名化处理。

6.2　去标识化处理

收集个人信息后，个人信息控制者宜立即进行去标识化处理，并采取技术和管理方面的措施，将可用于恢复识别个人的信息与去标识化后的信息分开存储并加强访问和使用的权限管理。

6.3　个人敏感信息的传输和存储

对个人信息控制者的要求包括：

a)传输和存储个人敏感信息时，应采用加密等安全措施；

注1：采用密码技术时宜遵循密码管理相关国家标准。

b)个人生物识别信息应与个人身份信息分开存储；

c)原则上不应存储原始个人生物识别信息(如样本、图像等)，可采取的措施包括但不限于：

1)仅存储个人生物识别信息的摘要信息；

2)在采集终端中直接使用个人生物识别信息实现身份识别、认证等功能；

3)在使用面部识别特征、指纹、掌纹、虹膜等实现识别身份、认证等功能后删除可提取个人生物识别信息的原始图像。

注2：摘要信息通常具有不可逆特点，无法回溯到原始信息。

注3：个人信息控制者履行法律法规规定的义务相关的情形除外。

6.4　个人信息控制者停止运营

当个人信息控制者停止运营其产品或服务时，应：

a)及时停止继续收集个人信息；

b)将停止运营的通知以逐一送达或公告的形式通知个人信息主体；

c)对其所持有的个人信息进行删除或匿名化处理。

7　个人信息的使用

7.1　个人信息访问控制措施

对个人信息控制者的要求包括：

a)对被授权访问个人信息的人员，应建立最小授权的访问控制策略，使其只能访问职责所需的最小必要的个人信息，且仅具备完成职责所需的最少的数据操作权限；

b)对个人信息的重要操作设置内部审批流程，如进行批量修改、拷贝、下载等重要操作；

c)对安全管理人员、数据操作人员、审计人员的角色进行分离设置；

d)确因工作需要，需授权特定人员超权限处理个人信息的，应经个人信息保护责任人或个人信息保护工作机构进行审批，并记录在册；

注：个人信息保护责任人或个人信息保护工作机构的确定见11.1。①

e)对个人敏感信息的访问、修改等操作行为，宜在对角色权限控制的基础上，按照业务流程的需求触发操作授权。例如，当收到客户投诉，投诉处理人员才可访问该个人信息主体的相关信息。

---

① 注：11.1内容未节选。未完全节选标准部分内容请查阅原标准，下同。

7.2　个人信息的展示限制

涉及通过界面展示个人信息的(如显示屏幕、纸面)，个人信息控制者宜对需展示的个人信息采取去标识化处理等措施，降低个人信息在展示环节的泄露风险。例如，在个人信息展示时，防止内部非授权人员及个人信息主体之外的其他人员未经授权获取个人信息。

7.3　个人信息使用的目的限制

对个人信息控制者的要求包括：

a)使用个人信息时，不应超出与收集个人信息时所声称的目的具有直接或合理关联的范围。因业务需要，确需超出上述范围使用个人信息的，应再次征得个人信息主体明示同意。

注1：将所收集的个人信息用于学术研究或得出对自然、科学、社会、经济等现象总体状态的描述，属于与收集目的具有合理关联的范围之内。但对外提供学术研究或描述的结果时，需对结果中所包含的个人信息进行去标识化处理。

b)如所收集的个人信息进行加工处理而产生的信息，能够单独或与其他信息结合识别特定自然人身份或者反映特定自然人活动情况的，应将其认定为个人信息。对其处理应遵循收集个人信息时获得的授权同意范围。

注2：加工处理而产生的个人信息属于个人敏感信息的，对其处理需符合对个人敏感信息的要求。

7.4　用户画像的使用限制

对个人信息控制者的要求包括：

a)用户画像中对个人信息主体的特征描述，不应：

1)包含淫秽、色情、赌博、迷信、恐怖、暴力的内容；

2)表达对民族、种族、宗教、残疾、疾病歧视的内容。

b)在业务运营或对外业务合作中使用用户画像的，不应：

1)侵害公民、法人和其他组织的合法权益；

2)危害国家安全、荣誉和利益，煽动颠覆国家政权、推翻社会主义制度，煽动分裂国家、破坏国家统一，宣扬恐怖主义、极端主义，宣扬民族仇恨、民族歧视，传播暴力、淫秽色情信息，编造、传播虚假信息扰乱经济秩序和社会秩序。

c)除为实现个人信息主体授权同意的使用目的所必需外，使用个人信息时应消除明确身份指向性，避免精确定位到特定个人。例如，为准确评价个人信用状况，可使用直接用户画像，而用于推送商业广告目的时，则宜使用间接用户画像。

7.5　个性化展示的使用

对个人信息控制者的要求包括：

a)在向个人信息主体提供业务功能的过程中使用个性化展示的，应显著区分个性化展示的内容和非个性化展示的内容。

注1：显著区分的方式包括但不限于：标明"定推"等字样，或通过不同的栏目、版块、页面分别展示等。

b)在向个人信息主体提供电子商务服务的过程中，根据消费者的兴趣爱好、消费习惯等特征向其提供商品或者服务搜索结果的个性化展示的，应当同时向该消费者提供不针对其个人特征的选项。

注 2：基于个人信息主体所选择的特定地理位置进行展示、搜索结果排序，且不因个人信息主体身份不同展示不一样的内容和搜索结果排序，则属于不针对其个人特征的选项。

c)在向个人信息主体推送新闻信息服务的过程中使用个性化展示的，应：

1)为个人信息主体提供简单直观的退出或关闭个性化展示模式的选项；

2)当个人信息主体选择退出或关闭个性化展示模式时，向个人信息主体提供删除或匿名化定向推送活动所基于的个人信息的选项。

d)在向个人信息主体提供业务功能的过程中使用个性化展示的，宜建立个人信息主体对个性化展示所依赖的个人信息(如标签、画像维度等)的自主控制机制，保障个人信息主体调控个性化展示相关性程度的能力。

7.6 基于不同业务目的所收集个人信息的汇聚融合

对个人信息控制者的要求包括：

a)应遵守 7.3 的要求；

b)应根据汇聚融合后个人信息所用于的目的，开展个人信息安全影响评估，采取有效的个人信息保护措施。

7.7 信息系统自动决策机制的使用

个人信息控制者业务运营所使用的信息系统，具备自动决策机制且能对个人信息主体权益造成显著影响的(例如，自动决定个人征信及贷款额度，或用于面试人员的自动化筛选等)，应：

a)在规划设计阶段或首次使用前开展个人信息安全影响评估，并依评估结果采取有效的保护个人信息主体的措施；

b)在使用过程中定期(至少每年一次)开展个人信息安全影响评估，并依评估结果改进保护个人信息主体的措施；

c)向个人信息主体提供针对自动决策结果的投诉渠道，并支持对自动决策结果的人工复核。

8 个人信息主体的权利

8.1 个人信息查询

个人信息控制者应向个人信息主体提供查询下列信息的方法：

a)其所持有的关于该主体的个人信息或个人信息的类型；

b)上述个人信息的来源、所用于的目的；

c)已经获得上述个人信息的第三方身份或类型。

注：个人信息主体提出查询非其主动提供的个人信息时，个人信息控制者可在综合考虑不响应请求可能对个人信息主体合法权益带来的风险和损害，以及技术可行性、实现请求的成本等因素后，作出是否响应的决定，并给出解释说明。

8.2　个人信息更正

个人信息主体发现个人信息控制者所持有的该主体的个人信息有错误或不完整的，个人信息控制者应为其提供请求更正或补充信息的方法。

8.3　个人信息删除

对个人信息控制者的要求包括：

a)符合以下情形，个人信息主体要求删除的，应及时删除个人信息：

1)个人信息控制者违反法律法规规定，收集、使用个人信息的；

2)个人信息控制者违反与个人信息主体的约定，收集、使用个人信息的。

b)个人信息控制者违反法律法规规定或违反与个人信息主体的约定向第三方共享、转让个人信息，且个人信息主体要求删除的，个人信息控制者应立即停止共享、转让的行为，并通知第三方及时删除。

c)个人信息控制者违反法律法规规定或违反与个人信息主体的约定，公开披露个人信息，且个人信息主体要求删除的，个人信息控制者应立即停止公开披露的行为，并发布通知要求相关接收方删除相应的信息。

8.4　个人信息主体撤回授权同意

对个人信息控制者的要求包括：

a)应向个人信息主体提供撤回收集、使用其个人信息的授权同意的方法。撤回授权同意后，个人信息控制者后续不应再处理相应的个人信息。

b)应保障个人信息主体拒绝接收基于其个人信息推送商业广告的权利。对外共享、转让、公开披露个人信息，应向个人信息主体提供撤回授权同意的方法。

注：撤回授权同意不影响撤回前基于授权同意的个人信息处理。

8.5　个人信息主体注销账户

对个人信息控制者的要求包括：

a)通过注册账户提供产品或服务的个人信息控制者，应向个人信息主体提供注销账户的方法，且方法简便易操作；

b)受理注销账户请求后，需要人工处理的，应在承诺时限内(不超过 15 个工作日)完成核查和处理；

c)注销过程如需进行身份核验，要求个人信息主体再次提供的个人信息类型不应多于注册、使用等服务环节收集的个人信息类型；

d)注销过程不应设置不合理的条件或提出额外要求增加个人信息主体义务，如注销单个账户视同注销多个产品或服务，要求个人信息主体填写精确的历史操作记录作为注销的必要条件等；

注 1：多个产品或服务之间存在必要业务关联关系的，例如，一旦注销某个产品或服务的账户，将会导致其他产品或服务的必要业务功能无法实现或者服务质量明显下降的，需向个人信息主体进行详细说明。

注 2：产品或服务没有独立的账户体系的，可采取对该产品或服务账号以外其他个人信息进行删除，并切断账户体系与产品或服务的关联等措施实现注销。

e)注销账户的过程需收集个人敏感信息核验身份时，应明确对收集个人敏感信息后的处理措施，如达成目的后立即删除或匿名化处理等；

f) 个人信息主体注销账户后，应及时删除其个人信息或匿名化处理。因法律法规规定需要留存个人信息的，不能再次将其用于日常业务活动中。

8.6 个人信息主体获取个人信息副本

根据个人信息主体的请求，个人信息控制者宜为个人信息主体提供获取以下类型个人信息副本的方法，或在技术可行的前提下直接将以下类型个人信息的副本传输给个人信息主体指定的第三方：

a) 本人的基本资料、身份信息；

b) 本人的健康生理信息、教育工作信息。

8.7 响应个人信息主体的请求

对个人信息控制者的要求包括：

a) 在验证个人信息主体身份后，应及时响应个人信息主体基于8.1~8.6提出的请求，应在三十天内或法律法规规定的期限内作出答复及合理解释，并告知个人信息主体外部纠纷解决途径。

b) 采用交互式页面(如网站、移动互联网应用程序、客户端软件等)提供产品或服务的，宜直接设置便捷的交互式页面提供功能或选项，便于个人信息主体在线行使其访问、更正、删除、撤回授权同意、注销账户等权利。

c) 对合理的请求原则上不收取费用，但对一定时期内多次重复的请求，可视情收取一定成本费用。

d) 直接实现个人信息主体的请求需要付出高额成本或存在其他显著困难的，个人信息控制者应向个人信息主体提供替代方法，以保障个人信息主体的合法权益。

e) 以下情行可不响应个人信息主体基于8.1~8.6提出的请求，包括：

1) 与个人信息控制者履行法律法规规定的义务相关的；

2) 与国家安全、国防安全直接相关的；

3) 与公共安全、公共卫生、重大公共利益直接相关的；

4) 与刑事侦查、起诉、审判和执行判决等直接相关的；

5) 个人信息控制者有充分证据表明个人信息主体存在主观恶意或滥用权利的；

6) 出于维护个人信息主体或其他个人的生命、财产等重大合法权益但又很难得到本人授权同意的；

7) 响应个人信息主体的请求将导致个人信息主体或其他个人、组织的合法权益受到严重损害的；

8) 涉及商业秘密的。

f) 如决定不响应个人信息主体的请求，应向个人信息主体告知该决定的理由，并向个人信息主体提供投诉的途径。

8.8 投诉管理

个人信息控制者应建立投诉管理机制和投诉跟踪流程，并在合理的时间内对投诉进行响应。

9 个人信息的委托处理、共享、转让、公开披露。

二、《信息安全技术 安全漏洞分类》节选

《信息安全技术 安全漏洞分类》（节选）

（GB/T 33561—2017）

1　范围

本标准规定了计算机信息系统安全漏洞分类的原则和类别。

本标准适用于计算机信息系统安全管理部门进行安全漏洞管理和技术研究部门开展安全漏洞分析研究工作。

2　规范性引用文件

下列文件对于本文件的应用是必不可少的。凡是注日期的引用文件，仅注日期的版本适用于本文件。凡是不注日期的引用文件，其最新版本(包括所有的修改单)适用于本文件。

GB/T 25069—2010 信息安全技术 术语

GB/T 28458—2012 信息安全技术 安全漏洞标识与描述规范

3　术语和定义

GB/T 25069—2010、GB/T 28458—2012 中界定的以及下列术语和定义适用于本文件。

3.1　计算机信息系统 computer information system

由计算机及其相关的和配套的设备、设施(含网络)构成的，按照一定的应用目标和规则对信息进行采集、加工、存储、传输、检索等处理的人机系统。

[GB/T 25069—2010，定义 2.1.14]

3.2　安全漏洞 vulnerability

计算机信息系统在需求、设计、实现、配置、运行等过程中，有意或无意产生的缺陷。这些缺陷以不同形式存在于计算机信息系统的各个层次和环节之中，一旦被恶意主体所利用，就会对计算机信息系统的安全造成损害，从而影响计算机信息系统的正常运行。

[GB/T 28458—2012，定义 3.2]

3.3　安全漏洞分类 vulnerabilities classification

按照安全漏洞的特征来划分类别的操作。

4　缩略语

下列缩略语适用于本文件。

LDAP　轻量目录访问协议(Lightweight Directory Access Protocol)

SQL　结构化查询语言(Structured Query Language)

XML　可扩展置标语言(Extensible Markup Language)

XPATH　XML 路径语言(XML Path Language)

XSS　跨站脚本(Cross Site Scripting)

5　安全漏洞分类

5.1　原则

安全漏洞的分类遵循以下原则：

a)唯一性原则：按照属性与特征区分安全漏洞时，漏洞仅属于某一类别，不同时属于两个或两个以上类别。

b)扩展性原则：允许根据实际情况扩展安全漏洞的类别。

一般的，可按照安全漏洞的形成原因、所处空间和时间进行分类处理，并择一使用。

5.2 分类

5.2.1 按成因分类

安全漏洞按照形成原因，可分为以下类别：

a)边界条件错误：由于程序运行时未能有效控制操作范围导致的安全漏洞，如缓冲区堆溢出、缓冲区栈溢出、缓冲区越界操作、格式串处理等。

b)数据验证错误：由于对携带参数或其中混杂操作指令的数据未能进行有效验证和正确处理导致的安全漏洞，如命令参数注入、SQL 注入、LDAP 注入、XPATH 注入、XSS 攻击等。

c)访问验证错误：由于没有对请求处理的资源做正确授权检查所导致的安全漏洞，如远程或本地文件包含、认证绕过等。

d)处理逻辑错误：由于程序实现逻辑处理功能时存在问题所导致的安全漏洞，如程序逻辑处理错误、逻辑分支覆盖不全面等。

e)同步错误：由于程序对操作的同步处理不当所导致的安全漏洞，如竞争条件、不正确的数据序列化等。

f)意外处理错误：由于程序对意外情况发生后处理不当而导致的安全漏洞。

g)对象验证错误：由于程序处理使用对象时缺乏验证所导致的安全漏洞，如资源释放后重利用、各类对象错误引用等。

h)配置错误：由于对计算机信息系统安全配置不当所导致的安全漏洞，如默认配置、默认权限、配置参数错误等。

i)设计缺陷：由于计算机信息系统在设计时未考虑全面所导致的安全漏洞。

j)环境错误：由于程序运行的软硬件系统不正确所导致的安全漏洞。

k)其他：不能归入以上成因的安全漏洞。

5.2.2 按空间分类

安全漏洞按空间，可分为以下类别。

a)应用层：安全漏洞可处于计算机信息系统的各个层面，应用层漏洞主要来自应用软件或数据的缺陷，如 Web 程序、数据库软件、各种应用软件等。

b)系统层：系统层漏洞主要来自计算机操作系统的缺陷，如桌面操作系统、服务器操作系统、嵌入式操作系统、网络操作系统等。

c)网络层：网络层漏洞主要来自网络的缺陷，如网络层身份认证、网络资源访问控制、数据传输保密与完整性、远程接入安全、域名系统安全和路由系统安全等。

5.2.3 按时间分类

5.2.3.1 生成阶段

在计算机信息系统的分析设计、开发实现、配置运维过程引入缺陷或错误等问题，存在的问题在执行时形成了安全漏洞，可分为以下类别。

a)分析设计：在计算机信息系统的需求分析与设计过程中，由于缺乏风险分析，引用不安全的对象，强调易用和功能、性能使得安全性折中等因素而产生安全漏洞。

b)开发实现：在计算机信息系统的开发过程中，由于开发人员在技术实现中有意或者无意引入缺陷产生安全漏洞。

c)配置运维：在计算机信息系统的运行维护过程中，由于运维人员处理计算机信息系统相互关联、配置、结构不当等原因产生安全漏洞。

5.2.3.2　发现阶段

安全漏洞首次被漏洞发现者、使用者或厂商识别，可分为以下类别。

a)未确认：安全漏洞首次被发现，并未给出漏洞资料和可以确认漏洞成因、危害等证据。

b)待确认：安全漏洞由漏洞发现者报告厂商或漏洞管理组织，具有漏洞分析报告或能够重现漏洞的场景。

c)已确认：安全漏洞由漏洞发现者、使用者或厂商正式确认或者发布，具有标识与描述等相关信息。

5.2.3.3　利用阶段

安全漏洞按照信息验证、公开、利用及信息扩散范围，可分为以下类别：

a)未验证：安全漏洞没有可验证的方法，其成因、危害不可重现。

b)验证：安全漏洞已有可验证的方法，其成因、危害可被重现。

c)未公开：安全漏洞相关信息未向公众发布，扩散范围有限。

d)公开：安全漏洞的相关信息已向公众发布。

5.2.3.4　修补阶段

安全漏洞按照修补状态，可分为以下类别：

a)未修补：漏洞发现后，尚未进行任何修补。

b)临时修补：漏洞发现后，采用临时应急修补方案，该方案可能会以损失功能性为代价，但漏洞并未得到实际修补。

c)正式修补：漏洞发现后，经测试确认并提供修补方案或补丁程序，保证计算机信息系统的正常使用。

三、《信息安全技术 网络攻击定义及描述规范》节选

《信息安全技术 网络攻击定义及描述规范》（节选）

（GB/T 37027—2018）

3　术语和定义

GB/T 5271.8—2001、GB/T 25069—2010 和 GB/T 25068.3—2010 界定的以及下列术语和定义适用于本文件。为了便于使用．以下重复列出了 GB/T 5271.8—2001、GB/T 25069—2010、GB/T 25068.3—2010 中的某些术语和定义。

3.1　网络攻击　network attack

通过计算机、路由器等计算资源和网络资源，利用网络中存在的漏洞和安全缺陷实

施的一种行为。

3.2 访问控制［列］表 access control list

由主体以及主体对客体的访问权限所组成的列表。

［GB/T 25069—2010，定义 2.2.1.43］

3.3 安全级别 security level

有关敏感信息访问的级别划分，以此级别加之安全范畴能更精确地控制对数据的访问。

［GB/T 25069—2010，定义 2.2.1.6］

3.4 逻辑炸弹 logic bomb

一种恶性逻辑程序，当被某个特定的系统条件触发时，造成对数据处理系统的损害。

［GB/T 25069—2010，定义 2.2.1.87］

3.5 特洛伊木马 trojan horse

一种表面无害的程序，它包含恶性逻辑程序，可导致未授权地收集、伪造或破坏数据。

［GB/T 25069—2010，定义 2.1.37］

注：本标准简称"木马"。

3.6 欺骗 spoofing

假冒成合法的资源或用户。

［GB/T 25068.3—2010，定义 3.21］

3.7 威胁 threat

一种潜在的计算机安全违规。

［GB/T 5271.8—2001，定义 08.05.04］

3.8 高级持续性威胁 advanced persistent threat

精通复杂技术的攻击者利用多种攻击方式对特定目标进行长期持续性网络攻击。

4 缩略语

下列缩略语适用于本文件。

APT：高级持续性威胁（Advanced Persistent Threat）

DoS：拒绝服务攻击（Denial of Service）

DDoS：分布式拒绝服务攻击（Distributed Denial of Service）

WWW：万维网（World Wide Web）

5 网络攻击概述

网络攻击为利用网络存在的漏洞和安全缺陷对网络系统的硬件、软件及其系统中的数据进行的攻击。网络攻击具有动态和迭代性，随着攻击过程的进行，攻击者对目标的掌握和控制程度不断深入，可实施的攻击面越大，可能造成的安全影响也越大。根据网络攻击实施步骤的粗细层次及复杂程度，网络攻击又可分为单步攻击和组合攻击。单步攻击是具有独立的、不可分割的攻击目的的简单网络攻击，组合攻击是单步攻击按照一定逻辑关系或时空顺序进行组合的复杂网络攻击。通常情况下，一个典型的复杂网络攻击过程包括信息收集、攻击工具研发、攻击工具投放、脆弱性利用、后门安装、命令与控制、攻击目标达成等 7 个步骤。典型、多步骤网络攻击过程的详细描述参见附录 A。

网络攻击具有多个属性特征，主要包括：

a)攻击源：发动网络攻击的源，它可能为组织、团体或个人。

b)攻击对象：遭受网络攻击并可能导致损失的目标对象。

c)攻击方式：攻击过程中采用的方法或技术，体现网络攻击的原理和细节。网络攻击的关键技术参见附录 B。

d)安全漏洞：攻击过程中所利用的网络或系统的安全脆弱性或弱点。

e)攻击后果：攻击实施后对目标环境和攻击对象所造成的影响和结果。

网络攻击各属性特征之间的关系如图 1-2 所示，其组合关系的分类示例参见附录 C。

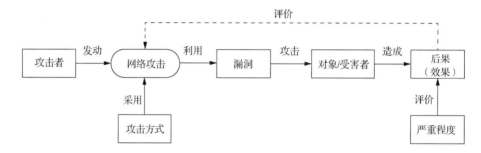

图 1-2　网络攻击各属性特征的关系

从生命周期角度看，一次成功的网络攻击涉及的角色(包括参与者和利益相关者)包括 4 类：

a)网络攻击者：利用网络安全的脆弱性，以破坏、窃取或泄露信息系统或网络中的资源、为目的，危及信息系统或网络资源可用性的个人或组织，如某黑客组织。

b)网络攻击受害者：在网络攻击的活动中，信息、资源或财产受到侵害的一方，如某互联网应用提供商。

c)网络攻击检测者：对网络运行和服务、网络活动进行监视和控制，具有对网络攻击进行安全防护职责的组织。

d)网络服务提供者：为网络运行和服务提供基础设施、信息和中介、接入等技术服务的网络服务商和非营利组织，如云服务提供商、电信运营商等。

本标准从多个维度对网络攻击进行描述，并提供一种网络攻击统计方法，以方便实现对网络攻击的统一标识，以及对上报的网络攻击事件的多维度自动化统计。

四、《信息安全技术　信息安全风险评估规范》节选

《信息安全技术　信息安全风险评估规范》（节选）

（GB/T 20984—2007）

4　风险评估框架及流程

4.1　风险要素关系

风险评估中各要素的关系如图 1-3 所示。

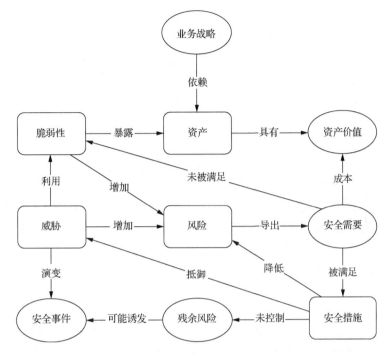

图 1-3   风险评估要素关系图

图 1-3 中方框部分的内容为风险评估的基本要素，椭圆部分的内容是与这些要素相关的属性。风险评估围绕着资产、威胁、脆弱性和安全措施这些基本要素展开，在对基本要素的评估过程中，需要充分考虑业务战略、资产价值、安全需求、安全事件、残余风险等与这些基本要素相关的各类属性。

图 1-3 中的风险要素及属性之间存在着以下关系：

a)业务战略的实现对资产具有依赖性，依赖程度越高，要求其风险越小；

b)资产是有价值的，组织的业务战略对资产的依赖程度越高，资产价值就越大；

c)风险是由威胁引发的，资产面临的威胁越多则风险越大，并可能演变成为安全事件；

d)资产的脆弱性可能暴露资产的价值，资产具有的弱点越多则风险越大；

e)脆弱性是未被满足的安全需求，威胁利用脆弱性危害资产；

f)风险的存在及对风险的认识导出安全需求；

g)安全需求可通过安全措施得以满足，需要结合资产价值考虑实施成本；

h)安全措施可抵御威胁，降低风险；

i)残余风险有些是安全措施不当或无效，需要加强才可控制的风险，而有些则是在综合考虑了安全成本与效益后不去控制的风险；

j)残余风险应受到密切监视，它可能会在将来诱发新的安全事件。

4.2   风险分析原理

风险分析原理如图 1-4 所示。

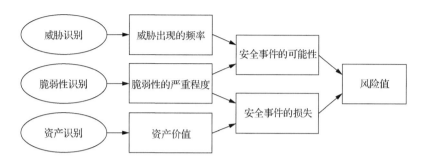

图1-4　风险分析原理图

风险分析中要涉及资产、威胁、脆弱性三个基本要素。每个要素有各自的属性,资产的属性是资产价值;威胁的属性可以是威胁主体、影响对象、出现频率、动机等;脆弱性的属性是资产弱点的严重程度。风险分析的主要内容为:

a)对资产进行识别,并对资产的价值进行赋值;

b)对威胁进行识别,描述威胁的属性,并对威胁出现的频率赋值;

c)对脆弱性进行识别,并对具体资产的脆弱性的严重程度赋值;

d)根据威胁及威胁利用脆弱性的难易程度判断安全事件发生的可能性;

e)根据脆弱性的严重程度及安全事件所作用的资产的价值计算安全事件造成的损失;

f)根据安全事件发生的可能性以及安全事件出现后的损失,计算安全事件一旦发生对组织的影响,即风险值。

五、《信息安全技术—网络安全等级保护基本要求》节选

《信息安全技术—网络安全等级保护基本要求》(节选)

(GB/T 22239—2019)

1　范围

本标准规定了网络安全等级保护的第一级到第四级等级保护对象的安全通用要求和安全扩展要求。

本标准适用于指导分等级的非涉密对象的安全建设和监督管理。

注:第五级等级保护对象是非常重要的监督管理对象,对其有特殊的管理模式和安全要求,所以不在本标准中进行描述。

2　规范性引用文件

下列文件对于本文件的应用是必不可少的。凡是注日期的引用文件,仅注日期的版本适用于本文件。凡是不注日期的引用文件,其最新版本(包括所有的修改单)适用于本文件。

GB 17859　计算机信息系统　安全保护等级划分准则

GB/T 22240　信息安全技术　信息系统安全等级保护定级指南

GB/T 25069　信息安全技术　术语

GB/T 31167—2014 信息安全技术 云计算服务安全指南

GB/T 31168—2014 信息安全技术 云计算服务安全能力要求

GB/T 32919—2016 信息安全技术 工业控制系统安全控制应用指南

3 术语和定义

GB 17859、GB/T 22240、GB/T 25069、GB/T 31167—2014、GB/T31168—2014 和 GB/T 32919—2016 界定的以及下列术语和定义适用于本文件。为了便于使用，以下重复列出了 GB/T 31167—2014、GB/T 31168—2014 和 GB/T 32919—2016 中的一些术语和定义。

3.1 网络安全 cybersecurity

通过采取必要措施，防范对网络的攻击、侵入、干扰、破坏和非法使用以及意外事故，使网络处于稳定可靠运行的状态，以及保障网络数据的完整性、保密性、可用性的能力。

3.2 安全保护能力 security protection ability

能够抵御威胁、发现安全事件以及在遭到损害后能够恢复先前状态等的程度。

3.3 云计算 cloud computing

通过网络访问可扩展的、灵活的物理或虚拟共享资源池，并按需自助获取和管理资源的模式。

注：资源实例包括服务器、操作系统、网络、软件、应用和存储设备等。

[GB/T 31167—2014，定义 3.1]

3.4 云服务商 cloud service provider

云计算服务的供应方。

注：云服务商管理、运营、支撑云计算的计算基础设施及软件，通过网络交付云计算的资源。

[GB/T 31167—2014，定义 3.3]

3.5 云服务客户 cloud service customer

为使用云计算服务同云服务商建立业务关系的参与方。

[GB/T 31168—2014，定义 3.4]

3.6 云计算平台/系统 cloud computing platform/system

云服务商提供的云计算基础设施及其上的服务软件的集合。

3.7 虚拟机监视器 hypervisor

运行在基础物理服务器和操作系统之间的中间软件层，可允许多个操作系统和应用共享硬件。

3.8 宿主机 host machine

运行虚拟机监视器的物理服务器。

3.9 移动互联 mobile communication

采用无线通信技术将移动终端接入有线网络的过程。

3.10 移动终端 mobile device

在移动业务中使用的终端设备，包括智能手机、平板电脑、个人电脑等通用终端和专用终端设备。

3.11　无线接入设备　wireless access device

采用无线通信技术将移动终端接入有线网络的通信设备。

3.12　无线接入网关　wireless access gateway

部署在无线网络与有线网络之间，对有线网络进行安全防护的设备。

3.13　移动应用软件　mobile application

针对移动终端开发的应用软件。

3.14　移动终端管理系统　mobile device management system

用于进行移动终端设备管理、应用管理和内容管理的专用软件，包括客户端软件和服务端软件。

3.15　物联网　internet of things

将感知节点设备通过互联网等网络连接起来构成的系统。

3.16　感知节点设备　sensor node

对物或环境进行信息采集和/或执行操作，并能联网进行通信的装置。

3.17　感知网关节点设备　sensor layer gateway

将感知节点所采集的数据进行汇总、适当处理或数据融合，并进行转发的装置。

3.18　工业控制系统　industrial control system

工业控制系统(ICS)是一个通用术语，它包括多种工业生产中使用的控制系统，包括监控和数据采集系统(SCADA)、分布式控制系统(DCS)和其他较小的控制系统，如可编程逻辑控制器(PLC)，现已广泛应用在工业部门和关键基础设施中。

［GB/T 32919—2016，定义 3.1］

4　缩略语

下列缩略语适用于本文件。

AP：无线访问接入点(Wireless Access Point)

DCS：集散控制系统(Distributed Control System)

DDoS：拒绝服务(Distributed Denial of Service)

ERP：企业资源计划(Enterprise Resource Planning)

FTP：文件传输协议(File Transfer Protocol)

HMI：人机界面(Human Machine Interface)

IaaS：基础设施即服务(Infrastructure-as-a-Service)

ICS：工业控制系统(Industrial Control System)

IoT：物联网(Internet of Things)

IP：互联网协议(Internet Protocol)

IT：信息技术(Information Technology)

MES：制造执行系统(Manufacturing Execution System)

PaaS：平台即服务(Platform-as-a-Service)

PLC：可编程逻辑控制器(Programmable Logic Controller)

RFID：射频识别(Radio Frequency Identification)

SaaS: 软件即服务(Software-as-a-Service)

SCADA: 数据采集与监视控制系统(Supervisory Control and Data Acquisition System)

SSID: 服务集标识(Service Set Identifier)

TCB: 可信计算基(Trusted Computing Base)

USB: 通用串行总线(Universal Serial Bus)

WEP: 有线等效加密(Wired Equivalent Privacy)

WPS: WiFi 保护设置(WiFi Protected Setup)

5　网络安全等级保护概述

5.1　等级保护对象

等级保护对象是指网络安全等级保护工作中的对象,通常是指由计算机或者其他信息终端及相关设备组成的按照一定的规则和程序对信息进行收集、存储、传输、交换、处理的系统,主要包括基础信息网络、云计算平台/系统、大数据应用/平台/资源、物联网(IoT)、工业控制系统和采用移动互联技术的系统等。等级保护对象根据其在国家安全、经济建设、社会生活中的重要程度,遭到破坏后对国家安全、社会秩序、公共利益以及公民、法人和其他组织的合法权益的危害程度等,由低到高被划分为五个安全保护等级。

保护对象的安全保护等级确定方法见 GB/T 22240。

5.2　不同级别的安全保护能力

不同级别的等级保护对象应具备的基本安全保护能力如下:

第一级安全保护能力:应能够防护免受来自个人的、拥有很少资源的威胁源发起的恶意攻击、一般的自然灾难,以及其他相当危害程度的威胁所造成的关键资源损害,在自身遭到损害后,能够恢复部分功能。

第二级安全保护能力:应能够防护免受来自外部小型组织的、拥有少量资源的威胁源发起的恶意攻击、一般的自然灾难,以及其他相当危害程度的威胁所造成的重要资源损害,能够发现重要的安全漏洞和处置安全事件,在自身遭到损害后,能够在一段时间内恢复部分功能。

第三级安全保护能力:应能够在统一安全策略下防护免受来自外部有组织的团体、拥有较为丰富资源的威胁源发起的恶意攻击、较为严重的自然灾难,以及其他相当危害程度的威胁所造成的主要资源损害,能够及时发现、监测攻击行为和处置安全事件,在自身遭到损害后,能够较快恢复绝大部分功能。

第四级安全保护能力:应能够在统一安全策略下防护免受来自国家级别的、敌对组织的、拥有丰富资源的威胁源发起的恶意攻击、严重的自然灾难,以及其他相当危害程度的威胁所造成的资源损害,能够及时发现、监测发现攻击行为和安全事件,在自身遭到损害后,能够迅速恢复所有功能。

第五级安全保护能力:略。

5.3　安全通用要求和安全扩展要求

第二章 网络空间安全法庭科学有关标准规范

第一节 网络空间安全法庭科学有关标准规范体系综述

一、网络空间安全法庭科学有关标准规范体系

随着信息科学技术的快速发展，网络空间安全威胁也越来越大。维护网络空间安全是一个永久的话题，需要不断发展网络空间安全技术、提高网络空间安全防御能力、完善网络空间安全法律法规、加强网络空间安全的管理制度。除此之外，还需要一支打击网络违法犯罪的队伍。其中，广泛涉及证据的识别、收集、保存、分析、检验和出具报告等活动。这些均属于法庭科学范畴，为了提高法庭科学技术能力，满足不同区域间鉴定意见的互认，增强执业规范化和标准化，需要有一套标准规范体系。

与网络空间安全相关的证据形式包括视听资料证据、电子数据证据。相应地，涉及的法庭科学领域为声像资料鉴定领域、计算机(或电子数据)鉴定领域。法庭科学不仅涉及科学活动，还涉及法律活动，与一个国家的法律制度密切相关。因而，与法庭科学领域相关的法庭科学标准规范包括法律法规中的有关规范、法庭科学领域的通用标准规范、电子数据鉴定标准规范、声像资料鉴定标准规范。

1. 法律法规中的有关规范

法庭科学服务于司法活动，有关法律法规中对有关制度、有关程序、有关原则作了规定，这些规定在法庭科学活动中必须遵守。我国有关法庭科学的规定主要包括三大诉讼法及相关司法解释、《全国人民代表大会常务委员会关于司法鉴定管理问题的决定》、《司法鉴定程序通则》等规定。其中《全国人民代表大会常务委员会关于司法鉴定管理问题的决定》规定了从事特定司法鉴定业务的鉴定人和鉴定机构实行登记管理制度、司法鉴定人负责制度等有关制度；《司法鉴定程序通则》则对司法鉴定的委托与受理、实施、鉴定意见书的出具、出庭作证等程序作了具体的规定。

2. 法庭科学领域的通用标准规范

法庭科学通常与我国司法鉴定相对应，实际上它还包括现场勘验与取证等犯罪侦查活动。目前大多数国家并没有一个统领各个司法鉴定学科领域的通用标准规范。唯一在此方面作出努力和贡献的是澳大利亚。2012年起，澳大利亚先后制定了法证分析(forensic analysis)标准，包括四个独立的标准和一个补充的标准。它被认为是澳大利亚的核心标

准，根据它可以进一步制定各个学科专业的标准。这四个标准和补充标准分别为 2012 年发布的《法证分析：识别、记录、恢复、运输和储存材料》(*Forensic Analysis-Recognition，Recording，Recovery，Transport and Storage of Material*)(AS 5388.1—2012)、2017 年发布的补充标准《法证分析：识别、记录、恢复、运输和储存材料 第 1 部分》(*Forensic Analysis-Recognition，Recording，Recovery，Transport and Storage of Material，Part 1*)(AS 5388.1—2012 AMD 1: 2017)、2012 年发布的《法证分析：材料分析与检验》(*Forensic Analysis-Analysis and Examination of Material*)(AS 5388.2—2012)、2013 年发布的《法证分析：解释》(*Forensic Analysis-Interpretation*)(AS 5388.3—2013)和 2013 年发布的《法证分析：报告》(*Forensic Analysis-Reporting*)(AS 5388.4—2013)。

我国虽没有跨越不同学科的统一司法鉴定通用标准规范，但有与司法鉴定有关的各种法律法规，它们对有关司法鉴定管理、程序均作了统一规定。另外，针对不同学科，如电子数据、声像资料，一般均有该学科的通用性规范，如《电子数据司法鉴定通用实施规范》和《声像资料司法鉴定通用规范》。

3．电子数据鉴定标准规范

电子数据鉴定标准规范有国家标准规范、行业标准规范和团体标准规范之分。从国家标准规范看，与电子数据司法鉴定相关的标准较少，目前均为推荐性标准。从行业标准规范看，主要包括两方面的标准规范：一为公安部全国刑事技术标准化技术委员会提出的行业标准规范；二为司法部颁布的司法鉴定技术规范和行业标准。前者以 GA 开头，与电子数据有关的鉴定标准规范几乎都为推荐性标准规范，即以 GA/T 开头；后者以 SF 开头。团体标准规范则是各行业协会、研究会等开发的团体性标准规范。

另外，电子数据鉴定标准规范还可以按照标准规范的性质划分为通用标准规范、管理标准规范、技术标准规范等。通用标准规范包括电子数据鉴定的基本原则、基本程序，也包括有关鉴定方法标准规范、鉴定设备与软件标准规范。电子数据鉴定方法标准规范规定的是鉴定中所采用的具有一定共性的技术方法。电子数据鉴定设备与软件标准规范则规定了电子数据鉴定检测设备和软件的基本要求、在鉴定中必须满足的最低标准和推荐标准等。电子数据鉴定管理标准规范为司法鉴定机构在电子数据鉴定方面的推荐管理标准，包括鉴定程序文件、作业指导书、人员管理、设备和仪器管理等。电子数据鉴定技术标准规范是标准体系中最核心的部分，它全面地规定了鉴定的程序、方法、设备、标准、结果评价方法等一系列具体操作要求，鉴定人通过该标准实施，对同一鉴定项目实施，基本能够达到一致的结果。

4．声像资料鉴定标准规范

与电子数据鉴定类似，声像资料鉴定标准规范可划分为国家标准规范、行业标准规范和团体标准规范，也可根据标准规范的性质划分为通用标准规范、管理标准规范、技术标准规范等。根据声像资料鉴定对象的不同，还可将声像资料鉴定标准规范分为三类标准规范：语音类鉴定标准规范、静态图像类鉴定标准规范、视频图像类鉴定标准规范。但由于三者之间有很多共性，实际开发标准规范时会制定很多三者或其中两者共享的通用标准规范。

二、国际标准规范

国际标准规范以 ISO 和 IEC 制定的 ISO/IEC 系列标准影响最为广泛。目前与网络空间安全有关的法庭科学技术国际标准规范主要是 ISO/IEC 标准。ISO/IEC 第一联合技术委员会(JTC 1)是信息技术领域国际标准化的正式官方组织。ISO/IEC JTC1 下属的软件与系统工程分技术委员会(SC7)制定或计划制定电子数据法庭科学(或数字取证，digital forensics)有关标准。

目前与法庭科学直接相关的标准规范有 ISO/IEC 27037: 2012、ISO/IEC 27041: 2015、ISO/IEC 27042: 2015、ISO/IEC 27043: 2015、ISO/IEC 27050：2018+标准规范[①]。ISO/IEC 27037: 2012 主要涉及数字证据的初步获取；而 ISO/IEC 27041: 2015 在数字取证的保证方面提供了指导，例如确保正确使用适当的方法和工具；ISO/IEC 27042: 2015 涵盖了收集数字证据后的分析和解释；ISO/IEC 27043: 2015 涵盖了应急事件调查活动，其范围较取证活动更加广泛，规定了一般应急事件调查流程的理想模型。ISO/IEC 27050：2018+包括四个部分，涉及电子发现，其中第 1 部分"概述与概念"2016 年发布，2019 年重新修订发布；第 2 部分"电子发现的治理和管理指南"2018 年发布；第 3 部分"电子发现操作规范"2020 年发布，第 4 部分尚在制定中。另外，ISO/IEC 27035: 2016+、ISO/IEC 27038: 2014、ISO/IEC 27040: 2015、ISO/IEC 30121: 2015 等标准规范也与法庭科学存在一定关联。这些国际标准的制定和推广有利于促进最佳数字证据调查程序和方法的形成，有助于在国际上采用相同或者相似的程序实施取证或鉴定，使得不同人员、组织实施的调查结果更加容易进行比较、结合和比对，也更加容易跨越不同法域。下面简要说明这些国际标准规范。

1. ISO/IEC 27037: 2012

ISO/IEC 27037: 2012 标准，名称为《信息技术 安全技术 数字证据识别、收集、获取和保存指南》(*Information technology-Security techniques-Guidelines for identification，collection，acquisition，and preservation of digital evidence*)。ISO/IEC 27037: 2012 为数字证据识别、收集、获取、标识、存储、传输和保存提供了详尽指南，尤其体现在维护证据完整性方面。该标准定义和描述了犯罪现场识别和记录，证据收集和保存，以及证据打包和运输等流程。该标准主要面向首次响应人员，其范围不仅涵盖传统 IT 系统和介质，还涵盖了云计算等。该标准旨在为不同法律制度国家提供交换和使用可靠证据的便利方法(如获取数字证据的国际标准)，以促进不同法域的潜在数字证据的交换。

2. ISO/IEC 27041: 2015

ISO/IEC 27041: 2015 标准，名称为《信息技术 安全技术 确保事故调查方法的适宜性和充分性指南》(*Information technology-Security techniques-Guidance on assuring suitability and adequacy of incident investigative method*)。该标准主要关注与数字证据调查

---

① 注：这里 2018+是指在系列标准规范中，有效标准最早年份为 2018 年制定公布，其他标准均在 2018 年及 2018 年以后制定公布。下同。

相关的取证流程和工具的保证，对取证方法的合适性和适当性提供指导。所有取证方法都需具备可信性、可靠性和完整性这三个基本要求，该标准旨在促进数字证据调查在此方面的保证。通过描述调查流程各阶段所使用方法的合适性，为电子数据取证使用方法的合适性和适当性提供指南。

3. ISO/IEC 27042: 2015

ISO/IEC 27042: 2015 标准，名称为《信息技术 安全技术 数字证据的分析和解释指南》（*Information technology-Security techniques-Guidelines for the analysis and interpretation of digital evidence*）。该标准为数字证据分析和解释提供指南；为保证选择合适的工具、技术和方法规定了几项基本原则；为展示调查人员水平和能力的合适机制提供指南。该标准除了强调使用证据监督链等标准证据控制外，还强调分析和解释过程的完整性，这有利于使该行业的不同研究人员对相同案件处理后能得出基本相同的结果，或者若存在差异至少可对差异的原因进行追溯。

4. ISO/IEC 27043: 2015

ISO/IEC 27043: 2015 标准，名称为《信息技术 安全技术 应急事件调查原则和过程》（*Information technology-Security techniques-Incident investigation principles and processes*）。该标准关注与应急事件调查有关的取证流程中的各种原则，为通用应急调查过程提供了理想模型，包括各种不同的涉及数字证据的应急调查场景，包括从应急前期准备到证据存储、证据发布，以及这些流程方面的建议和警告。该标准提出了电子数据取证的体系框架，即流程和行动准则。其中，流程包括准备活动、初始化工作、提取和分析；行动包括计划、准备、响应、识别、收集、获取与保存、分析、报告、结项。

5. ISO/IEC 27050: 2018+

ISO/IEC 27050 标准，名称为《电子发现》（*Electronic Discovery*），它又包含四个部分标准，前三部分已正式发布，第四部分尚在草案阶段。其中第一部分全称为《信息技术 安全技术 电子发现-第 1 部分：概述与概念》（*Information technology-Security techniques-Electronic discovery-Part* 1：*Overview and concepts*）（ISO/IEC 27050-1: 2019）。该标准首次发布于 2016 年，2019 年进行了重新修订，该部分主要提出了一些术语、概念和流程，其中提出了有别于数字证据的电子存储信息(electronically stored information，ESI)概念；第二部分全称为《信息技术 安全技术 电子发现-第 2 部分：电子发现的治理和管理指南》（*Information technology-Security techniques-Electronic discovery-Part* 2：*Guidance for governance and management of electronic discovery*）（ISO/IEC 27050-2: 2018），该部分指导管理层识别和处理与电子发现相关的信息风险，为取证工作良好治理提供指南；第三部分全称为《信息技术 安全技术 电子发现-第 3 部分：电子发现操作规范》（*Information technology-Security techniques-Electronic discovery-Part* 3：*Code of practice for electronic discovery*）（ISO/IEC 27050-3: 2020），首次发布于 2017 年，于 2020 年修订，该部分对电子发现的七个主要步骤(即 ESI 识别、保存、收集、处理、审查、分析和证据产生)提供指导；第四部分尚未发布，全称暂为《信息技术 电子发现 技术准备（草案）》[*Information technology-Electronic discovery-Technical readiness*（DRAFT）]

（ISO/IEC 27050-4），主要对电子发现技术提供指导，如有关取证工具和系统的技术。

6．ISO/IEC 27035：2016+

ISO/IEC 27035 标准，名称为《信息技术　安全技术　信息安全事件管理》（*Information technology-Security techniques-Information security incident management*），该标准涵盖信息安全的各种事件和漏洞的管理。这个管理过程不仅涉及安全事件的检测、识别、响应，将不利影响降到最低，可能还涉及取证工作。此标准最早于 2011 年作为单一标准 ISO/IEC 27035：2011 发布，后经过修改并将其分为三个部分，前两部分于 2016 年发布。其中第一部分《信息技术　安全技术　信息安全事件管理-第 1 部分：事件管理原理》（ISO/IEC 27035-1：2016），阐述了信息安全事件管理的概念和原则，它描述了一个由五个阶段组成的信息安全事件管理过程，这五个阶段分别为计划和准备、检测和报告、评估和决策、响应（在适当的情况下对事件进行控制、消除、恢复并进行取证分析）、获得的经验教训。

7．ISO/IEC 27038：2014

ISO/IEC 27038：2014 标准于 2014 年 3 月 15 日正式发布，全称为《信息技术　安全技术　数字化修订详述》（*Information technology-Security techniques-Specification for digital redaction*）（ISO/IEC 27038：2014）。该标准不仅规定了数字文档进行数字编辑的技术特点，还规定了软件编辑工具的要求和测试数字编辑是否安全的方法。

8．ISO/IEC 27040：2015

ISO/IEC 27040：2015 标准于 2015 年 1 月 15 日正式发布，全称为《信息技术　安全技术　存储安全》（*Information technology-Security techniques-Storage security*）（ISO/IEC 27040：2015）。该标准提供了组织如何通过采用充分证明行之有效的方法规划、设计、文件化和实施数据存储安全来定义风险缓解的适当级别。存储安全适用于所存储信息的防护（安全）和通过通信链路传输的与存储相关的信息的安全。存储安全包括设备和介质安全、涉及设备和介质相关管理活动的安全、应用和服务的安全，以及与终端用户相关的安全。该标准还提供了存储安全的概念和相关定义的概述。它包括与典型存储场景和存储技术领域相关的威胁、设计和控制方面的指南。此外，它还提供了对其他可适应于存储安全的现有实践和技术标准、技术报告的引用。

9．ISO/IEC 30121：2015

ISO/IEC 30121：2015 标准，全称为《信息技术　数字取证风险框架治理》（*Information technology-Governance of digital forensic risk framework*）。该标准为组织中的领导（包括业主、董事会成员、董事、合伙人、高级管理人员等）提供了事件发生前进行电子数据取证的组织准备的框架。该标准适用于数字证据披露保留、可用性、获取和成本效益有关的战略过程（和决策）的制定。该标准适用于所有类型和规模的组织。

三、国家标准规范

从国家标准来看，与电子数据鉴定相关的标准有《电子物证数据恢复检验规程》

（GB/T 29360—2012）、《电子物证文件一致性检验规程》（GB/T 29361—2012）、《电子物证数据搜索检验规程》（GB/T 29362—2012）三个推荐标准，另外《信息安全技术 存储介质数据恢复服务要求》（GB/T 31500—2015）标准也与电子数据鉴定技术存在关联。与声像资料鉴定相关的国家标准有《法庭科学语音及音频检验术语》（GB/T 35048—2018）。

1.《电子物证数据恢复检验规程》（GB/T 29360—2012）

由公安部物证鉴定中心作为起草单位，全国刑事技术标准化技术委员会电子物证检验分技术委员会提出并归口。该标准规定了电子数据检验中数据恢复检验的方法，使用法庭科学领域中的电子物证检验，不适用物理损坏存储介质的数据恢复，通过软硬件设施按照流程对检材进行编号拍照，保全备份计算哈希值，出具结论。

2.《电子物证文件一致性检验规程》（GB/T 29361—2012）

由公安部物证鉴定中心作为起草单位，全国刑事技术标准化技术委员会电子物证检验分技术委员会提出并归口。该标准规定了电子物证检验中文件一致性检验的方法，适用于法庭科学领域中的电子物证检验。该标准检验两个文件的数据是否相同，对检材（样本）进行编号拍照，使用软件工具分别计算检材数据文件和样本数据文件的哈希值，对比哈希值进行判断。

3.《电子物证数据搜索检验规程》（GB/T 29362—2012）

由公安部物证鉴定中心作为起草单位，全国刑事技术标准化技术委员会电子物证检验分技术委员会提出并归口。该标准规定了电子物证检验中数据搜索检验的方法，适用于法庭科学领域中的电子物证检验。该标准规定的搜索有数据搜索、文件搜索和物理搜索。

4.《信息安全技术 存储介质数据恢复服务要求》（GB/T 31500—2015）

由国家信息中心、国家保密科学技术研究所、中国信息安全认证中心作为起草单位，全国信息安全标准化技术委员会提出并归口。该标准规定了实施存储介质数据恢复服务所需的服务原则、服务条件、服务过程要求及管理要求，适用于指导提供存储介质数据恢复机构针对非涉及国家秘密的数据恢复服务实施和管理工作。

5.《法庭科学语音及音频检验术语》（GB/T 35048—2018）

该标准界定了法庭科学语音及音频检验鉴定及其相关活动的术语和定义，包含语言学与语音学相关的 141 个术语、与声学及信号处理相关的 72 个术语、与声纹检验相关的 54 个术语。

四、行业标准规范

从行业标准规范看，主要包括两方面的标准：一是归口公安部全国刑事技术标准化技术委员会并由公安部颁布的公共安全行业技术标准规范；二是司法鉴定管理局负责制定并由司法部颁布的司法鉴定技术标准规范。从实务工作看，社会鉴定机构一般采用司法鉴定技术标准规范，而公安内部的刑事侦查部门一般采用公共安全行业技术标准规范。

1. 电子数据鉴定行业技术标准规范

与电子数据鉴定相关的公共安全行业技术标准规范共 35 个（截至 2019 年），具体如表 2-1 所示。

表 2-1　与电子数据鉴定相关的公共安全行业技术标准规范

标准编号	标准名称
GA/T 754—2008	《电子数据存储介质复制工具要求及检测方法》
GA/T 755—2008	《电子数据存储介质写保护设备要求及检测方法》
GA/T 756—2008	《数字化设备证据数据发现提取固定方法》
GA/T 757—2008	《程序功能检验方法》
GA/T 828—2009	《电子物证软件功能检验技术规范》
GA/T 829—2009	《电子物证软件一致性检验技术规范》
GA/T 976—2012	《电子数据法庭科学鉴定通用方法》
GA/T 977—2012	《取证与鉴定文书电子签名》
GA/T 978—2012	《网络游戏私服检验技术方法》
GA/T 1069—2013	《法庭科学电子物证手机检验技术规范》
GA/T 1070—2013	《法庭科学计算机开关机时间检验技术规范》
GA/T 1071—2013	《法庭科学电子物证 Windows 操作系统日志检验技术规范》
GA/T 1170—2014	《移动终端取证检验方法》
GA/T 1171—2014	《芯片相似性比对检验方法》
GA/T 1172—2014	《电子邮件检验技术方法》
GA/T 1173—2014	《即时通讯记录检验技术方法》
GA/T 1174—2014	《电子证据数据现场获取通用方法》
GA/T 1175—2014	《软件相似性检验技术方法》
GA/T 1176—2014	《网页浏览器历史数据检验技术方法》
GA/T 1474—2018	《法庭科学计算机系统用户操作行为检验技术规范》
GA/T 1475—2018	《法庭科学电子物证监控录像机检验技术规范》
GA/T 1476—2018	《法庭科学远程主机数据获取技术规范》
GA/T 1477—2018	《法庭科学计算机系统接入外部设备使用痕迹检验技术规范》
GA/T 1478—2018	《法庭科学网站数据获取技术规范》
GA/T 1479—2018	《法庭科学电子物证伪基站电子数据检验技术规范》
GA/T 1480—2018	《法庭科学计算机操作系统仿真检验技术规范》
GA/T 1554—2019	《法庭科学电子物证检验材料保存技术规范》
GA/T 1564—2019	《法庭科学 现场勘查电子物证提取技术规范》
GA/T 1568—2019	《法庭科学 电子物证检验术语》
GA/T 1569—2019	《法庭科学 电子物证检验实验室建设规范》
GA/T 1570—2019	《法庭科学 数据库数据真实性检验技术规范》
GA/T 1571—2019	《法庭科学 Android 系统应用程序功能检验方法》
GA/T 1572—2019	《法庭科学 移动终端地理位置信息检验技术方法》
GA/T 1663—2019	《法庭科学 Linux 操作系统日志检验技术规范》
GA/T 1664—2019	《法庭科学 MS SQL Server 数据库日志检验技术规范》

与电子数据鉴定相关的司法鉴定技术标准规范共 13 个（截至 2019 年），具体如表 2-2 所示。2020 年上半年，新颁的规范有《网络文学作品相似性检验技术规范》（SF/T 0075—2020）、《电子数据存证技术规范》（SF/T 0076—2020）、《汽车电子数据检验技术规范》（SF/T 0077—2020）。

表 2-2　与电子数据鉴定相关的司法鉴定技术标准规范

标准编号	标准名称
SF/Z JD0400001—2014	《电子数据司法鉴定通用实施规范》
SF/Z JD0401001—2014	《电子数据复制设备鉴定实施规范》
SF/Z JD0402001—2014	《电子邮件鉴定实施规范》
SF/Z JD0403001—2014	《软件相似性鉴定实施规范》
SF/Z JD0400002—2015	《电子数据证据现场获取通用规范》
SF/Z JD0401002—2015	《手机电子数据提取操作规范》
SF/Z JD0402002—2015	《数据库数据真实性鉴定规范》
SF/Z JD0402003—2015	《即时通讯记录检验操作规范》
SF/Z JD0403002—2015	《破坏性程序检验操作规范》
SF/Z JD0403003—2015	《计算机系统用户操作行为检验规范》
SF/Z JD0402004—2018	《电子文档真实性鉴定技术规范》
SF/Z JD0403004—2018	《软件功能鉴定技术规范》
SF/Z JD0404001—2018	《伪基站检验操作规范》

2. 声像资料鉴定行业技术标准规范

声像资料鉴定涉及的标准规范包括技术标准规范、程序标准规范、设备标准规范等方面的标准与规范，目前我国与声像资料鉴定相关的标准主要有公共安全行业技术标准与规范、司法部司法鉴定技术规范两类，截至 2019 年的规范分别见表 2-3 和表 2-4。2020 年，司法部新颁的规范有《数字图像元数据检验技术规范》（SF/T 0078—2020）。

表 2-3　与声像资料鉴定相关的公共安全行业技术标准与规范（截至 2019 年）

标准编号	标准名称	说明
GA/T 1587—2019	《声纹自动识别系统测试规范》	该规范规定了声纹自动识别系统的测试要求、指标和报告。该标准与声像资料鉴定有一定联系
GA/T 1475—2018	《法庭科学电子物证监控录像机检验技术规范》	该规范旨在通过制定法庭科学领域监控录像机电子物证检验的技术方法，规范监控录像机的检验程序和方法，保证检验的规范性、合法性、稳定性
GA/T 1502—2018	《法庭科学视频中人像动态特征检验技术规范》	该规范规定了法庭科学视频中人像动态特征检验的步骤和方法
GA/T 1507—2018	《法庭科学视频目标物标注技术规范》	该规范规定了法庭科学视频目标物标注的技术规范

续表

标准编号	标准名称	说明
GA/T 1399.1—2017	《公安视频图像分析系统 第1部分：通用技术要求》	该规范非专门针对视频资料检验提出，但与之有一定的联系，对视频资料检验设备和工具有一定的参考性。该规范为 GA/T 1399 的第 1 部分，规定了公安视频图像分析系统的系统组成、系统功能等技术要求，适用于公安视频图像分析系统的规划设计、软件开发、检测和验收，其他领域的视频图像分析系统可参考采用
GA/T 1399.2—2017	《公安视频图像分析系统 第2部分：视频图像内容分析及描述技术要求》	该规范为 GA/T 1399 的第 2 部分，规定了公安视频图像分析系统中视频图像内容分析及描述的应用流程与功能组成、性能、视频图像内容分析数据描述等技术要求，适用于公安视频图像分析系统的规划设计、软件开发、检测和验收，其他领域的视频图像分析系统可参考采用
GA/T 1430—2017	《法庭科学录音的真实性检验技术规范》	该规范规定了法庭科学数字音频的真实性(完整性)的检验内容、检验要求、检验方法、判断依据及检验意见的表述
GA/T 1432—2017	《法庭科学语音人身分析技术规范》	该规范规定了法庭科学语音人身分析的检验内容、检验方法、判断依据及检验意见的表述
GA/T 1433—2017	《法庭科学语音同一认定技术规范》	该规范规定了法庭科学语音同一认定的检验内容、检验方法、判断依据及鉴定意见的表述
GA/T 1018—2013	《视频中物品图像检验技术规范》	该规范规定了视频中物品图像检验的步骤和方法，适用于法庭科学领域声像资料检验鉴定中视频中的物品图像的检验
GA/T 1019—2013	《视频中车辆图像检验技术规范》	该规范规定了视频中车辆图像检验的步骤和方法
GA/T 1020—2013	《视频中事件过程检验技术规范》	该规范规定了视频中事件过程检验的步骤和方法，适用于法庭科学领域声像资料检验鉴定中视频中的事件过程检验
GA/T 1021—2013	《视频图像原始性检验技术规范》	该规范规定了视频图像原始性检验过程的步骤和要求，适用于法庭科学领域声像资料检验鉴定中的视频原始性检验
GA/T 1022—2013	《视频图像真实性检验技术规范》	该规范规定了视频图像真实性检验过程的步骤和要求，适用于法庭科学领域声像资料检验鉴定中的视频真实性检验
GA/T 1023—2013	《视频中人像检验技术规范》	该规范规定了视频中人像检验的步骤和方法
GA/T 1024—2013	《视频画面中目标尺寸测量方法》	该规范规定了视频画面中目标尺寸测量的基本方法；规定了测量的基本方法包括软件测算法、匹配测算法、模拟测算法、比例测算法
GA/T 895—2010	《法庭科学模糊图像处理技术规范 图像增强》	该规范规定了模糊图像处理技术中图像增强的基本要求，适用于司法机关在办理刑事案件、民事案件及处理事故、事件等活动中的图像增强工作
GA/T 896—2010	《法庭科学模糊图像处理技术规范 退化图像复原》	该规范规定了模糊图像处理技术中退化图像复原的基本要求
GA/T 897—2010	《法庭科学模糊图像处理技术规范 图像去噪声》	该规范规定了模糊图像处理技术中去除图像噪声的基本要求
GA/T 916—2010	《图像真实性鉴别技术规范 图像真实性评价》	该规范规定了图像真实性鉴别技术中图像真实性评价的基本要求

标准编号	标准名称	说明
GA/T 917—2010	《图像真实性鉴别技术规范 图像重采样检测》	该规范规定了图像真实性鉴别技术中检测图像重采样特性的基本要求
GA/T 918—2010	《图像真实性鉴别技术规范 图像 CFA 插值检测》	该规范规定了图像真实性鉴别技术中检测图像 CFA(color filter array, 色彩滤镜阵列)插值特性的基本要求
GA/T 919—2010	《图像真实性鉴别技术规范 图像 JPEG 压缩检测》	该规范规定了图像真实性鉴别技术中图像压缩检测的基本要求

表 2-4　与声像资料鉴定相关的司法部司法鉴定技术规范(截至 2019 年)

标准编号	标准名称	说明
SF/Z JD0300001—2010	《声像资料鉴定通用规范》	该规范包括两部分,第 1 部分为"声像资料鉴定通用术语",第 2 部分为"声像资料鉴定通用程序"。对声像资料常用术语进行了定义,对声像资料鉴定中案件的受理程序、检验/鉴定程序、送检材料的流转程序、结果报告程序、检验记录程序、档案管理程序、出庭程序等进行了规定,适用于声像资料鉴定的各项鉴定
SF/Z JD0301001—2010	《录音资料鉴定规范》	该规范包括三部分,第 1 部分为"录音资料真实性(完整性)鉴定规范",第 2 部分为"录音内容辨听规范",第 3 部分为"语音同一性鉴定规范"
SF/Z JD0304001—2010	《录像资料鉴定规范》	该规范包括四部分,第 1 部分为"录像资料真实性(完整性)鉴定规范",第 2 部分为"录像过程分析规范",第 3 部分为"人像鉴定规范",第 4 部分为"物像鉴定规范"。其中第 1 部分规定了声像资料鉴定中录像资料真实性(完整性)鉴定的步骤和方法,第 2 部分规定了声像资料鉴定中录像过程分析的步骤和方法,第 3 部分规定了声像资料鉴定中人像鉴定的步骤和方法,第 4 部分规定了声像资料鉴定中物像鉴定的步骤和方法,分别适用于声像资料鉴定中的录像资料真实性(完整性)鉴定、录像过程分析、人像鉴定和物像鉴定
SF/Z JD0301002—2015	《录音设备鉴定技术规范》	该规范规定了声像资料鉴定中录音设备鉴定的方法和步骤
SF/Z JD0300002—2015	《音像制品同源性鉴定技术规范》	该规范规定了声像资料鉴定中音像制品同源性鉴定的步骤和方法,适用于声像资料鉴定中的音像制品同源性鉴定
SF/Z JD0301003—2015	《录音资料处理技术规范》	该规范规定了声像资料鉴定中录音处理的步骤和方法
SF/Z JD0302001—2015	《图像真实性鉴定技术规范》	该规范规定了声像资料鉴定中的图像真实性鉴定的方法和步骤,适用于声像资料鉴定中的图像真实性鉴定。对于视频帧的检验可适用该规范
SF/Z JD0302002—2015	《图像资料处理技术规范》	该规范规定了声像资料鉴定中图像处理的方法和步骤,适用于声像资料鉴定中的图像处理
SF/Z JD0302003—2018	《数字图像修复技术规范》	该规范规定了声像资料鉴定中数字图像修复的方法和步骤、修复结果输出、记录要求,适用于声像资料鉴定中的数字图像修复

续表

标准编号	标准名称	说明
SF/Z JD0304002—2018	《录像设备鉴定技术规范》	该规范规定了声像资料鉴定中录像设备鉴定的步骤、方法及鉴定意见，适用于声像资料鉴定中的录像设备鉴定，还可用于声像资料鉴定中的录像资料是否同机录制的鉴定
SF/Z JD0300002—2018	《数字声像资料提取与固定技术规范》	该规范规定了声像资料鉴定中数字声像资料提取与固定的方法和步骤、检验记录，适用于声像资料鉴定中的数字声像资料的数据提取与固定
SF/Z JD0303001—2018	《照相设备鉴定技术规范》	该技术规范规定了声像资料鉴定中录像设备鉴定的步骤、方法及鉴定意见

五、团体标准规范

团体标准规范是指由学会、协会、联合会和产业技术联盟等社会团体按照其确立的标准制定程序自主制定发布，由社会自愿采用的标准，如由全国及各省市的司法鉴定学会、司法鉴定行业协会等制定的团体标准。团体标准对现有技术标准规范是很好的补充，条件成熟时，可通过吸收或转化提高标准级别。按照《司法鉴定程序通则》第二十三条的规定，司法鉴定人进行鉴定，应当依下列顺序遵守和采用该专业领域的技术标准、技术规范和技术方法：（一）国家标准；（二）行业标准和技术规范；（三）该专业领域多数专家认可的技术方法。没有明确团体标准的级别和适用范围，故本部分不再一一列举团体标准规范。

第二节　法庭科学国家标准规范节选

一、《电子物证数据恢复检验规程》节选

《电子物证数据恢复检验规程》（节选）

（GB/T 29360—2012）

1　范围

本标准规定了电子物证检验中数据恢复检验的方法。

本标准适用于法庭科学领域中的电子物证检验。

本标准不适用于物理损坏存储介质的数据恢复。

4　仪器设备

4.1　硬件

存储介质、保全备份设备、具有只读接口的电子物证检验工作站。

4.2　软件

4.2.1　操作系统：Windows、UNIX、Linux、Mac OS 等。

4.2.2 软件工具：具有数据恢复功能的软件。

5 操作步骤

5.1 检材及样本编号

对送检的检材(样本)进行唯一性编号。

5.2 检材及样本拍照

对送检的检材(样本)加上唯一性编号进行拍照。

5.3 检材及样本保全备份

对具备保全条件的检材(样本)进行保全备份。

5.4 检验

5.4.1 启动杀毒软件对电子物证检验工作站系统进行杀毒。

5.4.2 将检材(若已保全，使用保全的存储设备)通过只读方式连接到电子物证检验工作站。

5.4.3 计算检材(样本)的哈希值。

5.4.4 根据检验要求，使用软件工具进行数据恢复。

5.4.5 恢复数据文件方法应按照软件工具使用说明书进行操作。

5.4.6 将恢复的数据进行筛选后复制到检验专用存储介质中。

5.5 检出数据刻录

5.5.1 将检出数据刻录在不可擦写的空白光盘上，应采用封盘刻录。

5.5.2 计算光盘的哈希值。

5.5.3 对光盘进行唯一性编号。

5.5.4 贴上盘签。盘签应注明检验单位名称、光盘编号、光盘哈希值、光盘制作日期等；应加盖检验鉴定专用章。

6 检验结论的表述

经对编号为 "a_1" 至 "a_n" 的检材使用 rr 软件工具进行技术检验，检验结果如下：

在检材 a_i 中检出与 yy 有关数据文件 mm 个，大小合计 bb。检出的数据文件刻录在编号为 gg 光盘中，该光盘的 HH 哈希值为 hh。(或：在检材 a_i 中未检出与 yy 有关的数据文件。)

注：a_i 代表检材编号；n 代表检材个数；i 代表检材序号；rr 代表使用软件工具的名称及版本号；yy 代表检验要求或样本；mm 代表文件个数；bb 代表文件大小，单位可以使用 Byte、KB、MB 或 GB；gg 代表光盘的编号；HH 代表哈希值算法；hh 代表光盘的哈希值。

7 附则

7.1 在检验过程中应做检验记录。

7.2 在检验过程中，不应改变送检检验对象中的数据。

7.3 在检验过程中，检出的数据应存储到专用的存储介质中。

7.4 应对送检检验对象做好防水、防磁、防静电和防震保护。

二、《电子物证数据搜索检验规程》节选

《电子物证数据搜索检验规程》(节选)

（GB/T 29362—2012）

2　术语和定义

下列术语和定义适用于本文件。

2.1　数据搜索　data search

在送检存储设备或介质中查找已知内容或关键字检验，包括文件搜索和物理搜索两种方式。

2.2　文件搜索　file search

根据已知内容或关键字对送检存储设备或介质的数据文件进行搜索检验。

2.3　物理搜索　physical search

根据已知内容或关键字对送检存储设备或介质的二进制数据进行搜索检验。

2.4　保全备份　safe backup

对原始数据进行完整、精确、无损的备份。

3　仪器设备

3.1　硬件

存储介质、保全备份设备、具有只读接口的电子物证检验工作站。

3.2　软件

3.2.1　操作系统：Windows、Unix、Linux、Mac OS 等。

3.2.2　软件工具：具有数据搜索功能的软件、操作系统提供的资源(文件)管理器等。

4　操作步骤

4.1　检材及样本编号

对送检的检材(样本)进行唯一性编号。

4.2　检材及样本拍照

对送检的检材(样本)加上唯一性编号进行拍照。

4.3　检材及样本保全备份

对具备保全条件的检材(样本)进行保全备份。

4.4　检验

4.4.1　启动杀毒软件对电子物证检验工作站系统进行杀毒。

4.4.2　将检材(样本)(若已保全，使用保全的存储设备)通过只读方式连接到电子物证检验工作站。

4.4.3　计算检材(样本)的哈希值。

4.4.4　根据检验要求，使用软件工具进行文件搜索或物理搜索。

4.4.5　搜索数据应按照软件工具使用说明书进行操作。

4.4.6　将搜索结果按检验要求筛选后复制到检验专用存储介质中。

4.5　检出数据刻录

4.5.1　将检出数据刻录在不可擦写的空白光盘上，应采用封盘刻录。

4.5.2　计算光盘的哈希值。

4.5.3　对光盘进行唯一性编号。

4.5.4　贴上盘签。盘签内容应注明检验单位名称、光盘编号、光盘哈希值、光盘制作日期等；应加盖检验鉴定专用章。

第三节　法庭科学公安部颁行业标准规范节选

一、电子数据存储介质复制工具要求及检测方法节选

电子数据存储介质复制工具要求及检测方法(节选)

(GA/T 754—2008)

5　检测步骤

5.1　检测要求

a) 对于复制工具支持的所有访问接口，均应分别按照本章规定的方法逐一检测；

b) 对于复制工具支持的所有目标对象，均应分别按照本章规定的方法逐一检测。

5.2　完整复制要求和准确复制要求的检测

5.2.1　对于目标对象为柱面非对齐备份的，按照以下步骤检测：

a) 准备两个型号相同、存储空间大小相同、不存在损坏扇区的电子数据存储介质，分别记为 A 和 B；

b) 在 A 上随机写入任意数据后进行分区，并使 A 上存在隐藏数据扇区；

c) 使用复制工具将 A 复制到 B 上；

d) 计算 A 和 B 上存储的所有数据的 MD5 校验值，比较 MD5 校验值，如果一致，则判定符合完整复制要求和准确复制要求，否则判定不符合完整复制要求和准确复制要求。

5.2.2　对于目标对象为柱面对齐备份的，按照以下步骤检测：

a) 准备两个型号相同、存储空间大小不同、不存在损坏扇区的电子数据存储介质，其中存储空间较小的记为 A，存储空间较大的记为 B。

b) 在 A 上随机写入任意数据。

c) 将 A 分为两个分区，并使两个分区之间和第二个分区之后存在隐藏扇区。记 A 的第一个分区起始扇区号为 A_1，最后一个扇区号为 A_2，第二个分区起始扇区号为 A_3，最后一个扇区号为 A_4，最后一个物理扇区号为 A_5。并保证在 B 上第 A_3 扇区不位于簇边界上。

d) 使用复制工具将 A 复制到 B 上。记 B 的第一个分区起始扇区号为 B_1，最后一个扇区号为 B_2，第二个分区起始扇区号为 B_3，最后一个扇区号为 B_4。

e) 计算 A 的 A_1 扇区至 A_3-1 扇区和 B 的 B_1 扇区至 $B_1+A_3-A_1-1$ 扇区的数据的 MD5

校验值，比较 MD5 校验值是否一致，如果不一致则判定不符合完整复制要求和准确复制要求。

f)计算 A 的 A_3 扇区至 A_5 扇区和 B 的 B_3 扇区至 $B_3+A_5-A_3$ 扇区的数据的 MD5 校验值，比较 MD5 校验值是否一致，如果不一致则判定不符合完整复制要求和准确复制要求。

g)检查 B 的 $B_1+A_3-A_1$ 扇区至 B_3-1 扇区是否被合理填充，如果未被合理填充，则判定不符合完整复制要求和准确复制要求。

h)如果上述检测未判定不符合完整复制要求和准确复制要求，则判定符合完整性和准确性要求。

5.2.3　对于目标对象为镜像文件的，按照以下步骤检测：

a)准备两个型号相同、存储空间大小相同、不存在损坏扇区的电子数据存储介质，分别记为 A 和 B；

b)准备一个存储空间大小大于 A 的电子数据存储介质，记为 C；

c)在 A 上随机写入任意数据后进行分区，并使 A 上存在隐藏扇区；

d)使用复制工具将 A 复制生成镜像文件存储到 C 上；

e)从镜像文件重新创建源存储介质的比特流并写入到 B 上；

f)计算 A 和 B 上存储的所有数据的 MD5 校验值，如果 MD5 校验值一致，则判定符合完整复制要求和准确复制要求，否则判定不符合完整复制要求和准确复制要求。

5.3　错误处理要求的检测

a)准备两个存在损坏扇区的电子数据存储介质，其中存储空间较小的记为 A，存储空间较大的记为 B；

b)准备与 A 型号相同、存储空间大小相同、不存在损坏扇区的电子数据存储介质，记为 C；

c)使用复制工具将 A 复制到 B 上，并使复制过程中 A 的损坏扇区被读取，B 的损坏扇区被写入；

d)检查复制工具是否报告 A 的损坏扇区读取错误和错误位置，如果未报告错误和错误位置，则判定不符合错误处理要求；

e)检查复制工具是否报告 B 的损坏扇区写入错误，如果未报告错误，则判定不符合错误处理要求；

f)对于目标对象为柱面非对齐备份和柱面对齐备份的，检查 B 中与 A 损坏扇区对应的扇区是否得到合理填充，如果未得到合理填充则判定不符合错误处理要求；

g)对于目标对象为镜像文件的，从镜像文件重新创建源存储介质的比特流并写入到 C 中，检查 C 中与 A 损坏扇区对应的扇区是否得到合理填充，如果未得到合理填充，则判定不符合错误处理要求；

h)如果上述检测未判定不符合错误处理要求的，则判定符合错误处理要求。

5.4　存储空间不匹配处理要求的检测

5.4.1　存储空间不足处理要求的检测

a)准备两个存储空间大小不同、不存在损坏扇区的电子数据存储介质，其中存储空间较大的记为 A，存储空间较小的记为 B。

b)对于目标对象为镜像文件的，准备存储空间大于 A 的电子数据存储介质，记为 C，准备型号和存储空间大小与 A 相同的电子数据存储介质，记为 D。

c)将 A 分为两个分区，假定第一个分区起始扇区至第二个分区起始扇区的长度为 N 个扇区，保证 B 的存储空间大小大于 N 个扇区。

d)使用复制工具将 A 复制到 B 上。

e)对于目标对象为柱面非对齐备份和柱面对齐备份的，检查复制工具是否报告目标存储空间不足。

f)对于目标对象为柱面非对齐备份的，计算 B 上存储的所有数据的 MD5 校验值和 A 从第一个物理扇区开始，存储空间大小与 B 相同的所有扇区的 MD5 校验值，比较两个 MD5 校验值是否一致。

g)对于目标对象为柱面对齐备份的，计算 A 和 B 第一个分区起始扇区开始的 N 个扇区的 MD5 校验值，比较两个 MD5 校验值是否一致。

h)对于目标对象为镜像文件的，检查复制工具是否提示用户切换目标存储介质。如果提示用户切换目标存储介质，则切换到 C。在复制完成过后，从镜像文件重新创建 A 的比特流并写入到 D 中。计算 A 和 D 上存储的所有数据的 MD5 校验值，比较两个 MD5 校验值是否一致。

i)对于复制过程中未提示用户目标存储空间不足或 MD5 校验值不一致的，判定不符合存储空间不足处理要求，否则判定符合存储空间不足处理要求。

5.4.2　存储空间过剩处理要求的检测

a)准备两个存储空间大小不同、不存在损坏扇区的电子数据存储介质。存储空间较小的记为 A，存储空间较大的记为 B。假定 A 的扇区总数为 N，B 的扇区总数为 M。

b)计算 B 的第 N 个扇区到最后一个扇区所保存的数据的 MD5 校验值。

c)使用复制工具将 A 复制到 B 上。

d)检查 B 的 N+1 个扇区至最后一个扇区是否得到合理填充，如果未得到合理填充，计算 B 的 N+1 个扇区至最后一个扇区所保存的数据的 MD5 校验值，如果 MD5 校验值与数据复制前计算获得的 MD5 校验值不一致，则判定不符合存储空间过剩处理要求，否则判定符合存储空间过剩处理要求。

注：对目标对象为镜像文件的，可不检测存储空间过剩处理要求。

5.5　写保护要求的检测

如果复制工具可在未使用写保护设备保护源存储介质的情况下复制数据，按 GA/T 755—2008 中的规定进行检测。

二、《数字化设备证据数据发现提取固定方法》节选

《数字化设备证据数据发现提取固定方法》（节选）

（GA/T 756—2008）

3　术语和定义

下列术语和定义适用于本标准。

3.1 数字化设备 digital device

存储、处理和传输二进制数据的设备，包括计算机、通信设备、网络设备、电子数据存储设备等。

3.1.1 本地数字化设备 local digital device

检验人员能物理接触、操作的数字化设备。

3.1.2 远程数字化设备 remote digital device

能通过网络访问的数字化设备。

3.2 证据数据 evidence data

作为证据使用的电子数据。

3.3 证据数据发现提取 evidence data discovering and extraction

对数字化设备存储、处理、传输的数据进行搜索、分析、截获，获得证据数据的过程。

3.4 固定证据数据 preserve evidence data

在证据数据发现提取过程中，采取技术措施或记录相关信息，保护证据数据完整性。

3.5 逐比特一致 bit-based identicalness

两组数据每一比特位数值相同。

3.6 含义一致 content-based identicalness

就检验鉴定结论所下断言而言，两组数据所表示的含义相同。

示例：两张图片展示相同的文字信息，虽然其数据并非逐比特一致，但如果检验鉴定结论所下断言评价的是其包含的文字信息，则其数据含义一致。

3.7 可再现数据 reproducible data

如果重复证据数据发现提取过程，可重新获得逐比特一致或含义一致的证据数据，则称该证据数据为可再现数据。

3.8 不可再现数据 irreproducible data

如果证据数据发现提取过程无法重复，或证据数据发现提取相关环境条件无法复原，重复证据数据发现提取过程无法重新获得逐比特一致或含义一致的证据数据，则称该证据数据为不可再现数据。

3.9 证据数据原始性 evidence data originality

证据数据是按照所描述的步骤从被检验数字化设备中发现提取获得的。

注：保护证据数据原始性是指采取技术措施，保证通过展示相关记录信息或重新实施证据数据发现提取过程，能证实证据数据是按照所描述的发现提取步骤从被检验数字化设备中发现提取获得的。

3.10 证据数据完整性 evidence data integrity

证据数据在发现提取后未被修改。

注：保护证据数据完整性是指采取技术措施，保证通过展示相关记录信息，能证实证据数据在发现提取后是否被修改。

3.11 哈希值 hash data

使用 MD5 等哈希算法对数据进行计算获得的数值。

3.12　原始电子数据存储介质　original digital data storage

被检验数字化设备中包含的电子数据存储介质。

3.13　检验用例　inspection case

规定如何发现证据数据的文档化的细则。包括:

a)目标证据数据;

b)检验设备和软件;

c)证据数据发现提取操作步骤;

d)检验环境条件。

3.14　屏幕录像软件　computer screen capture

用于截获计算机屏幕上显示的内容,并生成视频文件的软件。

4　证据数据发现提取固定步骤

4.1　记录检材情况

a)对检材进行编号;

b)对送检数字化设备逐一拍照,并记录检材的特征。

4.2　设计检验用例

根据目标证据数据设计检验用例。检验用例应符合以下要求:

a)对具备复制条件的,应使用符合 GA/T 754—2008 要求的电子数据存储介质复制工具复制原始电子数据存储介质,将复制生成的克隆或镜像文件作为检验对象;

b)对于具备写保护条件的,应使用符合 GA/T 755—2008 要求的写保护设备,将电子数据存储介质通过写保护设备接入到检验设备上;

c)对于不启动被检验数字化设备的操作系统,能发现提取固定的证据数据,应优先选择在不启动被检验数字化设备的操作系统的条件下发现提取固定证据数据。

4.3　发现提取固定证据数据

a)根据检验用例准备检验环境条件、数字照相机和数字摄像机。

b)对于检验设备为计算机的,在检验设备上安装屏幕录像软件,使用杀毒软件查杀计算机上的病毒程序。

c)对于以下情形,启动数字摄像机或屏幕录像软件,记录检验设备屏幕上显示的内容:

1)目标证据数据为不可再现数据的;

2)检验对象为远程数字化设备的;

3)检验对象为原始电子数据存储介质且不具备写保护条件的;

4)检验过程中启动被检验数字化设备的操作系统且不具备写保护条件的。

d)对于目标证据数据为可再现数据的,可不启动数字摄像机或屏幕录像软件。

e)根据检验用例规定的证据数据发现提取操作步骤,搜索、分析、截获证据数据。

f)对于能复制导出成为数据文件的证据数据,将数据文件复制导出作为证据数据。

g)对于在被检验设备屏幕上显示的,无法截获转换成数据文件的信息,使用数字照相机或数字摄像机拍摄屏幕显示内容,将拍摄获得的图像文件和视频文件导出作为证据数据。

h) 计算导出的证据数据文件的哈希值。

i) 对于启动数字摄像机或屏幕录像软件的,在检验设备屏幕上显示导出的数据文件名称和哈希值并予以录像。

j) 对于启动屏幕录像软件的,停止屏幕录像软件,将生成的视频文件导出并计算其哈希值。

k) 对于使用数字摄像机录像的,停止录像,将录像带封存并编号,或将录像结果导出成数据文件并计算其哈希值。

4.4 检验记录

4.4.1 对于检材,应记录以下内容:

a) 检材类别;

b) 检材型号;

c) 检材出厂时唯一性编号(如果适用);

d) 检材的照片。

4.4.2 对于证据数据,应记录以下内容:

a) 检验目的;

b) 检验设备和软件;

c) 证据数据发现提取操作步骤;

d) 检验环境条件;

e) 导出的证据数据文件的存储位置、文件名、文件哈希值和数据的可再现特性;

f) 检验时间;

g) 检验人员。

4.4.3 对于导出的录像文件,应记录:

a) 录像文件名;

b) 录像开始时间;

c) 录像结束时间;

d) 录像文件哈希值;

e) 检验人员。

4.4.4 对于记录检验过程的录像带,应记录:

a) 录像带编号;

b) 录像开始时间;

c) 录像结束时间;

d) 检验人员。

三、《程序功能检验方法》节选

《程序功能检验方法》(节选)

(GA/T 757—2008)

3 术语和定义

GA/T 756—2008 确立的以及下列术语和定义适用于本标准。

3.1 程序功能 program function

程序中的一个算法的实现，利用该实现，用户或程序可执行某一工作任务的全部或部分内容。［GB/T 17544—1998，定义 2.1］

3.2 可审计性 accountability

通过重复检验或展示检验过程中记录的信息，能重新展示检验过程。

3.3 测试用例 test case

其规定如何对某项功能或功能组合进行测试的文档化的细则。测试用例包括下列内容的详细信息：

a) 测试目标；

b) 测试的功能；

c) 测试环境条件；

d) 测试数据；

e) 测试步骤。

注：改写 GB/T 17544—1998，定义 2.6。

3.4 可重复测试用例 re-executable test case

如果根据测试用例对程序功能重复测试，能得出相同的测试结论，则称该测试用例为可重复测试用例。

3.5 不可重复测试用例 none re-executable test case

如果测试过程无法重复，或测试环境和其他条件无法复原，无法根据测试用例对程序功能重复测试，则称该测试用例为不可重复测试用例。

4 检验步骤

4.1 记录检材情况

a) 对检材进行编号；

b) 对于检材为数字化设备的，对数字化设备逐一拍照并记录其特征；

c) 对于检材为可从数字化设备提取的、独立于数字化设备的程序，计算程序文件的哈希值，并复制备份程序文件。

4.2 程序功能测试

a) 根据测试目标和测试的功能，设计测试用例。

b) 根据测试用例准备测试环境条件、数字摄像机和数字照相机。

c) 对于测试设备为计算机的，在测试设备上安装屏幕录像软件，并使用杀毒软件查杀计算机上的病毒程序。

d) 对于不可重复测试用例，启动数字摄像机或屏幕录像软件，记录测试设备屏幕上显示的内容。对于可重复测试用例，可不启动数字摄像机或屏幕录像软件。

e) 根据测试用例规定的测试步骤测试程序功能，并根据以下要求提取程序的输入数据和输出数据：

1) 对于测试人员操作产生的、无法转换成数据文件的输入数据，使用数字摄像机拍摄测试人员在被测试数字化设备上的操作，将拍摄获得的视频文件导出，并记录为输入数据；

2)对于输出数据表现为被检测数字化设备系统状态变化或屏幕上显示的内容,无法导出成为数据文件的,使用数字照相机或数字录像机记录数字化设备系统状态变化或屏幕上显示的内容,将拍摄获得的图像文件和视频文件导出,并记录为输出数据;

3)将输入数据、输出数据复制导出,并计算其哈希值。

f)对于启动数字摄像机或屏幕录像软件的,在检验设备屏幕上显示导出的数据文件名称和哈希值并予以录像。

g)对于启动屏幕录像软件的,停止屏幕录像软件,将生成的视频文件导出并计算其哈希值。

h)对于使用数字摄像机录像的,停止录像,将录像带封存并编号,或将录像结果导出成数据文件并计算其哈希值。

i)记录程序功能测试结果。

4.3 检验记录

4.3.1 对于检材为数字化设备的,应记录:

a)检材类别;

b)检材型号;

c)检材出厂时唯一性编号(如果适用);

d)检材的照片。

4.3.2 对于检材为独立于数字化设备的程序的,应记录:

a)程序文件名称;

b)程序文件哈希值;

c)程序运行的操作系统。

4.3.3 对于程序功能测试结果,应记录:

a)测试用例;

b)输入数据、输出数据及其哈希值;

c)程序功能测试结论;

d)测试日期;

e)测试人员。

4.3.4 对于导出的录像文件,应记录:

a)录像文件名;

b)录像开始时间;

c)录像结束时间;

d)录像文件哈希值;

e)测试人员。

4.3.5 对于记录检验过程的录像带,应记录:

a)录像带编号;

b)录像开始时间;

c)录像结束时间;

d)测试人员。

四、《电子数据存储介质写保护设备要求及检测方法》节选

《电子数据存储介质写保护设备要求及检测方法》(节选)

(GA/T 755—2008)

3 术语和定义

下列术语和定义适用于本标准。

3.1 电子数据存储介质 electronic data storage

能写入数据,保留数据和重新读出数据的数据存储设备。

3.2 写保护设备 write-blocker

将电子数据存储介质接入到计算机上,并保证计算机无法修改电子数据存储介质存储的数据的硬件设备。

3.3 被保护存储介质 protected data storage

通过写保护设备接入到其他设备上的电子数据存储介质。

3.4 用户数据存储区 user data storage area

电子数据存储介质中存储用户写入的数据的存储区域。

注:比如硬盘的盘片。

3.5 设备参数存储区 device parameter storage area

电子数据存储介质中用户数据存储区之外,用于存储硬件配置参数和设备状态信息等非用户写入的数据的存储区域。

注:比如硬盘驱动电路中保存硬盘设备信息的芯片。

3.6 关键配置参数 significant parameter data

设备参数存储区中存储的,对于确定数据存储位置和访问数据有影响的信息。

注:比如硬盘扇区总数对确定数据存储位置具有影响,则属于关键配置参数。

3.7 指令 command

向电子数据存储介质发出的,请求电子数据存储介质执行特定操作的指令。所有操作指令都属于读用户数据指令、读设备配置参数指令、修改指令、其他指令中的一种。

注:对于 ATA 接口,存储空间大于 138GB 的电子数据存储介质使用 48 比特的扇区地址,存储空间小于 138GB 的电子数据存储介质使用 28 比特的扇区地址,并使用不同的指令。

3.7.1 读用户数据指令 user data read command

用于读取用户数据存储区中的数据的指令。

3.7.2 读设备配置参数指令 device parameter read command

用于读取设备配置参数存储区中的数据的指令。

3.7.3 修改指令 modify command

包括:

a)修改用户数据存储区的数据的指令;

b)修改设备配置参数存储区中可配置参数的指令;

c）可能导致用户数据存储区的数据或设备配置参数存储区中可配置参数被修改的指令；

d）在接口中未描述的指令。

3.7.4 其他指令 other command

不属于读用户数据指令、读设备配置参数指令、修改指令的其他任意指令。

3.8 接口 interface

向电子数据存储介质发送指令和返回结果的技术规范。

3.9 指令生成器 command generator

能生成指令、发送指令，并记录电子数据存储介质返回结果的软件或硬件。

3.10 协议分析器 protocol analyzer

在数据传输总线上监测总线上传输的指令的设备。

4 要求

4.1 修改指令要求

写保护设备在任何情况下不应向被保护存储介质发送任何修改指令。

4.2 读用户数据指令要求

如果计算机向被保护存储介质发送读用户数据指令，写保护设备应正确返回计算机所请求的数据。

4.3 读设备配置参数指令要求

如果计算机向被保护存储介质发送读配置参数指令，且读取过程未发生错误，如果返回的数据中包含关键配置参数，写保护设备返回计算机的关键配置参数应与电子数据存储介质返回写保护设备的关键配置参数保持一致。

4.4 错误处理要求

如果计算机向被保护存储介质发送指令时被保护存储介质返回错误报告信息，且发生的错误无法通过重发指令等方法解决的，写保护设备应向计算机返回错误报告信息。

第四节 司法部颁司法鉴定技术规范节选

一、《电子数据司法鉴定通用实施规范》节选

《电子数据司法鉴定通用实施规范》（节选）

（SF/Z JD0400001—2014）

1 范围

本技术规范规定了电子数据司法鉴定的通用实施程序和通用要求，包括鉴定实施中必要环节的程序规范以及技术管理要求。

本技术规范适用于指导电子数据司法鉴定机构和鉴定人员从事司法鉴定业务。

4 电子数据鉴定基本原则

4.1 原始性原则

电子数据鉴定应以保证检材/样本的原始性为首要原则，禁止任何不当操作对检材/

样本原始状态的更改。

4.2 完整性原则

条件允许情况下，电子数据鉴定应首先对原始电子数据制作电子数据副本，并进行完整性校验，确保电子数据副本与原始电子数据的一致性。

4.3 安全性原则

电子数据鉴定原则上以电子数据副本为操作对象，检材/样本应封存妥善保管以确保安全。整个检验鉴定过程应在安全可控的环境中进行。

4.4 可靠性原则

电子数据鉴定所使用的技术方法、检验环境、软硬件设备应经过检测和验证，确保鉴定过程、鉴定结果的准确可靠。

4.5 可重现原则

电子数据鉴定应通过及时记录、数据备份等方式，保证鉴定结果的可重现性。

4.6 可追溯原则

电子数据鉴定过程应受到监督和控制，通过责任划分、记录标识和过程监督等方式，满足追溯性要求。

4.7 及时性原则

对委托鉴定的动态、时效性电子数据，应及时进行数据固定与保存，防止数据改变和丢失。

5 电子数据鉴定通用程序

5.1 案件受理

5.1.1 受理方式

案件受理实行程序审核与技术审核相结合的方式，对确认符合受理规定的应予以受理。

5.1.2 程序审核

审核委托方提供的委托书、身份证明、检材等委托材料，对手续齐全的予以确认。

5.1.3 技术审核

5.1.3.1 审核检材/样本的送检状态，使用拍照、录像等方式记录其外观和标识，并确认委托方要求鉴定的电子数据。

5.1.3.2 审核委托方的鉴定要求，通过相互沟通，引导其提出科学、合理、明确的鉴定要求。

5.1.3.3 审核鉴定要求与检材/样本的技术关联性，从技术层面确认委托鉴定要求的有效性和可行性。

5.1.4 受理规则

5.1.4.1 如有以下情况不予受理：

a) 经审核委托材料不齐全、委托鉴定要求不具备有效性和可行性，同时无法补充完善的；

b) 《司法鉴定程序通则》中第十六条规定的不得受理的情况。

5.1.4.2 对不能当场决定是否受理的，可先行接收进行检验，并向委托方出具送检材料收领单。检验应在七个工作日内完成，确认是否受理并告知委托方。

5.1.4.3 经审核决定受理的，应与委托方签订司法鉴定委托协议书。否则，应完整退还委托方提供的所有委托材料。

5.2 检验/鉴定

5.2.1 方案制定

5.2.1.1 案件受理后，应成立由两名以上鉴定人(含两人)组成的鉴定组共同实施鉴定。

5.2.1.2 根据委托要求、检材及样本的情况，鉴定组讨论确定鉴定方案，鉴定方案主要包括技术路线、使用方法、设备软件、鉴定进度计划等。

5.2.1.3 根据鉴定要求如需补充材料，应及时书面告知委托方，并调整鉴定方案。委托方提供补充材料所需时间不计算在鉴定时限内。

5.2.2 鉴定实施

5.2.2.1 电子数据检验鉴定原则上以电子数据副本作为操作对象，对可制作电子数据副本的检材应先制作电子数据副本，并计算散列值进行完整性校验，制作完成后检材应妥善保管。

5.2.2.2 对不能制作电子数据副本的，应在操作过程中采取可能的写保护措施，并采用拍照、录像等方式记录所有对检材的操作行为。

5.2.2.3 如遇特殊情况，需要以检材作为操作对象并可能对其造成修改时，必须经委托人书面同意，并记录说明所有对检材的具体操作及结果。

5.2.2.4 检验鉴定的操作过程应严格遵守方案所选择的鉴定方法，合理使用设备仪器进行电子数据司法鉴定工作。

5.2.2.5 检验鉴定应详细记录鉴定操作的每个步骤以及阶段性结论。

5.3 文书出具

5.3.1 文书起草

5.3.1.1 鉴定文书应依据《司法鉴定程序通则》和《司法鉴定文书规范》中要求的规范格式进行制作。

5.3.1.2 鉴定文书应如实按照鉴定组讨论形成的意见进行起草，真实客观的反映整个检验鉴定过程。

5.3.2 文书发放

5.3.2.1 鉴定文书制作完成后，应进行内容核对和文字校对，并经相关负责人复核和签发后方可出具。

5.3.2.2 鉴定文书应按约定的方式及时送达委托方，并留存送达回证。

5.4 出庭作证

5.4.1 出庭

5.4.1.1 依法出庭质证是鉴定人应当履行的法律义务。接到审判机关的出庭通知后，鉴定人如无正当理由应准时参加庭审，并客观忠实回答有关鉴定文书的各项问题。

5.4.1.2 鉴定人出庭前应全面掌握鉴定文书的相关情况，包括送检材料、鉴定要求、检验过程和方法、鉴定结论和主要依据等，并准备必要的计算机设备和软硬件环境以便进行鉴定结论展示。

5.4.2 质证

5.4.2.1 鉴定人在庭审中回答问题应简练准确，尽量使用通俗、规范的语言进行解释说明。

5.4.2.2 鉴定人接受当庭询问只限于回答与鉴定文书相关的内容，对涉及国家秘密、个人隐私、技术保密以及与鉴定无关的内容，鉴定人可以向法庭说明理由并拒绝回答。

6 电子数据鉴定通用要求

6.1 鉴定人员

6.1.1 从事电子数据鉴定人员必须取得鉴定执业资格。

6.1.2 新入职的检验鉴定人员必须经过培训才可上岗。鉴定人员应定期接受专业培训，培训可采用在职、脱产或其他适当形式。

6.1.2.1 当检验标准、检验方法、人员岗位和鉴定设备发生变化时，应及时对在岗人员进行培训。

6.2 设备环境

6.2.1 应配备合理的实验室环境，设置门禁管理系统，铺设防静电地板。有手机检验项目的，还应配备必要的手机信号屏蔽设施。

6.2.2 应配备计算机系统及信息网络安全防护措施，及时对防入侵、防病毒软件设备进行升级。

6.2.3 应配置满足电子数据鉴定所必需的工具设备，具体可参照《司法鉴定机构仪器设备配置标准》文件执行。

6.2.4 应对工具设备进行定期维护，并记录仪器设备的使用状态。

6.3 鉴定材料流转和保存

6.3.1 标识

6.3.1.1 在不影响读取的前提下，应在检材/样本上粘贴唯一性标识。

6.3.1.2 无法直接粘贴标识的，可在检材/样本的外包装上进行标识。

6.3.2 交接

6.3.2.1 检材/样本在流转过程中应办理交接手续。

6.3.2.2 在检验鉴定过程中，应妥善保存送检材料，防止其损坏或遗失。

6.3.3 保存

6.3.3.1 同一案件的送检材料应集中放置于一处，放置处应标明案件唯一性标识等信息。

6.3.3.2 应在专门防磁、防静电的存储环境中保存送检材料。

6.4 鉴定方法

6.4.1 应优先使用以国家标准、行业标准或地方标准发布的方法。

6.4.2 当没有以国家、行业、地方标准发布的方法时，可根据具体鉴定要求，参照权威组织、有关科学书籍、期刊公布的方法，自行设计制定适用的鉴定方法。自行制定的鉴定方法，在使用前应通过司法主管部门组织的专家确认。

6.5 检验记录

6.5.1 检验鉴定过程中，与鉴定活动有关的情况应及时、客观、全面地记录，记录方式包括文字、拍照、截图、录像等。

6.5.2　检验记录应包括以下主要内容:

a)案件编号、检材编号、鉴定要求、检材的基本属性及状态描述;

b)使用的鉴定方法、仪器设备、软件及软件版本号;

c)鉴定步骤、操作结果、鉴定对象特征、鉴定发现;

d)鉴定人员签名、时间记录;

6.5.3　检验记录中的文字表述应准确、无歧义,拍照、录像等材料应清晰可辨识。

6.6　档案管理

6.6.1　应将司法鉴定文书以及在鉴定过程中形成的有关材料整理立卷,归档保存。

6.6.2　应在鉴定完成后及时完成立卷归档工作,并做好档案材料移交记录。

6.6.3　刑事案件档案保管期限为永久保管,其他案件档案保管期限不少于5年。保管期限从该鉴定事项办结后的下一年度起算。

6.6.4　应定期对档案进行检查和清点,防止档案受损。

二、《电子数据证据现场获取通用规范》节选

《电子数据证据现场获取通用规范》(节选)

(SF/Z JD0400002—2015)

5　步骤

5.1　制定方案

在进行电子数据证据现场获取之前,需分析案情并根据具体情况制定详细的方案,包括:

a)明确现场获取的目的和范围;

b)明确参加现场获取的人员,需明确分工,落实责任;

c)明确进行现场获取需携带的移动仪器设备;

d)明确现场获取采用的方法和步骤;

e)明确现场获取的顺序;

f)明确现场获取操作可能造成的影响。

5.2　记录现场

现场取证人员应在到达现场后,立即对现场状况通过拍照或录像等的方式进行记录并予以编号保存,以便需要时可以进行验证或重建系统。

5.3　现场静态获取

对于已经关闭的系统,在法律允许的范围内并在获得授权的情况下,应对相关电子设备和存储介质进行获取(封存),方法如下:

a)采用的封存方法应当保证在不解除封存状态的情况下,无法使用被封存的存储介质和启动被封存电子设备;

b)封存前后应当拍摄或者录像被封存电子设备和存储介质并进行记录,照片或者录像应当从各个角度反映设备封存前后的状况,清晰反映封口或张贴封条处的状况;

c)对系统附带的电子设备和存储介质也应实施封存。

5.4 现场动态获取

对于运行中的系统,应进行电子数据证据的动态获取,其中又具体分为易丢失数据的提取和固定、在线获取以及电子设备和存储介质的封存三个部分。

5.4.1 易丢失数据的提取和固定

易丢失数据的提取和固定应遵照以下步骤:

a)固定保全内存数据,特别是以下数据:

1)打开并未保存的文档;

2)最近的聊天记录;

3)用户名及密码;

4)其他取证活动相关的文件信息。

b)获取系统中相关电子数据证据的信息,包括:

1)存储介质的状态,确认是否存在异常状况等;

2)正在运行的进程;

3)操作系统信息,包括打开的文件,使用的网络端口,网络连接(其中包括 IP 信息,防火墙配置等);

4)尚未存储的数据;

5)共享的网络驱动和文件夹;

6)连接的网络用户;

7)其他取证活动相关的电子数据信息。

c)确保证据数据独立于电子数据存储介质的软硬件、逻辑备份证据数据以及属性、时间等相关信息。

5.4.2 在线获取

在线获取应在现场不关闭电子设备的情况下直接分析和提取电子系统中的数据,包括:

a)打开的聊天工具中的聊天记录;

b)打开的网页;

c)打开的邮件客户端中的邮件;

d)其他取证活动相关的电子数据信息。

5.4.3 电子设备和存储介质的封存

在法律允许的范围内并在获得授权的情况下,结合实际情况进行分析,对系统是否需关闭作出判断并采取相应的措施。其中,对于已经关闭的系统的处理方式参照 5.3。

对于不能关闭的电子设备和存储介质,应遵循以下几点:

a)采用的封存方法应当保证在不解除封存状态的情况下,电子设备和存储介质可保持原有运行状态;

b)对于有特殊要求的电子设备和存储介质(如手机等无线设备),应保证电子设备和存储介质的封存方式完全屏蔽,不因电磁等影响而发生实质性改变;

c)封存前后应当拍摄或者录像被封存电子设备和存储介质并进行记录,照片或者录像应当从各个角度反映设备封存前后的状况,清晰反映封口或张贴封条处的状况。

5.5 电子数据证据的固定保全

从现场获取的上述所有电子数据证据需遵照以下几个方式进行固定保全：

a) 完整性校验方式：计算电子数据和存储介质的完整性校验值，并进行记录；

b) 备份方式：复制、制作原始存储介质的备份，并依照 5.3 规定的方法封存原始存储介质；

c) 封存方式：对于无法计算存储介质完整性校验值或制作备份的情形,应当依照5.4.4规定的方法封存原始存储介质，并记录不计算完整性校验值或制作备份的理由；

d) 保密方式：潜在电子数据证据的保密是一个要求，无论是业务要求或法律要求(如隐私)。潜在电子数据证据应以确保数据机密性的方式保存。

6 记录

电子数据证据现场获取的过程中，记录应贯穿整个过程：

a) 记录可以用摄像、截屏、拍照、编写文档等方式存放于任何一种存储介质中；

b) 对可能存在证据数据的电子数据存储介质进行拍照，编号并贴上标签标识；

1) 对现场状况以及提取数据、保存数据的关键步骤进行录像；

2) 对电子数据证据信息的属性、状态以及其他信息进行详细记录。

c) 从现场获取的电子数据证据，应记录该电子数据的来源和提取方法；

d) 现场获取检查结束后，应当及时记录整个工作过程。

三、《电子数据复制设备鉴定实施规范》节选

《电子数据复制设备鉴定实施规范》(节选)

(SF/Z JD0401001—2014)

3 要求

3.1 接口可用性要求

电子数据复制设备应能使用其支持的所有接口复制数据。

3.2 目标对象要求

复制设备应生成镜像文件、柱面对齐备份或柱面非对齐备份。

3.3 复制完整性要求

对于源存储介质所有可见数据扇区和隐藏数据扇区中的任一比特位，复制设备生成的目标对象中都可获得与其相对应的比特位。

3.4 复制准确性要求

如果源存储介质中的比特位可读取，复制设备生成的目标对象中的比特位与对应的源存储介质中的比特位数值应一致。

3.5 错误处理要求

a) 如果从源存储介质读取数据发生未解决错误，复制设备应告知用户发生的错误类型和位置；

b) 如果向目标对象写入数据发生未解决错误，复制设备应告知用户发生错误；

c)如果源存储介质中存在损坏扇区，复制设备生成的目标对象中对应的比特位应被合理填充。

3.6 存储空间不匹配处理要求

3.6.1 存储空间不足处理要求

a)如果目标存储介质存储空间不足，复制设备应告知用户；

b)如果目标对象为镜像文件，且复制设备支持切换目标存储介质，复制设备应提示用户切换目标存储介质，并在目标存储介质切换后在新的目标存储介质上继续写入镜像文件。

3.6.2 存储空间过剩处理要求

如果目标对象为柱面非对齐备份，且数据复制后目标存储介质存在剩余存储空间，复制设备应保留剩余存储空间的数据不变或对剩余存储空间进行合理填充。

3.7 写保护要求

复制设备应在自带写保护功能或使用写保护设备保护源存储介质的情况下复制数据。

3.8 操作提示要求

3.8.1 风险提示要求

如果用户坚持在已知错误情况下复制，复制完成设备应告知相应风险。

3.8.2 标识要求

复制设备应有明确的标识区分源存储介质和目标存储介质。

3.8.3 状态显示要求

复制设备应能显示当前的操作状态、复制速度、操作进度等信息。

3.8.4 中断操作要求

如果复制设备正在执行使用者设置的某一类操作时，使用者因某些原因需要中止当前的操作，复制设备应允许使用者执行中断操作。

四、《计算机系统用户操作行为检验规范》节选

《计算机系统用户操作行为检验规范》（节选）

（SF/Z JD0403003—2015）

3 术语和定义

SF/Z JD0400001—2014 电子数据司法鉴定通用实施规范所确立的以及下列术语和定义适用于本技术规范。

3.1 用户操作行为 User Behavior

用户使用计算机系统的特定行为，如登录/登出、接入外部设备、文件操作、打印、软件使用、浏览网页、即时通讯、收发电子邮件等。用户操作行为分为正在进行的行为和已经发生的行为。

3.2 操作痕迹 Operation Trace

存在于日志、注册表、临时文件、配置文件、数据库等区域，可以全部或部分反映

用户操作行为过程的数据。

4　检验步骤

4.1　了解相关情况

4.1.1　了解检材的使用情况，如用户信息、系统状态、可能的操作行为等。

4.1.2　如检材有登录口令或加密密钥保护，了解口令或密钥信息，并获得使用授权。

4.2　固定保全

4.2.1　对检材进行惟一性标识。

4.2.2　对检材进行拍照或录像，记录其特征。

4.2.3　当检材为开机状态时：

a) 对检材屏幕的显示内容进行拍照或录像；

b) 必要时提取检材内存数据并计算哈希值；

c) 必要时对检材存储介质中需要的数据进行备份，并计算哈希值；

d) 采用适当工具和方法对检材进行在线分析，并对检材中运行的程序及进程/线程进行分析和保全。

4.2.4　当检材为关机状态时：

a) 对具备条件的检材进行完整备份，并进行校验，之后使用备份数据进行检验；

b) 对于无法进行完整备份的检材，采用适当的工具和方法启动计算机系统，对需要的数据进行备份，并计算哈希值；

c) 必要时在只读条件下进行开机检验，并做好相关记录。

4.3　搜索和恢复

根据检验需要，搜索、恢复保存在检材中的相关文件和数据。

4.4　检验和分析

根据检材具体情况，视检验需要对下列全部或部分内容进行检验和分析。

4.4.1　登录/登出行为检验

a) 分析系统日志、应用程序日志及系统安全日志等日志文件中与用户登录/登出相关的记录；

b) 分析注册表中用户键值中的信息，如用户最后一次登录时间、最后一次登录失败时间等；

c) 在系统中其他位置查找与登录/登出相关的信息，如系统中文件的修改时间、防病毒软件的启动/关闭记录等。

4.4.2　接入外部设备行为检验

a) 分析系统驱动安装日志中与设备相关的数据；

b) 分析注册表中与设备相关的数据；

c) 分析系统中的文件与外部设备中的文件的相似性及复制关系；

d) 对于存在自动备份机制的外部设备(如手机)，分析备份在计算机系统中的数据。

4.4.3　文件操作行为检验

a) 分析文件的属性信息；

b) 分析文件的元数据信息；

c) 分析文件操作形成的临时文件、备份文件、快捷方式等;

d) 分析文件在相关软件及系统中的最近打开记录;

e) 对于被删除的文件,分析其状态、位置及内容。

4.4.4 打印行为检验

a) 分析系统中安装的打印机驱动程序;

b) 恢复并分析打印临时文件,如 SHD、SPL 及 TMP 文件;

c) 查找打印源文件,针对特定类型的源文件(如 Word 文档),分析其中的打印时间。

4.4.5 软件使用行为检验

a) 分析系统中软件文件的属性信息;

b) 分析软件运行时生成的配置文件、临时文件及其属性信息;

c) 分析软件的日志信息;

d) 分析软件在系统中其他位置(如注册表、系统还原点、系统镜像、最近打开文档等)留下的信息;

e) 对于含有数据库的软件,对数据库中的数据进行分析。

4.4.6 浏览网页行为检验

a) 根据网页浏览器类型和版本,查找其历史数据保存位置;

b) 分析网页浏览历史数据,如地址栏网址输入记录、网址重定向记录、网页浏览历史记录等;

c) 分析与被浏览网页相关的图片、文档、压缩包、Cookies、脚本等信息;

d) 查找并分析系统中与被浏览网页相关的其他文件,如收藏夹、保存的网页、下载的文件等;

e) 条件允许的情况下获取并分析位于服务器上的相关记录。

4.4.7 即时通讯行为检验

a) 查找系统中安装的即时通讯软件及其数据文件;

b) 分析客户端软件版本、用户账号等信息及数据文件的属性信息;

c) 分析数据文件中的聊天记录等信息;

d) 查找并分析通过即时通讯传输的图片、文档、多媒体文件等信息;

e) 条件允许的情况下获取并分析即时通讯交互中另一方的数据;

f) 条件允许的情况下获取并分析位于服务器上的相关记录。

4.4.8 电子邮件收发行为检验

a) 查找系统中安装的电子邮件客户端软件及其数据文件;

b) 根据客户端类型分析数据文件中的电子邮件及其相互之间的关联;

c) 在系统中搜索其他与需检电子邮件相关的信息;

d) 对于通过网页电子邮件服务收发的电子邮件,按照浏览网页行为进行检验;如能获得授权,参照 SF/Z JD0402001—2014 电子邮件鉴定实施规范保全并分析;

e) 条件允许的情况下获取并分析电子邮件往来中另一方或其他收件(抄送)方的电子邮件;

f) 条件允许的情况下获取并分析位于服务器上的相关记录。

4.5 注意事项

4.5.1 计算机系统中的时间信息与真实时间并非完全一致,检验中应注意系统时间与实际时间的差值,并分析人为修改、失电等原因造成的系统时间改变。

4.5.2 对于加密的数据,检验前应先对其进行解密。

4.5.3 在查找操作痕迹时,应注意搜索、恢复的全面性。

4.5.4 注意查找并分析检材中多处可以互相印证的操作痕迹。

4.5.5 注意查找并分析与操作行为相关的存在于第三方的数据。

4.5.6 对于检验中发现的一些存疑现象,可以搭建类似的环境进行实验重现,判断其性质。

5 检验记录

与鉴定活动有关的情况应及时、客观、全面地记录,保证鉴定过程和结果的可追溯。检验记录应反映出检验人、检验时间、审核人等信息。检验记录的主要内容有:

a)有关合同评审、变更及与委托方的沟通等情况;

b)检材固定保全情况,包括检材照片或录像、检材的哈希值等;

c)检验设备和工具情况;

d)检验过程和发现;

e)对检验发现的分析和说明;

f)其他相关情况。

6 检验结果

6.1 计算机系统用户操作行为检验结果应根据检验要求对检验对象、检验范围、检验所得进行客观、概括的描述。

6.2 对于尚不能明确计算机系统用户操作行为的,可出具无法判断结论并说明原因。

五、《手机电子数据提取操作规范》节选

《手机电子数据提取操作规范》(节选)

(SF/Z JD0401002—2015)

2 术语和定义

SF/Z JD0400001—2014 和 SF/Z JD0401001—2014 界定的以及下列术语和定义适用于本技术规范。

2.1 SIM 卡 Subscriber Identity Module Card

保存移动电话服务的用户身份识别数据的智能卡,也称为用户身份模块卡。SIM 卡主要用于 GSM 系统,但是兼容的模块也用于 UMTS 的 UE(USIM)和 IDEN 电话。CDMA2000 和 cdmaOne 的 RUIM 卡和 UIM 卡,也称作 SIM 卡;按照物理规格可分为 Full-Size、Mini-Size、Micro-Size 和 Nano-Size。

2.2 外置存储卡 Removable Storage Card

用于扩展数字移动电话存储空间的外部闪存介质。

2.3　信号屏蔽容器 Radio Isolation Container

可完全隔离手机所具备的 3G、GSM、Wi-fi、红外和蓝牙等通信信号的容器，如信号屏蔽袋。

2.4　PIN Personal Identity Number

PIN 码(PIN1)是用户和 SIM 卡系统间的身份识别密码，只有用户输入的 PIN 码和 SIM 卡系统中存储的密码相同时，用户才被授权访问。

2.5　IMSI International Mobile Subscriber Identification Number

国际移动用户识别码(IMSI)是区别移动用户的标志，储存在 SIM 卡中，可用于区别移动用户的有效信息。其结构为 MCC+MNC+MSIN，其中 MCC 是移动用户所属国家代号，占 3 位数字；MNC 是移动网号码，由两位或者三位数字组成，用于识别移动用户所归属的移动通信网；MSIN 是移动用户识别码，用以识别某一移动通信网中的移动用户。

2.6　ICCID Integrate circuit card identity

集成电路卡识别码(ICCID)，为 SIM 卡的唯一识别号码，共有 20 位数字组成，其编码格式为：XXXXXX 0MFSS YYGXX XXXXX，其中前六位运营商代码。

2.7　JTAG Joint Test Action Group

一种国际标准测试协议，主要用于芯片内部测试及对系统进行仿真、调试，JTAG 技术是一种嵌入式调试技术，它在芯片内部封装了专门的测试电路 TAP(Test Access Port，测试访问口)，通过专用的 JTAG 测试工具对内部节点进行测试。

2.8　IMEI International Mobile Equipment Identity

国际移动设备识别码(手机序列号)，用于在手机网络中识别每一部独立的手机，是国际上公认的手机标志序号。

3　现场获取

3.1　准备

在进行手机电子数据现场获取之前，需分析案情并进行准备工作，包括：

a) 现场获取的目的和范围；

b) 现场获取的人员，需明确分工，落实责任；

c) 明确手机现场获取需携带的仪器设备；

d) 明确手机现场获取采用的方法、标准和规范；

e) 明确手机现场获取步骤；

f) 明确手机现场获取操作可能造成的影响。

3.2　证据获取

3.2.1　静态获取

对于已经关闭的手机，在法律允许的范围内并在获得授权的情况下，对手机进行拍照或者拍摄，获取并记录手机的相关附件设备和信息，包括但不限于：

a) 手机品牌和型号；

b) 手机唯一性标示(如：IMEI 号)；

c) 手机 SIM 卡和外置存储卡；

d) 手机的启动密码和 PIN 码；

e) 手机附件设备(如：电源线、数据线和其他配备设备)和相关手册。

3.2.2 动态获取

3.2.2.1 对于处于运行状态的手机,如未启用安全验证机制(如开机密码和 PIN 码)或能获取解决安全验证机制的方法,应按照 3.2.1 方法进行获取,并记录手机的操作系统。

3.2.2.2 如手机已启用安全验证机制(如开机密码和 PIN 码),且无法获取解决安全验证机制的方法,应将手机从无线网络隔离后提取数据。将手机从无线网络隔离的方法包括:

a) 电子/射频屏蔽;

b) 设置为"飞行"模式;

c) 禁用 Wi-Fi、蓝牙和红外通信。

3.2.2.3 如需获取证据数据的手机正连接计算机进行同步,应采取以下措施:

a) 在获取计算机安全机制的情况下,关闭计算机电源,防止数据传输或同步覆盖;

b) 同时获取手机和连接的数据线、底座和与其同步的计算机,用于从计算机的硬盘中获取手机中未获取的同步数据;

c) 不可取出手机中的数据存储卡和 SIM 卡。

3.3 封存

3.3.1 已经关闭的手机,应采取以下措施进行封存:

a) 如手机的电池可拆卸,应取下电池;

b) 使用信号屏蔽容器进行封存,并予以标记;

c) 封存前后应对手机进行拍照或录像,照片或者录像应当从各个角度反映手机封存前后的状况,清晰反映封口或张贴封条处的状况。

3.3.2 处于运行状态的手机,如需保持开机状态,应采取以下措施进行封存:

a) 使用带有适配电源的信号屏蔽容器进行封存,并予以标记;

b) 将手机放置在专门设计的硬质容器中,防止无意触碰按键;

c) 封存前后应对手机进行拍照或录像,照片或者录像应当从各个角度反映手机封存前后的状况,清晰反映封口或张贴封条处的状况。

注 1: 信号屏蔽容器在使用前需经过测试,确保对 3G、GSM、Wi-Fi、红外和蓝牙等通信信号的屏蔽。

注 2: 手机信号与基站通信并非实时,当手机放入信号屏蔽容器中,信号完全屏蔽需要等待 10~20 秒时间。

注 3: 对于多个送检手机,应独立封存,防止送检手机之间的交叉污染。

4 实验室检验

4.1 记录送检手机的情况

4.1.1 对送检手机进行唯一性编号。

4.1.2 对送检手机进行拍照,并记录其特征。

4.1.3 获取和记录送检手机的相关信息,应包括但不限于:

a) 品牌、型号和操作系统;

b) 唯一性标示;

c) SIM 卡;

d) 外置存储卡;

e) 开机密码和 PIN 码;

f) 附件设备(如：电源线、数据线和其他配备设备)和相关手册。

4.2　数据的检验分析

4.2.1　手机存储数据获取

根据送检要求，对送检手机的获取可分层次进行，根据情况选择以下的一项或多项进行：

a) 手工获取：不借助其他手机取证设备，对屏显数据进行获取;

b) 逻辑获取：对送检手机的文件系统进行获取;

c) 物理获取(镜像获取/JTAG)：对送检手机文件系统进行镜像备份，或使用 JTAG 方式进行获取;

d) 芯片获取：对送检手机中的物理内存芯片进行获取;

e) 微读获取：使用高倍电子显微镜检验对手机内存单元进行物理观察以获取数据。

注 1：根据送检要求，可对送检手机进行提高操作权限的检验手段<如 root 等>。

4.2.2　SIM 卡的数据获取

通过手机取证设备或者 SIM 卡取证设备对 SIM 卡进行复制，从复制的 SIM 卡中提取数据。SIM 卡中提取的数据包含但不限于：

a) IMSI;

b) ICCID;

c) 短消息;

d) 通讯录;

e) 通话记录。

4.2.3　外置存储卡数据获取

外置存储卡中数据的恢复和获取按照 GB/T 29360—2012 和 GA/T 756—2008 的要求进行。

六、《声像资料鉴定通用规范》节选

《声像资料鉴定通用规范》(节选)

(SF/Z JD0300001—2010)

第 2 部分声像资料鉴定通用程序

1　范围

本部分规定了声像资料鉴定中案件的受理程序。

本部分规定了声像资料鉴定中案件的检验/鉴定程序。

本部分规定了声像资料鉴定中送检材料的流转程序。

本部分规定了声像资料鉴定中鉴定结果报告程序。

本部分规定了声像资料鉴定中检验记录程序。

本部分规定了声像资料鉴定中案件的档案管理程序。

本部分规定了声像资料鉴定中的出庭程序。

本部分适用于声像资料鉴定中的各项鉴定。

3 受理程序

3.1 案件的接受

3.1.1 案件可通过当面和邮件两种方式接受。

3.1.2 委托方必须提供介绍信、委托书等有关委托手续。

3.1.3 受理人应为具有声像资料鉴定资格的鉴定人。

3.2 了解案情

3.2.1 了解案情的途径

(1)委托方对案件情况的介绍;

(2)有关人员的当面陈述;

(3)阅读有关的案件卷宗;

(4)实地勘验和调查;

(5)其他合法途径。

3.2.2 了解案情的内容

(1)案件发生的经过、性质、争议的焦点及其他相关情况;

(2)何人提交的检材,想说明什么问题,检材的关键内容是什么;

(3)何人提出鉴定,为什么鉴定,鉴定的关键部分是什么;

(4)是否存在与检材相关的其他人证、物证、书证、声像资料等证据,其情况如何;

(5)是否首次鉴定,如不是首次鉴定的,应了解历次鉴定的具体情况。

3.2.3 了解与检材相关的情况

(1)检材为何人、何时、何地录制;

(2)检材的录制环境、现场人员情况;

(3)检材的录制方式、录制设备、连接及操作情况;

(4)检材的提取、保存及复制情况;

(5)视鉴定需要,了解案件所涉人、物的具体情况,如语音同一性鉴定中被鉴定人的生活背景、物像同一性鉴定中被鉴定物品的特性等;

(6)视鉴定需要,要求提供录制检材的设备或软件等。

3.2.4 了解与样本相关的情况

(1)样本为何人、何时、何地录制;

(2)样本的录制环境、现场人员情况;

(3)样本的录制方式、录制设备、连接及操作情况;

(4)样本的提取、保存及复制情况;

(5)视鉴定需要,了解录制样本时,被鉴定人的状态、配合程度等情况。

3.3 审查送检材料

3.3.1 检材的审核

(1)了解检材是否(声称)原始录制;

(2)征得委托方同意，启动检材的防删除装置；

(3)检查检材的标记情况，如无标记的，可要求委托方或征得委托方同意，通过书写文字、贴标签等方式进行标记，以防材料之间的混淆；

(4)检查检材是否有损坏、拆卸、污染等情况；

(5)检查检材录制设备、播放软件及连线的状态，是否能够正常工作；

(6)通过提供的录制设备、播放软件或适当的声像设备对检材进行放像/音，检查检材状态；

(7)通过文件名、时间计数、特殊画面或语音等，确定检材上需要鉴定内容的位置；

(8)通过人、物、内容、声音等的特点，确定需要鉴定的内容；

(9)初步判断检材是否具备鉴定条件。

3.3.2 样本的审核

(1)了解样本是否原始录制；

(2)征得委托方同意，启动样本的防删除装置；

(3)检查样本的标记情况，如无标记的，可要求委托方或征得委托方同意，通过书写文字、贴标签等方式进行标记，以防材料之间的混淆；

(4)检查样本是否有损坏、拆卸、污染等情况；

(5)通过适当的声像设备或播放软件对样本进行放像/音，检查样本状态；

(6)通过文件名、时间计数、特殊画面或语音等，确定样本上供比对内容的位置；

(7)通过人、物、内容、声音等特点，确定供比对的内容；

(8)初步判断样本是否具备比对条件。如需要补充样本的，应将有关录制样本的要求告知委托方；

(9)如需鉴定方制作样本的，应向委托方提出需配合事项，按相应技术要求录制样本。

3.4 明确鉴定要求

3.4.1 明确委托方具体的鉴定要求。

3.4.2 审查委托方提出的鉴定要求是否属于声像资料鉴定的范围。

3.4.3 对委托方所提不科学、不合理或不确切的要求，应相互沟通，使其提出适当的要求。

3.5 决定是否受理

3.5.1 初步评价实验室现有资源和能力是否能够满足鉴定要求，决定是否受理。如有以下情况可以不予受理。

(1)检材经初步检查明显不具备鉴定条件的；

(2)样本经初步检验明显不具备比对条件，同时又无法补充的；

(3)鉴定要求不明确的；

(4)委托方故意隐瞒有关重要案情的；

(5)在委托方要求的时效内不能完成鉴定的；

(6)实验室现有资源和能力不能满足鉴定要求的；

(7)《司法鉴定程序通则》第十六条规定的不得受理的情况。

3.5.2　决定受理的

(1)与委托方签订鉴定委托协议;

(2)向委托方说明鉴定委托协议中所需填写的内容,并明确告知各项格式条款的具体内容;

(3)要求委托方如实、详细填写鉴定委托协议中的相关内容;

(4)认真核查委托方填写的各项内容。

3.5.3　决定不受理的,应向委托方说明原因。

3.5.4　如不能当场决定是否受理的,可先行接收,并向委托方出具收领单或在鉴定委托协议中予以说明。

(1)接收后经审查决定不受理的,应及时将送检材料退回委托方,并向其说明原因;

(2)接收后决定受理的,对案件进行编号登记。

3.6　登记

3.6.1　案件接收后应当进行统一登记。

3.6.2　决定受理的,对案件进行惟一性编号。

4　检验/鉴定程序

4.1　鉴定的启动

4.1.1　案件受理后,应组成鉴定组,并指定第一鉴定人。

4.1.2　根据案件的具体情况,确定相应的鉴定程序。

4.2　鉴定程序

4.2.1　鉴定程序分为普通程序和复杂程序。

4.2.2　初次鉴定的案件一般进入普通程序。

4.2.3　已经过鉴定的复核、重新鉴定或重大、疑难案件鉴定直接进入复杂程序。

4.2.4　普通程序中,鉴定人之间产生意见分歧的,转入复杂程序。

4.3　鉴定人和鉴定组

4.3.1　鉴定人必须具备声像资料鉴定专业的资质,并取得声像资料鉴定执业资格。

4.3.2　鉴定须由两人以上(含两人)鉴定人组成的鉴定组共同完成。

4.3.3　鉴定实行鉴定组负责制,第一鉴定人负主要责任,其他鉴定人承担次要责任。

4.3.4　第一鉴定人负责组织鉴定的实施,掌握鉴定时限,与委托方协调,汇总检验记录和讨论结果。

4.3.5　普通程序中鉴定组一般由两人组成。

4.3.6　复杂程序中鉴定组须由三人以上(含三人)组成,且鉴定人中须有高级技术职称鉴定人。

4.4　鉴定方式

4.4.1　根据鉴定项目的性质,鉴定分为协同鉴定和独立鉴定两种方式。

(1)协同鉴定:鉴定人共同进行检验,或鉴定人对其他鉴定人的检验过程和结果进行核实确认,形成鉴定组意见。

(2)独立鉴定:鉴定人首先独立进行检验,然后鉴定组进行讨论,形成鉴定组意见。

4.4.2　对于经验判断性不强的鉴定项目,如语音处理、图像处理、内容辨听、过程分析等，可采用协同鉴定方式。

4.4.3 对于经验判断性强的鉴定项目，如录音、录像资料真实性（完整性）鉴定、语音、人像、物像同一性鉴定等，应采用先独立鉴定再共同讨论的方式。

4.5 鉴定组讨论

4.5.1 第一鉴定人根据鉴定组各鉴定人的检验意见，负责组织鉴定组讨论。

4.5.2 鉴定组形成一致鉴定意见的，由第一鉴定人负责起草鉴定文书，并及时提交复核和签发。

4.5.3 鉴定组出现意见分歧的，按下款处理。

4.6 意见分歧的处理

4.6.1 普通鉴定程序中如出现意见分歧，通过讨论尚不能达成一致意见的，转入复杂程序。

4.6.2 复杂鉴定程序中如出现意见分歧的

(1)通过讨论尚不能达成一致意见，但不存在方向性意见分歧的，则以多数（三分之二以上）鉴定人的意见为最终的鉴定结论。不同意见有权保留，同时应记录在案。

(2)通过讨论仍存在重大意见分歧的，作无法鉴定处理。各种意见应记录在案，并向委托方说明。

4.7 检验/鉴定方法

鉴定人根据委托要求及检验的具体内容，确定检验/鉴定方案、选择检验/鉴定方法，并严格按照相应的鉴定规范进行操作。

4.7.1 声像资料鉴定项目的鉴定规范：

SF/Z JD0301001—2010 录音资料鉴定规范 第1部分：录音资料真实性（完整性）鉴定规范

SF/Z JD0301001—2010 录音资料鉴定规范 第2部分：录音内容辨听规范

SF/Z JD0301001—2010 录音资料鉴定规范 第3部分：语音同一性鉴定规范

SF/Z JD0304001—2010 录像资料鉴定规范 第1部分：录像资料真实性（完整性）鉴定规范

SF/Z JD0304001—2010 录像资料鉴定规范 第2部分：录像过程分析规范

SF/Z JD0304001—2010 录像资料鉴定规范 第3部分：人像鉴定规范

SF/Z JD0304001—2010 录像资料鉴定规范 第4部分：物像鉴定规范

4.7.2 鉴定中使用专门仪器的，应当遵循相应仪器的操作规程进行。

4.7.3 对于需要使用其他鉴定方法的，应事先对拟采用方法进行验证和确认，并文件化。

5 送检材料的流转程序

5.1 送检材料的标识

5.1.1 案件受理人应及时对送检材料进行惟一性标识。

5.1.2 送检材料的标识应遵循以下原则：

(1)同一案件的送检材料应集中放置于一处，如档案袋等，放置处应标注委托单位和受理案号等信息；

(2)在不影响播放的前提下，可在送检材料上粘贴表明其性质的标识，如检材(可简化用 JC)、样本(可简化用 YB)；

(3)无法直接粘贴标识的，可在送检材料外包装上进行标识；

(4)对于有多个检材和样本的，应用编号予以区分，如 JC1、2、3……，或 YB1、2、3……；

(5)必要时，应标注检材的需检位置和样本的供比对位置，如文件名、时间计数等。

5.2　送检材料的备份

5.2.1　检验前应当对送检材料进行备份。

5.2.2　送检材料的备份一般采用数字方式。

5.2.3　制作的备份应保持送检材料的信号原貌。

5.2.4　送检材料的备份应有惟一性标识，如通过文件夹名，文件名等标识。

5.2.5　鉴定结束后，应对备份制作硬拷贝，以长久保存。

5.3　送检材料的交接

5.3.1　送检材料在鉴定人间流转的过程中，应办理交接手续。

5.3.2　在检验过程中，鉴定人应妥善保存送检材料，防止送检材料被污染、损坏或遗失。

5.4　送检材料的补充

5.4.1　检验过程中，如需补充材料的，应与委托方联系，确定补充材料的内容、方式及时限，并对有关情况进行记录。

5.4.2　根据《司法鉴定程序通则》规定，补充材料所需的时间不计算在鉴定时限内。

6　结果报告程序

6.1　复核和签发

6.1.1　鉴定文书应由复核人(授权签字人)进行复核。

6.1.2　复核人应当对鉴定人使用的检验/鉴定方法、检验记录、鉴定依据、鉴定结论等，从技术层面上进行全面审查。

6.1.3　鉴定文书应由签发人签发。

6.1.4　签发人应当对鉴定项目及各鉴定人的资格、能力、鉴定程序、检验记录等，从程序层面上进行全面审查。

6.2　鉴定文书

6.2.1　鉴定文书应如实按照鉴定组讨论达成的意见起草，并须经过复核和签发。

6.2.2　鉴定文书应依照司法鉴定文书制作规范的要求制作。根据声像鉴定的专业特点，鉴定文书的主要内容应包括：

(1)委托人：委托机构(或个人)；

(2)委托日期：委托鉴定的具体日期；

(3)委托事由：包括委托方的案号、案由或委托鉴定的简要理由或事项等；

(4)送检材料：包括检材和样本，及与鉴定相关的录制检材的设备；

(5)鉴定要求：具体的检验/鉴定要求；

(6)检验过程：包括检验方法、使用仪器、检验发现及结果等；

(7)分析说明：对检验发现及结果进行综合的分析评断，并阐明鉴定结论的主要依据；

(8)鉴定意见：结论的表述既要准确客观，又应简明扼要；

(9)落款：鉴定人签名并加盖鉴定机构的鉴定专用章，并标明鉴定完成的日期；

(10)附件：视需要，附检材和样本复制件、检验图片、图谱、特征比对表等。

6.3 校对

6.3.1 鉴定文书制作完成后，鉴定人对其内容进行全面的核对。

6.3.2 鉴定人核对后，由校对人员进行文字校对。

6.4 报告的发送

6.4.1 鉴定文书经鉴定人签名后，加盖鉴定专用章。

6.4.2 送检材料、鉴定文书及委托方提供的其他有关材料，应及时返回委托方。

7 检验记录程序

7.1 鉴定过程中，与鉴定活动有关的情况应及时、客观、全面地记录，并保证其完整性。

7.2 鉴定人应妥善保存检验记录、原始数据、图片等有关资料，并及时移交第一鉴定人。

7.3 第一鉴定人负责审查、汇总鉴定组各鉴定人的检验记录、原始数据、图片等资料，并集中妥善保存。

7.4 检验记录的主要内容和鉴定人的相关职责

7.4.1 案件受理程序中有关情况的记录。

7.4.2 鉴定人检验的过程、鉴定意见等内容。由各鉴定人负责记录。

7.4.3 鉴定组的讨论过程、分歧意见处置、最终鉴定意见等内容。由第一鉴定人负责记录。

7.4.4 检验中使用仪器设备的，仪器名称、检验条件、检验结果等内容。由检验人负责记录。

7.4.5 鉴定过程中，与委托方联系、鉴定材料补充、鉴定事项变更、鉴定时限调整等情况。由第一鉴定人负责记录。

7.4.6 鉴定结束后，有关出庭、投诉等情况。由第一鉴定人负责或协助有关职能部门处理并记录。

7.4.7 以上各项记录的内容均应进行审核。

8 档案管理程序

8.1 鉴定人根据文书归档的有关规定详细整理有关鉴定资料，并将整理好的档案材料及时移交档案管理人员，并做好有关的交接记录。

8.2 声像资料鉴定的档案资料主要包括以下内容：

(1)封面；

(2)目录；

(3)鉴定文书(包括附件)；

(4)鉴定文书签发稿；

(5)案件受理过程中形成的记录资料；

(6)送检材料流转过程中形成的记录资料;

(7)检验/鉴定中形成的记录资料,如检验记录、图表、图片、数据等;

(8)结果报告中形成的记录资料;

(9)其他相关资料。

8.3 声像资料鉴定的档案资料应及时移交档案管理部门,并妥善保存。

9 出庭程序

9.1 职责和原则

9.1.1 鉴定人依法出庭接受法庭的质询是鉴定人应当履行的责任。

9.1.2 鉴定人接到审判机关的出庭通知后,应征得同意后出庭接受质询。

9.1.3 普通案件一般指派一名鉴定人出庭,就出具的鉴定报告接受质询。

9.1.4 复杂、疑难案件或有重大影响的案件,可指派多名鉴定人共同出庭,就出具的鉴定报告接受质询。

9.2 出庭前的准备

9.2.1 熟悉有关法律、法规。

9.2.2 熟悉有关案件情况。

9.2.3 熟悉鉴定程序和鉴定方法,如与鉴定有关的国际标准、国家标准、行业标准或行业公认的方法、程序、规范等。

9.2.4 全面掌握鉴定报告的有关情况,如送检材料、鉴定要求、检验过程和方法、鉴定结论和主要依据等。

9.2.5 准备与鉴定有关的展示资料,如检验图片、特征比对表等。

9.2.6 准备个人资料,如鉴定人的执业证书、个人履历及鉴定机构的资质证书等。

9.2.7 分析庭上可能提出的问题和出现的状况,做好相应的准备。

9.3 出庭质证的行为规范

9.3.1 着装整洁,举止得体。

9.3.2 语言规范、简练、准确。

9.3.3 鉴定人在接受法庭质询中,回答问题只限于与鉴定报告有关的内容。对于涉及国家机密、个人隐私、技术保密及与鉴定无关的内容,鉴定人可以向法庭说明理由并拒绝回答。

第三章　网络空间安全政策有关法律法规

第一节　网络空间安全政策有关法律法规综述

一、网络空间安全法律法规体系

　　信息化成为当今世界发展的主要趋势，也成为推动经济发展和社会变革的重要力量。然而，信息化带来了网络安全威胁范围和内容的迭代升级，全球网络安全形势与挑战日益严峻。世界范围内的网络安全问题在我国同样存在，除此之外，我国还面临着更为复杂的安全隐患。国内网络安全威胁和风险日益突出，并向政治、经济、文化、生态、国防等领域传导渗透。我国网络意识形态领域也遭受渗透与攻击，网络空间主导权争夺激烈，长臂管辖原则滥用，数据跨境流动监管失衡等直接威胁我国网络主权和国家司法权力架构；多网域"跨际"和"供应链渗透"威胁着工控（工业自动化控制）、能源、交通、金融、电力等关键信息基础设施安全；境内大规模个人信息泄露事件不断发生，电信诈骗等网络违法犯罪活动猖獗，源于境内外的网络攻击、非法入侵等更加频繁，网络信息内容失真，严重威胁社会公共安全和个人合法权益。

　　在"没有网络安全就没有国家安全，没有信息化就没有现代化"成为国家和民族共识之际，我国正式开启网络强国建设的一系列顶层设计和部署。2014 年 2 月 27 日，中央网络安全和信息化领导小组正式成立，标志着我国正式将网络安全提升至国家安全的高度，构筑全方位的网络与信息安全治理体系成为我国网络安全保障工作的重中之重。2016 年 7 月 27 日，中共中央办公厅、国务院办公厅共同发布《国家信息化发展战略纲要》。作为规范和指导我国未来 10 年国家信息化发展的纲领性文件，其进一步调整和发展了中期国家信息化发展战略，其中要求以信息化驱动现代化，加快建设网络强国。2016 年 12 月 27 日，我国《国家网络空间安全战略》正式发布。战略指出，我国以总体国家安全观为指导，贯彻落实创新、协调、绿色、开放、共享的发展理念，增强风险意识和危机意识，统筹国内、国际两个大局，统筹发展、安全两件大事，积极防御、有效应对，推进网络空间和平、安全、开放、合作、有序，坚持尊重维护网络空间主权、和平利用网络空间、依法治理网络空间、统筹网络安全与发展四项原则，维护国家主权、安全、发展利益，实现建设网络强国的战略目标。这是我国第一次向全世界系统、明确地宣示和阐述我国对于网络空间安全和发展的立场与主张，在我国网络空间安全领域具有里程碑意义。2017 年 3 月 1 日，外交部和国家互联网信息办公室共同发布《网络空间国际合作战略》。战略全面宣示了我国在网络空间国际治理问题上的基本原则和行动要点，旨在指导我国今后一个时期参与网络空间国际交流与合作，推动国际社会携手努力，加强对话合作，共同构建和平、安全、开放、合作、有序的网络空间，建立多边、民主、透明的全球互联网治理体系。这三个战略开启了我国网络空间治理的全新范式，为我国网络安全相关政策和法律的出台指明了方向。

纵观我国网络空间领域立法进程，2014 年是一个重要分水岭。2014 年之前颁布施行的信息安全立法涉及法律、行政法规、部门规章、地方性法规及规范性文件等多个层次。从涉及的领域来看，具体包括网络与信息系统安全、信息内容安全、信息安全系统与产品、保密及密码管理、计算机病毒防治等多个领域；从权力角度来看，主要包括政府维护信息安全的职责、企业权益保障和个人信息权利保护等。这些法律相比于国际立法，内容相对滞后，且各法律文件之间相互独立，呈碎片化，由此构建的信息安全立法框架显然无法有效应对日渐严峻的网络安全威胁。"棱镜门"事件暴露出维护国家数据主权、振兴民族产业的法律保障不足；能源、交通、金融、电力等国家关键信息基础设施建设、管理法制不健全，信息安全技术研究和产品开发政策法律保障乏力，在发生重大、突发事件和紧急状态情况下，应急响应缺乏法律保障，应急预案、违法犯罪信息和安全测试等可以用于社会安全防范的信息难以共享，严重影响快速反应能力、安全保障能力和统一调配能力。

面对严峻的网络安全形势，各界普遍认为，仅对原有的法律解释、修订或增补，难以把握好安全与发展之间的关系，不利于国家总体安全战略目标的实现，我国亟须制定综合性"网络领域基本法"，应当明确规定网络与信息安全的基线，为部门、地方立法和政策的制定、调整和完善提供法律依据。2014 年 4 月，全国人民代表大会常务委员会年度立法计划正式将"网络安全法"列为立法预备项目，由此开启我国国家网络安全立法的新进程。2015 年 7 月 6 日，作为网络安全基本法的《网络安全法(草案)》第一次向社会公开征求意见；2016 年 11 月 7 日，第十二届全国人民代表大会常务委员会第二十四次会议表决通过《网络安全法》，并于 2017 年 6 月 1 日正式施行。《网络安全法》的施行标志着我国网络空间法治化进程的实质性展开，为我国有效应对网络安全威胁和风险，全方位保障网络安全提供基本法律支撑。

作为我国网络空间的基础性立法，《网络安全法》将传统网络安全保障制度上升为法律的同时，将严峻网络安全形势和新时代立法理念对网络安全立法提出的新要求制度化，全面夯实我国网络安全保障的制度基础。《网络安全法》涉及的网络安全保障制度包括网络安全等级保护制度、关键信息基础设施保护制度、网络安全审查制度、数据本地化制度、网络安全漏洞管理制度、个人信息保护制度、网络信息内容管理制度、监测预警与应急响应制度等等。《网络安全法》正式施行以来，配套法规、制度和标准规范等不断制定出台，相关行政执法案例不断涌现，行刑衔接机制不断完善，我国网络空间法治化进程实质性展开。

作为中国特色社会主义法治体系的重要组成部分，网络安全立法注重与传统立法间的制度协调，织密扎牢社会保障安全网的同时，优化配置社会资源。制度构建方面，《网络安全法》与《国家安全法》、《中华人民共和国反恐怖主义法》(简称《反恐怖主义法》)、《密码法》、《中华人民共和国国家情报法》、《全国人民代表大会常务委员会关于加强网络信息保护的决定》、《全国人民代表大会常务委员会关于维护互联网安全的决定》等共同构成我国网络安全保障法律体系；法律责任方面，《网络安全法》注重行政责任与刑事责任间的制度衔接，依法打击网络空间违法犯罪行为。

二、政策有关法律法规主要内容分析

（一）《网络安全法》（节选）解读

作为我国网络安全领域的基础性法律，《网络安全法》在指明立法目的的基础上，厘清网络安全监管体制，从运行安全、网络信息安全、监测预警与应急处置等角度规定一系列基本制度。

1. 立法目的

立法目的是法律的灵魂，明确立法目的是制定法律的第一步。《网络安全法》第一条即明确本法旨在保障网络安全，维护网络空间主权和国家安全、社会公共利益，保护公民、法人和其他组织的合法权益，促进经济社会信息化健康发展。

《网络安全法》首要目的为保障网络安全。根据《网络安全法》第七十六条的定义，"网络安全"是指通过采取必要措施，防范对网络的攻击、侵入、干扰、破坏和非法使用以及意外事故，使网络处于稳定可靠运行的状态，以及保障网络数据的完整性、保密性、可用性的能力。此定义中的网络涵盖了互联网、局域网和工业控制系统，网络安全则涵盖了网络运行安全、网络信息安全、数据安全等。《网络安全法》采取广义的网络安全定义，这是因为随着信息技术的发展，网络空间与物理世界已高度融合，不同信息系统及数据等所面临的威胁和风险具有相似性，预防、处置这些威胁和风险的手段也类似，因此立法保护的规则也趋同。

网络空间主权原则是我国维护国家安全和利益、参与国际网络治理与合作所坚持的重要原则。《联合国宪章》确立的主权平等原则是当代国际关系的基本准则，覆盖国与国交往的各个领域。从20世纪90年代后期起，从"去主权化"到"再主权化"，网络空间主权原则在国际上也获得了越来越多的认同与支持。2015年7月1日施行的《国家安全法》第二十五条在我国法律层面首次明确"网络空间主权"概念，是我国国家主权在网络空间领域的体现、延伸和反映。《网络安全法》在立法目的中明确"维护国家网络空间主权"，进一步为我国行使网络空间主权提供法律保障。

国家安全是指国家政权、主权、统一和领土完整、人民福祉、经济社会可持续发展与国家其他重大利益相对处于没有危险和不受内外威胁的状态，以及保障持续安全状态的能力。维护国家安全，就是要防范、制止和依法惩治任何利用网络进行叛国、分裂国家、煽动叛乱、颠覆或者煽动颠覆人民民主专政政权的行为；防范、制止和依法惩治利用网络进行窃取、泄露国家秘密等危害国家安全的行为；防范、制止和依法惩治境外势力利用网络进行渗透、破坏、颠覆、分裂活动，维护网络安全是事关国家安全的重大问题。

网络已成为公共基础设施，网络安全关涉不特定多数人的利益，承载着巨大的社会公共价值。《网络安全法》确立维护网络安全的一系列制度，就是要保障每一主体都有接入网络和享受便利服务的权利，同时保障网络中存储、处理和传输信息的真实性、准确性和完整性，确保网络产品和服务不中断，防止网络安全事件危害公众的健康和安全，维护社会公众的共同利益。

公民、法人和其他组织是网络活动的主体，保护好公民、法人和其他组织在网络领域的合法权益，是制定《网络安全法》的重要目的。《网络安全法》规定了明确的行为规范和法律责任，为不同主体遵循法律和救济补偿提供明确的法律依据。

2. 适用范围

法的适用范围是指法在什么地域内对什么主体适用。《网络安全法》第二条规定：在中华人民共和国境内建设、运营、维护和使用网络，以及网络安全的监督管理，适用本法。

本条确立了属地管辖原则，即本法效力原则上限于中华人民共和国境内，调整对象为建设、运营、维护和使用网络以及网络安全监督管理的活动，也就是说凡在中华人民共和国境内从事以上活动的主体均适用《网络安全法》。此外，根据国际惯例和我国相关规定，我国对中华人民共和国的船舶、航空器以及驻外使领馆享有管辖权，《网络安全法》应同样适用。值得注意的是，基于惩治来自境外针对关键信息基础设施的网络安全风险和威胁的需要，《网络安全法》第五条、第五十条和第七十五条规定了特定的域外效力。

3. 维护网络安全的主要任务

《网络安全法》第五条规定：国家采取措施，监测、防御、处置来源于中华人民共和国境内外的网络安全风险和威胁，保护关键信息基础设施免受攻击、侵入、干扰和破坏，依法惩治网络违法犯罪活动，维护网络空间安全和秩序。

当前，我国面临的网络安全风险和威胁广泛来自境内外，网络空间安全风险"不可逆"的特征进一步凸显。为维护网络安全，必须摆脱传统上将风险预防寄托于事后惩治的立法理念，确立防御、控制与惩治相结合的立法理念。国家必须采取措施监测、防御并处置网络安全风险和威胁，保障网络空间安全和秩序。值得注意的是，关键信息基础设施关系国家安全、国计民生、公共利益，以美国为主的西方国家都将关键信息基础设施保护视为网络安全最核心的部分。对关键信息基础设施实施重点保护，也是国家的一项重要任务。

4. 监管体制

为避免网络安全制度建设及落实过程中各部门权责不清、监管重复或缺口的情况出现，《网络安全法》第八条规定：国家网信部门负责统筹协调网络安全工作和相关监督管理工作。国务院电信主管部门、公安部门和其他有关机关依照本法和有关法律、行政法规的规定，在各自职责范围内负责网络安全保护和监督管理工作。县级以上地方人民政府有关部门的网络安全保护和监督管理职责，按照国家有关规定确定。

网络安全监管体制的核心是管理机构的设置、各机构职权的分配和不同机构之间的协调关系。第八条确立了我国网络安全管理工作的新的管理体制。总体来说，我国形成了工信、电信、公安等部门各司其职并在网信部门统筹协调下开展网络安全保护和监督管理工作的职责布局。本条中的行政法规包括但不限于《计算机信息系统安全保护条例》《互联网信息服务管理办法》《电信条例》《计算机信息网络国际联网安全保护管理办法》等。

具体而言，国家网信部门的统筹协调职责包括但不限于以下三方面内容：第一，《网络安全法》明确规定的统筹协调工作，包括第三十九条、第五十一条、第五十三条规定的有关职能；第二，根据部门职能应当承担的统筹协调工作，包括制定并完善国家网络安全战略、政策和工作任务，统筹协调国家网络安全保障体系建设，统筹协调网络安全标准制定，推进网络安全人才培养工作等；第三，《网络安全法》中多处提到的"有关规定""按照规定"。对于没有规定或规定不完善的，国家网信部门可统筹协调制定和完善相关规定。

5. 网络安全等级保护制度

网络安全等级保护制度是我国国民经济和社会信息化发展过程中，提高信息安全保障能力和水平，维护国家安全、社会稳定和公共利益，保障和促进信息化建设健康发展的一项基本制度。《网络安全法》将网络安全等级保护制度上升为一项基本制度，其第二十一条规定如下："国家实行网络安全等级保护制度。网络运营者应当按照网络安全等级保护制度的要求，履行下列安全保护义务，保障网络免受干扰、破坏或者未经授权的访问，防止网络数据泄露或者被窃取、篡改：（一）制定内部安全管理制度和操作规程，确定网络安全负责人，落实网络安全保护责任；（二）采取防范计算机病毒和网络攻击、网络侵入等危害网络安全行为的技术措施；（三）采取监测、记录网络运行状态、网络安全事件的技术措施，并按照规定留存相关的网络日志不少于六个月；（四）采取数据分类、重要数据备份和加密等措施；（五）法律、行政法规规定的其他义务。"

作为我国对基础信息网络和重要信息系统实施重点保护的关键措施，1994年，国务院颁布的《计算机信息系统安全保护条例》（国务院令147号）第9条首次明确提出计算机信息系统实行安全等级保护，为我国信息系统实行等级保护提供法律依据。等级保护制度开展至今，初步实现了等级保护工作的标准化、规范化。为了深化等级保护制度、保护国家关键信息基础设施和大数据安全，《网络安全法》第二十一条和第五十九条以网络安全领域基本法的形式确立了国家网络安全等级保护制度，规定了等级保护制度安全措施的基线要求并赋予强制力，同时第三十一条进一步要求关键信息基础设施必须落实网络安全等级保护制度，突出保护重点。

《网络安全法》标志着我国等级保护制度进入2.0时代，网络安全等级保护制度成为一个全新的国家网络安全基本制度。网络安全等级保护制度的重点向重要信息系统和重要网络设施保护倾斜，向关键信息基础设施保护倾斜，向个性化的等级保护对象倾斜。较之信息安全等级保护制度，等级保护制度2.0主要带来了四点变化：第一，《网络安全法》将等级保护制度上升为法律；第二，等级保护对象进一步扩展，涵盖大型互联网企业、大数据中心、云计算平台、公众服务平台、基础网络、重要信息系统、工业控制系统、物联网、重要网站等；第三，保护体系升级，亟须进一步完善新的网络安全等级保护政策体系、标准体系、技术体系、教育培训体系、测评体系和人才体系等；第四，定级、备案、建设整改、等级测评和监督检查五个规定环节的内涵更加丰富，如在建设整改过程中附加关注安全监测、通报预警、应急处置、安全可控等，等级测评阶段将越来越重视渗透测试、攻防对抗和有效性评价等。

2018 年 3 月，公安部发布《网络安全等级保护测评机构管理办法》，加强对测评机构的管理。同年 6 月，公安部发布《网络安全等级保护条例（征求意见稿）》，内容涉及支持与保障、网络的安全保护、涉密网络的安全保护、密码管理、监督管理、法律责任等内容。同年 9 月，公安部发布部门规章《公安机关互联网安全监督检查规定》。2019 年 5 月，等级保护制度 2.0 系列国家标准正式发布，包括《信息安全技术 网络安全等级保护基本要求》（GB/T 22239—2019）、《信息安全技术 网络安全等级保护测评要求》（GB/T 28448—2019）、《信息安全技术 网络安全等级保护安全设计技术要求》（GB/T 25070—2019），以及《信息安全技术 网络安全等级保护实施指南》（GB/T 25058—2019）。标准在完善原有要求的基础上，增加了专门针对云计算、移动互联、物联网、工业控制系统的扩展要求，进一步细化网络安全等级保护制度内容。此外，2.0 系列标准之《信息安全技术 网络安全等级保护实施指南》（GB/T 25058—2019）于 2020 年 3 月 1 日起施行。

6. 协助执法制度

传统法律意义上的协助执法制度指的是执法机构在进行侦查和刑事调查时，相关单位和个人有义务提供执法便利。鉴于网络的普及发展和对基础设施的渗透影响，《网络安全法》将协助执法义务引入网络安全领域。《网络安全法》第二十八条规定：网络运营者应当为公安机关、国家安全机关依法维护国家安全和侦查犯罪的活动提供技术支持和协助。

网络安全领域的协助执法一般理解为通信协助执法，有助于侦查和调查的协助行为都包含在协助执法的范畴之内。信息化发达的国家基本都有针对协助执法义务的专门性立法，且颁布时间较早。美国 1994 年颁布的《通信协助执法法》规定电信运营商有根据监听令状和其他法定许可向执法机关提供协助监听的义务；2001 年颁布的《爱国者法案》以防止恐怖主义为目的，扩张了美国警察机关的权限。

我国目前没有专门的协助执法法律，相关规定散见于《中华人民共和国人民警察法》《计算机信息网络国际联网安全保护管理办法》《电信条例》《互联网信息服务管理办法》《互联网安全保护技术措施规定》等法律法规中。随着新技术和网络的普及使用，《刑事诉讼法》、《国家安全法》、《反恐怖主义法》和《网络安全法》对协助执法规定进行了完善。其中，《反恐怖主义法》第十八条规定：电信业务经营者、互联网服务提供者应当为公安机关、国家安全机关依法进行防范、调查恐怖活动提供技术接口和解密等技术支持和协助。《反恐怖主义法》第十八条解决了长期以来未能解决的电信业务运营者、互联网服务提供者提供技术接口和解密等技术支持和协助的高位阶段的法律依据问题，同时也为《网络安全法》的"技术支持和协助"提供了内涵背书。依据《网络安全法》的规定，公安机关、国家安全机关获得支持协助权的范围由信息提供扩展到了各类技术支持和协助，实质上蕴含了信息提供、系统调用、接口提供、解密支持、人力协助等种种可能，同时加大了网络运营者的法律责任。在具体适用上，如属于维护国家安全和侦查犯罪的情形，适用《网络安全法》；如属于防范、调查恐怖活动的情形，适用《反恐怖主义法》。

7. 关键信息基础设施保护制度

自《计算机信息系统安全保护条例》确定等级保护制度以来，区分保护、确保重点的立法理念始终蕴含在我国网络安全法治体系建设过程中。随着网络恐怖主义、恶意网络活动、（跨境）网络攻击和网络战日益频繁，重要行业和领域的网络安全不仅涉及行业领域内部平稳运行，更事关网络空间安全、乃至国家安全。关键信息基础设施保护制度在分等级保护的立法思路中逐渐显现，《网络安全法》明确在我国建立关键信息基础设施保护制度。《网络安全法》第三十一条规定：国家对公共通信和信息服务、能源、交通、水利、金融、公共服务、电子政务等重要行业和领域，以及其他一旦遭到破坏、丧失功能或者数据泄露，可能严重危害国家安全、国计民生、公共利益的关键信息基础设施，在网络安全等级保护制度的基础上，实行重点保护。关键信息基础设施的具体范围和安全保护办法由国务院制定。国家鼓励关键信息基础设施以外的网络运营者自愿参与关键信息基础设施保护体系。

网络安全的首要任务是保护关键信息基础设施安全，防范系统性风险。近年来，世界主要国家和地区都陆续出台了国家层面的关键（信息）基础设施保护战略、立法和具体的保护方案。2015年，中美达成和平时期不相互攻击对方关键基础设施的共识，也进一步表明了关键信息基础设施保护的必要性。一方面，目前我国关键信息基础设施安全保障整体水平还不高，难以有效抵御有组织大强度的网络攻击。关键信息基础设施建设中安全系统建设相对滞后，尤其在监测预警、应急响应、处置恢复能力方面存在许多薄弱环节。另一方面，自主可控目前还不能完全覆盖我国关键信息基础设施建设和运行管理的要求，关键信息基础设施的部分设备和部件短期内难以摆脱依赖进口的局面。尤其在涉及政府、能源、通信、海关、金融、交通、医疗等国家关键信息基础设施的建设和运营过程中，核心设备、技术和高端服务主要依赖国外进口，短期内难以实现自主可控，导致我国关键信息基础设施面临更深层次的安全隐患。建立关键信息基础设施保护制度成为应有之义。

第三十一条采用"列举＋兜底"的立法模式，初步确定了我国关键信息基础设施的范围，并指出其本质为"一旦遭到破坏、丧失功能或者数据泄露，可能严重危害国家安全、国计民生、公共利益"，明确关键信息基础设施保护的基本要求为"在网络安全等级保护制度的基础上，实施重点保护"，同时授权国务院制定关键信息基础设施的具体范围和安全保护办法。

2016年12月，国家互联网信息办公室发布的《国家网络空间安全战略》将国家关键信息基础设施定义为"关系国家安全、国计民生，一旦数据泄露、遭到破坏或者丧失功能可能严重危害国家安全、公共利益的信息设施，包括但不限于提供公共通信、广播电视传输等服务的基础信息网络，能源、金融、交通、教育、科研、水利、工业制造、医疗卫生、社会保障、公用事业等领域和国家机关的重要信息系统，重要互联网应用系统等"，将重要互联网应用系统纳入关键信息基础设施安全保护的范畴。这样的规定符合信息化发展的现实需求，在促进以云计算、大数据等新兴战略行业为代表的信息化发展同时，进一步将其纳入网络安全保障的制度体系框架之内。

作为对本条"关键信息基础设施的具体范围和安全保护办法由国务院制定"规定的落实，2017 年 7 月，《关键信息基础设施安全保护条例(征求意见稿)》正式发布。《关键信息基础设施安全保护条例(征求意见稿)》沿用《网络安全法》"列举＋兜底"的立法模式，规定关键信息基础设施保护范围除了涵盖传统的重要行业领域以外，首次明确将"提供云计算、大数据和其他大型公共信息网络服务的单位"纳入关键信息基础设施保护的行业范围，符合当前信息化发展的现实需求。目前来看，《关键信息基础设施安全保护条例(征求意见稿)》划定的关键信息基础设施所属单位涵盖互联网公司，以及重要的存储及处理数据且关系国家安全、国计民生、公共利益的云服务、大数据企业等，这在一定程度上表明大型互联网企业很可能被纳入关键信息基础设施安全保护的范畴。

8．网络安全审查制度

网络安全审查制度是提升我国网络安全保障水平的重要制度设计，在实现关键信息基础设施网络产品和服务的安全性和可控性中发挥着不可替代的基础性作用。《网络安全法》第三十五条规定：关键信息基础设施的运营者采购网络产品和服务，可能影响国家安全的，应当通过国家网信部门会同国务院有关部门组织的国家安全审查。

尽管各国鲜有直接规定网络安全审查的相关立法规定，但普遍对网络产品和服务在关键领域中的使用施以严格的安全要求。《网络安全法》依据世界贸易组织国家安全例外原则，对关键信息基础设施运营者采购网络产品和服务的国家安全审查作出规定，与《国家安全法》第五十九条相衔接。值得注意的是，并不是所有的产品和服务都需要审查，只针对可能影响国家安全的产品和服务，从网络产品和服务的安全性和功能性两个方面判定是否影响国家政权和主权安全，是否会危害广大人民群众利益，是否会影响国家经济可持续发展及国家其他重大利益。

2017 年 5 月，国家互联网信息办公室发布《网络产品和服务安全审查办法(试行)》，作为本条的配套规定，细化了网络安全审查制度的审查范围、审查内容和审查程序等核心内容，使网络安全审查制度进入实质性的可操作层面。《网络产品和服务安全审查办法(试行)》将审查重点内容确定为网络产品和服务的安全性、可控性，具体包括：(一)产品和服务自身的安全风险，以及被非法控制、干扰和中断运行的风险；(二)产品及关键部件生产、测试、交付、技术支持过程中的供应链安全风险；(三)产品和服务提供者利用提供产品和服务的便利条件非法收集、存储、处理、使用用户相关信息的风险；(四)产品和服务提供者利用用户对产品和服务的依赖，损害网络安全和用户利益的风险；(五)其他可能危害国家安全的风险。

2019 年 5 月，国家互联网信息办公室发布《网络安全审查办法(征求意见稿)》。明确由国家互联网信息办公室会同国家发展和改革委员会、工业和信息化部、公安部、国家安全部、商务部、财政部、中国人民银行、国家市场监督管理总局、国家广播电视总局、国家保密局、国家密码管理局建立国家网络安全审查工作机制。网络安全审查办公室设在国家互联网信息办公室，负责组织制定网络安全审查相关制度规定和工作程序、组织网络安全审查、监督审查决定的实施。

9. 数据本地化制度

随着信息化水平的提高，关键信息基础设施中存储着大量关涉国家安全、国计民生、公共利益的个人信息和重要数据。为降低个人信息和重要数据的安全风险，同时也为执法、司法等需要，《网络安全法》确立数据本地化制度。《网络安全法》第三十七条规定：关键信息基础设施的运营者在中华人民共和国境内运营中收集和产生的个人信息和重要数据应当在境内存储。因业务需要，确需向境外提供的，应当按照国家网信部门会同国务院有关部门制定的办法进行安全评估；法律、行政法规另有规定的，依照其规定。

本条规定了关键信息基础设施的运营者在中国境内运营和产生的个人信息和重要数据原则上均应当在中国境内存储，但数据境内存储并不意味着绝对禁止数据出境，本条同时确立了数据出境安全评估制度。因业务需要，确需向境外提供的，符合相关安全评估要求后可以出境。本条为数据出境规范留下了较大空间，明确其他法律和行政法规可对此作出特殊规定，为本条为与现行其他规范的衔接及未来相关规范的出台预留接口。从现行规范来看，数据本地化和数据出境相关规定在部分部门规章和部门规范性文件中有所涉及，例如《中国人民银行关于银行业金融机构做好个人金融信息保护工作的通知》《网络预约出租汽车经营服务管理暂行办法》《征信业管理条例》等。

2017 年 4 月，国家互联网信息办公室发布《个人信息和重要数据出境安全评估办法（征求意见稿）》。根据该征求意见稿的规定，不仅是关键信息基础设施的个人信息和重要数据出境需要进行安全评估，其他的网络运营者涉及个人信息和重要数据出境的，也需要进行安全评估。且针对个人信息，除数据出境具有必要性外，还需要获得信息主体的同意。该意见稿将安全评估方式划分为自评估和主管部门评估两种，对于未达到一定数量的个人信息，以及不涉及特定领域的重要数据出境，仅需网络运营者自行评估即可。对于达到一定量级的个人信息、特定领域的重要数据，以及涉及关键信息基础设施中的个人信息和重要数据出境的，必须由相关主管部门组织评估，符合条件才可出境。

2019 年 6 月，国家互联网信息办公室发布《个人信息出境安全评估办法（征求意见稿）》，对 2017 年征求意见稿版本的思路进行了一定的调整。鉴于个人信息和重要数据背后承载的不同价值，此次发布的征求意见稿将个人信息和重要数据区别对待，仅着眼于个人信息出境。要求个人信息出境前，网络运营者应当向所在地省级网信部门申报个人信息出境安全评估。省级网信部门在收到个人信息出境安全评估申报材料并核查其完备性后，组织专家或技术力量进行安全评估。省级网信部门在将个人信息出境安全评估结论通报网络运营者的同时，将个人信息出境安全评估情况报国家网信部门。

10. 个人信息保护制度

个人信息保护始终是我国网络安全法治建设的重点。《网络安全法》第四十一条规定：网络运营者收集、使用个人信息，应当遵循合法、正当、必要的原则，公开收集、使用规则，明示收集、使用信息的目的、方式和范围，并经被收集者同意。网络运营者不得收集与其提供的服务无关的个人信息，不得违反法律、行政法规的规定和双方的约定收集、使用个人信息，并应当依照法律、行政法规的规定和与用户的约定，处理其保存的个人信息。

第四十一条采用个人信息保护规范的国际通行做法，规定个人信息收集使用的基本原则包括合法原则、正当原则、必要原则、公开原则、知情同意原则、目的明确原则、目的限制原则等。具体而言，合法原则和正当原则是指个人信息收集使用的方式、目的应当基于正当的目的，符合法律法规的规定；必要原则是指网络运营者应仅收集与其提供的服务相关的、必要的个人信息，不得收集与服务无关的个人信息；公开原则是指网络运营者应当公开其个人信息收集使用的规则，并明示其收集、使用信息的目的、方式和范围；知情同意原则是指网络运营者收集使用个人信息时，应当确保信息主体的知情权，并征得数据主体的同意，未经同意，不得收集处理个人信息；目的明确原则是指网络运营者收集使用个人信息应具有具体的处理目的；目的限制原则是指网络运营者不得违反双方约定收集使用信息，未获得信息主体授权，不得改变个人信息的处理目的。

其中，知情同意原则是个人信息保护的重要机制。欧盟 2018 年实施的《通用数据保护条例》、经济合作与发展组织（Organization for Economic Co-operation and Development，OECD）1980 年颁布的《关于隐私保护与个人数据跨界流通的指导方针》等均将数据主体"同意"作为个人信息处理的重要合法性基础。但与国际通行做法略有不同的是，《网络安全法》将数据主体同意作为个人信息处理的唯一合法性基础，未规定任何例外情形。因此，知情同意规则在我国个人信息保护框架中显得尤为重要。但是，从目前的立法来看，我国对于知情同意的规定相对抽象，缺乏可操作性。何为有效的告知、何为有效的同意缺乏明确指引。加之技术及数据处理场景的复杂性，在具体的个人信息处理场景中应如何切实有效落实知情同意规则不仅面临法律适用难题，在有些场景中也面临技术难题。

2020 年 3 月，为更好地应对新一代信息技术及新型业务场景给个人信息保护带来的挑战，国家市场监督管理总局、国家标准化管理委员会发布新版《信息安全技术 个人信息安全规范》（GB/T 35273—2020），替代此前发布的 2017 年版本。作为一项国家标准，该规范对个人信息的收集、存储、使用、委托处理、共享等各环节，以及个人信息主体的权利及安全事件处置等作出细化规定。

与 2017 年版本相比，规范在对原有内容优化的基础上，增加多项业务功能的自主选择、用户画像使用限制、第三方接入管理等内容。针对个人生物识别信息在应用及安全上引发的广泛争议，规范对个人生物识别信息的收集存储作出细化规定。该规范明确收集个人生物识别信息前，应单独向个人信息主体告知收集、使用个人生物识别信息的目的、方式和范围，以及存储时间等规则，并征得个人信息主体的明示同意。存储方面，个人生物识别信息应与个人身份信息分开存储；原则上不应存储原始个人生物识别信息（如样本、图像等）；在使用面部识别特征、指纹、掌纹、虹膜等实现识别身份、认证等功能后删除可提取个人生物识别信息的原始图像。

11．网络信息内容管理制度

2016 年 4 月 19 日，习近平总书记在网络安全和信息化工作座谈会上发表重要讲话，指出"网络空间是亿万民众共同的精神家园。网络空间天朗气清、生态良好，符合人民利益。网络空间乌烟瘴气、生态恶化，不符合人民利益"。当前，网络信息内容良莠不齐，网络谣言、不良低俗信息泛滥，网络运营者作为监管机构和网民的中间层，在网络信息内容治理中承担着不可替代的作用。为此，《网络安全法》第四十七条规定：网络运营者应当加强对其用户发布的信息的管理，发现法律、行政法规禁止发布或者传输的信息的，应当立即停止传输该信息，采取消除等处置措施，防止信息扩散，保存有关记录，并向有关主管部门报告。

网络运营者在"发现"违法信息后，一方面要停止传输并消除该信息，另一方面还要积极预防非法有害信息的扩散，保存记录，向有关主管部门报告。

当前我国对"违法信息"的范围以"九不准"为基础，对网上制作、传播信息的行为予以规范，在不同的法律法规中有不同的表述。我国围绕网络信息内容治理的规定包括《互联网信息服务管理办法》《互联网新闻信息服务管理规定》《移动互联网应用程序信息服务管理规定》《互联网信息搜索服务管理规定》《互联网直播服务管理规定》《微博客信息服务管理规定》《具有舆论属性或社会动员能力的互联网信息服务安全评估规定》《网络音视频信息服务管理规定》《网络信息内容生态治理规定》等法规规章及部门规范性文件，其中《互联网信息服务管理办法》是我国互联网信息服务管理的基础性法规，该办法规定的"九不准"是互联网内容管理的基本准则，为"违法信息"范围判定的主流条文。

总体来看，对于"违法信息"的界定分为三个层面，一是危害国家安全的信息，包括煽动颠覆国家政权、推翻社会主义制度，煽动分裂国家、破坏国家统一，宣扬恐怖主义、极端主义，宣扬民族仇恨、民族歧视的信息等；二是危害社会稳定和秩序的信息，包括传播暴力、淫秽色情信息，编造、传播虚假信息扰乱经济秩序和社会秩序的信息等；三是对个人权利及其他私权利造成侵害的信息，包括侵害他人名誉、隐私、知识产权和其他合法权益的信息等。对于每一类信息，法律没有规定明确的判断标准，需要网络运营者和监管机构在实践中形成合理的判断机制。

2019 年 12 月，国家互联网信息办公室发布《网络信息内容生态治理规定》。规定明确网络信息内容生态治理，是指政府、企业、社会、网民等主体，以培育和践行社会主义核心价值观为根本，以网络信息内容为主要治理对象，以建立健全网络综合治理体系、营造清朗的网络空间、建设良好的网络生态为目标，开展的弘扬正能量、处置违法和不良信息等相关活动。

（二）《全国人民代表大会常务委员会关于维护互联网安全的决定》（节选）解读

2000 年 12 月 28 日，第九届全国人民代表大会常务委员会第十九次会议通过《全国人民代表大会常务委员会关于维护互联网安全的决定》。该决定共七条，将一系列危害互联网运行安全，利用互联网威胁国家安全和社会稳定、威胁社会主义市场经济秩序和社会管理秩序，利用互联网侵犯个人、法人和其他组织合法权利的行为认定为犯罪，依法追究刑事责任。

该决定第一条规定，为了保障互联网的运行安全，对有下列行为之一，构成犯罪的，依照刑法有关规定追究刑事责任：(一)侵入国家事务、国防建设、尖端科学技术领域的计算机信息系统；(二)故意制作、传播计算机病毒等破坏性程序，攻击计算机系统及通信网络，致使计算机系统及通信网络遭受损害；(三)违反国家规定，擅自中断计算机网络或者通信服务，造成计算机网络或者通信系统不能正常运行。

第一条主要对应的是《中华人民共和国刑法》(简称《刑法》)第二百八十五条"非法侵入计算机信息系统罪"和第二百八十六条"破坏计算机信息系统罪"。其中(一)对应《刑法》第二百八十五条"非法侵入计算机信息系统罪"。第二百八十五条第一款规定：违反国家规定，侵入国家事务、国防建设、尖端科学技术领域的计算机信息系统的，处三年以下有期徒刑或者拘役。在刑事案件实务中，对于国防建设、尖端科技领域的计算机信息系统认定争议不大，已知案例中主要围绕何为"国家事务"的计算机信息系统产生争议，通常需要主管政府部委机构的相关文件和出具情况说明予以认定。例如，在涉及在线考试报名服务平台的非法侵入案件中，人力资源和社会保障部人事考试中心出具了"关于全国专业技术人员资格考试报名服务平台被黑客攻击有关情况的说明"以及人社部发〔2009〕89号文件，以证实人事考试中心是人力资源和社会保障部直属事业单位，负责全国专业技术人员资格考试工作。其涉案服务平台专门用于资格考试网上相关业务工作，属国家级管理信息系统。

其中(二)对应《刑法》第二百八十六条"破坏计算机信息系统罪"。第二百八十六条规定：违反国家规定，对计算机信息系统功能进行删除、修改、增加、干扰，造成计算机信息系统不能正常运行，后果严重的，处五年以下有期徒刑或者拘役；后果特别严重的，处五年以上有期徒刑。违反国家规定，对计算机信息系统中存储、处理或者传输的数据和应用程序进行删除、修改、增加的操作，后果严重的，依照前款的规定处罚。故意制作、传播计算机病毒等破坏性程序，影响计算机系统正常运行，后果严重的，依照第一款的规定处罚。单位犯前三款罪的，对单位判处罚金，并对其直接负责的主管人员和其他直接责任人员，依照第一款的规定处罚。

需要指出的是，该决定自2000年实施至今，攻击网络或系统的"计算机病毒"等破坏性程序的形式已经发生了深刻变化，例如，2017年5月的勒索软件攻击，不仅"影响计算机系统正常运行"，还可能同时违反《刑法》第二百八十五条第二款"……获取该计算机信息系统中存储、处理或者传输的数据，或者对该计算机信息系统实施非法控制"。具体认定为第二百八十五条还是第二百八十六条的何种罪名，尚需在个案中根据具体犯罪行为、后果综合评判。再如，拒绝服务攻击及APT等其他新型网络攻击方式，对网络数据的可用性造成影响和破坏，也属于(二)所规定的内容。

其中(三)也对应《刑法》第二百八十六条"破坏计算机信息系统罪"。擅自中断计算机网络、通信服务，是指从事互联网信息系统的管理人员或者通信服务人员，违反国家规定，擅自中断计算机网络或者通信服务，造成计算机网络或者通信系统不能正常运行的行为。按照《刑法》第九十六条明确了"违反国家规定"是指违反全国人民代表大会及其常务委员会制定的法律和决定，国务院制定的行政法规、规定的行政措施、发布的决定和命令。

（三）《全国人民代表大会常务委员会关于加强网络信息保护的决定》（节选）解读

2012年12月28日，第十一届全国人民代表大会常务委员会第三十次会议通过《全国人民代表大会常务委员会关于加强网络信息保护的决定》。该决定共十二条，明确国家保护公民个人身份和涉及公民个人隐私的电子信息，要求网络服务提供商建立技术措施和其他必要措施保障信息安全、加强用户发布的信息内容管理，并明确要求建立网络身份管理制度。

该决定第一条明确国家保护能够识别公民个人身份和涉及公民个人隐私的电子信息。任何组织和个人不得窃取或者以其他非法方式获取公民个人电子信息，不得出售或者非法向他人提供公民个人电子信息。

根据第一条规定，该决定的保护对象为公民个人电子信息。首先，第一条并未明确提及"个人信息"，而是使用了"公民个人电子信息"一词。进言之，该决定保护的对象仅限于以电子方式生成或存储的信息，而不包括其他方式生成或存储的信息。其次，该决定也并未明确界定"公民个人电子信息"，但是从第一条看出，"公民个人电子信息"包括公民个人信息和隐私信息。其中，公民个人信息强调信息的"可识别性"，识别的对象为"公民个人身份"。为保护个人信息，第一条规定了三种禁止行为：窃取或以其他非法方式获取公民个人电子信息、出售公民个人电子信息、非法向他人提供公民个人电子信息。需要注意的是，在三种禁止行为中，对于公民个人电子信息的"获取"和"提供"均强调行为的非法性，但对于"出售"并不强调行为的非法性。《网络安全法》对此作了不同的规定。《网络安全法》第四十四条规定：任何个人和组织不得窃取或者以其他非法方式获取个人信息，不得非法出售或者非法向他人提供个人信息。可以看出，《网络安全法》并非一刀切地禁止所有出售个人信息的行为，而仅仅禁止非法出售的行为，为大数据产业的发展留下空间。

为将网络空间的行为与现实的法律关系制度进行对接，规范网络行为，预防、制裁网络违法犯罪行为，该决定第六条明确建立网络身份管理制度，即俗称的"实名制"。第六条规定：网络服务提供者为用户办理网站接入服务，办理固定电话、移动电话等入网手续，或者为用户提供信息发布服务，应当在与用户签订协议或者确认提供服务时，要求用户提供真实身份信息。

为落实该决定的要求，工业和信息化部、国家互联网信息办公室等部门发布《用户电话真实身份信息登记规定》《即时通信工具公众信息服务发展管理暂行规定》《互联网用户账号名称管理规定》等，对用户办理固定电话、移动电话等入网手续，使用即时通信工具等社交媒体时落实实名制要求作出规定。《网络安全法》第二十四条从网络安全基本立法层面确立网络身份管理制度。第二十四条规定：网络运营者为用户办理网络接入、域名注册服务，办理固定电话、移动电话等入网手续，或者为用户提供信息发布、即时通讯等服务，在与用户签订协议或者确认提供服务时，应当要求用户提供真实身份信息。

用户不提供真实身份信息的，网络运营者不得为其提供相关服务。从《网络安全法》的规定来看，需真实身份认证的主体为用户，包括自然人、法人及其他组织。应当进行真实身份认证的业务包括：①网络接入、域名注册服务；②固定电话、移动电话等入网手续；③信息发布、即时通讯等服务。与该决定相比，在应当落实真实身份认证的业务中，《网络安全法》新增了域名注册服务和即时通讯服务。

（四）《国家安全法》（节选）解读

2015 年 7 月 1 日，第十二届全国人民代表大会常务委员会第十五次会议通过《国家安全法》。《国家安全法》从维护国家安全的角度，通过第二十五条和第五十九条内容保障我国网络安全。

《国家安全法》第二十五条规定：国家建设网络与信息安全保障体系，提升网络与信息安全保护能力，加强网络和信息技术的创新研究和开发应用，实现网络和信息核心技术、关键基础设施和重要领域信息系统及数据的安全可控；加强网络管理，防范、制止和依法惩治网络攻击、网络入侵、网络窃密、散布违法有害信息等网络违法犯罪行为，维护国家网络空间主权、安全和发展利益。

2014 年，习近平总书记主持召开中央网络安全和信息化领导小组第一次会议，强调"没有网络安全就没有国家安全"。在总体国家安全观的指导下，第二十五条明确了维护网络与信息安全的任务，并首次以法律形式明确提出"网络空间主权"这一概念。主权是一个历史概念，其内涵随着人类社会生产活动的扩展而不断丰富。互联网时代，国家疆域呈现陆地、海洋、空间、太空、网络空间五维格局，网络空间主权随之出现。近年来，"棱镜门"、维基解密及大规模互联网用户信息泄露等重大网络安全事件频发，网络空间安全形势日益严峻。在这种情况下，大多数国家都把特定网络置于主权管辖之下，并对相关网络行为进行约束和规范。在《国家安全法》中确立网络空间主权这一概念，有助于我国加强网络空间治理，建设网络安全保障体系，参与网络国际治理和合作，捍卫我国网络空间主权安全。

第二十五条中关于提升网络与信息安全保护能力，加强网络管理，实现网络和信息核心技术、关键基础设施和重要领域信息系统及数据的安全可控等要求，在《网络安全法》中也得到充分贯彻。例如，《网络安全法》确立了网络关键设备和安全专用产品的安全认证检测制度、关键信息基础设施保护制度、网络安全等级保护制度、网络安全监测预警和信息通报制度等一系列基本制度，明确了网络运营者的安全保障义务、违法信息处置义务等诸多义务。

与网络安全保障相关的另一部分内容体现在《国家安全法》第五十九条。第五十九条规定：国家建立国家安全审查和监管的制度和机制，对影响或者可能影响国家安全的外商投资、特定物项和关键技术、网络信息技术产品和服务、涉及国家安全事项的建设项目，以及其他重大事项和活动，进行国家安全审查，有效预防和化解国家安全风险。

第五十九条是关于国家安全审查制度的规定，其中确立了针对网络信息技术产品和服务的国家网络安全审查制度。从第五十九条的规定来看，我国对于网络信息技术产品和服务的国家安全审查并非常态性的审查，仅在影响或者可能影响国家安全的情形下，才可以启动国家安全审查。此外，第五十九条将网络信息技术产品和服务与外商投资、特定物项和关键技术等审查内容并列表述，修正了此前外资并购国家安全审查和网络安全审查相互混同的情况，为我国建立独立的网络安全审查制度提供了立法依据。但第五十九条仅为原则性规定，对于如何开展网络信息技术产品和服务的国家安全审查工作并未作进一步的规定。

《网络安全法》同样确立了关键信息基础设施采购的国家安全审查制度。《网络安全法》第三十五条规定：关键信息基础设施的运营者采购网络产品和服务，可能影响国家安全的，应当通过国家网信部门会同国务院有关部门组织的国家安全审查。

（五）《反恐怖主义法》（节选）解读

2015 年 12 月 27 日，第十二届全国人民代表大会常务委员会第十八次会议通过《反恐怖主义法》。《反恐怖主义法》从防范和惩治恐怖活动，加强反恐怖主义工作的角度，规定电信业务经营者、互联网服务提供者的协助执法义务和信息内容治理义务。

协助执法制度方面，《反恐怖主义法》第十八条规定：电信业务经营者、互联网服务提供者应当为公安机关、国家安全机关依法进行防范、调查恐怖活动提供技术接口和解密等技术支持和协助。

根据第十八条规定，权力主体是公安机关、国家安全机关；义务主体是电信业务经营者、互联网服务提供者；立法目的是防范、调查恐怖活动；义务内容要求提供技术接口、解密等技术支持和协助。《网络安全法》第二十八条规定：网络运营者应当为公安机关、国家安全机关依法维护国家安全和侦查犯罪的活动提供技术支持和协助。该条也规定了网络运营者的协助执法义务，在执法实践中应注意衔接。一方面，《反恐怖主义法》的执法目的在于防范、调查恐怖活动，《网络安全法》的执法目的在于维护国家安全和侦查犯罪；另一方面，《网络安全法》的义务主体是网络运营者，包括网络的所有者、管理者和网络服务提供者，《反恐怖主义法》的义务主体是电信业务经营者、互联网服务提供者。

信息内容治理方面，《反恐怖主义法》第十九条规定：电信业务经营者、互联网服务提供者应当依照法律、行政法规规定，落实网络安全、信息内容监督制度和安全技术防范措施，防止含有恐怖主义、极端主义内容的信息传播；发现含有恐怖主义、极端主义内容的信息的，应当立即停止传输，保存相关记录，删除相关信息，并向公安机关或者有关部门报告。网信、电信、公安、国家安全等主管部门对含有恐怖主义、极端主义内容的信息，应当按照职责分工，及时责令有关单位停止传输、删除相关信息，或者关闭相关网站、关停相关服务。有关单位应当立即执行，并保存相关记录，协助进行调查。对互联网上跨境传输的含有恐怖主义、极端主义内容的信息，电信主管部门应当采取技术措施，阻断传播。

根据第十九条规定，义务主体包括电信业务经营者、互联网服务提供者和网信、电信、公安、国家安全等主管部门。对于电信业务经营者、互联网服务提供者，一方面应提前落实网络安全、信息内容监督制度和安全技术防范措施，在日常运营过程中防止含有恐怖主义、极端主义内容的信息传播；另一方面，在发现含有恐怖主义、极端主义内容的信息时，应当立即采取措施，停止信息内容的传输，删除相关信息，同时，保存相关记录，并向公安机关或者有关部门报告，以备后续溯源和追责。

对于网信、电信、公安、国家安全等主管部门，发现含有恐怖主义、极端主义内容的信息，应及时责令有关单位停止传输、删除相关信息，或者直接关闭相关网站、关停相关服务。对于跨境传输的信息内容，则由电信主管部门加以处理，采取技术措施阻断传播。

（六）《密码法》（节选）解读

2019年10月26日，第十三届全国人民代表大会常务委员会第十四次会议通过《密码法》。密码是保障网络与信息安全的核心技术和基础支撑，是保护国家安全的战略性资源。《密码法》在对密码进行分类管理的基础上，多处规定与《网络安全法》衔接，以期共同保障网络空间安全。

《密码法》第六条规定：国家对密码实行分类管理。密码分为核心密码、普通密码和商用密码。

密码工作关系国家、社会、公民多元价值主体，需要平衡轻重缓急、兼顾各方利益，对密码进行分类管理符合我国实践需求和国际通行做法。

根据密码所保护的对象不同，密码分为核心密码、普通密码和商用密码。其中核心密码最高，普通密码次之，商用密码最低。核心密码、普通密码和商用密码的保护要求不一样，核心密码、普通密码用于保护国家秘密信息，对国家秘密保护的强度包括它的手段和技术。从密码角度来，说保护国家秘密信息时所采用的密码必须是核心密码、普通密码。商用密码用于保护不属于国家秘密的信息。商用密码除用于对公民、法人和其他组织的信息进行保护外，还普遍应用于金融、能源、交通、电子政务等重要行业和领域的关键信息基础设施。三类密码的明确划分，有利于密码管理部门对密码实行科学管理，充分发挥各类密码在保护网络与信息安全方面的重要作用。

《密码法》与《网络安全法》的衔接主要体现在第二十六条和第二十七条的相关规定中。《密码法》第二十六条规定：涉及国家安全、国计民生、社会公共利益的商用密码产品，应当依法列入网络关键设备和网络安全专用产品目录，由具备资格的机构检测认证合格后，方可销售或者提供。商用密码产品检测认证适用《中华人民共和国网络安全法》的有关规定，避免重复检测认证。商用密码服务使用网络关键设备和网络安全专用产品的，应当经商用密码认证机构对该商用密码服务认证合格。

网络关键设备和网络安全专用产品目录管理制度经《网络安全法》确立为我国网络安全保障的一项基本制度。《网络安全法》第二十三条规定：网络关键设备和网络安全专用产品应当按照相关国家标准的强制性要求，由具备资格的机构安全认证合格或者安全检测符合要求后，方可销售或者提供。国家网信部门会同国务院有关部门制定、公布网络关键设备和网络安全专用产品目录，并推动安全认证和安全检测结果互认，避免重复认证、检测。鉴于商用密码产品普遍用于我国重要领域和行业的关键信息基础设施，以及出于合理优化资源配置，避免重复检测认证的考虑，《密码法》第二十六条将商用密码产品中涉及国家安全、国计民生、社会公共利益的产品纳入网络关键设备和网络安全专用产品目录管理制度是现实需求和制度设计的应有之义。

为落实商用密码认证制度，2019年12月，国家密码管理局、国家市场监督管理总局发布《关于调整商用密码产品管理方式的公告》(第 39 号)。公告明确国家市场监督管理总局会同国家密码管理局建立国家统一推行的商用密码认证制度,采取支持措施,鼓励商用密码产品获得认证。国家市场监督管理总局会同国家密码管理局另行制定发布国推商用密码认证的产品目录、认证规则和有关实施要求。2020 年 2 月,国家市场监督管理总局、国家密码管理局发布《关于开展商用密码检测认证工作的实施意见(征求意见稿)》。征求意见稿明确商用密码认证目录由国家市场监督管理总局、国家密码管理局共同发布,商用密码认证规则由国家市场监督管理总局发布。国家市场监督管理总局、国家密码管理局联合组建商用密码认证技术委员会,协调解决认证实施过程中出现的技术问题,为管理部门提供技术支撑、提出工作建议等。

《密码法》第二十七条规定:法律、行政法规和国家有关规定要求使用商用密码进行保护的关键信息基础设施,其运营者应当使用商用密码进行保护,自行或者委托商用密码检测机构开展商用密码应用安全性评估。商用密码应用安全性评估应当与关键信息基础设施安全检测评估、网络安全等级测评制度相衔接,避免重复评估、测评。关键信息基础设施的运营者采购涉及商用密码的网络产品和服务,可能影响国家安全的,应当按照《中华人民共和国网络安全法》的规定,通过国家网信部门会同国家密码管理部门等有关部门组织的国家安全审查。

国家对关键信息基础设施的商用密码应用安全性进行评估,是国家密码法律法规的明确要求。规范关键信息基础设施的商用密码应用对切实保障关键信息基础设施的运行安全具有不可替代的重要作用。《密码法》第二十七条多处与《网络安全法》相衔接。一方面,规定商用密码应用安全性评估应当与关键信息基础设施安全检测评估、网络安全等级测评制度相衔接;另一方面,第二十七条第二款规定关键信息基础设施的运营者采购涉及商用密码网络产品和服务的国家安全审查要求。

我国目前实施的网络安全审查的性质仅限于国家安全审查,即只有在网络产品和服务影响或可能影响国家安全的情况下才实施安全审查。根据《国家安全法》第五十九条、《网络安全法》第三十五条、《网络产品和服务安全审查办法(试行)》第十条的规定可知,关键信息基础设施商用密码审查属于国家安全审查的一部分。此外,商用密码的国家安全审查不针对特定国家和地区,没有国别和地区差异,审查不会歧视境外密码产品或服务,不会限制境外密码产品和服务进入中国市场。相反,境内外密码企业及其提供的密码产品和服务都应当符合安全可信的要求。

第二节　网络空间安全政策有关法律法规节选

一、国家网络空间安全战略

国家网络空间安全战略

(2016 年 12 月 27 日,国家互联网信息办公室发布)

信息技术广泛应用和网络空间兴起发展,极大促进了经济社会繁荣进步,同时也带来了新的安全风险和挑战。网络空间安全(以下简称网络安全)事关人类共同利益,事关世界和平与发展，事关各国国家安全。维护我国网络安全是协调推进全面建成小康社会、全面深化改革、全面依法治国、全面从严治党战略布局的重要举措，是实现"两个一百年"奋斗目标、实现中华民族伟大复兴中国梦的重要保障。为贯彻落实习近平主席关于推进全球互联网治理体系变革的"四项原则"和构建网络空间命运共同体的"五点主张"，阐明中国关于网络空间发展和安全的重大立场，指导中国网络安全工作，维护国家在网络空间的主权、安全、发展利益，制定本战略。

一、机遇和挑战

（一）重大机遇

伴随信息革命的飞速发展，互联网、通信网、计算机系统、自动化控制系统、数字设备及其承载的应用、服务和数据等组成的网络空间，正在全面改变人们的生产生活方式，深刻影响人类社会历史发展进程。

信息传播的新渠道。网络技术的发展，突破了时空限制，拓展了传播范围，创新了传播手段，引发了传播格局的根本性变革。网络已成为人们获取信息、学习交流的新渠道，成为人类知识传播的新载体。

生产生活的新空间。当今世界，网络深度融入人们的学习、生活、工作等方方面面，网络教育、创业、医疗、购物、金融等日益普及，越来越多的人通过网络交流思想、成就事业、实现梦想。

经济发展的新引擎。互联网日益成为创新驱动发展的先导力量，信息技术在国民经济各行业广泛应用，推动传统产业改造升级，催生了新技术、新业态、新产业、新模式，促进了经济结构调整和经济发展方式转变，为经济社会发展注入了新的动力。

文化繁荣的新载体。网络促进了文化交流和知识普及，释放了文化发展活力，推动了文化创新创造，丰富了人们精神文化生活，已经成为传播文化的新途径、提供公共文化服务的新手段。网络文化已成为文化建设的重要组成部分。

社会治理的新平台。网络在推进国家治理体系和治理能力现代化方面的作用日益凸显，电子政务应用走向深入，政府信息公开共享，推动了政府决策科学化、民主化、法治化，畅通了公民参与社会治理的渠道，成为保障公民知情权、参与权、表达权、监督权的重要途径。

交流合作的新纽带。信息化与全球化交织发展，促进了信息、资金、技术、人才等要素的全球流动，增进了不同文明交流融合。网络让世界变成了地球村，国际社会越来越成为你中有我、我中有你的命运共同体。

国家主权的新疆域。网络空间已经成为与陆地、海洋、天空、太空同等重要的人类活动新领域，国家主权拓展延伸到网络空间，网络空间主权成为国家主权的重要组成部分。尊重网络空间主权，维护网络安全，谋求共治，实现共赢，正在成为国际社会共识。

（二）严峻挑战

网络安全形势日益严峻，国家政治、经济、文化、社会、国防安全及公民在网络空间的合法权益面临严峻风险与挑战。

网络渗透危害政治安全。政治稳定是国家发展、人民幸福的基本前提。利用网络干涉他国内政、攻击他国政治制度、煽动社会动乱、颠覆他国政权，以及大规模网络监控、网络窃密等活动严重危害国家政治安全和用户信息安全。

网络攻击威胁经济安全。网络和信息系统已经成为关键基础设施乃至整个经济社会的神经中枢，遭受攻击破坏、发生重大安全事件，将导致能源、交通、通信、金融等基础设施瘫痪，造成灾难性后果，严重危害国家经济安全和公共利益。

网络有害信息侵蚀文化安全。网络上各种思想文化相互激荡、交锋，优秀传统文化和主流价值观面临冲击。网络谣言、颓废文化和淫秽、暴力、迷信等违背社会主义核心价值观的有害信息侵蚀青少年身心健康，败坏社会风气，误导价值取向，危害文化安全。网上道德失范、诚信缺失现象频发，网络文明程度亟待提高。

网络恐怖和违法犯罪破坏社会安全。恐怖主义、分裂主义、极端主义等势力利用网络煽动、策划、组织和实施暴力恐怖活动，直接威胁人民生命财产安全、社会秩序。计算机病毒、木马等在网络空间传播蔓延，网络欺诈、黑客攻击、侵犯知识产权、滥用个人信息等不法行为大量存在，一些组织肆意窃取用户信息、交易数据、位置信息以及企业商业秘密，严重损害国家、企业和个人利益，影响社会和谐稳定。

网络空间的国际竞争方兴未艾。国际上争夺和控制网络空间战略资源、抢占规则制定权和战略制高点、谋求战略主动权的竞争日趋激烈。个别国家强化网络威慑战略，加剧网络空间军备竞赛，世界和平受到新的挑战。

网络空间机遇和挑战并存，机遇大于挑战。必须坚持积极利用、科学发展、依法管理、确保安全，坚决维护网络安全，最大限度利用网络空间发展潜力，更好惠及13亿多中国人民，造福全人类，坚定维护世界和平。

二、目标

以总体国家安全观为指导，贯彻落实创新、协调、绿色、开放、共享的发展理念，增强风险意识和危机意识，统筹国内国际两个大局，统筹发展安全两件大事，积极防御、有效应对，推进网络空间和平、安全、开放、合作、有序，维护国家主权、安全、发展利益，实现建设网络强国的战略目标。

和平：信息技术滥用得到有效遏制，网络空间军备竞赛等威胁国际和平的活动得到有效控制，网络空间冲突得到有效防范。

安全：网络安全风险得到有效控制，国家网络安全保障体系健全完善，核心技术装备安全可控，网络和信息系统运行稳定可靠。网络安全人才满足需求，全社会的网络安全意识、基本防护技能和利用网络的信心大幅提升。

开放：信息技术标准、政策和市场开放、透明，产品流通和信息传播更加顺畅，数字鸿沟日益弥合。不分大小、强弱、贫富，世界各国特别是发展中国家都能分享发展机遇、共享发展成果、公平参与网络空间治理。

合作：世界各国在技术交流、打击网络恐怖和网络犯罪等领域的合作更加密切，多边、民主、透明的国际互联网治理体系健全完善，以合作共赢为核心的网络空间命运共同体逐步形成。

有序：公众在网络空间的知情权、参与权、表达权、监督权等合法权益得到充分保障，网络空间个人隐私获得有效保护，人权受到充分尊重。网络空间的国内和国际法律体系、标准规范逐步建立，网络空间实现依法有效治理，网络环境诚信、文明、健康，信息自由流动与维护国家安全、公共利益实现有机统一。

三、原则

一个安全稳定繁荣的网络空间，对各国乃至世界都具有重大意义。中国愿与各国一道，加强沟通、扩大共识、深化合作，积极推进全球互联网治理体系变革，共同维护网络空间和平安全。

(一)尊重维护网络空间主权

网络空间主权不容侵犯，尊重各国自主选择发展道路、网络管理模式、互联网公共政策和平等参与国际网络空间治理的权利。各国主权范围内的网络事务由各国人民自己做主，各国有权根据本国国情，借鉴国际经验，制定有关网络空间的法律法规，依法采取必要措施，管理本国信息系统及本国疆域上的网络活动；保护本国信息系统和信息资源免受侵入、干扰、攻击和破坏，保障公民在网络空间的合法权益；防范、阻止和惩治危害国家安全和利益的有害信息在本国网络传播，维护网络空间秩序。任何国家都不搞网络霸权、不搞双重标准，不利用网络干涉他国内政，不从事、纵容或支持危害他国国家安全的网络活动。

(二)和平利用网络空间

和平利用网络空间符合人类的共同利益。各国应遵守《联合国宪章》关于不得使用或威胁使用武力的原则，防止信息技术被用于与维护国际安全与稳定相悖的目的，共同抵制网络空间军备竞赛、防范网络空间冲突。坚持相互尊重、平等相待，求同存异、包容互信，尊重彼此在网络空间的安全利益和重大关切，推动构建和谐网络世界。反对以国家安全为借口，利用技术优势控制他国网络和信息系统、收集和窃取他国数据，更不能以牺牲别国安全谋求自身所谓绝对安全。

(三)依法治理网络空间

全面推进网络空间法治化，坚持依法治网、依法办网、依法上网，让互联网在法治轨道上健康运行。依法构建良好网络秩序，保护网络空间信息依法有序自由流动，保护个人隐私，保护知识产权。任何组织和个人在网络空间享有自由、行使权利的同时，须遵守法律，尊重他人权利，对自己在网络上的言行负责。

(四)统筹网络安全与发展

没有网络安全就没有国家安全，没有信息化就没有现代化。网络安全和信息化是一体之两翼、驱动之双轮。正确处理发展和安全的关系，坚持以安全保发展，以发展促安全。安全是发展的前提，任何以牺牲安全为代价的发展都难以持续。发展是安全的基础，不发展是最大的不安全。没有信息化发展，网络安全也没有保障，已有的安全甚至会丧失。

四、战略任务

中国的网民数量和网络规模世界第一，维护好中国网络安全，不仅是自身需要，对于维护全球网络安全乃至世界和平都具有重大意义。中国致力于维护国家网络空间主权、安全、发展利益，推动互联网造福人类，推动网络空间和平利用和共同治理。

(一)坚定捍卫网络空间主权

根据宪法和法律法规管理我国主权范围内的网络活动，保护我国信息设施和信息资源安全，采取包括经济、行政、科技、法律、外交、军事等一切措施，坚定不移地维护我国网络空间主权。坚决反对通过网络颠覆我国国家政权、破坏我国国家主权的一切行为。

（二）坚决维护国家安全

防范、制止和依法惩治任何利用网络进行叛国、分裂国家、煽动叛乱、颠覆或者煽动颠覆人民民主专政政权的行为；防范、制止和依法惩治利用网络进行窃取、泄露国家秘密等危害国家安全的行为；防范、制止和依法惩治境外势力利用网络进行渗透、破坏、颠覆、分裂活动。

（三）保护关键信息基础设施

国家关键信息基础设施是指关系国家安全、国计民生，一旦数据泄露、遭到破坏或者丧失功能可能严重危害国家安全、公共利益的信息设施，包括但不限于提供公共通信、广播电视传输等服务的基础信息网络，能源、金融、交通、教育、科研、水利、工业制造、医疗卫生、社会保障、公用事业等领域和国家机关的重要信息系统，重要互联网应用系统等。采取一切必要措施保护关键信息基础设施及其重要数据不受攻击破坏。坚持技术和管理并重、保护和震慑并举，着眼识别、防护、检测、预警、响应、处置等环节，建立实施关键信息基础设施保护制度，从管理、技术、人才、资金等方面加大投入，依法综合施策，切实加强关键信息基础设施安全防护。

关键信息基础设施保护是政府、企业和全社会的共同责任，主管、运营单位和组织要按照法律法规、制度标准的要求，采取必要措施保障关键信息基础设施安全，逐步实现先评估后使用。加强关键信息基础设施风险评估。加强党政机关以及重点领域网站的安全防护，基层党政机关网站要按集约化模式建设运行和管理。建立政府、行业与企业的网络安全信息有序共享机制，充分发挥企业在保护关键信息基础设施中的重要作用。

坚持对外开放，立足开放环境下维护网络安全。建立实施网络安全审查制度，加强供应链安全管理，对党政机关、重点行业采购使用的重要信息技术产品和服务开展安全审查，提高产品和服务的安全性和可控性，防止产品服务提供者和其他组织利用信息技术优势实施不正当竞争或损害用户利益。

（四）加强网络文化建设

加强网上思想文化阵地建设，大力培育和践行社会主义核心价值观，实施网络内容建设工程，发展积极向上的网络文化，传播正能量，凝聚强大精神力量，营造良好网络氛围。鼓励拓展新业务、创作新产品，打造体现时代精神的网络文化品牌，不断提高网络文化产业规模水平。实施中华优秀文化网上传播工程，积极推动优秀传统文化和当代文化精品的数字化、网络化制作和传播。发挥互联网传播平台优势，推动中外优秀文化交流互鉴，让各国人民了解中华优秀文化，让中国人民了解各国优秀文化，共同推动网络文化繁荣发展，丰富人们精神世界，促进人类文明进步。

加强网络伦理、网络文明建设，发挥道德教化引导作用，用人类文明优秀成果滋养网络空间、修复网络生态。建设文明诚信的网络环境，倡导文明办网、文明上网，形成安全、文明、有序的信息传播秩序。坚决打击谣言、淫秽、暴力、迷信、邪教等违法有害信息在网络空间传播蔓延。提高青少年网络文明素养，加强对未成年人上网保护，通过政府、社会组织、社区、学校、家庭等方面的共同努力，为青少年健康成长创造良好的网络环境。

（五）打击网络恐怖和违法犯罪

加强网络反恐、反间谍、反窃密能力建设，严厉打击网络恐怖和网络间谍活动。

坚持综合治理、源头控制、依法防范，严厉打击网络诈骗、网络盗窃、贩枪贩毒、侵害公民个人信息、传播淫秽色情、黑客攻击、侵犯知识产权等违法犯罪行为。

（六）完善网络治理体系

坚持依法、公开、透明管网治网，切实做到有法可依、有法必依、执法必严、违法必究。健全网络安全法律法规体系，制定出台网络安全法、未成年人网络保护条例等法律法规，明确社会各方面的责任和义务，明确网络安全管理要求。加快对现行法律的修订和解释，使之适用于网络空间。完善网络安全相关制度，建立网络信任体系，提高网络安全管理的科学化规范化水平。

加快构建法律规范、行政监管、行业自律、技术保障、公众监督、社会教育相结合的网络治理体系，推进网络社会组织管理创新，健全基础管理、内容管理、行业管理以及网络违法犯罪防范和打击等工作联动机制。加强网络空间通信秘密、言论自由、商业秘密，以及名誉权、财产权等合法权益的保护。

鼓励社会组织等参与网络治理，发展网络公益事业，加强新型网络社会组织建设。鼓励网民举报网络违法行为和不良信息。

（七）夯实网络安全基础

坚持创新驱动发展，积极创造有利于技术创新的政策环境，统筹资源和力量，以企业为主体，产学研用相结合，协同攻关、以点带面、整体推进，尽快在核心技术上取得突破。重视软件安全，加快安全可信产品推广应用。发展网络基础设施，丰富网络空间信息内容。实施"互联网＋"行动，大力发展网络经济。实施国家大数据战略，建立大数据安全管理制度，支持大数据、云计算等新一代信息技术创新和应用。优化市场环境，鼓励网络安全企业做大做强，为保障国家网络安全夯实产业基础。

建立完善国家网络安全技术支撑体系。加强网络安全基础理论和重大问题研究。加强网络安全标准化和认证认可工作，更多地利用标准规范网络空间行为。做好等级保护、风险评估、漏洞发现等基础性工作，完善网络安全监测预警和网络安全重大事件应急处置机制。

实施网络安全人才工程，加强网络安全学科专业建设，打造一流网络安全学院和创新园区，形成有利于人才培养和创新创业的生态环境。办好网络安全宣传周活动，大力开展全民网络安全宣传教育。推动网络安全教育进教材、进学校、进课堂，提高网络媒介素养，增强全社会网络安全意识和防护技能，提高广大网民对网络违法有害信息、网络欺诈等违法犯罪活动的辨识和抵御能力。

（八）提升网络空间防护能力

网络空间是国家主权的新疆域。建设与我国国际地位相称、与网络强国相适应的网络空间防护力量，大力发展网络安全防御手段，及时发现和抵御网络入侵，铸造维护国家网络安全的坚强后盾。

(九) 强化网络空间国际合作

在相互尊重、相互信任的基础上，加强国际网络空间对话合作，推动互联网全球治理体系变革。深化同各国的双边、多边网络安全对话交流和信息沟通，有效管控分歧，积极参与全球和区域组织网络安全合作，推动互联网地址、根域名服务器等基础资源管理国际化。

支持联合国发挥主导作用，推动制定各方普遍接受的网络空间国际规则、网络空间国际反恐公约，健全打击网络犯罪司法协助机制，深化在政策法律、技术创新、标准规范、应急响应、关键信息基础设施保护等领域的国际合作。

加强对发展中国家和落后地区互联网技术普及和基础设施建设的支持援助，努力弥合数字鸿沟。推动"一带一路"建设，提高国际通信互联互通水平，畅通信息丝绸之路。搭建世界互联网大会等全球互联网共享共治平台，共同推动互联网健康发展。通过积极有效的国际合作，建立多边、民主、透明的国际互联网治理体系，共同构建和平、安全、开放、合作、有序的网络空间。

二、网络空间国际合作战略

网络空间国际合作战略

（2017 年 3 月 1 日，外交部、国家互联网信息办公室发布）

序言

"网络空间是人类共同的活动空间，网络空间前途命运应由世界各国共同掌握。各国应该加强沟通、扩大共识、深化合作，共同构建网络空间命运共同体。"

——中国国家主席习近平，2015 年 12 月 16 日

当今世界，以互联网为代表的信息技术日新月异，引领了社会生产新变革，创造了人类生活新空间，拓展了国家治理新领域，极大提高了人类认识世界、改造世界的能力。

作为人类社会的共同财富，互联网让世界变成了"地球村"。各国在网络空间互联互通，利益交融，休戚与共。维护网络空间和平与安全，促进开放与合作，共同构建网络空间命运共同体，符合国际社会的共同利益，也是国际社会的共同责任。

《网络空间国际合作战略》全面宣示中国在网络空间相关国际问题上的政策立场，系统阐释中国开展网络领域对外工作的基本原则、战略目标和行动要点，旨在指导中国今后一个时期参与网络空间国际交流与合作，推动国际社会携手努力，加强对话合作，共同构建和平、安全、开放、合作、有序的网络空间，建立多边、民主、透明的全球互联网治理体系。

第一章 机遇与挑战

在世界多极化、经济全球化、文化多样化深入发展，全球治理体系深刻变革的背景下，人类迎来了信息革命的新时代。以互联网为代表的信息通信技术日新月异，深刻改变了人们的生产和生活方式，日益激励市场创新、促进经济繁荣、推动社会发展。网络空间越来越成为信息传播的新渠道、生产生活的新空间、经济发展的新引擎、文化繁荣的新载体、社会治理的新平台、交流合作的新纽带、国家主权的新疆域。

网络空间给人类带来巨大机遇，同时也带来了不少新的课题和挑战，网络空间的安全与稳定成为攸关各国主权、安全和发展利益的全球关切。互联网领域发展不平衡、规则不健全、秩序不合理等问题日益凸显。国家和地区间的"数字鸿沟"不断拉大。关键信息基础设施存在较大风险隐患。全球互联网基础资源管理体系难以反映大多数国家意愿和利益。网络恐怖主义成为全球公害，网络犯罪呈蔓延之势。滥用信息通信技术干涉别国内政、从事大规模网络监控等活动时有发生。网络空间缺乏普遍有效规范各方行为的国际规则，自身发展受到制约。

面对问题和挑战，任何国家都难以独善其身，国际社会应本着相互尊重、互谅互让的精神，开展对话与合作，以规则为基础实现网络空间全球治理。

第二章　基本原则

中国始终是世界和平的建设者、全球发展的贡献者、国际秩序的维护者。中国坚定不移走和平发展道路，坚持正确义利观，推动建立合作共赢的新型国际关系。中国网络空间国际合作战略以和平发展为主题，以合作共赢为核心，倡导和平、主权、共治、普惠作为网络空间国际交流与合作的基本原则。

一、和平原则

网络空间互联互通，各国利益交融不断深化，一个安全稳定繁荣的网络空间，对各国乃至世界都具有重大意义。

国际社会要切实遵守《联合国宪章》宗旨与原则，特别是不使用或威胁使用武力、和平解决争端的原则，确保网络空间的和平与安全。各国应共同反对利用信息通信技术实施敌对行动和侵略行径，防止网络军备竞赛，防范网络空间冲突，坚持以和平方式解决网络空间的争端。应摒弃冷战思维、零和博弈和双重标准，在充分尊重别国安全的基础上，以合作谋和平，致力于在共同安全中实现自身安全。

网络恐怖主义是影响国际和平与安全的新威胁。国际社会要采取切实措施，预防并合作打击网络恐怖主义活动。防范恐怖分子利用网络宣传恐怖极端思想，策划和实施恐怖主义活动。

二、主权原则

《联合国宪章》确立的主权平等原则是当代国际关系的基本准则，覆盖国与国交往各个领域，也应该适用于网络空间。国家间应该相互尊重自主选择网络发展道路、网络管理模式、互联网公共政策和平等参与国际网络空间治理的权利，不搞网络霸权，不干涉他国内政，不从事、纵容或支持危害他国国家安全的网络活动。

明确网络空间的主权，既能体现各国政府依法管理网络空间的责任和权利，也有助于推动各国构建政府、企业和社会团体之间良性互动的平台，为信息技术的发展以及国际交流与合作营造一个健康的生态环境。

各国政府有权依法管网，对本国境内信息通信基础设施和资源、信息通信活动拥有管辖权，有权保护本国信息系统和信息资源免受威胁、干扰、攻击和破坏，保障公民在网络空间的合法权益。各国政府有权制定本国互联网公共政策和法律法规，不受任何外来干预。各国在根据主权平等原则行使自身权利的同时，也需履行相应的义务。各国不得利用信息通信技术干涉别国内政，不得利用自身优势损害别国信息通信技术产品和服务供应链安全。

三、共治原则

网络空间是人类共同的活动空间，需要世界各国共同建设，共同治理。网络空间国际治理，首先应坚持多边参与。国家不分大小、强弱、贫富，都是国际社会平等成员，都有权通过国际网络治理机制和平台，平等参与网络空间的国际秩序与规则建设，确保网络空间的未来发展由各国人民共同掌握。

其次，应坚持多方参与。应发挥政府、国际组织、互联网企业、技术社群、民间机构、公民个人等各主体作用，构建全方位、多层面的治理平台。各国应加强沟通交流，完善网络空间对话协商机制，共同制定网络空间国际规则。联合国作为重要渠道，应充分发挥统筹作用，协调各方立场，凝聚国际共识。其他国际机制和平台也应发挥各自优势，提供有益补充。国际社会应共同管理和公平分配互联网基础资源，建立多边、民主、透明的全球互联网治理体系，实现互联网资源共享、责任共担、合作共治。

四、普惠原则

互联网与各行业的融合发展，对各国经济结构、社会形态和创新体系产生着全局性、革命性影响，为世界经济增长和实现可持续发展目标提供了强劲动力。促进互联网效益普遍惠及各地区和国家，将为2030年可持续发展议程的有效落实提供助力。

国际社会应不断推进互联网领域开放合作，丰富开放内涵，提高开放水平，搭建更多沟通合作平台，推动在网络空间优势互补、共同发展，确保人人共享互联网发展成果，实现联合国信息社会世界峰会确定的建设以人为本、面向发展、包容性的信息社会目标。

各国应积极推动双边、区域和国际发展合作，特别是应加大对发展中国家在网络能力建设上的资金和技术援助，帮助他们抓住数字机遇，跨越"数字鸿沟"。

第三章 战略目标

中国参与网络空间国际合作的战略目标是：坚定维护中国网络主权、安全和发展利益，保障互联网信息安全有序流动，提升国际互联互通水平，维护网络空间和平安全稳定，推动网络空间国际法治，促进全球数字经济发展，深化网络文化交流互鉴，让互联网发展成果惠及全球，更好造福各国人民。

一、维护主权与安全

中国致力于维护网络空间和平安全，以及在国家主权基础上构建公正合理的网络空间国际秩序，并积极推动和巩固在此方面的国际共识。中国坚决反对任何国家借网络干涉别国内政，主张各国有权利和责任维护本国网络安全，通过国家法律和政策保障各方在网络空间的正当合法权益。网络空间加强军备、强化威慑的倾向不利于国际安全与战略互信。中国致力于推动各方切实遵守和平解决争端、不使用或威胁使用武力等国际关系基本准则，建立磋商与调停机制，预防和避免冲突，防止网络空间成为新的战场。

网络空间国防力量建设是中国国防和军队现代化建设的重要内容，遵循一贯的积极防御军事战略方针。中国将发挥军队在维护国家网络空间主权、安全和发展利益中的重要作用，加快网络空间力量建设，提高网络空间态势感知、网络防御、支援国家网络空间行动和参与国际合作的能力，遏控网络空间重大危机，保障国家网络安全，维护国家安全和社会稳定。

二、构建国际规则体系

网络空间作为新疆域，亟需制定相关规则和行为规范。中国主张在联合国框架下制定各国普遍接受的网络空间国际规则和国家行为规范，确立国家及各行为体在网络空间应遵循的基本准则，规范各方行为，促进各国合作，以维护网络空间的安全、稳定与繁荣。中国支持并积极参与国际规则制定进程，并将继续与国际社会加强对话合作，作出自己的贡献。

中国是网络安全的坚定维护者。中国也是黑客攻击的受害国。中国反对任何形式的黑客攻击，不论何种黑客攻击，都是违法犯罪行为，都应该根据法律和相关国际公约予以打击。网络攻击通常具有跨国性、溯源难等特点，中国主张各国通过建设性协商合作，共同维护网络空间安全。

三、促进互联网公平治理

中国主张通过国际社会平等参与和共同决策，构建多边、民主、透明的全球互联网治理体系。各国应享有平等参与互联网治理的权利。应公平分配互联网基础资源，共同管理互联网根服务器等关键信息基础设施。要确保相关国际进程的包容与开放，加强发展中国家的代表性和发言权。

中国支持加强包括各国政府、国际组织、互联网企业、技术社群、民间机构、公民个人等各利益攸关方的沟通与合作。各利益攸关方应在上述治理模式中发挥与自身角色相匹配的作用，政府应在互联网治理特别是公共政策和安全中发挥关键主导作用，实现共同参与、科学管理、民主决策。

四、保护公民合法权益

中国支持互联网的自由与开放，充分尊重公民在网络空间的权利和基本自由，保障公众在网络空间的知情权、参与权、表达权、监督权，保护网络空间个人隐私。同时，网络空间不是"法外之地"，网络空间与现实社会一样，既要提倡自由，也要保持秩序。中国致力于推动网络空间有效治理，实现信息自由流动与国家安全、公共利益有机统一。

五、促进数字经济合作

中国大力实施网络强国战略、国家信息化战略、国家大数据战略、"互联网＋"行动计划，大力发展电子商务，着力推动互联网和实体经济深度融合发展，促进资源配置优化，促进全要素生产率提升，为推动创新发展、转变经济增长方式、调整经济结构发挥积极作用。

中国秉持公平、开放、竞争的市场理念，在自身发展的同时，坚持合作和普惠原则，促进世界范围内投资和贸易发展，推动全球数字经济发展。中国主张推动国际社会公平、自由贸易，反对贸易壁垒和贸易保护主义，促进建立开放、安全的数字经济环境，确保互联网为经济发展和创新服务。中国主张进一步推动实现公平合理普遍的互联网接入、互联网技术的普及化、互联网语言的多样性，加强中国同其他国家和地区在网络安全和信息技术方面的交流与合作，共同推进互联网技术的发展和创新，确保所有人都能平等分享数字红利，实现网络空间的可持续发展。

中国坚持以安全保发展，以发展促安全。要保持数字经济健康、强劲发展，既不能追求绝对安全阻碍发展的活力、限制开放互通、禁锢技术创新，也不能以市场自由化、贸易自由化为由，回避必要的安全监管措施。各国、各地区互联网发展水平和网络安全防护能力不同，应为广大发展中国家提升网络安全能力提供力所能及的援助，弥合发展中国家和发达国家间的"数字鸿沟"，实现数字经济互利共赢，补齐全球网络安全短板。

六、打造网上文化交流平台

互联网是传播人类优秀文化、弘扬正能量的重要载体。网络空间是人类共同的精神家园。各国应加强合作，共同肩负起运用互联网传承优秀文化的重任，培育和发展积极向上的网络文化，发挥文化滋养人类、涵养社会、促进经济发展的重要作用，共同推动网络文明建设和网络文化繁荣发展。

中国愿同各国一道，发挥互联网传播平台优势，通过互联网架设国际交流桥梁，促进各国优秀文化交流互鉴。加强网络文化传播能力建设，推动国际网络文化的多样性发展，丰富人们精神世界，促进人类文明进步。

第四章 行动计划

中国将积极参与网络领域相关国际进程，加强双边、地区及国际对话与合作，增进国际互信，谋求共同发展，携手应对威胁，以期最终达成各方普遍接受的网络空间国际规则，构建公正合理的全球网络空间治理体系。

一、倡导和促进网络空间和平与稳定

参与双多边建立信任措施的讨论，采取预防性外交举措，通过对话和协商的方式应对各种网络安全威胁。

加强对话，研究影响国际和平与安全的网络领域新威胁，共同遏制信息技术滥用，防止网络空间军备竞赛。

推动国际社会就网络空间和平属性展开讨论，从维护国际安全和战略互信、预防网络冲突角度，研究国际法适用网络空间问题。

二、推动构建以规则为基础的网络空间秩序

发挥联合国在网络空间国际规则制定中的重要作用，支持并推动联合国大会通过信息和网络安全相关决议，积极推动并参与联合国信息安全问题政府专家组等进程。

上海合作组织成员国于2015年1月向联大提交了"信息安全国际行为准则"更新案文。"准则"是国际上第一份全面系统阐述网络空间行为规范的文件，是中国等上合组织成员国为推动国际社会制定网络空间行为准则提供的重要公共安全产品。中国将继续就该倡议加强国际对话，争取对该倡议广泛的国际理解与支持。

支持国际社会在平等基础上普遍参与有关网络问题的国际讨论和磋商。

三、不断拓展网络空间伙伴关系

中国致力于与国际社会各方建立广泛的合作伙伴关系，积极拓展与其他国家的网络事务对话机制，广泛开展双边网络外交政策交流和务实合作。

举办世界互联网大会(乌镇峰会)等国际会议，与有关国家继续举行双边互联网论坛，在中日韩、东盟地区论坛、博鳌亚洲论坛等框架下举办网络议题研讨活动等，拓展网络对话合作平台。

推动深化上合组织、金砖国家网络安全务实合作。促进东盟地区论坛网络安全进程平衡发展。积极推动和支持亚信会议、中非合作论坛、中阿合作论坛、中拉论坛、亚非

法律协商组织等区域组织开展网络安全合作。推进亚太经合组织、二十国集团等组织在互联网和数字经济等领域合作的倡议。探讨与其他地区组织在网络领域的交流对话。

四、积极推进全球互联网治理体系改革

参与联合国信息社会世界峰会成果落实后续进程，推动国际社会巩固和落实峰会成果共识，公平分享信息社会发展成果，并将加强信息社会建设和互联网治理列为审议的重要议题。

推进联合国互联网治理论坛机制改革，促进论坛在互联网治理中发挥更大作用。加强论坛在互联网治理事务上的决策能力，推动论坛获得稳定的经费来源，在遴选相关成员、提交报告等方面制定公开透明的程序。

参加旨在促进互联网关键资源公平分配和管理的国际讨论，积极推动互联网名称和数字地址分配机构国际化改革，使其成为具有真正独立性的国际机构，不断提高其代表性和决策、运行的公开透明。积极参与和推动世界经济论坛"互联网的未来"行动倡议等全球互联网治理平台活动。

五、深化打击网络恐怖主义和网络犯罪国际合作

探讨国际社会合作打击网络恐怖主义的行为规范及具体措施，包括探讨制定网络空间国际反恐公约，增进国际社会在打击网络犯罪和网络恐怖主义问题上的共识，并为各国开展具体执法合作提供依据。

支持并推动联合国安理会在打击网络恐怖主义国际合作问题上发挥重要作用。

支持并推动联合国开展打击网络犯罪的工作，参与联合国预防犯罪和刑事司法委员会、联合国网络犯罪问题政府专家组等机制的工作，推动在联合国框架下讨论、制定打击网络犯罪的全球性国际法律文书。

加强地区合作，依托亚太地区年度会晤协作机制开展打击信息技术犯罪合作，积极参加东盟地区论坛等区域组织相关合作，推进金砖国家打击网络犯罪和网络恐怖主义的机制安排。

加强与各国打击网络犯罪和网络恐怖主义的政策交流与执法等务实合作。积极探索建立打击网络恐怖主义机制化对话交流平台，与其他国家警方建立双边警务合作机制，健全打击网络犯罪司法协助机制，加强打击网络犯罪技术经验交流。

六、倡导对隐私权等公民权益的保护

支持联合国大会及人权理事会有关隐私权保护问题的讨论，推动网络空间确立个人隐私保护原则。推动各国采取措施制止利用网络侵害个人隐私的行为，并就尊重和保护网络空间个人隐私的实践和做法进行交流。

促进企业提高数据安全保护意识，支持企业加强行业自律，就网络空间个人信息保护最佳实践展开讨论。推动政府和企业加强合作，共同保护网络空间个人隐私。

七、推动数字经济发展和数字红利普惠共享

推动落实联合国信息社会世界峰会确定的建设以人为本、面向发展、包容性的信息社会目标，以此推进落实2030年可持续发展议程。

支持基于互联网的创新创业，促进工业、农业、服务业数字化转型。促进中小微企业信息化发展。促进信息通信技术领域投资。扩大宽带接入，提高宽带质量。提高公众的数字技能，提高数字包容性。增强在线交易的可用性、完整性、保密性和可靠性，发展可信、稳定和可靠的互联网应用。

支持向广大发展中国家提供网络安全能力建设援助，包括技术转让、关键信息基础设施建设和人员培训等，将"数字鸿沟"转化为数字机遇，让更多发展中国家和人民共享互联网带来的发展机遇。

推动制定完善的网络空间贸易规则，促进各国相关政策的有效协调。开展电子商务国际合作，提高通关、物流等便利化水平。保护知识产权，反对贸易保护主义，形成世界网络大市场，促进全球网络经济的繁荣发展。

加强互联网技术合作共享，推动各国在网络通信、移动互联网、云计算、物联网、大数据等领域的技术合作，共同解决互联网技术发展难题，共促新产业、新业态的发展。加强人才交流，联合培养创新型网络人才。

紧密结合"一带一路"建设，推动并支持中国的互联网企业联合制造、金融、信息通信等领域企业率先走出去，按照公平原则参与国际竞争，共同开拓国际市场，构建跨境产业链体系。鼓励中国企业积极参与他国能力建设，帮助发展中国家发展远程教育、远程医疗、电子商务等行业，促进这些国家的社会发展。

八、加强全球信息基础设施建设和保护

共同推动全球信息基础设施建设，铺就信息畅通之路。推动与周边及其他国家信息基础设施互联互通和"一带一路"建设，让更多国家和人民共享互联网带来的发展机遇。

加强国际合作，提升保护关键信息基础设施的意识，推动建立政府、行业与企业的网络安全信息有序共享机制，加强关键信息基础设施及其重要数据的安全防护。

推动各国就关键信息基础设施保护达成共识，制定关键信息基础设施保护的合作措施，加强关键信息基础设施保护的立法、经验和技术交流。

推动加强各国在预警防范、应急响应、技术创新、标准规范、信息共享等方面合作，提高网络风险的防范和应对能力。

九、促进网络文化交流互鉴

推动各国开展网络文化合作，让互联网充分展示各国各民族的文明成果，成为文化交流、文化互鉴的平台，增进各国人民情感交流、心灵沟通。以动漫游戏产业为重点领域之一，务实开展与"一带一路"沿线国家的文化合作，鼓励中国企业充分依托当地文化资源，提供差异化网络文化产品和服务。利用国内外网络文化博览交易平台，推动中国网络文化产品走出去。支持中国企业参加国际重要网络文化展会。推动网络文化企业海外落地。

结束语

21世纪是网络和信息化的时代。在新的历史起点上，中国提出建设网络强国的宏伟目标，这是落实"四个全面"战略布局的重要举措，是实现"两个一百年"奋斗目标和中华民族伟大复兴中国梦的必然选择。中国始终是网络空间的建设者、维护者和贡献者。中国网信事业的发展不仅将造福中国人民，也将是对全球互联网安全和发展的贡献。

中国在推进建设网络强国战略部署的同时，将秉持以合作共赢为核心的新型国际关系理念，致力于与国际社会携起手来，加强沟通交流，深化互利合作，构建合作新伙伴，同心打造人类命运共同体，为建设一个安全、稳定、繁荣的网络空间作出更大贡献。

三、网络安全法节选

<h3 style="text-align:center">中华人民共和国网络安全法（节选）</h3>

（2016 年 11 月 7 日第十二届全国人民代表大会常务委员会第二十四次会议通过）

第一章 总则

第一条 为了保障网络安全，维护网络空间主权和国家安全、社会公共利益，保护公民、法人和其他组织的合法权益，促进经济社会信息化健康发展，制定本法。

第二条 在中华人民共和国境内建设、运营、维护和使用网络，以及网络安全的监督管理，适用本法。

第三条 国家坚持网络安全与信息化发展并重，遵循积极利用、科学发展、依法管理、确保安全的方针，推进网络基础设施建设和互联互通，鼓励网络技术创新和应用，支持培养网络安全人才，建立健全网络安全保障体系，提高网络安全保护能力。

第四条 国家制定并不断完善网络安全战略，明确保障网络安全的基本要求和主要目标，提出重点领域的网络安全政策、工作任务和措施。

第五条 国家采取措施，监测、防御、处置来源于中华人民共和国境内外的网络安全风险和威胁，保护关键信息基础设施免受攻击、侵入、干扰和破坏，依法惩治网络违法犯罪活动，维护网络空间安全和秩序。

第六条 国家倡导诚实守信、健康文明的网络行为，推动传播社会主义核心价值观，采取措施提高全社会的网络安全意识和水平，形成全社会共同参与促进网络安全的良好环境。

第七条 国家积极开展网络空间治理、网络技术研发和标准制定、打击网络违法犯罪等方面的国际交流与合作，推动构建和平、安全、开放、合作的网络空间，建立多边、民主、透明的网络治理体系。

第八条 国家网信部门负责统筹协调网络安全工作和相关监督管理工作。国务院电信主管部门、公安部门和其他有关机关依照本法和有关法律、行政法规的规定，在各自职责范围内负责网络安全保护和监督管理工作。

县级以上地方人民政府有关部门的网络安全保护和监督管理职责，按照国家有关规定确定。

第九条 网络运营者开展经营和服务活动，必须遵守法律、行政法规，尊重社会公德，遵守商业道德，诚实信用，履行网络安全保护义务，接受政府和社会的监督，承担社会责任。

第十条 建设、运营网络或者通过网络提供服务，应当依照法律、行政法规的规定和国家标准的强制性要求，采取技术措施和其他必要措施，保障网络安全、稳定运行，有效应对网络安全事件，防范网络违法犯罪活动，维护网络数据的完整性、保密性和可用性。

第十一条 网络相关行业组织按照章程，加强行业自律，制定网络安全行为规范，指导会员加强网络安全保护，提高网络安全保护水平，促进行业健康发展。

第十二条 国家保护公民、法人和其他组织依法使用网络的权利,促进网络接入普及,提升网络服务水平,为社会提供安全、便利的网络服务,保障网络信息依法有序自由流动。

任何个人和组织使用网络应当遵守宪法法律,遵守公共秩序,尊重社会公德,不得危害网络安全,不得利用网络从事危害国家安全、荣誉和利益,煽动颠覆国家政权、推翻社会主义制度,煽动分裂国家、破坏国家统一,宣扬恐怖主义、极端主义,宣扬民族仇恨、民族歧视,传播暴力、淫秽色情信息,编造、传播虚假信息扰乱经济秩序和社会秩序,以及侵害他人名誉、隐私、知识产权和其他合法权益等活动。

第十三条 国家支持研究开发有利于未成年人健康成长的网络产品和服务,依法惩治利用网络从事危害未成年人身心健康的活动,为未成年人提供安全、健康的网络环境。

第十四条 任何个人和组织有权对危害网络安全的行为向网信、电信、公安等部门举报。收到举报的部门应当及时依法作出处理;不属于本部门职责的,应当及时移送有权处理的部门。

有关部门应当对举报人的相关信息予以保密,保护举报人的合法权益。

第二章 网络安全支持与促进

第十五条 国家建立和完善网络安全标准体系。国务院标准化行政主管部门和国务院其他有关部门根据各自的职责,组织制定并适时修订有关网络安全管理以及网络产品、服务和运行安全的国家标准、行业标准。

国家支持企业、研究机构、高等学校、网络相关行业组织参与网络安全国家标准、行业标准的制定。

第十六条 国务院和省、自治区、直辖市人民政府应当统筹规划,加大投入,扶持重点网络安全技术产业和项目,支持网络安全技术的研究开发和应用,推广安全可信的网络产品和服务,保护网络技术知识产权,支持企业、研究机构和高等学校等参与国家网络安全技术创新项目。

第十七条 国家推进网络安全社会化服务体系建设,鼓励有关企业、机构开展网络安全认证、检测和风险评估等安全服务。

第十八条 国家鼓励开发网络数据安全保护和利用技术,促进公共数据资源开放,推动技术创新和经济社会发展。

国家支持创新网络安全管理方式,运用网络新技术,提升网络安全保护水平。

第十九条 各级人民政府及其有关部门应当组织开展经常性的网络安全宣传教育,并指导、督促有关单位做好网络安全宣传教育工作。

大众传播媒介应当有针对性地面向社会进行网络安全宣传教育。

第二十条 国家支持企业和高等学校、职业学校等教育培训机构开展网络安全相关教育与培训,采取多种方式培养网络安全人才,促进网络安全人才交流。

第三章 网络运行安全

第一节 一般规定

第二十一条 国家实行网络安全等级保护制度。网络运营者应当按照网络安全等级保护制度的要求,履行下列安全保护义务,保障网络免受干扰、破坏或者未经授权的访间，防止网络数据泄露或者被窃取、篡改：

（一）制定内部安全管理制度和操作规程，确定网络安全负责人，落实网络安全保护责任；

（二）采取防范计算机病毒和网络攻击、网络侵入等危害网络安全行为的技术措施；

（三）采取监测、记录网络运行状态、网络安全事件的技术措施，并按照规定留存相关的网络日志不少于六个月；

（四）采取数据分类、重要数据备份和加密等措施；

（五）法律、行政法规规定的其他义务。

第二十二条　网络产品、服务应当符合相关国家标准的强制性要求。网络产品、服务的提供者不得设置恶意程序；发现其网络产品、服务存在安全缺陷、漏洞等风险时，应当立即采取补救措施，按照规定及时告知用户并向有关主管部门报告。

网络产品、服务的提供者应当为其产品、服务持续提供安全维护；在规定或者当事人约定的期限内，不得终止提供安全维护。

网络产品、服务具有收集用户信息功能的，其提供者应当向用户明示并取得同意；涉及用户个人信息的，还应当遵守本法和有关法律、行政法规关于个人信息保护的规定。

第二十三条　网络关键设备和网络安全专用产品应当按照相关国家标准的强制性要求，由具备资格的机构安全认证合格或者安全检测符合要求后，方可销售或者提供。国家网信部门会同国务院有关部门制定、公布网络关键设备和网络安全专用产品目录，并推动安全认证和安全检测结果互认，避免重复认证、检测。

第二十四条　网络运营者为用户办理网络接入、域名注册服务，办理固定电话、移动电话等入网手续，或者为用户提供信息发布、即时通讯等服务，在与用户签订协议或者确认提供服务时，应当要求用户提供真实身份信息。用户不提供真实身份信息的，网络运营者不得为其提供相关服务。

国家实施网络可信身份战略，支持研究开发安全、方便的电子身份认证技术，推动不同电子身份认证之间的互认。

第二十五条　网络运营者应当制定网络安全事件应急预案，及时处置系统漏洞、计算机病毒、网络攻击、网络侵入等安全风险；在发生危害网络安全的事件时，立即启动应急预案，采取相应的补救措施，并按照规定向有关主管部门报告。

第二十六条　开展网络安全认证、检测、风险评估等活动，向社会发布系统漏洞、计算机病毒、网络攻击、网络侵入等网络安全信息，应当遵守国家有关规定。

第二十七条　任何个人和组织不得从事非法侵入他人网络、干扰他人网络正常功能、窃取网络数据等危害网络安全的活动；不得提供专门用于从事侵入网络、干扰网络正常功能及防护措施、窃取网络数据等危害网络安全活动的程序、工具；明知他人从事危害网络安全的活动的，不得为其提供技术支持、广告推广、支付结算等帮助。

第二十八条　网络运营者应当为公安机关、国家安全机关依法维护国家安全和侦查犯罪的活动提供技术支持和协助。

第二十九条　国家支持网络运营者之间在网络安全信息收集、分析、通报和应急处置等方面进行合作，提高网络运营者的安全保障能力。

有关行业组织建立健全本行业的网络安全保护规范和协作机制，加强对网络安全风险的分析评估，定期向会员进行风险警示，支持、协助会员应对网络安全风险。

第三十条　网信部门和有关部门在履行网络安全保护职责中获取的信息，只能用于维护网络安全的需要，不得用于其他用途。

第二节　关键信息基础设施的运行安全

第三十一条　国家对公共通信和信息服务、能源、交通、水利、金融、公共服务、电子政务等重要行业和领域，以及其他一旦遭到破坏、丧失功能或者数据泄露，可能严重危害国家安全、国计民生、公共利益的关键信息基础设施，在网络安全等级保护制度的基础上，实行重点保护。关键信息基础设施的具体范围和安全保护办法由国务院制定。

国家鼓励关键信息基础设施以外的网络运营者自愿参与关键信息基础设施保护体系。

第三十二条　按照国务院规定的职责分工，负责关键信息基础设施安全保护工作的部门分别编制并组织实施本行业、本领域的关键信息基础设施安全规划，指导和监督关键信息基础设施运行安全保护工作。

第三十三条　建设关键信息基础设施应当确保其具有支持业务稳定、持续运行的性能，并保证安全技术措施同步规划、同步建设、同步使用。

第三十四条　除本法第二十一条的规定外，关键信息基础设施的运营者还应当履行下列安全保护义务：

(一)设置专门安全管理机构和安全管理负责人，并对该负责人和关键岗位的人员进行安全背景审查；

(二)定期对从业人员进行网络安全教育、技术培训和技能考核；

(三)对重要系统和数据库进行容灾备份；

(四)制定网络安全事件应急预案，并定期进行演练；

(五)法律、行政法规规定的其他义务。

第三十五条　关键信息基础设施的运营者采购网络产品和服务，可能影响国家安全的，应当通过国家网信部门会同国务院有关部门组织的国家安全审查。

第三十六条　关键信息基础设施的运营者采购网络产品和服务，应当按照规定与提供者签订安全保密协议，明确安全和保密义务与责任。

第三十七条　关键信息基础设施的运营者在中华人民共和国境内运营中收集和产生的个人信息和重要数据应当在境内存储。因业务需要，确需向境外提供的，应当按照国家网信部门会同国务院有关部门制定的办法进行安全评估；法律、行政法规另有规定的，依照其规定。

第三十八条　关键信息基础设施的运营者应当自行或者委托网络安全服务机构对其网络的安全性和可能存在的风险每年至少进行一次检测评估，并将检测评估情况和改进措施报送相关负责关键信息基础设施安全保护工作的部门。

第三十九条　国家网信部门应当统筹协调有关部门对关键信息基础设施的安全保护采取下列措施：

(一)对关键信息基础设施的安全风险进行抽查检测，提出改进措施，必要时可以委托网络安全服务机构对网络存在的安全风险进行检测评估；

(二)定期组织关键信息基础设施的运营者进行网络安全应急演练,提高应对网络安全事件的水平和协同配合能力;

(三)促进有关部门、关键信息基础设施的运营者以及有关研究机构、网络安全服务机构等之间的网络安全信息共享;

(四)对网络安全事件的应急处置与网络功能的恢复等,提供技术支持和协助。

第四章 网络信息安全

第四十条 网络运营者应当对其收集的用户信息严格保密,并建立健全用户信息保护制度。

第四十一条 网络运营者收集、使用个人信息,应当遵循合法、正当、必要的原则,公开收集、使用规则,明示收集、使用信息的目的、方式和范围,并经被收集者同意。

网络运营者不得收集与其提供的服务无关的个人信息,不得违反法律、行政法规的规定和双方的约定收集、使用个人信息,并应当依照法律、行政法规的规定和与用户的约定,处理其保存的个人信息。

第四十二条 网络运营者不得泄露、篡改、毁损其收集的个人信息;未经被收集者同意,不得向他人提供个人信息。但是,经过处理无法识别特定个人且不能复原的除外。

网络运营者应当采取技术措施和其他必要措施,确保其收集的个人信息安全,防止信息泄露、毁损、丢失。在发生或者可能发生个人信息泄露、毁损、丢失的情况时,应当立即采取补救措施,按照规定及时告知用户并向有关主管部门报告。

第四十三条 个人发现网络运营者违反法律、行政法规的规定或者双方的约定收集、使用其个人信息的,有权要求网络运营者删除其个人信息;发现网络运营者收集、存储的其个人信息有错误的,有权要求网络运营者予以更正。网络运营者应当采取措施予以删除或者更正。

第四十四条 任何个人和组织不得窃取或者以其他非法方式获取个人信息,不得非法出售或者非法向他人提供个人信息。

第四十五条 依法负有网络安全监督管理职责的部门及其工作人员,必须对在履行职责中知悉的个人信息、隐私和商业秘密严格保密,不得泄露、出售或者非法向他人提供。

第四十六条 任何个人和组织应当对其使用网络的行为负责,不得设立用于实施诈骗,传授犯罪方法,制作或者销售违禁物品、管制物品等违法犯罪活动的网站、通讯群组,不得利用网络发布涉及实施诈骗,制作或者销售违禁物品、管制物品以及其他违法犯罪活动的信息。

第四十七条 网络运营者应当加强对其用户发布的信息的管理,发现法律、行政法规禁止发布或者传输的信息的,应当立即停止传输该信息,采取消除等处置措施,防止信息扩散,保存有关记录,并向有关主管部门报告。

第四十八条 任何个人和组织发送的电子信息、提供的应用软件,不得设置恶意程序,不得含有法律、行政法规禁止发布或者传输的信息。

电子信息发送服务提供者和应用软件下载服务提供者,应当履行安全管理义务,知道其用户有前款规定行为的,应当停止提供服务,采取消除等处置措施,保存有关记录,并向有关主管部门报告。

第四十九条 网络运营者应当建立网络信息安全投诉、举报制度，公布投诉、举报方式等信息，及时受理并处理有关网络信息安全的投诉和举报。

网络运营者对网信部门和有关部门依法实施的监督检查，应当予以配合。

第五十条 国家网信部门和有关部门依法履行网络信息安全监督管理职责，发现法律、行政法规禁止发布或者传输的信息的，应当要求网络运营者停止传输，采取消除等处置措施，保存有关记录；对来源于中华人民共和国境外的上述信息，应当通知有关机构采取技术措施和其他必要措施阻断传播。

第五章 监测预警与应急处置

第五十一条 国家建立网络安全监测预警和信息通报制度。国家网信部门应当统筹协调有关部门加强网络安全信息收集、分析和通报工作，按照规定统一发布网络安全监测预警信息。

第五十二条 负责关键信息基础设施安全保护工作的部门，应当建立健全本行业、本领域的网络安全监测预警和信息通报制度，并按照规定报送网络安全监测预警信息。

第五十三条 国家网信部门协调有关部门建立健全网络安全风险评估和应急工作机制，制定网络安全事件应急预案，并定期组织演练。

负责关键信息基础设施安全保护工作的部门应当制定本行业、本领域的网络安全事件应急预案，并定期组织演练。

网络安全事件应急预案应当按照事件发生后的危害程度、影响范围等因素对网络安全事件进行分级，并规定相应的应急处置措施。

第五十四条 网络安全事件发生的风险增大时，省级以上人民政府有关部门应当按照规定的权限和程序，并根据网络安全风险的特点和可能造成的危害，采取下列措施：

(一)要求有关部门、机构和人员及时收集、报告有关信息，加强对网络安全风险的监测；

(二)组织有关部门、机构和专业人员，对网络安全风险信息进行分析评估，预测事件发生的可能性、影响范围和危害程度；

(三)向社会发布网络安全风险预警，发布避免、减轻危害的措施。

第五十五条 发生网络安全事件，应当立即启动网络安全事件应急预案，对网络安全事件进行调查和评估，要求网络运营者采取技术措施和其他必要措施，消除安全隐患，防止危害扩大，并及时向社会发布与公众有关的警示信息。

第五十六条 省级以上人民政府有关部门在履行网络安全监督管理职责中，发现网络存在较大安全风险或者发生安全事件的，可以按照规定的权限和程序对该网络的运营者的法定代表人或者主要负责人进行约谈。网络运营者应当按照要求采取措施，进行整改，消除隐患。

第五十七条 因网络安全事件，发生突发事件或者生产安全事故的，应当依照《中华人民共和国突发事件应对法》《中华人民共和国安全生产法》等有关法律、行政法规的规定处置。

第五十八条 因维护国家安全和社会公共秩序，处置重大突发社会安全事件的需要，经国务院决定或者批准，可以在特定区域对网络通信采取限制等临时措施。

四、全国人民代表大会常务委员会关于维护互联网安全的决定

全国人民代表大会常务委员会关于维护互联网安全的决定

(2000 年 12 月 28 日第九届全国人民代表大会常务委员会第十九次会议通过 根据 2009
年 8 月 27 日第十一届全国人民代表大会常务委员会第十次会议《关于修改部分法律的决
定》修正)

我国的互联网,在国家大力倡导和积极推动下,在经济建设和各项事业中得到日益
广泛的应用,使人们的生产、工作、学习和生活方式已经开始并将继续发生深刻的变化,
对于加快我国国民经济、科学技术的发展和社会服务信息化进程具有重要作用。同时,
如何保障互联网的运行安全和信息安全问题已经引起全社会的普遍关注。为了兴利除弊,
促进我国互联网的健康发展,维护国家安全和社会公共利益,保护个人、法人和其他组
织的合法权益,特作如下决定:

一、为了保障互联网的运行安全,对有下列行为之一,构成犯罪的,依照刑法有关
规定追究刑事责任:

(一)侵入国家事务、国防建设、尖端科学技术领域的计算机信息系统;

(二)故意制作、传播计算机病毒等破坏性程序,攻击计算机系统及通信网络,致使
计算机系统及通信网络遭受损害;

(三)违反国家规定,擅自中断计算机网络或者通信服务,造成计算机网络或者通信
系统不能正常运行。

二、为了维护国家安全和社会稳定,对有下列行为之一,构成犯罪的,依照刑法有
关规定追究刑事责任:

(一)利用互联网造谣、诽谤或者发表、传播其他有害信息,煽动颠覆国家政权、推
翻社会主义制度,或者煽动分裂国家、破坏国家统一;

(二)通过互联网窃取、泄露国家秘密、情报或者军事秘密;

(三)利用互联网煽动民族仇恨、民族歧视,破坏民族团结;

(四)利用互联网组织邪教组织、联络邪教组织成员,破坏国家法律、行政法规实施。

三、为了维护社会主义市场经济秩序和社会管理秩序,对有下列行为之一,构成犯
罪的,依照刑法有关规定追究刑事责任:

(一)利用互联网销售伪劣产品或者对商品、服务作虚假宣传;

(二)利用互联网损害他人商业信誉和商品声誉;

(三)利用互联网侵犯他人知识产权;

(四)利用互联网编造并传播影响证券、期货交易或者其他扰乱金融秩序的虚假信息;

(五)在互联网上建立淫秽网站、网页,提供淫秽站点链接服务,或者传播淫秽书刊、
影片、音像、图片。

四、为了保护个人、法人和其他组织的人身、财产等合法权利,对有下列行为之一,
构成犯罪的,依照刑法有关规定追究刑事责任:

(一)利用互联网侮辱他人或者捏造事实诽谤他人;

（二）非法截获、篡改、删除他人电子邮件或者其他数据资料，侵犯公民通信自由和通信秘密；

（三）利用互联网进行盗窃、诈骗、敲诈勒索。

五、利用互联网实施本决定第一条、第二条、第三条、第四条所列行为以外的其他行为，构成犯罪的，依照刑法有关规定追究刑事责任。

六、利用互联网实施违法行为，违反社会治安管理，尚不构成犯罪的，由公安机关依照《中华人民共和国治安管理处罚法》（简称《治安管理处罚法》）予以处罚；违反其他法律、行政法规，尚不构成犯罪的，由有关行政管理部门依法给予行政处罚；对直接负责的主管人员和其他直接责任人员，依法给予行政处分或者纪律处分。

利用互联网侵犯他人合法权益，构成民事侵权的，依法承担民事责任。

七、各级人民政府及有关部门要采取积极措施，在促进互联网的应用和网络技术的普及过程中，重视和支持对网络安全技术的研究和开发，增强网络的安全防护能力。有关主管部门要加强对互联网的运行安全和信息安全的宣传教育，依法实施有效的监督管理，防范和制止利用互联网进行的各种违法活动，为互联网的健康发展创造良好的社会环境。从事互联网业务的单位要依法开展活动，发现互联网上出现违法犯罪行为和有害信息时，要采取措施，停止传输有害信息，并及时向有关机关报告。任何单位和个人在利用互联网时，都要遵纪守法，抵制各种违法犯罪行为和有害信息。人民法院、人民检察院、公安机关、国家安全机关要各司其职，密切配合，依法严厉打击利用互联网实施的各种犯罪活动。要动员全社会的力量，依靠全社会的共同努力，保障互联网的运行安全与信息安全，促进社会主义精神文明和物质文明建设。

五、全国人民代表大会常务委员会关于加强网络信息保护的决定

全国人民代表大会常务委员会关于加强网络信息保护的决定

（2012 年 12 月 28 日第十一届全国人民代表大会常务委员会第三十次会议通过）

为了保护网络信息安全，保障公民、法人和其他组织的合法权益，维护国家安全和社会公共利益，特作如下决定：

一、国家保护能够识别公民个人身份和涉及公民个人隐私的电子信息。

任何组织和个人不得窃取或者以其他非法方式获取公民个人电子信息，不得出售或者非法向他人提供公民个人电子信息。

二、网络服务提供者和其他企业事业单位在业务活动中收集、使用公民个人电子信息，应当遵循合法、正当、必要的原则，明示收集、使用信息的目的、方式和范围，并经被收集者同意，不得违反法律、法规的规定和双方的约定收集、使用信息。

网络服务提供者和其他企业事业单位收集、使用公民个人电子信息，应当公开其收集、使用规则。

三、网络服务提供者和其他企业事业单位及其工作人员对在业务活动中收集的公民个人电子信息必须严格保密，不得泄露、篡改、毁损，不得出售或者非法向他人提供。

四、网络服务提供者和其他企业事业单位应当采取技术措施和其他必要措施，确保信息安全，防止在业务活动中收集的公民个人电子信息泄露、毁损、丢失。在发生或者可能发生信息泄露、毁损、丢失的情况时，应当立即采取补救措施。

五、网络服务提供者应当加强对其用户发布的信息的管理，发现法律、法规禁止发布或者传输的信息的，应当立即停止传输该信息，采取消除等处置措施，保存有关记录，并向有关主管部门报告。

六、网络服务提供者为用户办理网站接入服务，办理固定电话、移动电话等入网手续，或者为用户提供信息发布服务，应当在与用户签订协议或者确认提供服务时，要求用户提供真实身份信息。

七、任何组织和个人未经电子信息接收者同意或者请求，或者电子信息接收者明确表示拒绝的，不得向其固定电话、移动电话或者个人电子邮箱发送商业性电子信息。

八、公民发现泄露个人身份、散布个人隐私等侵害其合法权益的网络信息，或者受到商业性电子信息侵扰的，有权要求网络服务提供者删除有关信息或者采取其他必要措施予以制止。

九、任何组织和个人对窃取或者以其他非法方式获取、出售或者非法向他人提供公民个人电子信息的违法犯罪行为以及其他网络信息违法犯罪行为，有权向有关主管部门举报、控告；接到举报、控告的部门应当依法及时处理。被侵权人可以依法提起诉讼。

十、有关主管部门应当在各自职权范围内依法履行职责，采取技术措施和其他必要措施，防范、制止和查处窃取或者以其他非法方式获取、出售或者非法向他人提供公民个人电子信息的违法犯罪行为以及其他网络信息违法犯罪行为。有关主管部门依法履行职责时，网络服务提供者应当予以配合，提供技术支持。

国家机关及其工作人员对在履行职责中知悉的公民个人电子信息应当予以保密，不得泄露、篡改、毁损，不得出售或者非法向他人提供。

十一、对有违反本决定行为的，依法给予警告、罚款、没收违法所得、吊销许可证或者取消备案、关闭网站、禁止有关责任人员从事网络服务业务等处罚，记入社会信用档案并予以公布；构成违反治安管理行为的，依法给予治安管理处罚。构成犯罪的，依法追究刑事责任。侵害他人民事权益的，依法承担民事责任。

十二、本决定自公布之日起施行。

六、国家安全法节选

中华人民共和国国家安全法(节选)

(2015年7月1日第十二届全国人民代表大会常务委员会第十五次会议通过)

第二十五条　国家建设网络与信息安全保障体系，提升网络与信息安全保护能力，加强网络和信息技术的创新研究和开发应用，实现网络和信息核心技术、关键基础设施和重要领域信息系统及数据的安全可控；加强网络管理，防范、制止和依法惩治网络攻击、网络入侵、网络窃密、散布违法有害信息等网络违法犯罪行为，维护国家网络空间主权、安全和发展利益。

第五十九条　国家建立国家安全审查和监管的制度和机制，对影响或者可能影响国家安全的外商投资、特定物项和关键技术、网络信息技术产品和服务、涉及国家安全事项的建设项目，以及其他重大事项和活动，进行国家安全审查，有效预防和化解国家安全风险。

第七十五条　国家安全机关、公安机关、有关军事机关开展国家安全专门工作，可以依法采取必要手段和方式，有关部门和地方应当在职责范围内提供支持和配合。

七、反恐怖主义法节选

中华人民共和国反恐怖主义法（节选）

(2015 年 12 月 27 日第十二届全国人民代表大会常务委员会第十八次会议通过　根据 2018 年 4 月 27 日第十三届全国人民代表大会常务委员会第二次会议《关于修改〈中华人民共和国国境卫生检疫法〉等六部法律的决定》修正)

第十一条　对在中华人民共和国领域外对中华人民共和国国家、公民或者机构实施的恐怖活动犯罪，或者实施的中华人民共和国缔结、参加的国际条约所规定的恐怖活动犯罪，中华人民共和国行使刑事管辖权，依法追究刑事责任。

第十八条　电信业务经营者、互联网服务提供者应当为公安机关、国家安全机关依法进行防范、调查恐怖活动提供技术接口和解密等技术支持和协助。

第十九条　电信业务经营者、互联网服务提供者应当依照法律、行政法规规定，落实网络安全、信息内容监督制度和安全技术防范措施，防止含有恐怖主义、极端主义内容的信息传播；发现含有恐怖主义、极端主义内容的信息的，应当立即停止传输，保存相关记录，删除相关信息，并向公安机关或者有关部门报告。

网信、电信、公安、国家安全等主管部门对含有恐怖主义、极端主义内容的信息，应当按照职责分工，及时责令有关单位停止传输、删除相关信息，或者关闭相关网站、关停相关服务。有关单位应当立即执行，并保存相关记录，协助进行调查。对互联网上跨境传输的含有恐怖主义、极端主义内容的信息，电信主管部门应当采取技术措施，阻断传播。

第二十一条　电信、互联网、金融、住宿、长途客运、机动车租赁等业务经营者、服务提供者，应当对客户身份进行查验。对身份不明或者拒绝身份查验的，不得提供服务。

第四十五条　公安机关、国家安全机关、军事机关在其职责范围内，因反恐怖主义情报信息工作的需要，根据国家有关规定，经过严格的批准手续，可以采取技术侦察措施。

依照前款规定获取的材料，只能用于反恐怖主义应对处置和对恐怖活动犯罪、极端主义犯罪的侦查、起诉和审判，不得用于其他用途。

第六十一条　恐怖事件发生后，负责应对处置的反恐怖主义工作领导机构可以决定由有关部门和单位采取下列一项或者多项应对处置措施：

（一）组织营救和救治受害人员，疏散、撤离并妥善安置受到威胁的人员以及采取其他救助措施；

（二）封锁现场和周边道路，查验现场人员的身份证件，在有关场所附近设置临时警戒线；

（三）在特定区域内实施空域、海（水）域管制，对特定区域内的交通运输工具进行检查；

（四）在特定区域内实施互联网、无线电、通讯管制；

（五）在特定区域内或者针对特定人员实施出境入境管制；

（六）禁止或者限制使用有关设备、设施，关闭或者限制使用有关场所，中止人员密集的活动或者可能导致危害扩大的生产经营活动；

（七）抢修被损坏的交通、电信、互联网、广播电视、供水、排水、供电、供气、供热等公共设施；

（八）组织志愿人员参加反恐怖主义救援工作，要求具有特定专长的人员提供服务；

（九）其他必要的应对处置措施。

采取前款第三项至第五项规定的应对处置措施，由省级以上反恐怖主义工作领导机构决定或者批准；采取前款第六项规定的应对处置措施，由设区的市级以上反恐怖主义工作领导机构决定。应对处置措施应当明确适用的时间和空间范围，并向社会公布。

第六十三条　恐怖事件发生、发展和应对处置信息，由恐怖事件发生地的省级反恐怖主义工作领导机构统一发布；跨省、自治区、直辖市发生的恐怖事件，由指定的省级反恐怖主义工作领导机构统一发布。

任何单位和个人不得编造、传播虚假恐怖事件信息；不得报道、传播可能引起模仿的恐怖活动的实施细节；不得发布恐怖事件中残忍、不人道的场景；在恐怖事件的应对处置过程中，除新闻媒体经负责发布信息的反恐怖主义工作领导机构批准外，不得报道、传播现场应对处置的工作人员、人质身份信息和应对处置行动情况。

第八十四条　电信业务经营者、互联网服务提供者有下列情形之一的，由主管部门处二十万元以上五十万元以下罚款，并对其直接负责的主管人员和其他直接责任人员处十万元以下罚款；情节严重的，处五十万元以上罚款，并对其直接负责的主管人员和其他直接责任人员，处十万元以上五十万元以下罚款，可以由公安机关对其直接负责的主管人员和其他直接责任人员，处五日以上十五日以下拘留：

（一）未依照规定为公安机关、国家安全机关依法进行防范、调查恐怖活动提供技术接口和解密等技术支持和协助的；

（二）未按照主管部门的要求，停止传输、删除含有恐怖主义、极端主义内容的信息，保存相关记录，关闭相关网站或者关停相关服务的；

（三）未落实网络安全、信息内容监督制度和安全技术防范措施，造成含有恐怖主义、极端主义内容的信息传播，情节严重的。

第八十六条　电信、互联网、金融业务经营者、服务提供者未按规定对客户身份进行查验，或者对身份不明、拒绝身份查验的客户提供服务的，主管部门应当责令改正；拒不改正的，处二十万元以上五十万元以下罚款，并对其直接负责的主管人员和其他直接责任人员处十万元以下罚款；情节严重的，处五十万元以上罚款，并对其直接负责的主管人员和其他直接责任人员，处十万元以上五十万元以下罚款。

住宿、长途客运、机动车租赁等业务经营者、服务提供者有前款规定情形的，由主管部门处十万元以上五十万元以下罚款，并对其直接负责的主管人员和其他直接责任人员处十万元以下罚款。

第九十条 新闻媒体等单位编造、传播虚假恐怖事件信息，报道、传播可能引起模仿的恐怖活动的实施细节，发布恐怖事件中残忍、不人道的场景，或者未经批准，报道、传播现场应对处置的工作人员、人质身份信息和应对处置行动情况的，由公安机关处二十万元以下罚款，并对其直接负责的主管人员和其他直接责任人员，处五日以上十五日以下拘留，可以并处五万元以下罚款。

个人有前款规定行为的，由公安机关处五日以上十五日以下拘留，可以并处一万元以下罚款。

八、密码法节选

中华人民共和国密码法（节选）

（2019 年 10 月 26 日第十三届全国人民代表大会常务委员会第十四次会议通过）

第六条 国家对密码实行分类管理。

密码分为核心密码、普通密码和商用密码。

第七条 核心密码、普通密码用于保护国家秘密信息，核心密码保护信息的最高密级为绝密级，普通密码保护信息的最高密级为机密级。

核心密码、普通密码属于国家秘密。密码管理部门依照本法和有关法律、行政法规、国家有关规定对核心密码、普通密码实行严格统一管理。

第八条 商用密码用于保护不属于国家秘密的信息。

公民、法人和其他组织可以依法使用商用密码保护网络与信息安全。

第十二条 任何组织或者个人不得窃取他人加密保护的信息或者非法侵入他人的密码保障系统。

任何组织或者个人不得利用密码从事危害国家安全、社会公共利益、他人合法权益等违法犯罪活动。

第二十六条 涉及国家安全、国计民生、社会公共利益的商用密码产品，应当依法列入网络关键设备和网络安全专用产品目录，由具备资格的机构检测认证合格后，方可销售或者提供。商用密码产品检测认证适用《中华人民共和国网络安全法》的有关规定，避免重复检测认证。

商用密码服务使用网络关键设备和网络安全专用产品的，应当经商用密码认证机构对该商用密码服务认证合格。

第二十七条 法律、行政法规和国家有关规定要求使用商用密码进行保护的关键信息基础设施，其运营者应当使用商用密码进行保护，自行或者委托商用密码检测机构开展商用密码应用安全性评估。商用密码应用安全性评估应当与关键信息基础设施安全检测评估、网络安全等级测评制度相衔接，避免重复评估、测评。

关键信息基础设施的运营者采购涉及商用密码的网络产品和服务，可能影响国家安全的，应当按照《中华人民共和国网络安全法》的规定，通过国家网信部门会同国家密码管理部门等有关部门组织的国家安全审查。

第二十八条　国务院商务主管部门、国家密码管理部门依法对涉及国家安全、社会公共利益且具有加密保护功能的商用密码实施进口许可，对涉及国家安全、社会公共利益或者中国承担国际义务的商用密码实施出口管制。商用密码进口许可清单和出口管制清单由国务院商务主管部门会同国家密码管理部门和海关总署制定并公布。

大众消费类产品所采用的商用密码不实行进口许可和出口管制制度。

第二十九条　国家密码管理部门对采用商用密码技术从事电子政务电子认证服务的机构进行认定，会同有关部门负责政务活动中使用电子签名、数据电文的管理。

第三十一条　密码管理部门和有关部门建立日常监管和随机抽查相结合的商用密码事中事后监管制度，建立统一的商用密码监督管理信息平台，推进事中事后监管与社会信用体系相衔接，强化商用密码从业单位自律和社会监督。

密码管理部门和有关部门及其工作人员不得要求商用密码从业单位和商用密码检测、认证机构向其披露源代码等密码相关专有信息，并对其在履行职责中知悉的商业秘密和个人隐私严格保密，不得泄露或者非法向他人提供。

第四章　网络空间安全刑事法律法规

第一节　网络空间安全刑事法律综述

从广义上说，刑事法律是指与刑事案件相关的法律法规总称，包含实体法和程序法两方面。本章阐述的网络空间安全相关刑事法律仅指实体法方面的刑事法律，有关程序方面的法律在第八章阐述。

网络空间安全刑事法律主要包括刑法和司法解释等。刑法是最为严厉的法律规范，具备最为严厉的制裁措施，对于严重威胁网络空间安全，或者具有严重社会危害性的行为，需要通过刑法进行规制。

一、网络空间安全刑事法律的立法背景与立法目的

随着计算机信息系统与网络信息技术的不断发展与广泛使用，人们的生活越来越便利，同时，犯罪手段也越来越先进。计算机信息系统与网络信息技术也越来越多地被不法分子所利用。一方面，对信息网络空间安全造成极大的威胁；另一方面，一些传统犯罪得到了计算机信息系统与信息网络技术的"助力"，其社会危害性更加严重。尤其是随着网络信息行为的普及与大众化，对网络信息技术实施不法利用的越来越多，网络空间安全成为社会公众利益的关注点。刑法作为社会秩序保障基本法之一，其首要目的就是保障网络安全，维持网络空间的良好秩序。根据我国《网络安全法》第七十六条的规定，网络安全是指通过采取必要措施，防范对网络的攻击、侵入、干扰、破坏和非法使用以及意外事故，使网络处于稳定可靠运行的状态，以及保障网络数据的完整性、保密性、可用性的能力。这其中既包括网络运行安全，也包括网络信息安全，还包括数据安全等。为了维持网络空间的安全与秩序，以及打击利用计算机系统与网络信息技术实施犯罪行为，我国《刑法》规定了一系列关于破坏计算机信息系统的犯罪，以保护计算机信息系统的安全。2015年《刑法修正案(九)》又补充规定了一系列网络犯罪罪名，以保障网络空间安全和网络服务业的健康、有序发展。

二、网络空间安全刑事法律整体框架与主要内容

刑法是关于犯罪与刑罚的法律，网络空间安全刑事法律的基本内容即为关于计算机网络犯罪的罪与罚。

(一)计算机网络犯罪的罪名体系

关于计算机网络犯罪，刑法一共规定了七个罪名，分别是非法侵入计算机信息系统罪，非法获取计算机信息系统数据、非法控制计算机信息系统罪，提供侵入、非法控制计算机信息系统程序、工具罪，破坏计算机信息系统罪，拒不履行信息网络安全管理义务罪，非法利用信息网络罪和帮助信息网络犯罪活动罪。其中非法侵入计算机信息系统罪、破坏计算机信息系统罪为1997年刑法所规定罪名，其他罪名是通过刑法修正案逐步新增的罪名。

非法侵入计算机信息系统罪是《刑法》第二百八十五条第一款规定的犯罪，是指违反国家规定，侵入国家事务、国防建设、尖端科学技术领域的计算机信息系统的行为。国家事务、国防建设、尖端科学技术领域的计算机信息系统，往往涉及国家秘密等事关国家安全等重要事项的信息的处理，所以需要予以特殊保护。《计算机信息系统安全保护条例》第四条规定：计算机信息系统的安全保护工作，重点维护国家事务、经济建设、国防建设、尖端科学技术等重要领域的计算机信息系统的安全。因此，非法侵入计算机信息系统罪是针对国家规定，侵入国家事务、国防建设、尖端科学技术领域的计算机信息系统的特别保护规定。违反国家规定，侵入国家事务、国防建设、尖端科学技术领域的计算机信息系统不论其侵入的动机和目的如何，也不论行为人在侵入后是否实施窃取信息、攻击等侵害行为，一旦侵入即构成犯罪。关于本罪的规定，体现了对国家事务、国防建设、尖端科学技术领域的计算机信息系统安全的特殊保护。根据刑法规定，犯非法侵入计算机信息系统罪的，处三年以下有期徒刑或者拘役。

非法获取计算机信息系统数据、非法控制计算机信息系统罪是《刑法》第二百八十五条第二款规定的犯罪，是指违反国家规定，侵入国家事务、国防建设、尖端科学技术领域的计算机信息系统以外的计算机信息系统或者采用其他技术手段，获取该计算机信息系统中存储、处理或者传输的数据，或者对该计算机信息系统实施非法控制，情节严重的行为。犯非法获取计算机信息系统数据、非法控制计算机信息系统罪，情节严重的，处三年以下有期徒刑或者拘役，并处或者单处罚金；情节特别严重的，处三年以上七年以下有期徒刑，并处罚金。

提供侵入、非法控制计算机信息系统程序、工具罪是《刑法》第二百八十五条第三款规定的犯罪，指提供专门用于侵入、非法控制计算机信息系统的程序、工具，或者明知他人实施侵入、非法控制计算机信息系统的违法犯罪行为而为其提供程序、工具，情节严重的行为。根据刑法的规定，犯提供侵入、非法控制计算机信息系统程序、工具罪，情节严重的，处三年以下有期徒刑或者拘役，并处或者单处罚金；情节特别严重的，处三年以上七年以下有期徒刑，并处罚金。

破坏计算机信息系统罪是《刑法》第二百八十六条规定的犯罪，是指违反国家规定，对计算机信息系统功能进行删除、修改、增加、干扰，造成计算机信息系统不能正常运行；或者违反国家规定，对计算机信息系统中存储、处理或者传输的数据和应用程序进行删除、修改、增加的操作；或者故意制作、传播计算机病毒等破坏性程序，影响计算机系统正常运行的行为。实施上述行为，后果严重的，构成破坏计算机信息系统罪，处五年以下有期徒刑或者拘役，后果特别严重的，处五年以上有期徒刑。

拒不履行信息网络安全管理义务罪是《刑法》第二百八十六条之一规定的犯罪，是指网络服务提供者不履行法律、行政法规规定的信息网络安全管理义务，经监管部门责令采取改正措施而拒不改正，情节严重的行为。根据刑法的规定，犯拒不履行信息网络安全管理义务罪的，处三年以下有期徒刑、拘役或者管制，并处或单处罚金。

非法利用信息网络罪是《刑法》第二百八十七条之一规定的犯罪，指以实施其他违法犯罪行为为目的，利用信息网络设立网站、通讯群组、发布信息，情节严重的行为。对于非法利用信息网络的行为，刑法明确规定了三种情形：（一）设立用于实施诈骗、传授犯罪方法、制作或者销售违禁物品、管制物品或者其他违法犯罪信息的；（二）发布有关制作或者销售毒品、枪支、淫秽物品等违禁物品、管制物品或者其他违法犯罪信息的；（三）为实施诈骗等违法犯罪活动发布信息的。根据刑法的规定，实施非法利用信息网络行为，情节严重的，处三年以下有期徒刑或者拘役，并处或者单处罚金。

帮助信息网络犯罪活动罪是《刑法》第二百八十七条之二规定的犯罪，指明知他人利用信息网络实施犯罪，为其犯罪提供互联网接入、服务器托管、网络存储、通讯传输等技术支持，或者提供广告推广、支付结算等帮助，情节严重的行为。根据刑法的规定，犯帮助信息网络犯罪活动罪的，处三年以下有期徒刑或者拘役，并处或单处罚金。

（二）计算机网络犯罪的刑罚体系

关于刑罚，我国刑法一共规定了五种主刑和四种附加刑。主刑包括死刑、无期徒刑、有期徒刑、拘役和管制。对于刑法所规定的计算机网络犯罪所涉及的主刑主要有有期徒刑、拘役和管制，如果行为人利用计算机信息网络实施其他严重的犯罪行为，构成其他罪名的，也可能会涉及无期徒刑或死刑。附加刑包括罚金、剥夺政治权利、没收财产和驱逐出境。计算机网络犯罪所涉及的附加刑主要是罚金，其中外国人犯罪也可能会被附加适用驱逐出境。如果行为人利用计算机信息网络实施其他犯罪行为，构成其他罪名的，也可能会涉及剥夺政治权利和没收财产两种附加刑。

三、计算机信息网络犯罪中的特殊制度

（一）单位犯罪制度

单位犯罪是指由公司、企业、事业单位、机关、团体实施的依法应当承担刑事责任的危害社会的行为。单位犯罪的成立需符合以下条件：①单位犯罪必须是以单位名义实施的犯罪；②单位犯罪是为本单位谋取非法利益或者以单位名义为本单位全体成员谋取非法利益；③单位犯罪必须由刑法公则明文规定并且予以处罚。只有符合上述要求才构成单位犯罪，否则只属于个人犯罪。对于单位犯罪的处罚，我国采取双罚制，既处罚单位，对其判处罚金，同时又处罚直接责任人员。单位犯罪视刑法的明文规定为必要，即法律明文规定单位可以成为犯罪主体的犯罪，才存在单位犯罪及单位承担刑事责任的问题，并非所有的犯罪都可以由单位构成。

在《刑法修正案（九）》出台之前，刑法所规定的非法侵入计算机信息系统罪，非法

获取计算机信息系统数据、非法控制计算机信息系统罪，提供侵入、非法控制计算机信息系统程序、工具罪和破坏计算机信息系统罪只规定了自然人犯罪，而并没有规定单位犯罪。但是，实践中存在单位实施计算机信息网络犯罪的情况，单位实施以上犯罪往往影响范围更广、危害更为严重，立法者认为，除了追究有关责任人员的刑事责任外，还应当对单位给予经济制裁。因此，《刑法修正案(九)》对这四个罪名作出修订，都增加了单位犯罪的规定，同时，对于《刑法修正案(九)》所增加的几个关于计算机信息网络犯罪的罪中也都规定了单位犯罪。

对单位犯罪采取的是双罚制，既要对单位判处罚金，又要追究单位直接负责的主管人员和其他直接责任人员的刑事责任。根据最高人民法院2001年印发供法院参照执行的《全国法院审理金融犯罪案件工作座谈会纪要》，"直接负责的主管人员"是在单位实施的犯罪中起决定、批准、授意、纵容、指挥等作用的人员，一般是单位的主管负责人，包括法定代表人；"其他直接责任人员"是在单位犯罪中具体实施犯罪并起较大作用的人员，既可以是单位的经营管理人员，也可以是单位的职工，包括聘任、雇佣的人员。对单位判处罚金，使其不能通过犯罪得到非法利益，并对单位直接负责的主管人员和其他直接责任人员判处相应的刑罚，能够全面准确地体现罪刑相适应原则，对单位犯罪起到足够的警戒作用，有利于更好地预防、打击和惩治单位实施犯罪。

(二)从业禁止制度

从业禁止是指人民法院对于实施特定犯罪被判处刑罚的人，依法禁止其在一定期限内从事相关职业以预防其再犯罪的法律措施。对于利用职业便利实施犯罪的行为人，因其利用职业便利实施犯罪，或者实施违背职业要求的特定义务的犯罪，在判处刑罚的同时，为了防止其将来再犯罪，人民法院根据其他法律、行政法规的规定宣告从业禁止，禁止其从事相关职业。从业禁止制度不是一种刑种或刑罚执行方式，而是关于禁止从事相关职业的预防性措施的规定。这一制度是《刑法修正案(九)》增加规定的。增加规定禁止从事相关职业的预防性措施，主要原因在于，实践中，有一些犯罪分子利用职业便利实施犯罪，或者实施违背职业要求的特定义务的犯罪，在刑罚执行完毕或者假释之后，又继续从事原来的职业或者相关的职业，对公共利益或者社会秩序构成了一定的危险。对于实施计算机网络犯罪的人，行为人因实施计算机信息网络犯罪而判处刑罚处罚，因为其具有计算机信息网络操控的技能，因此在刑罚实施完毕后或者假释后重操旧业，继续从事相关工作的可能性较大，继续实施计算机信息网络犯罪的可能性也较大。为有效预防这些人再次犯罪，保护计算机信息网络安全和社会秩序，对实施计算机信息网络犯罪的人，有必要规定一定的"安全期"，禁止其在一定期限内从事相关职业。

关于禁止从事相关职业的期限。根据刑法的规定，从业禁止的预防性措施，其起始时间是自刑罚执行完毕或者假释之日起。当然，从业禁止的效力也适用于刑罚执行期间。对于被判处有期徒刑、无期徒刑被假释的犯罪分子，从业禁止从假释之日起计算。从业禁止的期限是三年至五年。人民法院可以根据犯罪情况和预防再犯罪的需要，在三年和五年之间，酌情确定从业禁止的具体期限。违反从业禁止规定的需要承担一定的法律责任。首先，被禁止从事相关职业的人违反人民法院依法作出的从业禁止的决定的，但情节比较轻微尚不构成犯罪的，由公安机关依法给予处罚。其次，被禁止从事相关职业的人违反人民法院依法作出的从业禁止的决定的，但情节严重的，可以以拒不执行判决、裁定罪定罪处罚。这里的"情节严重"，主要是指违反人民法院从业禁止决定，经有关方面劝告、纠正仍不改正的，因违反从业禁止决定受到行政处罚又违反的，或者违反从业禁止决定且在从业过程中又有违法行为的等情形。

（三）行为犯的规定

行为犯是指以行为人侵害行为的实施为构成要件，或者是以侵害行为实施完毕而成立犯罪既遂状态的犯罪。与行为犯相对应的是结果犯和情节犯。所谓结果犯是指以侵害行为产生相应结果为构成要件的犯罪，或者是指以侵害结果的出现而成立犯罪既遂状态的犯罪。所谓情节犯是指行为人实施违法行为，只有在具有刑法所规定的严重情节的情形下才构成的犯罪。刑法所规定的犯罪中，多数属于结果犯和情节犯，而对于那些社会危害性较大的犯罪，或者刑法重点保护的法益，刑法往往会规定为行为犯。在刑法所规定的计算机信息网络犯罪中，既有行为犯，也有结果犯和情节犯。

《刑法》第二百八十五条第一款所规定的非法侵入计算机信息系统罪就是计算机信息网络犯罪中的唯一一个行为犯。我国《计算机信息系统安全保护条例》第四条规定：计算机信息系统的安全保护工作，重点维护国家事务、经济建设、国防建设、尖端科学技术等重要领域的计算机信息系统的安全。因此，刑法将非法侵入计算机信息系统罪规定为行为犯。与之不同的是，刑法所规定的其他犯罪中，非法获取计算机信息系统数据、非法控制计算机信息系统罪，提供侵入、非法控制计算机信息系统程序、工具罪，拒不履行信息网络安全管理义务罪，非法利用信息网络罪和帮助信息网络犯罪活动罪属于情节犯，行为人的行为需要在达到情节严重的情形下才构成犯罪，并且通过刑事司法解释规定了情节严重的判断标准。破坏计算机信息系统罪则属于结果犯，行为人的违法行为需要在造成严重后果的情形下才可能构成犯罪。相比较而言，行为犯比情节犯、结果犯的入罪门槛更低，行为犯的规定更能体现刑法对国家事务、经济建设、国防建设、尖端科学技术等重要领域的计算机信息系统安全的重点与特殊保护。

第二节　中华人民共和国刑法有关规定及解读

中华人民共和国刑法（节选）

第一编　总则

第二章　犯罪

第四节　单位犯罪

第三十条　公司、企业、事业单位、机关、团体实施的危害社会的行为，法律规定为单位犯罪的，应当负刑事责任。

第三十一条　单位犯罪的，对单位判处罚金，并对其直接负责的主管人员和其他直接责任人员判处刑罚。本法分则和其他法律另有规定的，依照规定。

【解读】

我国《刑法》第三十条和第三十一条规定单位犯罪的刑事责任与刑罚处罚方式。在刑法所规定的涉及网络空间安全犯罪的各罪名中，都涉及了单位犯罪的规定。单位犯罪的成立需符合以下条件：①单位犯罪必须是以单位名义实施的犯罪；②单位犯罪是为本单位谋取非法利益或者以单位名义为本单位全体成员谋取非法利益；③单位犯罪必须由刑法公则明文规定并且予以处罚。只有符合上述要求才构成单位犯罪，否则只属于个人犯罪。对于单位犯罪的处罚，我国采取双罚制，既处罚单位，对其判处罚金，同时又处罚直接责任人员。

第三章　刑罚

第一节　刑罚的种类

第三十二条　刑罚分为主刑和附加刑。

第三十三条　主刑的种类如下：

(一)管制；

(二)拘役；

(三)有期徒刑；

(四)无期徒刑；

(五)死刑。

【解读】

根据我国《刑法》第三十二条的规定，我国的刑罚分为主刑和附加刑，本条所规定的是主刑的种类，包括管制、拘役、有期徒刑、无期徒刑和死刑五种类型。在侵害网络空间安全的犯罪中，涉及较多的主刑刑罚种类有管制、拘役和有期徒刑，如果行为人利用计算机信息网络犯罪作为犯罪工具实施其他犯罪行为的，其行为若构成其他犯罪则还可能涉及无期徒刑和死刑两种更为严厉的刑罚种类。"管制"是指对犯罪分子不实行关押，但限制其一定的人身自由，依靠群众监督执行的刑罚方法。"拘役"是指对犯罪分子短期剥夺人身自由，实行就近关押改造的刑罚方法，适用罪行较轻的犯罪分子。"有期徒刑"是指对犯罪分子剥夺一定时期人身自由，并实行教育改造的刑罚方法。"无期徒刑"是指剥夺犯罪分子终身自由的刑罚方法，适用于严重的犯罪。"死刑"是最为严厉的一种刑罚方式，指剥夺犯罪分子的生命权，只适用于极其严重的犯罪。

第三十四条　附加刑的种类如下：

(一)罚金；

(二)剥夺政治权利；

(三)没收财产。

附加刑也可以独立适用。

【解读】

本条所规定的附加刑的种类，包括罚金、剥夺政治权利和没收财产三种类型。根据刑法的规定，在侵害网络空间安全的犯罪中常见的附加刑主要是罚金，并且既规定了附加适用的情形，也规定了单独适用的情形。当然，如果行为人利用计算机信息网络犯罪作为犯罪工具实施其他犯罪行为的，其行为若构成其他犯罪则还可能涉及剥夺政治权利、没收财产这两种附加刑的适用。"罚金"是指强制犯罪分子向国家缴纳一定数额金钱，对罪犯进行经济制裁的一种刑罚方法。"剥夺政治权利"是指依法剥夺犯罪分子一定期限参与国家管理和政治活动权利的刑罚方法。"没收财产"是指将犯罪分子个人所有的财产的一部分或全部强行无偿地收归国有的一种刑罚方法。本条第二款规定了本条所指的附加刑种类既可以在主刑适用的同时附加适用，也可以独立适用。

第三十七条之一　因利用职业便利实施犯罪，或者实施违背职业要求的特定义务的犯罪被判处刑罚的，人民法院可以根据犯罪情况和预防再犯罪的需要，禁止其自刑罚执行完毕之日或者假释之日起从事相关职业，期限为三年至五年。

被禁止从事相关职业的人违反人民法院依照前款规定作出的决定的，由公安机关依法给予处罚；情节严重的，依照本法第三百一十三条的规定定罪处罚。

其他法律、行政法规对其从事相关职业另有禁止或者限制性规定的，从其规定。

第二编　分则

第六章　妨害社会管理秩序罪

第一节　扰乱公共秩序罪

第二百八十五条　违反国家规定，侵入国家事务、国防建设、尖端科学技术领域的计算机信息系统的，处三年以下有期徒刑或者拘役。

违反国家规定，侵入前款规定以外的计算机信息系统或者采用其他技术手段，获取该计算机信息系统中存储、处理或者传输的数据，或者对该计算机信息系统实施非法控制，情节严重的，处三年以下有期徒刑或者拘役，并处或者单处罚金；情节特别严重的，处三年以上七年以下有期徒刑，并处罚金。

提供专门用于侵入、非法控制计算机信息系统的程序、工具，或者明知他人实施侵入、非法控制计算机信息系统的违法犯罪行为而为其提供程序、工具，情节严重的，依照前款的规定处罚。

单位犯前三款罪的，对单位判处罚金，并对其直接负责的主管人员和其他直接责任人员，依照各该款的规定处罚。

【解读】

本条共四款，分别规定了三个罪名，第一款规定了非法侵入计算机信息系统罪，第二款规定了非法获取计算机信息系统数据、非法控制计算机信息系统罪，第三款规定了提供侵入、非法控制计算机信息系统程序、工具罪，此外，本条第四款特别规定了单位也可成为本条所规定犯罪的主体。

本条第一款所规定犯罪是非法侵入计算机信息系统罪，指的是行为人违反国家规定，侵入国家事务、国防建设、尖端科学技术领域的计算机信息系统的行为。本罪在主观方面表现为故意，不包括过失。本罪的主体是一般主体，凡已满十六周岁、具有刑事责任能力的人都可以构成本罪，单位也能构成本罪。本罪所侵犯的对象必须是国家事务、国防建设、尖端科学技术领域的计算机信息系统。"国家事务"计算机信息系统是指涉及国家政治、外交等重大事项的计算机信息系统；"国防建设"计算机信息系统是指由军事部门建设的、涉及国家安全和军事机密的所有计算机信息系统；"尖端科学技术领域"计算机信息系统一般指国务院、国家科学技术委员会、国家国防科技工业局(原国防科工委)等确定的居世界领先地位的科技项目的计算机信息系统。本罪在客观方面常见行为方式包括：①无权访问特定信息系统的人侵入该信息系统；②有权访问特定信息系统的用户未经批准、授权或者未办理手续而擅自越权访问该信息系统或者调取系统的内部资源。关于本罪的刑罚，本款规定构成本罪的处三年以下有期徒刑或者拘役。

根据《刑法》第九十六条的规定，本款所指"违反国家规定"是指违反全国人民代表大会及其常务委员会制定的法律和决定，国务院制定的行政法规、规定的行政措施、发布的决定和命令。与非法侵入计算机信息系统罪相关的国家规定主要有《网络安全法》《治安管理处罚法》等。根据《计算机信息系统安全保护条例》第二条的规定，本款所指"计算机信息系统"是指由计算机及其相关的和配套的设备、设施(含网络)构成的，按照一定的应用目标和规则对信息进行采集、加工、存储、传输、检索等处理的人机系统。

我国《计算机信息系统安全保护条例》第四条规定：计算机信息系统的安全保护工作，重点维护国家事务、经济建设、国防建设、尖端科学技术等重要领域的计算机信息系统的安全。因此，刑法对国家事务、国防建设、尖端科学技术领域的计算机信息系统予以特别的保护，行为人只要实施了侵入国家事务、国防建设、尖端科学技术领域的计算机信息系统的行为，不管其行为的动机和目的如何，也不管其侵入后是否实际窃取到相关的信息，其侵入行为本身就构成犯罪，也即本罪属于刑法中的行为犯。这一点与本条第二款和第三款所规定的犯罪有所不同，第一款规定的非法侵入计算机信息系统罪的入罪门槛比第二款规定的非法获取计算机信息系统数据、非法控制计算机信息系统罪和第三款规定提供侵入、非法控制计算机信息系统的程序、工具的罪的入罪门槛更低。

本条第二款规定的是非法获取计算机信息系统数据、非法控制计算机信息系统罪，指的是行为人违反国家规定，侵入国家事务、国防建设、尖端科学技术领域以外的计算机信息系统或者采用其他技术手段，获取该计算机信息系统中存储、处理或者传输的数据，或者对该计算机信息系统实施非法控制，情节严重的行为。本罪在主观方面表现为故意，不包括过失。本罪的主体是一般主体，凡是已满十六周岁、具有刑事责任能力的人都可以构成本罪，单位也可以构成本罪。本罪的对象必须是国家事务、国防建设、尖端科学技术领域以外的计算机信息系统，本罪所保护的对象比非法侵入计算机信息系统罪所保护的对象更为广泛，扩大了刑法对计算机信息系统的保护范围，即扩大到国家事务、国防建设、尖端科学技术领域之外的普通计算机信息系统。

本罪客观方面表现为违反国家规定，侵入国家事务、国防建设、尖端科学技术领域以外的计算机信息系统或者采用其他技术手段，获取该计算机信息系统中存储、处理或者传输的数据，或者对该计算机信息系统实施非法控制的行为，并且这些行为以达到情节严重为必要。关于"违反国家规定"的理解与非法侵入计算机信息系统罪中的相关规定一致，此处不再赘述。"侵入"计算机信息系统即通过非法手段进入计算机信息系统，常见的行为方式有：通过技术手段突破他人计算机信息系统的安全防护措施，进入他人的计算机信息系统；入侵他人的网站并植入"木马程序"，在用户访问该网页时侵入用户计算机信息系统；或者建立色情、免费下载等网站，吸引用户访问并在用户计算机信息系统中植入事先"挂"好的"木马程序"等。在非法获取他人计算机信息系统中存储、处理或者传输的数据行为中的非法获取既包括窃取又包括骗取，其中窃取即直接侵入他人计算机信息系统，秘密复制他人所存储的数据；骗取即以虚构事实或隐瞒真相的方法获得允许，进入他人计算机信息系统并获取相关数据。不论行为人采用何种行为方式，其本质在于行为人违背他人的意愿，进入他人的计算机信息系统。计算机信息系统中"存储"的数据是指在计算机信息系统中的硬盘或其他存储介质中保存的信息；"处理"的数据是指计算机信息系统中正在运算的信息；"传输"的数据则指计算机信息系统各设备、设施之间，或者与其他计算机信息系统之间正在交换、输送的信息。存储、处理与传输三种形态包含了计算机信息系统中所有的数据形态，行为人非法获取任何形态的数据都可能构成本款所规定的犯罪。"非法控制"是指违反法律的规定，通过各种技术手段，将他人的计算机信息系统置于自己的控制之中，能够对他人的计算机信息系统发出指令并完成相应的操作活动。本罪所指的非法控制并不要求对他人计算机信息系统实行全部的、排他的控制，行为人对计算机信息系统的非法控制既可以是完全的控制也可以是部分的控制，不论控制程度如何，只要能够使他人的计算机信息系统执行行为人所发出的指令即认为属于非法控制他人计算机信息系统。

本罪与非法侵入计算机信息系统罪不同，不是行为犯，行为人不仅要实施危害行为，还要达到情节严重以上才能构成犯罪，即本罪是情节犯。2011年8月，最高人民法院、最高人民检察院公布的《最高人民法院、最高人民检察院关于办理危害计算机信息系统安全刑事案件应用法律若干问题的解释》第一条第一款对于构成本罪的严重情节进行了规定，即"非法获取计算机信息系统数据或者非法控制计算机信息系统，具有下列情形之一的，应当认定为刑法第二百八十五条第二款规定的'情节严重'：(一)获取支付结算、证券交易、期货交易等网络金融服务的身份认证信息十组以上的；(二)获取第(一)项以外的身份认证信息五百组以上的；(三)非法控制计算机信息系统二十台以上的；(四)违法所得五千元以上或者造成经济损失一万元以上的；(五)其他情节严重的情形"。

关于本罪的刑罚，本款规定了两个量刑幅度，一个是基本犯罪的量刑幅度，即达到情节严重，构成犯罪的量刑幅度：处三年以下有期徒刑或者拘役，并处或者单处罚金。同时，本款还规定了本罪在情节特别严重情形下的量刑幅度：处三年以上七年以下有期徒刑，并处罚金。对于何谓"情节特别严重"，《最高人民法院、最高人民检察院关于办理危害计算机信息系统安全刑事案件应用法律若干问题的解释》第一条第二款作出了规定，以该条第一款规定的情节严重为基准，数量或数额达到情节严重标准的五倍以上的则认定为情节特别严重，此外还规定了其他情节特别严重的情形。

本条第三款规定了提供侵入、非法控制计算机信息系统程序、工具罪，指行为人提供专门用于侵入、非法控制计算机信息系统的程序、工具，或者明知他人实施侵入、非法控制计算机信息系统的违法犯罪行为而为其提供程序、工具，情节严重的行为。本罪主观方面表现为故意。本罪的主体为一般主体，凡是已满十六周岁、具有刑事责任能力的人都可以构成本罪，单位也可以构成本罪。本罪在客观方面表现为提供专门用于侵入、非法控制计算机信息系统的程序、工具，或者明知他人实施侵入、非法控制计算机信息系统的违法犯罪行为而为其提供程序、工具。在行为的表现形式上有两个方面的内容，一种情形是行为人提供专用程序、工具，在这种情形下要求行为人所提供的程序或工具是专门用于(也即只能用于)实施非法侵入计算机信息系统或非法控制计算机信息系统。例如，在实践中，行为人为他人提供专门用于窃取网上银行账号的"木马程序"。另一种情形是明知他人实施侵入、非法控制计算机信息系统的违法犯罪行为而为其提供程序、工具，在这种情形中对于所提供的程序和工具没有专门用于非法用途的要求，即所提供的程序、工具可以用于非法用途，也可以用于合法用途，这一点与第一种情形中的程序、工具要求所有不同。关于第一种情形中的专用程序与工具，《最高人民法院、最高人民检察院关于办理危害计算机信息系统安全刑事案件应用法律若干问题的解释》第二条作了进一步的规定"具有下列情形之一的程序、工具，应当认定为刑法第二百八十五条第三款规定的'专门用于侵入、非法控制计算机信息系统的程序、工具'：(一)具有避开或者突破计算机信息系统安全保护措施，未经授权或者超越授权获取计算机信息系统数据的功能的；(二)具有避开或者突破计算机信息系统安全保护措施，未经授权或者超越授权对计算机信息系统实施控制的功能的；(三)其他专门设计用于侵入、非法控制计算机信息系统、非法获取计算机信息系统数据的程序、工具"。

提供侵入、非法控制计算机信息系统程序、工具罪也是情节犯，行为人必须达到情节严重才构成犯罪。《最高人民法院、最高人民检察院关于办理危害计算机信息系统安全刑事案件应用法律若干问题的解释》第三条第一款规定"提供侵入、非法控制计算机信息系统的程序、工具，具有下列情形之一的，应当认定为刑法第二百八十五条第三款规定的'情节严重'：(一)提供能够用于非法获取支付结算、证券交易、期货交易等网络金融服务身份认证信息的专门性程序、工具五人次以上的；(二)提供第(一)项以外的专门用于侵入、非法控制计算机信息系统的程序、工具二十人次以上的；(三)明知他人实施非法获取支付结算、证券交易、期货交易等网络金融服务身份认证信息的违法犯罪行为而为其提供程序、工具五人次以上的；(四)明知他人实施第(三)项规定以外的侵入、非法控制计算机信息系统的违法犯罪行为而为其提供程序、工具二十人次以上的；(五)违法所得五千元以上或者造成经济损失一万元以上的；(六)其他情节严重的情形"。

关于本罪的刑罚，本款规定了两个量刑幅度，一个是基本犯罪的量刑幅度，即达到情节严重，构成犯罪的量刑幅度：处三年以下有期徒刑或者拘役，并处或者单处罚金。同时，本款还规定了本罪在情节特别严重情形下的量刑幅度：处三年以上七年以下有期徒刑，并处罚金。对于何谓"情节特别严重"，《最高人民法院、最高人民检察院关于办理危害计算机信息系统安全刑事案件应用法律若干问题的解释》第三条第二款作出了规定，以该条第一款规定的情节严重为基准，数量或数额达到情节严重标准的五倍以上的则认定为情节特别严重，此外还规定了其他情节特别严重的情形。

本条第四款特别规定了单位也可以成为本条所规定的三个犯罪的主体，这一规定是2015年《刑法修正案(九)》所增加的内容。以前，本条所规定的三个罪名只有自然人才能构成犯罪，单位是不构成犯罪的。但在社会实践中，确实存在单位实施本条所规定的犯罪的情况，并且单位犯罪比自然人犯罪的危害更加严重，因此《刑法修正案(九)》特别增加了关于单位犯罪的规定。

第二百八十六条　违反国家规定，对计算机信息系统功能进行删除、修改、增加、干扰，造成计算机信息系统不能正常运行，后果严重的，处五年以下有期徒刑或者拘役；后果特别严重的，处五年以上有期徒刑。

违反国家规定，对计算机信息系统中存储、处理或者传输的数据和应用程序进行删除、修改、增加的操作，后果严重的，依照前款的规定处罚。

故意制作、传播计算机病毒等破坏性程序，影响计算机系统正常运行，后果严重的，依照第一款的规定处罚。

单位犯前三款罪的，对单位判处罚金，并对其直接负责的主管人员和其他直接责任人员，依照第一款的规定处罚。

【解读】

本条所规定的是破坏计算机信息系统罪，指违反国家规定，对计算机信息系统功能进行删除、修改、增加、干扰，造成计算机信息系统不能正常运行，后果严重的行为。本罪的主体是一般主体，凡是已满十六周岁、具有刑事责任能力的人都能构成本罪。本罪主观方面是出于故意，不包括过失。本罪客观方面也同《刑法》第二百八十五条所规定的犯罪一样，以行为人违反国家规定为前提，其中"违反国家规定"原则上应当与《刑法》第二百八十五条所规定的相一致，但1998年11月25日公安部《关于对破坏未联网的微型计算机信息系统是否适用<刑法>第286条的请示批复》规定，《刑法》第二百八十六条中的"违反国家规定"是指包括《计算机信息系统安全保护条例》在内的有关行政法规、部门规章的规定，这一规定与我国《刑法》第九十六条对"违反国家规定"存在差异。也即，在本罪中的"违反国家规定"既包括相应的法律、法规的规定，还包括《计算机信息系统安全保护条例》在内的相关行政部门规章的规定，并且主要是指违反《计算机信息系统安全保护条例》的规定。

本条前三款分别表述了本罪在客观方面的三种表现形式：一是违反国家规定，对计算机信息系统功能进行删除、修改、增加、干扰，造成计算机信息系统不能正常运行。其中"删除"是指将原有的计算机信系统功能除去，使之不能正常运转。"修改"是指将原有的计算机信息系统功能进行改动，使之不能正常运转。"增加"是指在计算机系统里增加某种功能，致使原有的功能受到影响或破坏，无法正常运转。"干扰"是指用删除、修改、增加以外的其他方法，破坏计算机信息系统功能，使其不能正常运行。"不能正常运行"是指计算机信息系统失去功能，不能运行或者计算机信息系统功能不能按原来设计的要求运行。二是违反国家规定，对计算机信息系统中存储、处理或者传输的数据和应用程序进行删除、修改、增加的操作。其中"删除"是指将计算机信息系统中存储、处理或者传输的数据和应用程序的全部或者部分删去。"修改"是指对计算机信息系统中存储、处理或者传输的数据和应用程序进行改动。"增加"是指在计算机信息系统中增加新的数据或者应用系统。三是故意制作、传播计算机病毒等破坏性程序，影响计算机系统正常运行。其中"故意制作"是指通过计算机，编制、设计针对计算机信息系统的破坏性程序的行为。"故意传播"是指通过计算机信息系统，直接输入、输出破坏性程序，或者将已输入破坏性程序的软件加以派送、散发、销售的行为。"计算机破坏性程序"是指隐藏在可执行程序中或数据文件中，在计算机内部运行的一种干扰程序，破坏性程序的典型是计算机病毒。"计算机病毒"指在计算机编制的或者在计算机程序中插入的破坏计算机功能或者毁坏数据，影响计算机使用，并能自我复制的一组计算机指令或者程序代码。《最高人民法院、最高人民检察院关于办理危害计算机信息系统安全刑事案件应用法律若干问题的解释》第五条对计算机病毒等破坏性程序作了明确的规定"具有下列情形之一的程序，应当认定为刑法第二百八十六条第三款规定的'计算机病毒等破坏性程序'：（一）能够通过网络、存储介质、文件等媒介，将自身的部分、全部或者变种进行复制、传播，并破坏计算机系统功能、数据或者应用程序的；（二）能够在预先设定条件下自动触发，并破坏计算机系统功能、数据或者应用程序的；（三）其他专门设计用于破坏计算机系统功能、数据或者应用程序的程序"。

本罪是结果犯，必须要达到造成严重结果的情形下才能构成犯罪，所谓"后果严重"，《最高人民法院、最高人民检察院关于办理危害计算机信息系统安全刑事案件应用法律若干问题的解释》第四条规定"破坏计算机信息系统功能、数据或者应用程序，具有下列情形之一的，应当认定为刑法第二百八十六条第一款和第二款规定的'后果严重'：（一）造成十台以上计算机信息系统的主要软件或者硬件不能正常运行的；（二）对二十台以上计算机信息系统中存储、处理或者传输的数据进行删除、修改、增加操作的；（三）违法所得五千元以上或者造成经济损失一万元以上的；（四）造成为一百台以上计算机信息系统提供域名解析、身份认证、计费等基础服务或者为一万以上用户提供服务的计算机信息系统不能正常运行累计一小时以上的；（五）造成其他严重后果的。实施前款规定行为，具有下列情形之一的，应当认定为破坏计算机信息系统'后果特别严重'：（一）数量或者数额达到前款第（一）项至第（三）项规定标准五倍以上的；（二）造成为五百台以上计算机信息系统提供域名解析、身份认证、计费等基础服务或者为五万以上用户提供服务的计算机信息系统不能正常运行累计一小时以上的；（三）破坏国家机关或者金融、电信、交通、教育、医疗、能源等领域提供公共服务的计算机信息系统的功能、数据或者应用程序，致使生产、生活受到严重影响或者造成恶劣社会影响的；（四）造成其他特别严重后果的"。该司法解释第六条规定"故意制作、传播计算机病毒等破坏性程序，影响计算机系统正常运行，具有下列情形之一的，应当认定为刑法第二百八十六条第三款规定的'后果严重'：（一）制作、提供、传输第五条第（一）项规定的程序，导致该程序通过网络、存储介质、文件等媒介传播的；（二）造成二十台以上计算机系统被植入第五条第（二）、（三）项规定的程序的；（三）提供计算机病毒等破坏性程序十人次以上的；（四）违法所得五千元以上或者造成经济损失一万元以上的；（五）造成其他严重后果的。实施前款规定行为，具有下列情形之一的，应当认定为破坏计算机信息系统'后果特别严重'：（一）制作、提供、传输第五条第（一）项规定的程序，导致该程序通过网络、存储介质、文件等媒介传播，致使生产、生活受到严重影响或者造成恶劣社会影响的；（二）数量或者数额达到前款第（二）项至第（四）项规定标准五倍以上的；（三）造成其他特别严重后果的"。

关于本罪的刑罚，刑法规定两个量刑阶段，第一个是基本犯的量刑阶段，即行为人的行为后果严重的，处五年以下有期徒刑或者拘役。第二个量刑阶段是行为人的行为后果特别严重的，处五年以上有期徒刑。

本条第四款关于单位可以成为本罪的犯罪主体的规定是《刑法修正案(九)》所增加的内容，因为，司法实践中确实存在单位实施本条所规定的犯罪的情形，因此，2015年通过的《刑法修正案(九)》对于本罪的单位犯罪作出了补充规定，对于单位犯罪的处罚方法以及相关认定问题在关于《刑法》第二百八十五条第四款的解读中已作出解释，在此不再赘述。

破坏计算机信息系统罪的难点问题主要在于"计算机信息系统"与"计算机系统"的认定问题。在本条的规定中，第一款和第二款中使用的是"计算机信息系统"的概念，而在第三款中则使用的是"计算机系统"的概念，这种表述上的不同使得"计算机信息系统"与"计算机系统"两者的概念是相同还是有所差异产生了争议。目前，随着计算机与网络技术的发展，计算机操作系统与信息系统越来越密不可分，一些操作系统自身也能提供网络服务，对操作系统的破坏也就能实现对操作系统上提供信息服务的系统的控制，也即从技术的角度来看，提供信息服务的系统和操作系统越来越难以作出划分，因此最高司法机关以司法解释的形式对这两个概念作了统一的界定。《最高人民法院、最高人民检察院关于办理危害计算机信息系统安全刑事案件应用法律若干问题的解释》第十一条规定：本解释所称"计算机信息系统"和"计算机系统"，是指具备自动处理数据功能的系统，包括计算机、网络设备、通信设备、自动化控制设备等。司法解释的这一统一规定将计算机信息系统扩张解释为所有具备自动处理数据功能的系统，使得现有立法体系下移动终端设备、平板电脑等任何具备处理数字功能的内置操作系统都能得到刑法的保护。

公安部《关于对破坏未联网的微型计算机信息系统是否适用<刑法>第286条的请示的批复》规定，未联网的计算机信息系统也属于计算机信息系统，因此破坏未联网的微型计算机信息系统适用《刑法》第二百八十六条的规定。也即本罪的犯罪对象计算机信息系统既包括联网的计算机信息系统也包括未联网的计算机信息系统。

第二百八十六条之一　网络服务提供者不履行法律、行政法规规定的信息网络安全管理义务，经监管部门责令采取改正措施而拒不改正，有下列情形之一的，处三年以下有期徒刑、拘役或者管制，并处或者单处罚金：

(一)致使违法信息大量传播的；

(二)致使用户信息泄露，造成严重后果的；

(三)致使刑事案件证据灭失，情节严重的；

(四)有其他严重情节的。

单位犯前款罪的，对单位判处罚金，并对其直接负责的主管人员和其他直接责任人员，依照前款的规定处罚。

有前两款行为，同时构成其他犯罪的，依照处罚较重的规定定罪处罚。

【解读】

随着网络信息技术的不断发展与广泛使用，信息网络给人们带来生活便利的同时，也越来越多地被不法分子所利用，网络信息安全问题日益突出。为了加强和规范网络安全技术防范工作，保障网络系统安全和网络信息安全，有关法律、法规对网络服务提供者规定了相应的网络安全管理义务。但在司法实践中，不少网络服务提供者经常见到不履行或者不认真履行网络安全管理义务的情形，甚至有时还因此产生严重的社会影响与危害后果。为此，《刑法修正案（九）》增加了本条规定，将网络服务提供者不履行与不认真履行网络安全管理义务的行为规定为犯罪，以保证网络服务提供者切实履行安全管理义务，保障网络安全和网络服务业的健康、有序发展。

本条所规定的是拒不履行信息网络安全管理义务罪，本罪是为了实现加强和规范网络安全技术防范工作，促使网络服务提供者履行安全管理义务，保障网络安全的目的，《刑法修正案（九）》所增加规定的一个罪名。本罪的主体是特殊主体，限于网络服务的提供者，包括通过计算机互联网、广播电视网、固定通信网、移动通信网等信息网络，向公众提供网络服务的机构和个人。根据所提供的服务内容的不同，可以分为互联网接入服务提供者和互联网内容服务提供者。本条第二款特别规定了单位也可以成为本罪的主体。本罪在主观方面表现为故意，不存在过失的情形。本罪在客观方面，行为人的行为必须具备以下三个方面的特征才构成犯罪。

第一，行为人不履行法律、行政法规规定的信息网络安全管理义务。"不履行信息网络安全管理义务"是指行为人不履行法律法规所规定的网络安全管理义务，这些管理义务主要来源于《全国人民代表大会常务委员会关于加强网络信息保护的决定》《互联网信息服务管理办法》《计算机信息网络国际联网安全保护管理办法》《电信条例》等的规定。根据这些法律、法规及部门规章的规定，网络服务提供者的管理义务主要包括以下几个方面的内容：①落实信息网络安全管理制度和安全保护技术措施。即网络服务提供者应当建立相应的管理制度，包括网站安全保障制度、信息安全保密管理制度、用户信息安全管理制度等。②及时发现、处置违法信息。网络服务提供者应当向上网用户提供良好的服务，并保证所提供的信息内容合法，并在发现有单位或个人制作、复制、查阅或传播违法信息时，应当采取措施予以制止，同时保留有关原始记录，并向主管部门报告。③网络服务提供者在提供服务过程中应当对网上信息和网络日志信息记录进行备份和留存。

第二，行为人经监管部门责令采取改正措施而拒不改正。"监管部门"是指依据法律、行政法规的规定对网络服务提供者负有监管职责的各个部门，主要有国务院信息产业主管部门，省、自治区、直辖市电信管理机构，公安部计算机管理监察机构等涉及互联网信息内容的其他监督管理部门。"责令采取改正措施"是指监管部门根据相关网络服务提供者在安全管理方面存在的问题，依法提出的改正错误、堵塞漏洞、加强防范等要求。其中责令的主体、责令的方式和责任的程序都必须符合相关法律、法规的规定。关于何谓"拒不改正"及其认定问题，将在难点问题解析中予以解读。

第三，行为人拒不改正的行为具有导致特定危害后果发生的情形。根据本条的规定，网络服务提供者据不采取改正措施，必须导致了以下危害后果的，才构成犯罪：①致使违法信息大量传播的。其中"违法信息"，根据《电信条例》的规定，是指含有反对宪法所确定的基本原则；危害国家安全，泄露国家秘密、颠覆国家政权，破坏国家统一；损害国家荣誉和利益；煽动民族仇恨、民族歧视，破坏民族团结；破坏国家宗教政策，宣扬邪教和封建迷信；散布谣言，扰乱社会秩序，破坏社会稳定；散布淫秽、色情、赌博、暴力、凶杀、恐怖或者教唆犯罪；侮辱或者诽谤他人，侵害他人合法权益；含有法律、行政法规禁止的其他内容等的信息。②致使用户信息泄露，造成严重后果的。"用户信息"主要包括以下内容：一是关于用户基本情况信息，如个人用户的姓名、出生日期、住址、身份证信息、电话号码等，以及企业用户的商业信息等；二是用户的行为类信息，如用户的消费行为、偏好、生活方式等相关信息；三是与用户行为有关的，反映和影响用户行为和心理的相关信息，如用户的满意度、忠诚度、对产品中服务的偏好信息等。"造成严重后果"主要包括以下情形：导致用户遭到人身伤害、名誉受到严重损害、受到较大经济损失、正常生活或生产经营受到严重损害等。③致使刑事案件证据灭失，情节严重的。此外的"情节严重"主要可以根据所涉及的案件程度、灭失的证据的重要性、证据灭失是否可以补救、对刑事追诉活动的影响等因素综合考量。④有其他严重情节的。这一兜底性规定是为了应对实践中可能出现的各种复杂的危害情形。

"拒不改正"是指行为人明知而故意加以拒绝，实践中对于拒不改正的认定必须要采取审慎的态度，不能因为行为人没有达到改正标准就认定行为人构成拒不改正。应当主客观相结合，对其行为是否构成"拒不改正"予以准确的认定。只有行为人的行为同时符合以下主客观两方面的要求才能认定构成"拒不改正"：首先，从主观方面看，要求行为人必须明知监管部门对其提出的责令采取改正措施的要求，并且主观方面具有拖延或者拒绝执行的故意。其次，从客观方面看，行为人具有采取改正措施的能力，并且没有依照监管部门提出的要求采取改正措施。如果行为人主观方面并非出于故意，或者由于因为监管部门的改正要求不明确、具体，无法采取正确的改正行为，或者行为人因为资源、技术等条件的限制，难以达到监管部门要求的，不应认定为"拒不改正"。

关于本罪的刑罚，根据本条的规定，构成本罪的可以处三年以下有期徒刑、拘役或者管制，并处或者单处罚金。对于单位构成犯罪的采取双罚制，除了要对单位判处罚金，还要对其直接负责的主管人员和其他直接责任人员予以处罚。

第二百八十七条　利用计算机实施金融诈骗、盗窃、贪污、挪用公款、窃取国家秘密或者其他犯罪的，依照本法有关规定定罪处罚。

【解读】

本条所规定的是利用计算机作为犯罪工具和手段，直接或者通过他人向计算机输入非法指令，进行金融诈骗、盗窃、贪污、挪用公款、窃取国家秘密等犯罪活动的，应当依照《刑法》有关金融诈骗、盗窃、贪污、挪用公款、窃取国家秘密或者其他犯罪的规定处罚。行为人具体实施了什么犯罪行为，就以该罪定罪处罚。例如，行为人利用计算机进行盗窃犯罪的，应根据《刑法》第二百六十四条的规定以盗窃罪定罪处罚。此外，除了规定了金融诈骗、盗窃、贪污、挪用公款、窃取国家秘密犯罪这几种犯罪以外，本条还规定了"其他犯罪"，即不限于列举的这几种犯罪，还包括这几种犯罪以外的其他犯罪，常见的利用计算机或网络作为犯罪工具而实施的犯罪还有利用互联网颠覆国家政权、通过破坏计算机信息系统操纵证券交易价格、进行网络诽谤，以及利用网络实施侵占、挪用公司资金、间谍、侮辱、窃取商业秘密、制作淫秽物品、传播淫秽物品等犯罪。

第二百八十七条之一　利用信息网络实施下列行为之一，情节严重的，处三年以下有期徒刑或者拘役，并处或者单处罚金：

（一）设立用于实施诈骗、传授犯罪方法、制作或者销售违禁物品、管制物品等违法犯罪活动的网站、通讯群组的；

（二）发布有关制作或者销售毒品、枪支、淫秽物品等违禁物品、管制物品或者其他违法犯罪信息的；

（三）为实施诈骗等违法犯罪活动发布信息的。

单位犯前款罪的，对单位判处罚金，并对其直接负责的主管人员和其他直接责任人员，依照第一款的规定处罚。

有前两款行为，同时构成其他犯罪的，依照处罚较重的规定定罪处罚。

【解读】

随着网络技术的发展及互联网应用的普及，越来越多的犯罪以网络作为犯罪工具，使得不少犯罪由于利用了互联网这一工具而危害性更大，因为互联网犯罪的跨地域性，行为人很容易在短期内组织不特定人共同实施违法犯罪，或者针对不特定人群实施违法犯罪行为。在司法实践中，一般只能查实行为人在网络上实施联络或其他活动，对于分布在不同地域的犯罪人员及其在网络下所实施的各种危害行为，即很难查实与查证。由于对于网络犯罪打击中的证据提取、事实认定及法律认定等都面临着新的问题和困难，实践中不少实施此类犯罪的行为人无法得到应有的刑事追究。因此，从网络违法犯罪的实际情况看，有必要将这类违法行为的刑法规制环节前移，以适应惩治犯罪的需要。为此，《刑法修正案(九)》增设了第二百八十七条之一，对为实施犯罪设立网站、发布信息等作为作出以犯罪论处的规定。

本条所规定的是非法利用信息网络罪，指行为人为了实施违法犯罪而利用信息网络设立网站、通讯群组、发布信息，情节严重的行为。本罪的主体是一般主体，凡是已满十六周岁、具有刑事责任能力的人都能构成本罪，单位也可以成为本罪的犯罪主体。本罪主观方面是出于故意。本罪在客观方面主要有以下三个方面的表现形式。

一是设立用于实施诈骗、传授犯罪方法、制作或者销售违禁物品、管制物品等违法犯罪活动的网站、通讯群组。在法条所规定的这一行为方式中，在认定时需要注意以下两个方面的问题。首先，行为人设立网站、通讯群组的主观目的是实施违法犯罪活动，如果行为人设立网站、通讯群组时是出于合法的目的，事后被他人用于实施违法犯罪行为的，行为人设立网站、通讯群组的行为不属于本条所规定的设立用于违法犯罪活动的网站、通讯群组。但是，如果行为人在设立网站、通讯群组时的目的是合法的，但事后逐渐转变为用以实施违法犯罪活动的网站、通讯群组的，可以认定为属于本条所规定的设立用于违法犯罪活动的网站、通讯群组。其次，行为人在设立网站、通讯群组时，主要是从事诈骗、传授犯罪方法、制作或销售违禁物品、管制物品，但并不限于法条所列举的这几种违法犯罪行为，司法实践中行为人如果设立网站、通讯群组是为了实施其他违法犯罪活动，也可以构成本罪。在本罪中，"网站"是指设立者或维护者制作的用于展示特定内容的相关网页的集合，便于使用者在其上发布信息或者获取信息。"通讯群组"是指网上将具有相同需求的人群集合在一起进行交流的平台工具，常见的有 QQ、微信等。

二是发布有关制作或者销售毒品、枪支、淫秽物品等违禁物品、管制物品或者其他违法犯罪信息。"违法犯罪信息"主要指制作、销售毒品、枪支、淫秽物品等违禁物品、管制物品的信息，当然也包括这些违法犯罪信息以外的其他违法犯罪信息，如招嫖、赌博、传销、销售假发票的信息等。需要注意的是，在这种行使方式中，行为人发布违法犯罪信息的途径不限于网站、通讯群组，还包括广播、电视等其他信息网络。

三是为实施诈骗等违法犯罪活动发布信息。这一行为方式与前述第二种行为方式都是发布信息的行为，但之所以要特别作出规定是因为本项所规定的行为方式与第二种行为方式中的发布有所不同，在第二种行为方式中所发布的信息本身具有明显的违法犯罪性质，如制作、销售毒品、淫秽物品等的信息。但是本项所规定的行为人为实施诈骗等违法犯罪活动所发布的信息，从表面上看通常不具有违法性，但行为人发布信息的目的是吸引他人的注意，借以实施诈骗等违法犯罪活动，所发布的相关信息只是其从事犯罪的幌子。例如，通过发布保健产品、低价商品等信息，吸引他人购买，进而实施诈骗、传销等违法犯罪活动。

以上三种犯罪表现形式都必须达到"情节严重"才构成犯罪。对于本罪的情节严重如何认定，法条并没有作出具体的规定，也没有相关的司法解释做进一步的明确，因此，在司法实践中，应当结合行为人为实施违法犯罪行为所设立的网站、通讯群组所造成的社会影响、获取非法利益的数额、受害人的数量或者行为人所发布的信息具体内容、数量、扩散的范围、获取非法利益的数额、受害人的数量、造成的社会影响等因素进行综合的考量与判断。

关于本罪的刑罚，根据本条第一款的规定，行为人的行为构成非法利用信息网络罪的，处三年以下有期徒刑或者拘役，并处或单处罚金。

第二百八十七条之二　明知他人利用信息网络实施犯罪，为其犯罪提供互联网接入、服务器托管、网络存储、通讯传输等技术支持，或者提供广告推广、支付结算等帮助，情节严重的，处三年以下有期徒刑或者拘役，并处或者单处罚金。

单位犯前款罪的，对单位判处罚金，并对其直接负责的主管人员和其他直接责任人员，依照第一款的规定处罚。

有前两款行为，同时构成其他犯罪的，依照处罚较重的规定定罪处罚。

【解读】

本条也是《刑法修正案(九)》新增的一个罪名。随着网络技术的发展及网络技术应用的普及，犯罪分子利用信息网络实施犯罪的情形越来越多，造成的社会危害也比传统犯罪手段更加严重。从犯罪的组织结构来看，网络犯罪的帮助行为比传统犯罪的帮助行为社会危害性更大，往往在网络犯罪中起着至关重要的作用。例如，在网络诈骗犯罪中，以互联网为工具，无论是域名的注册、服务器的租用还是网站的制作与推广都起着至关重要的作用。可见，为网络犯罪提供技术支持等各种帮助的行为社会危害性极大，针对这一问题，最高人民法院、最高人民检察院曾出台过相关司法解释，在网络赌博犯罪、网络传播淫秽物品犯罪及网络诈骗犯罪等方面对网络犯罪的帮助行为的定罪量刑问题进行规定。这些规定虽解决了帮助行为的定性问题，但在具体犯罪情节的认定、主犯的认定等问题上还存在一定的困难。因此《刑法修正案(九)》新增了《刑法》第二百八十七条之二，对各种网络犯罪帮助行为作出专门规定，以更准确、有效地打击各种网络犯罪帮助行为，保护公民人身权利、财产权利和社会公共利益，维护信息网络秩序，保障信息网络健康发展。

本条所规定的是帮助信息网络犯罪活动罪，指行为人明知他人利用网络实施犯罪，而为其提供帮助技术支持、广告推广、支付结算等帮助，情节严重的行为。本罪的主体为一般主体，凡是已满十六周岁、具有刑事责任能力的人都可以构成本罪，单位也可以成为本罪的犯罪主体。本罪主观方面表面为故意，并要求行为人明知他人利用信息网络实施犯罪而为其提供相应帮助。关于"明知"，一般可以根据行为人对他人所从事的违法犯罪活动的认知情况，之间往来、联络的情况，以及收取费用的情况进行综合考量与判断。例如，最高人民法院、最高人民检察院、公安部《关于办理网络赌博犯罪案件适用和法律若干问题的意见》第二条第二款规定"具有下列情形之一的，应当认定行为人'明知'，但是有证据证明确实不知道的除外：（一）收到行政主管机关书面等方式的告知后，仍然实施上述行为的；（二）为赌博网站提供互联网接入、服务器托管、网络存储空间、通讯传输通道、投放广告、软件开发、技术支持、资金支付结算等服务，收取服务费明显异常的；（三）在执法人员调查时，通过销毁、修改数据、账本等方式故意规避调查或者向犯罪嫌疑人通风报信的；（四）其他有证据证明行为人明知的"。

本罪客观方面表现为行为人为他人实施犯罪行为提供互联网接入、服务器托管、网络存储、通讯传输等技术支持，或者提供广告推广、支付结算等帮助的行为。其中"互联网接入"是指为他人提供访问互联网或者在互联网发布信息的通路，如提供电话线拨号接入、ADSL 接入、光纤宽带接入、无线网络等。"服务器托管"是指将服务器及相关设备托管到具有专门数据中心的机房。"网络存储"是指通过网络存储、管理数据的载体空间，如常见的百度网盘、QQ 中转站等。"通讯传输"是指用户之间传输信息的通路，如常用的通讯传输通道有虚拟专用网络（virtual private network，VPN），该技术能在公用网络上建立专用网络，进行加密通讯。此外，本罪客观方面的行为并不限于法条所列举的以上几种提供技术支持的方式，常见提供技术支持的方式还有销售赌博网站代码，为病毒、木马程序提供免杀服务，为网络盗窃、QQ 视频诈骗制作专用木马程序等技术支持方式。"广告推广"的行为方式主要有两种情形：一是为利用网络实施犯罪的人做广告、拉客户；二是为他人设立的犯罪网站拉广告客户，帮助该犯罪网站获得广告收入，支持犯罪网站的运营。"支付结算帮助"即为网络犯罪人或者集团提供收付款、转账、结算、现金提取服务等帮助。由于网络自身的特点，网络犯罪行为人要获得犯罪收益，往往需要借助第三方支付等各种网络支付结算服务提供者，以完成其收款、转账及取现等活动，本款所规定的提供支付结算帮助即是针对这种情形，以利于切断网络犯罪的资金流动，更好地打击网络犯罪。

本罪也是情节犯，行为人提供帮助的行为必须达到"情节严重"才构成犯罪，对于情节严重的认定，本条并没有作出具体的规定，也没有相关司法解释作出进一步的明确，因此，在司法实践中对于情节严重的认定有必要结合行为人所帮助的具体网络犯罪的性质、危害结果，以及其帮助行为在相关网络犯罪中所起到的实际作用，帮助行为非法获利的数额等情况进行综合考量与判断。

关于本罪的刑罚，本条规定，构成犯罪的处三年以下有期徒刑或者拘役，并处或者单处罚金。

本条第三款规定行为人的行为构成本罪，又同时构成其他犯罪的，依照处罚较重的规定定罪处罚。在司法实践中，一般行为人为他人实施网络违法犯罪提供帮助的行为，可能构成相关犯罪的共同犯罪，此时，对于行为人同时构成两个以上犯罪的，应当结合将本条与其他犯罪的相关规定，比较其刑罚轻重，依照处罚较重的规定定罪处罚，即按照从一重罪论处的原则处理。另外，本条所规定的行为方式包括为他人实施网络违法犯罪提供技术支持、广告推广或者支付结算等帮助，这些帮助行为还可能构成《刑法》第二百八十五条规定的提供侵入、非法控制计算机信息系统程序、工具罪或者《刑法》第一百九十一条规定的洗钱罪等犯罪。这种情形下，根据本条第三款的规定，也应当结合将本条与其他犯罪的相关规定，比较其刑罚轻重，依照处罚较重的规定定罪处罚，即按照从一重罪论处的原则处理。

第三节 网络空间安全犯罪有关司法解释及解读

一、与防范和打击电信网络诈骗犯罪有关司法解释规定及解读

《关于防范和打击电信网络诈骗犯罪的通告》（节选）

一、凡是实施电信网络诈骗犯罪的人员，必须立即停止一切违法犯罪活动。自本通告发布之日起至2016年10月31日，主动投案、如实供述自己罪行的，依法从轻或者减轻处罚，在此规定期限内拒不投案自首的，将依法从严惩处。

【解读】

本条规定了关于实施电信网络诈骗犯罪人员的自首问题。根据本条的规定，行为人若能主动投案、如实供述自己的罪行的，构成自首。根据《刑法》第六十七条的规定，构成自首的，可以从轻或者减轻处罚。"主动投案"是指行为人犯罪以后，犯罪事实未被司法机关发现以前；或者犯罪事实虽然被发现，但不知何人所为；或者犯罪事实和犯罪分子均已被发现，但是尚未受到司法机关的传唤、讯问或者尚未采取强制措施之前，主动到司法机关或者所在单位、基层组织等投案，接受审查和追诉的。自动投案要具备以下四个方面的要求：一是投案行为必须发生在犯罪人归案之前，即自动投案的时间要求；二是投案行为是由犯罪人的主观意志决定的，即自动投案的主观要求；三是投案行为是犯罪人向司法机关或者有关单位、组织承认自己实施了犯罪行为，即自动投案的实质要求；四是投案以后，犯罪人应当自愿将自己置于司法机关或者有关单位、组织的控制之下，等待进一步对犯罪事实核实查证，即自动投案的自然要求。"如实供述自己的罪行"是指犯罪分子投案以后，对于自己所犯的罪行，不管司法机关是否掌握，都必须如实地全部向司法机关供述，不能有所隐瞒。根据刑法对自首的规定，行为人的行为构成自首的，其法律后果是可以从轻或减轻处罚，其中犯罪较轻的，可以免除处罚。

六、严禁任何单位和个人非法获取、非法出售、非法向他人提供公民个人信息。对泄露、买卖个人信息的违法犯罪行为，坚决依法打击。对互联网上发布的贩卖信息、软件、木马病毒等要及时监控、封堵、删除，对相关网站和网络账号要依法关停，构成犯罪的依法追究刑事责任。

【解读】

本条规定，任何单位和个人非法获取、非法出售、非法向他人提供公民个人信息，或者泄露、买卖个人信息，或者在互联网上发布贩卖信息、软件、木马病毒等，构成犯罪的应以犯罪论处，并处以相应的刑罚。我国《刑法》第二百五十三条之一规定：违反国家有关规定，向他人出售或者提供公民个人信息，情节严重的，处三年以下有期徒刑或者拘役，并处或者单处罚金；情节特别严重的，处三年以上七年以下有期徒刑，并处罚金。违反国家有关规定，将在履行职责或者提供服务过程中获得的公民个人信息，出售或者提供给他人的，依照前款的规定从重处罚。窃取或者以其他方法非法获取公民个人信息的，依照第一款的规定处罚。单位犯前款罪的，对单位判处罚金，并对其直接负责的主管人员和其他直接责任人员，依照各该款的规定处罚。根据刑法的这一规定，行为人如果利用网络技术非法获取公民个人信息，情节严重的应以侵犯公民个人信息罪定罪处罚，同时对于一些在履行职责或提供服务过程中获得的公民个人信息，出售或者提供给他人的，依侵犯公民个人信息罪从重处罚。此处需要指出的是，如果网络服务的提供者将其提供服务所获取的公民个人信息出售或者提供给他人，可以以侵犯公民个人信息罪论处，并从重处罚。

本条还规定，对互联网上发布贩卖信息、软件、木马病毒等构成犯罪的要依法追究刑事责任。与这一行为相关的犯罪是《刑法》第二百八十七条之一所规定的非法利用信息网络罪，根据刑法关于非法利用信息网络罪的规定，行为人发布违法犯罪信息，情节严重的以非法利用信息网络罪论处。关于情节严重的认定，非法利用信息网络罪的解读中已作出论述，在此不赘。

二、与危害计算机信息系统安全刑事案件有关司法解释规定及解读

《最高人民法院、最高人民检察院关于办理危害计算机信息系统安全刑事案件应用法律若干问题的解释》（节选）

第一条　非法获取计算机信息系统数据或者非法控制计算机信息系统，具有下列情形之一的，应当认定为刑法第二百八十五条第二款规定的"情节严重"：

（一）获取支付结算、证券交易、期货交易等网络金融服务的身份认证信息十组以上的；

（二）获取第（一）项以外的身份认证信息五百组以上的；

（三）非法控制计算机信息系统二十台以上的；

（四）违法所得五千元以上或者造成经济损失一万元以上的；

(五)其他情节严重的情形。

实施前款规定行为,具有下列情形之一的,应当认定为刑法第二百八十五条第二款规定的"情节特别严重":

(一)数量或者数额达到前款第(一)项至第(四)项规定标准五倍以上的;

(二)其他情节特别严重的情形。

明知是他人非法控制的计算机信息系统,而对该计算机信息系统的控制权加以利用的,依照前两款的规定定罪处罚。

【解读】

本条第一款的规定主要在于明确《刑法》第二百八十五条第二款所规定的非法获取计算机信息系统数据、非法控制计算机信息系统罪的罪与非罪,以及罪轻罪重的认定问题。刑法关于非法获取计算机信息系统数据、非法控制计算机信息系统罪,规定情节严重的才构成犯罪,未达到情节严重的则不构成犯罪,本条明确了"情节严重"的一些常见情形,对于行为人是否构成犯罪提供的认定依据。关于罪轻与罪重的认定,本条还对"情节特别严重"的认定作出了明确规定,达到情节严重规定标准五倍以上的,可以认定为情节特别严重,属于罪重的范围,刑法规定了更为严厉的刑罚。[①]

本条第三款规定,行为人如果明知是他人非法控制的计算机信息系统,而对该计算机信息系统的控制权加以利用的,应以非法控制计算机信息系统罪定罪处罚。从行为方式上看,这种情形下行为人的行为并非是非法控制的行为,而对被控制的计算机信息系统加以使用的行为,一般情形下,非法控制计算机信息系统的行为人与利用被非法控制的计算机信息系统的行为人之间存在共同犯罪的情形,但也有一些情形二者之间并没有共同犯罪的故意,所以对于计算机信息系统的最终使用者以共犯的形式判处非法控制计算机信息系统罪比较牵强。例如,在僵尸网络(被黑客控制的网络)多次转手的情形下,僵尸网络的最终使用者与初始控制者之间通常就没有共同犯罪的关系。因此本条第三款则对此作出专门规定。也即,对于这种情形,对于被非法控制的计算机信息系统加以使用者直接以非法控制计算机信息系统罪定罪即可,不必拘泥于是否构成共同犯罪这一问题。

第二条 具有下列情形之一的程序、工具,应当认定为刑法第二百八十五条第三款规定的"专门用于侵入、非法控制计算机信息系统的程序、工具":

(一)具有避开或者突破计算机信息系统安全保护措施,未经授权或者超越授权获取

[①] 关于罪与非罪、罪轻与罪重的具体认定标准与依据,《最高人民法院、最高人民检察院关于办理危害计算机信息系统安全刑事案件应用法律若干问题的解释》中还有不少条文对相关犯罪中的"情节严重"、"情节特别严重"或者"严重后果"、"后果极其严重"作出相应的规定,例如本解释第三条对《刑法》第二百八十五第二款规定的提供侵入、非法控制计算机信息系统程序、工具罪中的"情节严重"与"情节特别严重"作出了明确规定。第四条对《刑法》第二百八十六条规定的破坏计算机信息系统罪第一款和第二款中的"后果严重"和"后果特别严重"作出了明确规定,第六条对《刑法》第二百八十六条规定的破坏计算机信息系统罪第三款中的"后果严重"和"后果特别严重"作出了明确规定。相关规定在具体罪名解读有关罪与非罪,罪轻与罪重的问题中均已作出相应解释,因此本解释中类似条文在此不再重复作出解释。此外,本司法解释还有一些重点条文,如第二条、第五条等对相关罪名刑法条文中的具体名词进行了解释与明确,由于前文具体罪名的刑法条文解读中已作出相应解释,此处也不再重复。

计算机信息系统数据的功能的;

(二)具有避开或者突破计算机信息系统安全保护措施,未经授权或者超越授权对计算机信息系统实施控制的功能的;

(三)其他专门设计用于侵入、非法控制计算机信息系统、非法获取计算机信息系统数据的程序、工具。

第三条 提供侵入、非法控制计算机信息系统的程序、工具,具有下列情形之一的,应当认定为刑法第二百八十五条第三款规定的"情节严重":

(一)提供能够用于非法获取支付结算、证券交易、期货交易等网络金融服务身份认证信息的专门性程序、工具五人次以上的;

(二)提供第(一)项以外的专门用于侵入、非法控制计算机信息系统的程序、工具二十人次以上的;

(三)明知他人实施非法获取支付结算、证券交易、期货交易等网络金融服务身份认证信息的违法犯罪行为而为其提供程序、工具五人次以上的;

(四)明知他人实施第(三)项以外的侵入、非法控制计算机信息系统的违法犯罪行为而为其提供程序、工具二十人次以上的;

(五)违法所得五千元以上或者造成经济损失一万元以上的;

(六)其他情节严重的情形。

实施前款规定行为,具有下列情形之一的,应当认定为提供侵入、非法控制计算机信息系统的程序、工具"情节特别严重":

(一)数量或者数额达到前款第(一)项至第(五)项规定标准五倍以上的;

(二)其他情节特别严重的情形。

第四条 破坏计算机信息系统功能、数据或者应用程序,具有下列情形之一的,应当认定为刑法第二百八十六条第一款和第二款规定的"后果严重":

(一)造成十台以上计算机信息系统的主要软件或者硬件不能正常运行的;

(二)对二十台以上计算机信息系统中存储、处理或者传输的数据进行删除、修改、增加操作的;

(三)违法所得五千元以上或者造成经济损失一万元以上的;

(四)造成为一百台以上计算机信息系统提供域名解析、身份认证、计费等基础服务或者为一万以上用户提供服务的计算机信息系统不能正常运行累计一小时以上的;

(五)造成其他严重后果的。

实施前款规定行为,具有下列情形之一的,应当认定为破坏计算机信息系统"后果特别严重":

(一)数量或者数额达到前款第(一)项至第(三)项规定标准五倍以上的;

(二)造成为五百台以上计算机信息系统提供域名解析、身份认证、计费等基础服务或者为五万以上用户提供服务的计算机信息系统不能正常运行累计一小时以上的;

(三)破坏国家机关或者金融、电信、交通、教育、医疗、能源等领域提供公共服务的计算机信息系统的功能、数据或者应用程序,致使生产、生活受到严重影响或者造成恶劣社会影响的;

(四)造成其他特别严重后果的。

第五条　具有下列情形之一的程序,应当认定为刑法第二百八十六条第三款规定的"计算机病毒等破坏性程序":

(一)能够通过网络、存储介质、文件等媒介,将自身的部分、全部或者变种进行复制、传播,并破坏计算机系统功能、数据或者应用程序的;

(二)能够在预先设定条件下自动触发,并破坏计算机系统功能、数据或者应用程序的;

(三)其他专门设计用于破坏计算机系统功能、数据或者应用程序的程序。

第六条　故意制作、传播计算机病毒等破坏性程序,影响计算机系统正常运行,具有下列情形之一的,应当认定为刑法第二百八十六条第三款规定的"后果严重":

(一)制作、提供、传输第五条第(一)项规定的程序,导致该程序通过网络、存储介质、文件等媒介传播的;

(二)造成二十台以上计算机系统被植入第五条第(二)、(三)项规定的程序的;

(三)提供计算机病毒等破坏性程序十人次以上的;

(四)违法所得五千元以上或者造成经济损失一万元以上的;

(五)造成其他严重后果的。

实施前款规定行为,具有下列情形之一的,应当认定为破坏计算机信息系统"后果特别严重":

(一)制作、提供、传输第五条第(一)项规定的程序,导致该程序通过网络、存储介质、文件等媒介传播,致使生产、生活受到严重影响或者造成恶劣社会影响的;

(二)数量或者数额达到前款第(二)项至第(四)项规定标准五倍以上的;

(三)造成其他特别严重后果的。

第七条　明知是非法获取计算机信息系统数据犯罪所获取的数据、非法控制计算机信息系统犯罪所获取的计算机信息系统控制权,而予以转移、收购、代为销售或者以其他方法掩饰、隐瞒,违法所得五千元以上的,应当依照刑法第三百一十二条第一款的规定,以掩饰、隐瞒犯罪所得罪定罪处罚。

实施前款规定行为,违法所得五万元以上的,应当认定为刑法第三百一十二条第一款规定的"情节严重"。

单位实施第一款规定行为的,定罪量刑标准依照第一款、第二款的规定执行。

【解读】

本条所规定的是与计算机信息系统犯罪有关的掩饰、隐瞒犯罪所得、犯罪所得收益罪。根据本条的规定,行为人明知是非法获取计算机信息系统数据犯罪所获取的数据、非法控制计算机信息系统犯罪所获取的计算机信息系统控制权,而予以转移、收购、代为销售或者以其他方法掩饰、隐瞒的,应构成《刑法》第三百一十二条所规定的掩饰、隐瞒犯罪所得、犯罪所得收益罪。在这一犯罪的认定中要求行为人是故意犯罪,并且明知行为的对象是非法获取计算机信息系统数据犯罪所获取的数据或者非法控制计算机信息系统犯罪所获取的计算机信息系统控制权。"转移"是指将犯罪对象转移至他处,使侦查机关不能查获;"收购"是指以出卖为目的而收买犯罪对象;"代为销售"是指代替犯罪分子将犯罪对象予以卖出的行为;"其他方法掩饰、隐瞒"是指以转移、收购、代为销售以外的各种方法进行掩饰、隐瞒。

关于掩饰、隐瞒犯罪所得、犯罪所得收益罪，刑法规定了两个量刑档次，违法所得达到五千元以上五万元以下的，属于第一个量刑档次，处三年以下有期徒刑、拘役或者管制，并处或单处罚金。违法所得达到五万元以上的，属于情节严重，适用第二个量刑档次，处三年以上七年以下有期徒刑，并处罚金。

第八条　以单位名义或者单位形式实施危害计算机信息系统安全犯罪，达到本解释规定的定罪量刑标准的，应当依照刑法第二百八十五条、第二百八十六条的规定追究直接负责的主管人员和其他直接责任人员的刑事责任。

【解读】

本条所规定的是以单位名义实施《刑法》第二百八十五条和第二百八十六条所规定的犯罪的情形。本司法解释是2011年制定并施行的，当时《刑法》第二百八十五条和第二百八十六条并未规定单位可以构成犯罪，因此，对于以单位名义实施的相关犯罪，本条规定应追究直接负责的主管人员和其他直接责任人员的刑事责任。而2015年，《刑法修正案(九)》增加规定了《刑法》第二百八十五条和第二百八十六条所规定的犯罪可以由单位构成，如果以单位名义，并且为谋取单位利益为目的而实施危害计算机信息系统安全犯罪的，可以构成单位犯罪。即根据《刑法修正案(九)》的规定，以单位名义实施的，为单位谋取利益而实施的犯罪，应以单位犯罪论处。

关于单位犯罪的刑罚，我国采取的是双罚制，即单位犯罪的，既要对单位判处罚金，同时对单位直接负责的主管人员和其也直接责任人员判处刑罚。也即本条规定只追究直接负责的主管人员和直接责任人员的刑事责任将不再适用。

第九条　明知他人实施刑法第二百八十五条、第二百八十六条规定的行为，具有下列情形之一的，应当认定为共同犯罪，依照刑法第二百八十五条、第二百八十六条的规定处罚：

(一)为其提供用于破坏计算机信息系统功能、数据或者应用程序的程序、工具，违法所得五千元以上或者提供十人次以上的；

(二)为其提供互联网接入、服务器托管、网络存储空间、通讯传输通道、费用结算、交易服务、广告服务、技术培训、技术支持等帮助，违法所得五千元以上的；

(三)通过委托推广软件、投放广告等方式向其提供资金五千元以上的。

实施前款规定行为，数量或者数额达到前款规定标准五倍以上的，应当认定为刑法第二百八十五条、第二百八十六条规定的"情节特别严重"或者"后果特别严重"。

三、与淫秽电子信息相关刑事案件有关司法解释规定及解读

《最高人民法院、最高人民检察院关于办理利用互联网、移动通讯终端、声讯台制作、复制、出版、贩卖、传播淫秽电子信息刑事案件具体应用法律若干问题的解释》(节选)

第一条　以牟利为目的，利用互联网、移动通信终端制作、复制、出版、贩卖、传

播淫秽电子信息，具有下列情形之一的，依照刑法第三百六十三条第一款的规定，以制作、复制、出版、贩卖、传播淫秽物品牟利罪定罪处罚。

（一）制作、复制、出版、贩卖、传播淫秽电影、表演、动画等视频文件二十个以上的；

（二）制作、复制、出版、贩卖、传播淫秽音频文件一百个以上的；

（三）制作、复制、出版、贩卖、传播淫秽电子刊物、图片、文章、短信息等二百件以上的；

（四）制作、复制、出版、贩卖、传播的淫秽电子信息，实际被点击数达到一万次以上的；

（五）以会员制方式出版、贩卖、传播淫秽电子信息，注册会员达二百人以上的；

（六）利用淫秽电子信息收取广告费、会员注册费或者其他费用，违法所得一万元以上的；

（七）数量或者数额虽未达到第（一）项至第（六）项规定标准，但分别达到其中两项以上标准一半以上的；

（八）造成严重后果的。

利用聊天室、论坛、即时通信软件、电子邮件等方式，实施第一款规定行为的，依照刑法第三百六十三条第一款的规定，以制作、复制、出版、贩卖、传播淫秽物品牟利罪定罪处罚。

【解读】

本条所规定的是以牟利为目的，行为人利用互联网、移动通讯终端作为犯罪工具或者利用聊天室、论坛、即时通信软件、电子邮件等方式制作、复制、出版、贩卖、传播淫秽电子信息行为的定性问题。根据本条的规定，实施上述行为，符合本条所规定的八种情形的，应当以制作、复制、出版、贩卖、传播淫秽物品牟利罪定罪处罚。本条八种情形中有七种具体规定的情形，符合这七种情形的都应构成犯罪，第八种情形笼统地规定了造成严重后果应以犯罪论处，至于严重后果如何判断并没有具体的规定，在司法实践中应综合行为人所发布的信息的具体内容、数量、扩散的范围、获取非法利益的数额、受害人的数量、造成的社会影响等因素进行综合的考量与判断。

本条所规定的犯罪要求行为人主观上以牟利为目的。不以牟利为目的的则不构成制作、复制、出版、贩卖、传播淫秽物品牟利罪。根据本条的规定，行为人构成犯罪的，在客观方面表现为以互联网、移动通讯终端作为犯罪工具，或者以聊天室、论坛、即时通信软件、电子邮件作为犯罪平台或行为方式，制作、复制、出版、贩卖、传播淫秽物品。"制作"是指录制、摄制淫秽电子信息等行为。"复制"是指对已有的淫秽电子信息进行重复制作的行为。"出版"是指编辑、出版和发行淫秽电子信息产品等行为。"贩卖"是指销售淫秽电子信息的行为。"传播"是指通过播放、出租、出借等行为方式使淫秽电子信息流传的行为。

第二条 实施第一条规定的行为，数量或者数额达到第一条第一款第（一）项至第（六）项规定标准五倍以上的，应当认定为刑法第三百六十三条第一款规定的"情节严重"；达到规定标准二十五倍以上的，应当认定为"情节特别严重"。

【解读】

关于制作、复制、出版、贩卖、传播淫秽物品牟利罪刑法规定了三个量刑层次，对于构成基本犯罪的，处三年以下有期徒刑、拘役或者管制，并处罚金；对于情节严重的，处三年以上十年以下有期徒刑，并处罚金；对于情节特别严重的，处十年以上有期徒刑或无期徒刑，并处罚金或者没收财产。本司法解释第一条规定的为第一种情形；本条规定的为第二、三种情形。行为人以牟利为目的，行为人利用互联网、移动通讯终端作为犯罪工具或者利用聊天室、论坛、即时通信软件、电子邮件等方式实施制作、复制、出版、贩卖、传播淫秽电子信息的行为时，数量或者数额达到第一条第一款第（一）项至第（六）项规定标准五倍以上的，应当认定为"情节严重"，对应《刑法》第三百六十三条第一款规定的情节严重的量刑档次；达到规定标准二十五倍以上的，应当认定为"情节特别严重"，对应《刑法》第三百六十三条第一款规定的情节特别严重的量刑档次。

《最高人民法院、最高人民检察院关于办理利用互联网、移动通讯终端、声讯台制作、复制、出版、贩卖、传播淫秽电子信息刑事案件具体应用法律若干问题的解释（二）》（节选）

第一条　以牟利为目的，利用互联网、移动通信终端制作、复制、出版、贩卖、传播淫秽电子信息的，依照《最高人民法院、最高人民检察院关于办理利用互联网、移动通讯终端、声讯台制作、复制、出版、贩卖、传播淫秽电子信息刑事案件具体应用法律若干问题的解释》第一条、第二条的规定定罪处罚。

以牟利为目的，利用互联网、移动通信终端制作、复制、出版、贩卖、传播内容含有不满十四周岁未成年人的淫秽电子信息，具有下列情形之一的，依照刑法第三百六十三条第一款的规定，以制作、复制、出版、贩卖、传播淫秽物品牟利罪定罪处罚：

（一）制作、复制、出版、贩卖、传播淫秽电影、表演、动画等视频文件十个以上的；

（二）制作、复制、出版、贩卖、传播淫秽音频文件五十个以上的；

（三）制作、复制、出版、贩卖、传播淫秽电子刊物、图片、文章等一百件以上的；

（四）制作、复制、出版、贩卖、传播的淫秽电子信息，实际被点击数达到五千次以上的；

（五）以会员制方式出版、贩卖、传播淫秽电子信息，注册会员达一百人以上的；

（六）利用淫秽电子信息收取广告费、会员注册费或者其他费用，违法所得五千元以上的；

（七）数量或者数额虽未达到第（一）项至第（六）项规定标准，但分别达到其中两项以上标准一半以上的；

（八）造成严重后果的。

实施第二款规定的行为，数量或者数额达到第二款第（一）项至第（七）项规定标准五倍以上的，应当认定为刑法第三百六十三条第一款规定的"情节严重"；达到规定标准二十五倍以上的，应当认定为"情节特别严重"。

【解读】

本条所规定的是对最高人民法院、最高人民检察院《关于办理利用互联网、移动通讯终端、声讯台制作、复制、出版、贩卖、传播淫秽电子信息刑事案件具体应用法律若干问题的解释》第一条作出的补充性规定，本条补充规定了利用互联网、移动通讯终端制作、复制、出版、贩卖、传播内容含有不满十四周岁未成年人的淫秽电子信息行为构罪的标准。因为制作、复制、出版、贩卖、传播内容含有不满十四周岁未成年人的淫秽电子信息行为的社会危害明显更大，造成的危害后果也更为恶劣，因此本条对利用互联网、移动通讯终端制作、复制、出版、贩卖、传播内容含有不满十四周岁未成年人的淫秽电子信息构成犯罪的门槛重新作出规定，与最高人民法院、最高人民检察院《关于办理利用互联网、移动通讯终端、声讯台制作、复制、出版、贩卖、传播淫秽电子信息刑事案件具体应用法律若干问题的解释》第一条所规定的构罪门槛相比，降低了相应的标准，如制作、复制、出版、贩卖、传播普通的淫秽电影、表演、动画等视频文件二十个以上才构成制作、复制、出版、贩卖、传播淫秽物品牟利罪，而制作、复制、出版、贩卖、传播内容含有不满十四周岁未成年人的淫秽电影、表演、动画等视频文件十个以上就可以构成制作、复制、出版、贩卖、传播淫秽物品牟利罪。基于此，在利用互联网、移动通讯终端制作、复制、出版、贩卖、传播内容含有不满十四周岁未成年人的淫秽电子信息行为中，"情节严重""情节特别严重"的认定标准也相应地降低了。

同时本解释第二条也同样针对最高人民法院、最高人民检察院《关于办理利用互联网、移动通讯终端、声讯台制作、复制、出版、贩卖、传播淫秽电子信息刑事案件具体应用法律若干问题的解释》第二条作了补充规定，相应地降低了利用互联网、移动通讯终端传播内容含有不满十四周岁未成年人的淫秽电子信息行为在构成传播淫秽物品罪时的定罪标准。并且相应的"情节严重""情节特别严重"的认定标准也有所降低。

第二条 利用互联网、移动通讯终端传播淫秽电子信息的，依照《最高人民法院、最高人民检察院关于办理利用互联网、移动通讯终端、声讯台制作、复制、出版、贩卖、传播淫秽电子信息刑事案件具体应用法律若干问题的解释》第三条的规定定罪处罚。

利用互联网、移动通讯终端传播内容含有不满十四周岁未成年人的淫秽电子信息，具有下列情形之一的，依照刑法第三百六十四条第一款的规定，以传播淫秽物品罪定罪处罚：

(一)数量达到第一条第二款第(一)项至第(五)项规定标准二倍以上的；

(二)数量分别达到第一条第二款第(一)项至第(五)项两项以上标准的；

(三)造成严重后果的。

第三条 利用互联网建立主要用于传播淫秽电子信息的群组，成员达三十人以上或者造成严重后果的，对建立者、管理者和主要传播者，依照刑法第三百六十四条第一款的规定，以传播淫秽物品罪定罪处罚。

【解读】

本条所规定的是利用互联网建立主要用于传播淫秽电子信息的群组的行为，在达到法定要求的情形下应以传播淫秽物品罪定罪处罚。法定情形即行为人建立群组主要用于传播淫秽电子信息，所建立的群组其成员要达到三十人以上，或者其行为造成了严重的后果，其中严重后果可以根据犯罪的违法所得、社会危害性等进行综合判断。本条所规定的处罚对象是建立主要用于传播淫秽电子信息的群组的建立者、管理者和主要传播者。

其中建立者和管理者也许并没有实施具体的传播行为，但根据本条的规定，对于建立者、管理者，只要其建立群组时具有主要用于传播淫秽电子信息的目的，且实施了建立和管理的行为，都以传播淫秽物品罪定罪处罚。对于传播者的处罚则只处罚主要传播者，不是对所有的传播者都以传播淫秽物品罪定罪处罚。

第九条　一年内多次实施制作、复制、出版、贩卖、传播淫秽电子信息行为未经处理，数量或者数额累计计算构成犯罪的，应当依法定罪处罚。

【解读】

本条所规定的是一年内多次实施制作、复制、出版、贩卖、传播淫秽电子信息犯罪数量或数额是否可以累计计算的情形。在制作、复制、出版、贩卖、传播淫秽物品牟利罪和传播淫秽物品罪的认定中，都是以行为人所制作、复制、出版、贩卖、传播淫秽物品的数量或者违法所得的数额作为认定的标准的，如果行为人在每次的具体行为中其所制作、复制、出版、贩卖、传播淫秽物品的数量或者违法所得的数额没有达到法定的标准，不能以犯罪论处，或者虽达到标准但其行为未经处理的。其一年内多次实施相关违法行为所涉及的淫秽物品数量或者违法所得数额可以累计计算，累计后的数量或数额达到了法定的标准，则以相应的犯罪论处。

四、与利用信息网络实施诽谤等刑事案件有关司法解释规定及解读

《最高人民法院、最高人民检察院关于办理利用信息网络实施诽谤等刑事案件适用法律若干问题的解释》（节选）

第二条　利用信息网络诽谤他人，具有下列情形之一的，应当认定为刑法第二百四十六条第一款规定的"情节严重"：

（一）同一诽谤信息实际被点击、浏览次数达到五千次以上，或者被转发次数达到五百次以上的；

（二）造成被害人或者其近亲属精神失常、自残、自杀等严重后果的；

（三）二年内曾因诽谤受过行政处罚，又诽谤他人的；

（四）其他情节严重的情形。

【解读】

本条所规定的是行为人利用信息网络诽谤他人构成犯罪的情形。"诽谤"是指故意捏造事实，并进行散播，公然损害他人人格和名誉的行为，情节严重的构成诽谤罪。本条规定了利用信息网络诽谤他人行为情节严重的情形，其中本条（一）（二）（三）项规定的为具体情形。第（四）项为兜底条款，其他严重情形可以依据行为人诽谤行为所造成的社会危害和社会影响的程度进行综合考量与判断。

根据《刑法》第二百四十六条的规定，构成诽谤罪的，处三年以下有期徒刑、拘役、管制或者剥夺政治权利。

第三条　利用信息网络诽谤他人，具有下列情形之一的，应当认定为刑法第二百四十六条第二款规定的"严重危害社会秩序和国家利益"：

(一)引发群体性事件的;

(二)引发公共秩序混乱的;

(三)引发民族、宗教冲突的;

(四)诽谤多人,造成恶劣社会影响的;

(五)损害国家形象,严重危害国家利益的;

(六)造成恶劣国际影响的;

(七)其他严重危害社会秩序和国家利益的情形。

【解读】

本条所规定的是利用信息网络诽谤他人属于严重危害社会秩序和国家利益的情形。根据《刑法》第二百四十六条第二款的规定,诽谤罪属于自诉罪,即如果被诽谤人不控告的,司法机关则不能主动追究诽谤行为人的刑事责任,但是行为人的行为严重危害社会秩序和国家利益的除外。即如果行为人的诽谤行为具有严重危害社会秩序和国家利益的情形,则应作为公诉案件处理,即便被诽谤人不控告的,人民检察院也会提起公诉。本条即规定了在利用信息网络诽谤他人行为中的七种严重危害社会秩序和国家利益的情形,具备这七种情形之一的,即属于公诉罪,由人民检察院提起公诉。

第五条　利用信息网络辱骂、恐吓他人,情节恶劣,破坏社会秩序的,依照刑法第二百九十三条第一款第(二)项的规定,以寻衅滋事罪定罪处罚。

编造虚假信息,或者明知是编造的虚假信息,在信息网络上散布,或者组织、指使人员在信息网络上散布,起哄闹事,造成公共秩序严重混乱的,依照刑法第二百九十三条第一款第(四)项的规定,以寻衅滋事罪定罪处罚。

【解读】

本条所规定的是行为人利用信息网络实施违法犯罪行为,构成寻衅滋事罪的情形。根据本条第一款的规定,行为人利用信息网络辱骂、恐吓他人,情节恶劣,破坏社会秩序的,应以寻衅滋事罪定罪处罚。"辱骂"是指出于取乐、耍威风、寻求精神刺激等目的,侮辱、谩骂他人的行为。"恐吓"是指以威胁的语言、行为吓唬他人的行为。关于"情节恶劣"并没有相关条文作出明确规定,一般根据行为人是否经常利用信息网络辱骂、恐吓他人,是否造成恶劣影响或激起民愤,或者是否造成其他严重后果等进行综合考量与判断。

本条第二款规定了行为人编造虚假信息,或者明知是编造的虚假信息,在信息网络上散布,或者组织、指使人员在信息网络上散布,起哄闹事,造成公共秩序严重混乱的,应以寻衅滋事罪定罪处罚。"起哄闹事"是指出于取乐、寻求精神刺激等目的,在网络上无事生非、制造事端,扰乱公共秩序的行为,并且造成了"公共秩序严重混乱"的结果。"公共秩序严重混乱"是指公共秩序受到破坏,引起群众恐慌、逃离等混乱局面。

根据《刑法》第二百九十三条的规定,行为人有上述寻衅滋事行为,破坏社会秩序的,处五年以下有期徒刑、拘役或者管制;纠集他人多次实施上述行为,严重破坏社会秩序的,处五年以上十年以下有期徒刑,可以并处罚金。

第六条　以在信息网络上发布、删除等方式处理网络信息为由,威胁、要挟他人,索取公私财物，数额较大，或者多次实施上述行为的，依照刑法第二百七十四条的规定，以敲诈勒索罪定罪处罚。

【解读】

本条所规定的是行为人以在信息网络上发布、删除等方式处理网络信息为由，威胁、要挟他人，索取公私财物行为的定性问题。根据本条的规定，行为人以在信息网络上发布、删除等方式处理网络信息为由，威胁、要挟他人，索取公私财物，数额较大，或者多次实施上述行为的，应以《刑法》第二百七十四条所规定的敲诈勒索罪定罪处罚。本罪的主体是一般主体，凡是已满十六周岁、具有刑事责任能力的人都能构成本罪。本罪主观方面要求行为人有非法占有的目的。客观方面要求行为人的行为具备以下特征：一是行为人以在信息网络上发布、删除等方式处理网络信息为由，实施了威胁、要挟他人，索取公私财物的行为。其中的威胁与要挟行为形式和方法多种多样，可以是明示也可以是暗示，可以是口头的也可以是书面的，只要是以在信息网络上发布、删除等方式处理网络信息为由，使被害人产生恐惧、畏惧心理，不得已而交出财物即可。二是行为人敲诈勒索的财物数额较大或者多次敲诈勒索。根据《最高人民法院、最高人民检察院关于办理敲诈勒索刑事案件适用法律若干问题的解释》，敲诈勒索公私财物价值二千元至五千元以上、三万元至十万元以上、三十万元至五十万元以上的，应当分别认定为《刑法》第二百七十四条规定的"数额较大""数额巨大""数额特别巨大"。但如果敲诈勒索公私财物，具有下列情形之一的，"数额较大"的标准可以按照上述标准的百分之五十确定："（一）曾因敲诈勒索受过刑事处罚的；（二）一年内曾因敲诈勒索受过行政处罚的；（三）对未成年人、残疾人、老年人或者丧失劳动能力人敲诈勒索的；（四）以将要实施放火、爆炸等危害公共安全犯罪或者故意杀人、绑架等严重侵犯公民人身权利犯罪相威胁敲诈勒索的；（五）以黑恶势力名义敲诈勒索的；（六）利用或者冒充国家机关工作人员、军人、新闻工作者等特殊身份敲诈勒索的；（七）造成其他严重后果的。"另外，各省、自治区、直辖市高级人民法院、人民检察院可以根据本地区经济发展状况和社会治安状况，在前述的数额幅度内，共同研究确定本地区执行的具体数额标准，报最高人民法院、最高人民检察院批准。"多次敲诈勒索"指行为人多次、频繁地实施敲诈勒索行为，具有严重社会危害性的情形。根据司法解释规定，二年内敲诈勒索三次以上的应当认定为"多次敲诈勒索"。对于多次敲诈勒索的，即使敲诈勒索的财物数额没有达到数额较大的标准，也应以敲诈勒索罪定罪处罚。

根据《刑法》第二百七十四条的规定：敲诈勒索公私财物，数额较大或者多次敲诈勒索的，处三年以下有期徒刑、拘役或者管制，并处或者单处罚金；数额巨大或者有其他严重情节的，处三年以上十年以下有期徒刑，并处罚金；数额特别巨大或者有其他特别严重情节的，处十年以上有期徒刑，并处罚金。

第七条 违反国家规定，以营利为目的，通过信息网络有偿提供删除信息服务，或者明知是虚假信息，通过信息网络有偿提供发布信息等服务，扰乱市场秩序，具有下列情形之一的，属于非法经营行为"情节严重"，依照刑法第二百二十五条第(四)项的规定，以非法经营罪定罪处罚：

（一）个人非法经营数额在五万元以上，或者违法所得数额在二万元以上的；

（二）单位非法经营数额在十五万元以上，或者违法所得数额在五万元以上的。

实施前款规定的行为，数额达到前款规定的数额五倍以上的，应当认定为刑法第二百二十五条规定的"情节特别严重"。

【解读】

本条所规定的是违反国家规定，以营利为目的，通过信息网络有偿提供删除信息服务，或者明知是虚假信息，通过信息网络有偿提供发布信息等服务，扰乱市场秩序的行为的定性问题。根据本条规定，行为人实施以上行为，并且具有"情节严重"情形的，以《刑法》第二百二十五条规定的非法经营罪定罪处罚。非法经营罪是指行为人违反国家的法律、法规，非法进行经营活动，扰乱市场秩序，情节严重的行为。"非法经营罪"是以情节严重为犯罪构成要件的，只有行为具有情节严重的特征才构成犯罪，因此本条具体规定了行为人违反国家规定，以营利为目的，通过信息网络有偿提供删除信息服务，或者明知是虚假信息，通过信息网络有偿提供发布信息等服务，扰乱市场秩序行为情节严重的和情节特别严重的情形。行为人的行为达到本条所规定的情节严重的情形的，以非法经营罪论处。

关于非法经营罪，《刑法》第二百二十五条规定了两个档次的量刑标准，对于"情节严重"的，处五年以下有期徒刑或者拘役，并处或单处违法所得一倍以上五倍以下罚金；对于"情节特别严重"的，处五年以上有期徒刑，并处违法所得一倍以上五倍以下罚金或者没收财产。本条对于情节特别严重也作出了明确的规定，即数额达到情节严重所规定数额五倍以上的为情节特别严重。

五、非法利用信息网络、帮助信息网络犯罪的有关司法解释与解读

《最高人民法院、最高人民检察院关于办理非法利用信息网络、帮助信息网络犯罪活动等刑事案件适用法律若干问题的解释》（节选）

第一条 提供下列服务的单位和个人，应当认定为刑法第二百八十六条之一第一款规定的"网络服务提供者"：

（一）网络接入、域名注册解析等信息网络接入、计算、存储、传输服务；

（二）信息发布、搜索引擎、即时通讯、网络支付、网络预约、网络购物、网络游戏、网络直播、网站建设、安全防护、广告推广、应用商店等信息网络应用服务；

（三）利用信息网络提供的电子政务、通信、能源、交通、水利、金融、教育、医疗等公共服务。

【解读】

本条明确了本罪中"网络服务提供者"的认定问题。网络服务提供者，一般包括通过计算机互联网、广播电视网、固定通信网、移动通信网等信息网络，向公众提供网络服务的机构和个人。本条根据其提供的服务内容不同，将其分为三类：一是网络技术服务提供者，即信息网络接入、计算、存储、传输服务提供者；二是网络内容服务提供者，即信息发布、搜索引擎、即时通讯、网络支付、网络购物、网络游戏、广告推广、应用商店等信息网络应用服务提供者；三是网络公共服务提供者，即电子政务、通信、能源、

交通、水利、金融、教育、医疗等公共服务提供者。

第二条　刑法第二百八十六条之一第一款规定的"监管部门责令采取改正措施",是指网信、电信、公安等依照法律、行政法规的规定承担信息网络安全监管职责的部门,以责令整改通知书或者其他文书形式,责令网络服务提供者采取改正措施。

认定"经监管部门责令采取改正措施而拒不改正",应当综合考虑监管部门责令改正是否具有法律、行政法规依据,改正措施及期限要求是否明确、合理,网络服务提供者是否具有按照要求采取改正措施的能力等因素进行判断。

【解读】

本条明确了本罪中"经监管部门责令采取改正措施而拒不改正"的认定问题。《网络安全法》第八条第一款规定:国家网信部门负责统筹协调网络安全工作和相关监督管理工作。国务院电信主管部门、公安部门和其他有关机关依照本法和有关法律、行政法规的规定,在各自职责范围内负责网络安全保护和监督管理工作。结合执法司法实践情况,本条明确了三方面问题:一是监管部门的范围,包括网信、电信、公安等依法承担信息网络安全监管职责的部门。二是责令整改的形式,必须以责令整改通知书或者其他文书形式作出。三是对是否"拒不改正"应作综合判断,综合考虑监管部门责令改正是否具有法律、行政法规依据,改正措施及期限要求是否明确、合理,网络服务提供者是否具有按照要求采取改正措施的能力等因素。对于确实因为资金、技术等条件限制,没有或者一时难以达到监管部门要求的情况,不能认定为"拒不改正"。

第三条　拒不履行信息网络安全管理义务,具有下列情形之一的,应当认定为刑法第二百八十六条之一第一款第一项规定的"致使违法信息大量传播":

(一)致使传播违法视频文件二百个以上的;

(二)致使传播违法视频文件以外的其他违法信息二千个以上的;

(三)致使传播违法信息,数量虽未达到第一项、第二项规定标准,但是按相应比例折算合计达到有关数量标准的;

(四)致使向二千个以上用户账号传播违法信息的;

(五)致使利用群组成员账号数累计三千以上的通讯群组或者关注人员账号数累计三万以上的社交网络传播违法信息的;

(六)致使违法信息实际被点击数达到五万以上的;

(七)其他致使违法信息大量传播的情形。

第四条　拒不履行信息网络安全管理义务,致使用户信息泄露,具有下列情形之一的,应当认定为刑法第二百八十六条之一第一款第二项规定的"造成严重后果":

(一)致使泄露行踪轨迹信息、通信内容、征信信息、财产信息五百条以上的;

(二)致使泄露住宿信息、通信记录、健康生理信息、交易信息等其他可能影响人身、财产安全的用户信息五千条以上的;

(三)致使泄露第一项、第二项规定以外的用户信息五万条以上的;

(四)数量虽未达到第一项至第三项规定标准,但是按相应比例折算合计达到有关数量标准的;

(五)造成他人死亡、重伤、精神失常或者被绑架等严重后果的;

(六)造成重大经济损失的;

(七)严重扰乱社会秩序的;

(八)造成其他严重后果的。

第五条 拒不履行信息网络安全管理义务,致使影响定罪量刑的刑事案件证据灭失,具有下列情形之一的,应当认定为刑法第二百八十六条之一第一款第三项规定的"情节严重":

(一)造成危害国家安全犯罪、恐怖活动犯罪、黑社会性质组织犯罪、贪污贿赂犯罪案件的证据灭失的;

(二)造成可能判处五年有期徒刑以上刑罚犯罪案件的证据灭失的;

(三)多次造成刑事案件证据灭失的;

(四)致使刑事诉讼程序受到严重影响的;

(五)其他情节严重的情形。

第六条 拒不履行信息网络安全管理义务,具有下列情形之一的,应当认定为刑法第二百八十六条之一第一款第四项规定的"有其他严重情节":

(一)对绝大多数用户日志未留存或者未落实真实身份信息认证义务的;

(二)二年内经多次责令改正拒不改正的;

(三)致使信息网络服务被主要用于违法犯罪的;

(四)致使信息网络服务、网络设施被用于实施网络攻击,严重影响生产、生活的;

(五)致使信息网络服务被用于实施危害国家安全犯罪、恐怖活动犯罪、黑社会性质组织犯罪、贪污贿赂犯罪或者其他重大犯罪的;

(六)致使国家机关或者通信、能源、交通、水利、金融、教育、医疗等领域提供公共服务的信息网络受到破坏,严重影响生产、生活的;

(七)其他严重违反信息网络安全管理义务的情形。

第十条 非法利用信息网络,具有下列情形之一的,应当认定为刑法第二百八十七条之一第一款规定的"情节严重":

(一)假冒国家机关、金融机构名义,设立用于实施违法犯罪活动的网站的;

(二)设立用于实施违法犯罪活动的网站,数量达到三个以上或者注册账号数累计达到二千以上的;

(三)设立用于实施违法犯罪活动的通讯群组,数量达到五个以上或者群组成员账号数累计达到一千以上的;

(四)发布有关违法犯罪的信息或者为实施违法犯罪活动发布信息,具有下列情形之一的:

1. 在网站上发布有关信息一百条以上的;

2. 向二千个以上用户账号发送有关信息的;

3. 向群组成员数累计达到三千以上的通讯群组发送有关信息的;

4. 利用关注人员账号数累计达到三万以上的社交网络传播有关信息的;

(五)违法所得一万元以上的;

(六)二年内曾因非法利用信息网络、帮助信息网络犯罪活动、危害计算机信息系统安全受过行政处罚,又非法利用信息网络的;

（七）其他情节严重的情形。

第十一条　为他人实施犯罪提供技术支持或者帮助，具有下列情形之一的，可以认定行为人明知他人利用信息网络实施犯罪，但是有相反证据的除外：

（一）经监管部门告知后仍然实施有关行为的；

（二）接到举报后不履行法定管理职责的；

（三）交易价格或者方式明显异常的；

（四）提供专门用于违法犯罪的程序、工具或者其他技术支持、帮助的；

（五）频繁采用隐蔽上网、加密通信、销毁数据等措施或者使用虚假身份，逃避监管或者规避调查的；

（六）为他人逃避监管或者规避调查提供技术支持、帮助的；

（七）其他足以认定行为人明知的情形。

【解读】

本条明确了本罪中"明知"的认定问题。根据刑法规定，构成帮助信息网络犯罪活动罪，以明知他人利用信息网络实施犯罪为前提。实践中存在两种情形：一种情形是行为人确实不知道，只是疏于管理；另一种情形则是行为人虽然明知，但放任或者允许他人的犯罪行为，而司法机关又难以获得其明知的证据，导致刑事打击遇到障碍。因此，本条坚持主客观相一致原则，总结归纳了七种可以推定"明知"的情形。

第十二条　明知他人利用信息网络实施犯罪，为其犯罪提供帮助，具有下列情形之一的，应当认定为刑法第二百八十七条之二第一款规定的"情节严重"：

（一）为三个以上对象提供帮助的；

（二）支付结算金额二十万元以上的；

（三）以投放广告等方式提供资金五万元以上的；

（四）违法所得一万元以上的；

（五）二年内曾因非法利用信息网络、帮助信息网络犯罪活动、危害计算机信息系统安全受过行政处罚，又帮助信息网络犯罪活动的；

（六）被帮助对象实施的犯罪造成严重后果的；

（七）其他情节严重的情形。

实施前款规定的行为，确因客观条件限制无法查证被帮助对象是否达到犯罪的程度，但相关数额总计达到前款第二项至第四项规定标准五倍以上，或者造成特别严重后果的，应当以帮助信息网络犯罪活动罪追究行为人的刑事责任。

第十五条　综合考虑社会危害程度、认罪悔罪态度等情节，认为犯罪情节轻微的，可以不起诉或者免予刑事处罚；情节显著轻微危害不大的，不以犯罪论处。

第十六条　多次拒不履行信息网络安全管理义务、非法利用信息网络、帮助信息网络犯罪活动构成犯罪，依法应当追诉的，或者二年内多次实施前述行为未经处理的，数量或者数额累计计算。

第十七条　对于实施本解释规定的犯罪被判处刑罚的，可以根据犯罪情况和预防再犯罪的需要，依法宣告职业禁止；被判处管制、宣告缓刑的，可以根据犯罪情况，依法宣告禁止令。

第五章 网络空间安全行政处罚有关法律法规

第一节 网络空间安全行政处罚有关法律法规综述

处在网络时代的当下，互联网成为日常生活、生产、经济活动的新场所，由此形成网络与现实的"双层空间"。作为现今日常生活与市场经济活动的重要基础，出现在现实社会中的违法行为逐渐向网络空间蔓延，并出现大量针对网络空间的违法行为。行政法律体系作为维护国家权益、社会公共利益及个人合法权益的重要力量，成为打击涉及网络空间安全违法行为的执法依据。由于行政法律体系内规范性文件层级众多，其中行政法规、部门规章等规范性文件的颁布程序相比法律更为简易，有助于快速应对新时代网络空间安全保护的新要求，及时为监管与执法提供依据，严密法网，避免使网络空间成为"法外之地"。《网络安全法》的颁布为行政法律体系的发展奠定了基础，近两年来涉及网络安全的行政法律、法规不断颁布或进入立法进程，不断强化了网络空间安全的行政法保护。

一、网络空间安全行政处罚的概念界定

行政处罚作为法律制裁的一种方式，能够在一定限度内剥夺或限制违法者的人身权利、财产权利，具有惩戒性，是网络安全行政法保护的重要保障。完善的行政处罚规定使违法成本增加，起到一般预防的作用，能够在一定程度上消除潜在违法者的违法意图。针对已经实施违法行为的违法者，行政处罚对其施以惩戒，能够使违法者意识到违法的严重后果，甚至对违法者的特定违法能力在一定期限内予以剥夺，起到特殊预防的作用。

实施网络空间安全行政处罚的主体是经过法律法规或其他规范性文件授予法定权限的行政主体。非行政主体的其他任何机构、组织或个人均无权实施行政处罚。网络空间安全行政处罚针对的对象是实施了违反网络空间安全相关行政秩序的行政相对人。需要注意的是，行政主体内部的公务员因违法失职所受到如警告、记过、记大过、降级、撤职、开除等处分是行政处分，不属于行政处罚。

二、网络空间安全行政处罚法律规范的渊源

法的渊源指法的具体表现形式或载体，行政法的渊源是行政法的外延，也是行政法律规范之总和的具体体现。我国行政法部门未采取法典式的立法模式，其表现形式繁杂

多样，且网络技术日新月异，为满足现实需要，行政法律规范立、改频繁。作为法律的存在形式和执法依据，对网络空间安全行政处罚的渊源进行掌握显得尤为重要。以下对网络空间安全行政处罚法律规范的直接渊源进行介绍。

（一）法律

法律是行政法的基本渊源，也是网络空间安全行政处罚法律规范的基本渊源。包含网络空间安全行政处罚条款的法律包括《中华人民共和国行政处罚法》（简称《行政处罚法》）、《网络安全法》、《治安管理处罚法》、《中华人民共和国电子签名法》（简称《电子签名法》）、《密码法》。

《行政处罚法》是行政处罚的基础性法律，为我国行政处罚的设定与实施提供了依据，从实体与程序两方面对行政处罚法律制度进行了全面规定。其内容涵盖行政处罚的种类和设定、行政处罚的实施机关、行政处罚的管辖和适用、行政处罚的决定、行政处罚的执行、执法不当的法律责任等。

作为我国"网络领域的基本法"，《网络安全法》系统地对网络安全义务和责任进行了规定，并在法律责任一章中明确规定了违反相关义务或责任需要承担的行政处罚，是网络空间安全行政处罚法律规范最重要的渊源。《网络安全法》针对一系列违法行为规定了明确的行政处罚措施，对象包括网络运营者不履行网络安全保护义务、不履行网络产品和服务安全义务、违反用户身份管理规定、违反网络安全服务活动管理规定、实施危害网络安全行为等，处罚种类涵盖警告、罚款、吊销证照（含许可证、营业执照、资质等）、责令停机整顿、从业禁止、信用惩戒。

《治安管理处罚法》系统规定了对违反治安管理规定的违法行为的行政处罚。违反治安管理行为是指各种扰乱社会秩序，妨碍公共安全，侵犯人身权利、财产权利，妨害社会管理，具有社会危害性，尚不构成犯罪的行为。其中包括危害网络空间安全的违法行为，主要有通过网络扰乱公共秩序的行为、侵犯他人人身权利、财产权利的行为、妨害社会管理的行为。《治安管理处罚法》中针对网络空间安全行政违法行为的行政处罚措施包括警告、罚款、行政拘留。

《电子签名法》被称为我国首部"真正意义上的信息化法律"，首次赋予了电子签名与文本签名同等的法律效力，并对电子认证服务的许可准入制度进行明确。其中指出的违法行为主要包括未经许可提供电子认证服务、电子认证服务提供者暂停或者终止服务未依照有关规定提前报告、电子认证服务提供者违反认证业务规则，主要针对电子认证服务提供者违反相应义务的行为作出处罚规定。《电子签名法》中出现的行政处罚措施包括罚款、没收违法所得、吊销许可证、从业禁止。

《密码法》于 2019 年 10 月 26 日经第十三届全国人民代表大会常务委员会第十四次会议审议通过，自 2020 年 1 月 1 日起施行，是总体国家安全观框架下，国家网络空间安全法律体系的重要组成部分。《密码法》在商用密码管理和相应法律责任设定方面，与网络安全法中的强制检测认证、安全性评估、国家安全审查等制度作了衔接。其中对商用密码检测、认证机构违背准入资格及保密义务、提供未经认证或不合格的商用密码产品或服务、关键信息基础设施的运营者未按要求使用商用密码或未按要求开展商用密码应用安全性评估、关键信息基础设施的运营者使用未经安全审查或者安全审查未通过的产品或者服务、未经认定从事电子政务电子认证服务等违法行为的行政处罚作出规定。具体行政处罚措施包括警告、罚款、没收违法所得、吊销相关资质。

（二）行政法规

行政法规是国务院依据宪法、法律及《行政法规制定程序条例》而制定的有关行使行政权力的法规，需由国务院总理签署国务院令发布。国务院针对保护网络安全发布了一系列行政法规，涉及不同种类的网络活动，形成我国网络空间安全行政法律体系的重要组成部分。此外，根据 2004 年《关于审理行政案件适用法律规范问题的座谈会纪要》，现行有效的行政法规有以下三种类型：一是国务院制定并公布的行政法规；二是《中华人民共和国立法法》（简称《立法法》）施行以前，按照当时有效的行政法规制定程序，经国务院批准、由国务院部门公布的行政法规，但在立法法施行以后，经国务院批准、由国务院部门公布的规范性文件，不再属于行政法规；三是在清理行政法规时由国务院确认的其他行政法规。

《计算机信息系统安全保护条例》于 1994 年 2 月发布，并于 2011 年 1 月进行了修改。此条例的颁布主要目的在于加强对计算机信息系统安全的保护，促进计算机的应用和发展，其中对计算机信息系统安全保护制度和安全监督制度进行了明确。法规同时规定了危害计算机信息系统安全的违法行为的处罚条款，其中违法行为包括违背计算机信息系统安全保护义务、拒绝配合公安机关的安全监督工作、故意输入计算机病毒及其他有害数据危害计算机信息系统安全、未经许可出售计算机信息系统安全专用产品。处罚措施包括警告、罚款、没收违法所得，由公安机关决定与实施。

《计算机信息网络国际联网安全保护管理办法》于 1997 年 12 月发布，并于 2011 年 1 月进行了修改。此办法虽然并非由国务院发布，但于 1997 年经国务院批准，由公安部令发布，属于在《立法法》实施前，按当时有效的行政法规制定程序制定并发布，因此属于行政法规，不属于部门规章。此办法的颁布旨在加强对计算机信息网络国际联网的安全保护，对我国境内的计算机信息网络国际联网安全保护行政管理工作进行了规定。办法主要规定了互联单位、接入单位及使用者在国际联网的安全保护管理工作与安全监督工作中所需要履行的义务。法律责任一章中，对涉及国际联网的违法行为规定了行政处罚，违法行为主要包括利用国际联网制作、复制、查阅和传播违法信息，从事危害计算机信息网络安全的活动，未履行安全保护的义务。涉及的行政处罚措施包括警告、罚款、没收违法所得、一定期限内停止联网、停机整顿、建议吊销许可证或取消联网资格。

《互联网信息服务管理办法》于 2000 年 9 月发布，并于 2011 年 1 月进行了修改。此办法的出台旨在进一步规范互联网信息服务活动，促进互联网信息服务健康有序发展。此办法就互联网信息服务提供者的资质要求、服务提供范围、监督管理作出规定，处罚条款主要针对的违法行为主要包括未经许可擅自从事经营性互联网信息服务或未经备案擅自从事非经营性互联网信息服务、违反网络安全保障义务、未在网站主页上标明其经营许可证编号或者备案编号等。处罚措施则包括罚款、没收违法所得、吊销许可证或责令关闭网站。

《电信条例》于 2000 年 9 月发布，并分别于 2014 年 7 月及 2016 年 2 月进行了第一次与第二次修改。此条例的颁布旨在规范电信市场秩序，维护电信用户与电信业务经营者的合法权益。其中主要针对危害电信网络安全和信息安全的违法行为的行政处罚进行了规定。处罚措施包括罚款、责令停业整顿、吊销经营许可证。

《互联网上网服务营业场所管理条例》于 2002 年发布，并分别于 2011 年 1 月、2016 年 2 月、2019 年 3 月进行了修改。此条例的颁布旨在加强对互联网上网服务营业场所的管理，规范经营者的经营行为，保障互联网上网服务经营活动健康发展。法规对经营者在互联网上网服务营业场所经营单位的设立、经营活动中所需履行的义务作出了规定，并在罚则一章中明确了违背相关义务的法律责任。其中规定的违法行为包括未经许可擅自从事互联网网上经营活动，互联网上网服务营业场所经营单位营业活动违规，互联网上网服务营业场所经营单位未履行信息网络安全、治安和消防安全职责。具体行政处罚措施包括警告、罚款、没收违法所得及其从事违法经营活动的专用工具及设备、由文化行政部门吊销《网络文化经营许可证》、从业禁止。其中从业禁止具体规定为：互联网上网服务营业场所经营单位违反本条例的规定，被吊销《网络文化经营许可证》的，自被吊销《网络文化经营许可证》之日起 5 年内，其法定代表人或者主要负责人不得担任互联网上网服务营业场所经营单位的法定代表人或者主要负责人。

（三）部门规章

《法规规章备案条例》第二条规定：部门规章，是指国务院各部、各委员会、中国人民银行、审计署和具有行政管理职能的直属机构(以下简称国务院部门)根据法律和国务院的行政法规、决定、命令，在本部门的职权范围内按照《规章制定程序条例》制定的规章。此外，经国务院依法授权的其他国家机关也有权制定效力等同部门规章的规范性文件，例如，国务院 2014 年 8 月通过《国务院关于授权国家互联网信息办公室负责互联网信息内容管理工作的通知》授权国家互联网信息办公室负责互联网信息内容管理工作，此后国家互联网信息办公室据此颁布的规范性文件效力等同于部门规章。部门规章包括《电子认证服务管理办法》《电子认证服务密码管理办法》《互联网域名管理办法》《计算机病毒防治管理办法》《互联网文化管理暂行规定》《互联网新闻信息服务管理规定》《互联网视听节目服务管理规定》《网络信息内容生态治理规定》《区块链信息服务管理规定》《公安机关互联网安全监督检查规定》《金融信息服务管理规定》。部门规章数量众多，且在将来几年将逐渐增加，在《网络安全法》所设定的框架下，不断丰富网络空间安全行政法保护的外延，严密法网。

三、网络空间安全行政处罚的设定

行政处罚的设定，即国家机关依职权和实际需要创设行政处罚规范。我国网络空间安全行政处罚的相关规定散见于法律、法规、规章中，了解行政处罚设定的规则有助于对相关规定形成宏观的认识。我国《行政处罚法》第九条至第十三条分别对法律、行政法规、地方性法规、部门规章及地方政府规章作出了对行政处罚设定权的规定。同时，《行政处罚法》第十四条对行政处罚的设定权限作了禁止性规定，即除前述五个法条外，其他规范性文件不得设定行政处罚。第十二条规定了国务院授权的情形，即国务院可授予直属机构设定行政处罚，类比适用规章设定行政处罚规定。需要注意的是，其中在前述网络空间安全行政处罚的法律渊源中，上述规范性文件具有设定行政处罚的权限，其权限范围也因规范性文件的效力层级不同而有所差异。

1. 法律可以设定任何种类和形式的行政处罚

《行政处罚法》第九条规定：法律可以设定各种行政处罚。限制人身自由的行政处罚，只能由法律设定。

这是因为人身自由是公民最重要的基本权利之一，实行严格的法律保留。

2. 行政法规可以设定除限制人身自由以外的各种行政处罚

《行政处罚法》第十条规定：行政法规可以设定除限制人身自由以外的行政处罚。法律对违法行为已经作出行政处罚规定，行政处罚需要作出具体规定的，必须在法律规定的给予行政处罚的行为、种类和幅度的范围内规定。

行政法规在设定除限制人身自由以外的行政处罚时，若已有法律对该行政处罚作出相关规定，则行政法规对该行政处罚的规定应当限于法律规定的范围之内，也即不得违背或扩大上位法的相关规定。

3. 地方性法规可以设定除限制人身自由、吊销企业营业执照以外的行政处罚

《行政处罚法》第十一条规定：地方性法规可以设定除限制人身自由、吊销企业营业执照以外的行政处罚。法律、行政法规对违法行为已经作出行政处罚规定，地方性法规需要作出具体规定的，必须在法律、行政法规规定的给予行政处罚的行为、种类和幅度的范围内规定。

地方性法规在设定除限制人身自由、吊销企业营业执照以外的行政处罚时，若已有法律或行政法规作出相关规定，则地方性法规对该行政处罚的规定应当限于法律、行政法规规定的范围之内，不得违背或扩大上位法的相关规定。

4. 规章可以在法律、行政法规规定的给予行政处罚的行为、种类和幅度的范围内作出具体规定

《行政处罚法》第十二条规定：国务院部、委员会制定的规章可以在法律、行政法规规定的给予行政处罚的行为、种类和幅度的范围内作出具体规定。尚未制定法律、行政法规的，前款规定的国务院部、委员会制定的规章对违反行政管理秩序的行为，可以设定警告或一定数量罚款的行政处罚。罚款限额由国务院规定。国务院可以授权具有行政处罚权的直属机构依照本条第一款、第二款的规定，规定行政处罚。

我国国家互联网信息办公室即取得了国务院的授权，其按照规章制定程序发布的规范性文件效力可类比于部门规章。

四、网络空间安全行政处罚的种类

网络空间安全行政处罚外在的表现形式体现为行政处罚的种类。缺少对行政处罚种类的界定与划分，行政处罚的实施就无从实现。网络空间安全行政处罚规定中所涉及的行政处罚种类如下。

1. 警告

警告属于"声誉罚"，在实践中运用广泛，指由行政主体向违法的行政相对人所实施的谴责和告诫。警告是正式的处罚形式，属于要式行政行为，应当由处罚机关按照法定程序作出书面裁决并向本人宣布和送达。因此，口头警告不属于行政处罚。

2. 罚款

罚款是行政主体通过勒令行政相对人缴纳一定数额金钱来达到处罚目的的一种处罚形式。罚款针对的是违法者合法所有的财产，通过为违法者设定新的负担来实现其惩戒性，使违法者不因其违法行为获利。在网络安全行政处罚法律规范中，罚款这一处罚形式出现的频率最高，在实践中的运用也最为广泛。

3. 没收

没收在法条中体现为没收非法财物和没收违法所得。非法财物主要指用于违法活动的工具及其他与违法活动有关的财物，如违法从事互联网上网经营活动的专用工具、设备。违法所得则指行政相对人通过违法活动所获得的财产性利益，如违法从事互联网经营活动所获得的金钱或其他财产性利益。

4. 责令停产停业

责令停产停业是行政机关在一定期限内限制行政相对人从事生产、经营活动的一种处罚形式，通过在一定期限内剥夺违法者的生产、经营权利来达到惩戒效果。这种行政处罚在网络空间安全行政法中常表述为责令行政相对人在六个月内停止联网、停机整顿，这一表述体现出借助网络空间的经营活动相对于普通生产经营活动的特殊性，有利于实践中执法部门的具体运用。

需要注意的是，责令停产停业区别于责令停业整顿。责令停业整顿在法条中出现频繁，在网络空间安全行政法律规范中表述为责令停机整顿，并常附有责令停机整顿直至吊销经营许可证这一条件。第一，两者的性质有所区别，责令停产停业属于法定的行政处罚类型之一，具有惩戒性，为行政相对人设定新的权利负担，而责令停业整顿则属于行政强制措施，责令违法者停止在进行的违法经营活动。第二，责令停产停业的法律后果具有确定性与终局性，当处罚停产停业的时限经过，自动恢复行政许可等资格，行政相对人当然地有权恢复生产经营，而责令停业整顿需要进行整改直至消除引起停业整顿的法律事由消灭，且整顿完毕后有关机关将视情况决定是否准予恢复营业，具有不确定性。

5. 暂扣、吊销许可证或营业执照

这一处罚形式在网络安全行政处罚中体现为吊销营业许可证或取消联网资格。吊销证照是一种较为严厉的处罚措施,通过剥夺行政相对人从事相关活动的资格来达到惩戒的目的,一般在违法情节严重时适用。

6. 行政拘留

行政拘留是公安机关、国家安全机关在一定期限内限制行政相对人人身自由的一种处罚形式。网络空间安全行政违法行为需要处以行政拘留的主要规定在我国《治安管理处罚法》中。由于行政拘留涉及对人身自由的限制,是最严厉的行政处罚,因此法律对行政拘留的适用作了严格限定。第一,除法律以外的其他法规或规范性文件都无权针对违法行为设定行政拘留这一处罚,这是对行政处罚设定权的限制。第二,根据我国《治安管理处罚法》的相关规定,行政拘留的期限为一日以上十五日以下,合并执行最长不得超过二十日。第三,行政拘留只能由县级以上公安机关决定与实施。

7. 从业禁止

从业禁止并非法定的行政处罚种类,但实质上具备行政处罚的性质与特征。从业禁止通过在一定期限内限制行政相对人从事特定种类活动来达到惩戒的目的。网络空间安全行政法律规范中,适用从业禁止的包括网络安全管理和网络运营关键岗位的工作、电子认证服务工作及互联网上网服务营业场所经营单位的法定代表人或主要负责人,分别规定于我国《网络安全法》第六十三条、《电子签名法》第三十一条及《互联网上网服务营业场所管理条例》中。

2015 年 8 月 29 日经第十二届全国人民代表大会常务委员会第十六次会议通过的《刑法修正案(九)》,在我国刑事法领域中引入了从业禁止制度,其法条具体规定为:因利用职业便利实施犯罪,或者实施违背职业要求的特定义务的犯罪被判处刑罚的,人民法院可以根据犯罪情况和预防再犯罪的需要,禁止其自刑罚执行完毕之日或者假释之日起从事相关职业,期限为三年至五年。从业禁止制度在刑法中被归为非刑罚处置措施,不属于刑罚种类。

可见,刑法与行政法中的从业禁止制度所针对的对象在实践中可能出现重合,此时应当如何做好行刑衔接成为从业禁止制度适用的难题。首先应当明确两者的区别,第一,两者的决定主体不同,行政法中从业禁止的实施主体为行政机关,而刑法中从业禁止的决定主体为法院;第二,两者的适用对象不同,网络空间安全行政法中,从业禁止的适用对象包括违背特定义务的联网上网服务营业场所经营单位法定代表人或主要负责人、电子认证服务提供者、从事危害网络安全活动并受到治安管理处罚的违法者,均为违反行政法律规范的行政相对人,而刑法中的从业禁止针对利用职业便利实施犯罪,或者实施违背职业要求的特定义务的犯罪的被告人;第三,两者的适用期限不同,网络空间安全行政法中存在的三个从业禁止条款的期限存在五年、十年、终身三种,均为确定的期限,而刑法中从业禁止的期限为三到五年,需要法官在个案判决时作出具体适用。

当违法犯罪人员同时满足网络空间安全行政法与刑法中从业禁止的适用条件,此时应当如何处理?《刑法修正案(九)》中采取了准用性的规则:其他法律、行政法规对其从事相关职业另有禁止或者限制性规定的,从其规定。因此,应当认为当实践中出现两者适用上的竞合,行政处罚中的从业禁止排斥刑法中的从业禁止,优先于刑法中从业禁止的作用。采取这种做法是合理的,不论是行政法中的从业禁止还是刑法中的从业禁止,其目的与效果均为防止违法者或犯罪者再次进行危害网络空间安全的活动。刑法中的从业禁止属于非刑罚处置措施,出于防止再犯的目的可以选择性适用,当已有行政法规定对违法犯罪人员适用从业禁止来防止其再犯,考虑到刑法的谦抑性,不需要再次动用刑法对其重复施加从业禁止的处罚。此外需要注意的是,《网络安全法》第六十三条规定,从事危害网络安全的活动受到刑事处罚的人员,终身不得从事网络安全管理和网络运营关键岗位的工作。这一条款是网络空间安全行政处罚中最严厉的从业禁止,体现出国家对维护网络空间安全的高度重视与网络安全管理和网络运营关键岗位在维护网络安全中的重要作用。

五、网络空间安全行政处罚法律规范的具体内容

正如打击犯罪是刑法的重要目标,打击违法行为是行政处罚法的目的与适用结果,但与刑法不同的是,网络空间安全行政处罚法律规范不具有法典式的高度体系化,而是散见于各种形式的法规中,对认识违法行为造成一定困难。在网络空间安全行政处罚法律规范的渊源部分,已经对行政处罚法律规范的各种表现形式进行了介绍,以下则以违法行为的类型作为切入点对相关法律规范的内容进行进一步的整合与叙述。

(1)根据违法行为的实施手段与对象,可以将其分为针对网络空间安全的违法行为与利用网络空间实施的违法行为。

利用网络空间实施的违法行为特点是单纯地将网络空间作为手段来实施违法行为,主要包括以下几种。一是通过网络散播内容违法的信息扰乱公共秩序,由于网络空间信息发布成本低,传播迅速,此类违法行为需要得到严格规制,多部法律法规中都存在对这类违法行为的规定,如《治安管理处罚法》所规定的以散布谣言或谎报险情、疫情、警情故意扰乱公共秩序的行为;利用网络辱骂、恐吓他人,寻衅滋事的行为;利用网络组织、教唆、煽动他人从事邪教、会道门活动的行为;在网络中刊载民族歧视、侮辱内容的行为;利用网络传播淫秽信息的行为;利用网络侮辱、诽谤他人的行为。其他法规或规范性文件中的类似规定如《计算机信息网络国际联网安全保护管理办法》第五条、《互联网信息服务管理办法》第十五条、《电信条例》第五十六条、《互联网上网服务营业场所管理条例》第十四条、《互联网域名管理办法》第二十八条、《互联网视听节目服务管理规定》第十六条等。二是借助网络空间侵犯他人人身、财产权利的行为,如《治安管理处罚法》中所规定的利用网络诽谤他人的行为;利用网络向他人发送淫秽、恐吓或者其他骚扰信息的行为;通过网络强买强卖商品,强迫他人提供服务或者强迫他人接受服务的行为;私自开拆或者非法检查他人邮件的行为。三是借助网络实施的其他妨害社会管理的行为,如《治安管理处罚法》中所规定的利用网络冒充国家机关工作人员招摇撞骗的行为;利用网络引诱、介绍他人卖淫的行为;利用网络组织播放淫秽录像,组织

或进行淫秽表演，参与聚众淫乱活动的行为；利用网络为赌博提供条件的，或者参与赌博赌资较大的行为。

针对网络空间的行为则指违法行为直接作用于网络空间，并对网络空间造成破坏或其他负面影响的行为。一是危害计算机信息系统的行为。如《网络安全法》中所规定的非法侵入他人网络、干扰他人网络正常功能、窃取网络数据的行为；他人提供专门用于从事侵入网络、干扰网络正常功能及防护措施、窃取网络数据等危害网络安全活动的程序、工具的行为；明知他人从事危害网络安全的活动的，为其提供技术支持、广告推广、支付结算等帮助的行为。又如《治安管理处罚法》中所规定的侵入计算机信息系统造成危害的行为；对计算机信息系统功能进行删除、修改、增加、干扰，造成计算机信息系统不能正常运行的行为；对计算机信息系统中存储、处理、传输的数据和应用程序进行删除、修改、增加的行为；故意制作、传播计算机病毒等破坏性程序，影响计算机信息系统正常运行的行为。《计算机信息系统安全保护条例》第二十三条、《计算机信息网络国际联网安全保护管理办法》第六条、《电信条例》第五十七条、《互联网上网服务营业场所管理条例》第十五条等也有相关规定。二是妨害无线电业务的行为，如《治安管理处罚法》中所规定的故意干扰无线电业务正常进行，或者对正常运行的无线电台(站)产生有害干扰的行为。

(2)根据违法行为所违背义务的种类，可以分为违背许可或备案义务的行为、违背安全保护义务的行为、违背安全保障义务的行为、违背违法信息处置义务的行为、违背协助执法义务的行为。

违背许可、备案义务的行为包括行政相对人未根据相应条款规定申领许可证或进行备案，擅自从事特定活动的行为，以及在许可证或备案到期前未按时依照规定进行申请的行为。这类违法行为的发生以法律、法规或其他规范性文件设定了行政许可为前提。如《互联网信息服务管理办法》第四条规定：国家对经营性互联网信息服务实行许可制度，对非经营性互联网信息服务实行备案制度，未取得许可或者未履行备案手续的，不得从事互联网信息服务。并于第十九条规定了未取得经营许可证或未履行备案手续擅自从事互联网信息服务的行政处罚。再如《电信条例》第七条及第六十九条第一项规定了我国电信业务经营的许可制度及违背许可义务的行政处罚。《互联网上网服务营业场所管理条例》第七条、第二十七条及第三十二条第五项也有类似规定。

违背安全保护义务的行为则指行政相对人未履行法律、法规或其他规范性文件所对特定主题设定的安全保护义务。如《网络安全法》三十三条、第三十四条、第三十六条、第三十八条规定了关键信息基础设施的运营者应当履行的安全保护义务，包括设置专门安全管理机构和安全管理负责人，并对该负责人和关键岗位的人员进行安全背景审查；定期对从业人员进行网络安全教育、技术培训和技能考核；对重要系统和数据库进行容灾备份；制定网络安全事件应急预案，并定期进行演练等。该法并于第五十九条规定了网络运营者不履行相应网络安全保护义务及关键信息基础设施的运营者不履行相应网络安全保护义务的行政处罚措施。《计算机信息网络国际联网安全保护管理办法》第二十一条也作了类似规定，从事国际联网业务的单位存在不履行安全保护义务的，需要承担相应的行政处罚。具体包括未建立安全保护管理制度；未采取安全技术保护措施；未对网络用户进行安全教育和培训；未提供安全保护管理所需信息、资料及数据文件，或者所提供内容不真实；对委托其发布的信息内容未进行审核或者对委托单位和个人未进行登记；未建立电子公告系统的用户登记和信息管理制度；未按照国家有关规定，删除网络地址、目录或者关闭服务器；未建立公用账号使用登记制度。此外，《互联网上网服务营业场所管理条例》第二十四条也有类似规定。

违背安全保障义务的违法行为则指行政相对人未履行保障其所提供的网络产品或网络服务安全的义务。如《网络安全法》第六十条规定了网络产品、服务的提供者未对其产品、服务持续提供安全维护，且存在设置恶意程序行为，或对其产品、服务存在的安全缺陷、漏洞等风险未立即采取补救措施，或者未按照规定及时告知用户并向有关主管部门报告，擅自终止为其产品、服务提供安全维护行为的，将得到行政处罚的制裁。

违背违法信息处置义务的行为指网络运营者对其用户发布的违法信息未采取及时有效的行动的违法行为。网络运营者对其用户发布的信息负有处置义务，当发现法律、行政法规禁止发布或者传输的信息时，应当立即停止传输该信息，采取消除等处置措施，防止信息扩散，保存有关记录，并向有关主管部门报告。如《网络安全法》第四十七条规定了网络运营者的违法信息处置义务，并于第六十八条规定了未履行违法信息处置义务的行政处罚。

违背协助执法义务的行为指网络运营者拒不配合有关部门依法实施的监督检查或其他执法行为。如《网络安全法》第六十九条规定了网络运营者不按照有关部门的要求对法律、行政法规禁止发布或者传输的信息，采取停止传输、消除等处置措施的；拒绝、阻碍有关部门依法实施的监督检查的；拒不向公安机关、国家安全机关提供技术支持和协助的，运营者及其直接责任人员需要承担行政处罚。再如《互联网信息服务管理办法》第十四条与第二十条分别规定了互联网信息服务提供者的协助执法义务和违背义务的行政处罚。

第二节　网络空间安全行政处罚有关法律规定节选

一、《行政处罚法》节选

《中华人民共和国行政处罚法》（节选）

（1996 年 3 月 17 日第八届全国人民代表大会第四次会议通过　根据 2009 年 8 月 27 日第十一届全国人民代表大会常务委员会第十次会议《关于修改部分法律的决定》第一次修正　根据 2017 年 9 月 1 日第十二届全国人民代表大会常务委员会第二十九次会议《关于修改〈中华人民共和国法官法〉等八部法律的决定》第二次修正）

第二章　行政处罚的种类和设定

第八条　行政处罚的种类：

（一）警告；

（二）罚款；

（三）没收违法所得、没收非法财物；

（四）责令停产停业；

（五）暂扣或者吊销许可证、暂扣或者吊销执照；

（六）行政拘留；

（七）法律、行政法规规定的其他行政处罚。

第九条　法律可以设定各种行政处罚。

限制人身自由的行政处罚，只能由法律设定。

第十条　行政法规可以设定除限制人身自由以外的行政处罚。

法律对违法行为已经作出行政处罚规定，行政法规需要作出具体规定的，必须在法律规定的给予行政处罚的行为、种类和幅度的范围内规定。

第十一条　地方性法规可以设定除限制人身自由、吊销企业营业执照以外的行政处罚。

法律、行政法规对违法行为已经作出行政处罚规定，地方性法规需要作出具体规定的，必须在法律、行政法规规定的给予行政处罚的行为、种类和幅度的范围内规定。

第十二条　国务院部、委员会制定的规章可以在法律、行政法规规定的给予行政处罚的行为、种类和幅度的范围内作出具体规定。

尚未制定法律、行政法规的，前款规定的国务院部、委员会制定的规章对违反行政管理秩序的行为，可以设定警告或者一定数量罚款的行政处罚。罚款的限额由国务院规定。

国务院可以授权具有行政处罚权的直属机构依照本条第一款、第二款的规定，规定行政处罚。

第十三条　省、自治区、直辖市人民政府和省、自治区人民政府所在地的市人民政府以及经国务院批准的较大的市人民政府制定的规章可以在法律、法规规定的给予行政处罚的行为、种类和幅度的范围内作出具体规定。

尚未制定法律、法规的，前款规定的人民政府制定的规章对违反行政管理秩序的行为，可以设定警告或者一定数量罚款的行政处罚。罚款的限额由省、自治区、直辖市人民代表大会常务委员会规定。

第十四条　除本法第九条、第十条、第十一条、第十二条以及第十三条的规定外，其他规范性文件不得设定行政处罚。

第三章　行政处罚的实施机关

第十五条　行政处罚由具有行政处罚权的行政机关在法定职权范围内实施。

第十六条　国务院或者经国务院授权的省、自治区、直辖市人民政府可以决定一个行政机关行使有关行政机关的行政处罚权，但限制人身自由的行政处罚权只能由公安机关行使。

第十七条　法律、法规授权的具有管理公共事务职能的组织可以在法定授权范围内实施行政处罚。

第十八条　行政机关依照法律、法规或者规章的规定，可以在其法定权限内委托符合本法第十九条规定条件的组织实施行政处罚。行政机关不得委托其他组织或者个人实施行政处罚。

委托行政机关对受委托的组织实施行政处罚的行为应当负责监督，并对该行为的后果承担法律责任。

受委托组织在委托范围内，以委托行政机关名义实施行政处罚；不得再委托其他任何组织或者个人实施行政处罚。

第十九条　受委托组织必须符合以下条件：

（一）依法成立的管理公共事务的事业组织；

（二）具有熟悉有关法律、法规、规章和业务的工作人员；

（三）对违法行为需要进行技术检查或者技术鉴定的，应当有条件组织进行相应的技术检查或者技术鉴定。

二、《网络安全法》节选

《中华人民共和国网络安全法》（节选）

（2016年11月7日第十二届全国人民代表大会常务委员会第二十四次会议通过）

第六章　法律责任

第五十九条　网络运营者不履行本法第二十一条、第二十五条规定的网络安全保护义务的，由有关主管部门责令改正，给予警告；拒不改正或者导致危害网络安全等后果的，处一万元以上十万元以下罚款，对直接负责的主管人员处五千元以上五万元以下罚款。

关键信息基础设施的运营者不履行本法第三十三条、第三十四条、第三十六条、第三十八条规定的网络安全保护义务的，由有关主管部门责令改正，给予警告；拒不改正或者导致危害网络安全等后果的，处十万元以上一百万元以下罚款，对直接负责的主管人员处一万元以上十万元以下罚款。

第六十条　违反本法第二十二条第一款、第二款和第四十八条第一款规定，有下列行为之一的，由有关主管部门责令改正，给予警告；拒不改正或者导致危害网络安全等后果的，处五万元以上五十万元以下罚款，对直接负责的主管人员处一万元以上十万元以下罚款：

（一）设置恶意程序的；

（二）对其产品、服务存在的安全缺陷、漏洞等风险未立即采取补救措施，或者未按照规定及时告知用户并向有关主管部门报告的；

（三）擅自终止为其产品、服务提供安全维护的。

第六十一条　网络运营者违反本法第二十四条第一款规定，未要求用户提供真实身份信息，或者对不提供真实身份信息的用户提供相关服务的，由有关主管部门责令改正；拒不改正或者情节严重的，处五万元以上五十万元以下罚款，并可以由有关主管部门责令暂停相关业务、停业整顿、关闭网站、吊销相关业务许可证或者吊销营业执照，对直接负责的主管人员和其他直接责任人员处一万元以上十万元以下罚款。

第六十二条　违反本法第二十六条规定，开展网络安全认证、检测、风险评估等活动，或者向社会发布系统漏洞、计算机病毒、网络攻击、网络侵入等网络安全信息的，由有关主管部门责令改正，给予警告；拒不改正或者情节严重的，处一万元以上十万元以下罚款，并可以由有关主管部门责令暂停相关业务、停业整顿、关闭网站、吊销相关业务许可证或者吊销营业执照，对直接负责的主管人员和其他直接责任人员处五千元以上五万元以下罚款。

第六十三条　违反本法第二十七条规定，从事危害网络安全的活动，或者提供专门用于从事危害网络安全活动的程序、工具，或者为他人从事危害网络安全的活动提供技术支持、广告推广、支付结算等帮助，尚不构成犯罪的，由公安机关没收违法所得，处五日以下拘留，可以并处五万元以上五十万元以下罚款；情节较重的，处五日以上十五日以下拘留，可以并处十万元以上一百万元以下罚款。

单位有前款行为的，由公安机关没收违法所得，处十万元以上一百万元以下罚款，并对直接负责的主管人员和其他直接责任人员依照前款规定处罚。

违反本法第二十七条规定，受到治安管理处罚的人员，五年内不得从事网络安全管理和网络运营关键岗位的工作；受到刑事处罚的人员，终身不得从事网络安全管理和网络运营关键岗位的工作。

第六十四条　网络运营者、网络产品或者服务的提供者违反本法第二十二条第三款、第四十一条至第四十三条规定，侵害个人信息依法得到保护的权利的，由有关主管部门责令改正，可以根据情节单处或者并处警告、没收违法所得、处违法所得一倍以上十倍以下罚款，没有违法所得的，处一百万元以下罚款，对直接负责的主管人员和其他直接责任人员处一万元以上十万元以下罚款；情节严重的，并可以责令暂停相关业务、停业整顿、关闭网站、吊销相关业务许可证或者吊销营业执照。

违反本法第四十四条规定，窃取或者以其他非法方式获取、非法出售或者非法向他人提供个人信息，尚不构成犯罪的，由公安机关没收违法所得，并处违法所得一倍以上十倍以下罚款，没有违法所得的，处一百万元以下罚款。

第六十五条　关键信息基础设施的运营者违反本法第三十五条规定，使用未经安全审查或者安全审查未通过的网络产品或者服务的，由有关主管部门责令停止使用，处采购金额一倍以上十倍以下罚款；对直接负责的主管人员和其他直接责任人员处一万元以上十万元以下罚款。

第六十六条　关键信息基础设施的运营者违反本法第三十七条规定，在境外存储网络数据，或者向境外提供网络数据的，由有关主管部门责令改正，给予警告，没收违法所得，处五万元以上五十万元以下罚款，并可以责令暂停相关业务、停业整顿、关闭网站、吊销相关业务许可证或者吊销营业执照；对直接负责的主管人员和其他直接责任人员处一万元以上十万元以下罚款。

第六十七条　违反本法第四十六条规定，设立用于实施违法犯罪活动的网站、通讯群组，或者利用网络发布涉及实施违法犯罪活动的信息，尚不构成犯罪的，由公安机关处五日以下拘留，可以并处一万元以上十万元以下罚款；情节较重的，处五日以上十五日以下拘留，可以并处五万元以上五十万元以下罚款。关闭用于实施违法犯罪活动的网站、通讯群组。

单位有前款行为的，由公安机关处十万元以上五十万元以下罚款，并对直接负责的主管人员和其他直接责任人员依照前款规定处罚。

第六十八条 网络运营者违反本法第四十七条规定，对法律、行政法规禁止发布或者传输的信息未停止传输、采取消除等处置措施、保存有关记录的，由有关主管部门责令改正，给予警告，没收违法所得；拒不改正或者情节严重的，处十万元以上五十万元以下罚款，并可以责令暂停相关业务、停业整顿、关闭网站、吊销相关业务许可证或者吊销营业执照，对直接负责的主管人员和其他直接责任人员处一万元以上十万元以下罚款。

电子信息发送服务提供者、应用软件下载服务提供者，不履行本法第四十八条第二款规定的安全管理义务的，依照前款规定处罚。

第六十九条 网络运营者违反本法规定，有下列行为之一的，由有关主管部门责令改正；拒不改正或者情节严重的，处五万元以上五十万元以下罚款，对直接负责的主管人员和其他直接责任人员，处一万元以上十万元以下罚款：

（一）不按照有关部门的要求对法律、行政法规禁止发布或者传输的信息，采取停止传输、消除等处置措施的；

（二）拒绝、阻碍有关部门依法实施的监督检查的；

（三）拒不向公安机关、国家安全机关提供技术支持和协助的。

第七十条 发布或者传输本法第十二条第二款和其他法律、行政法规禁止发布或者传输的信息的，依照有关法律、行政法规的规定处罚。

第七十一条 有本法规定的违法行为的，依照有关法律、行政法规的规定记入信用档案，并予以公示。

第七十二条 国家机关政务网络的运营者不履行本法规定的网络安全保护义务的，由其上级机关或者有关机关责令改正；对直接负责的主管人员和其他直接责任人员依法给予处分。

第七十三条 网信部门和有关部门违反本法第三十条规定，将在履行网络安全保护职责中获取的信息用于其他用途的，对直接负责的主管人员和其他直接责任人员依法给予处分。

网信部门和有关部门的工作人员玩忽职守、滥用职权、徇私舞弊，尚不构成犯罪的，依法给予处分。

第七十四条 违反本法规定，给他人造成损害的，依法承担民事责任。

违反本法规定，构成违反治安管理行为的，依法给予治安管理处罚；构成犯罪的，依法追究刑事责任。

第七十五条 境外的机构、组织、个人从事攻击、侵入、干扰、破坏等危害中华人民共和国的关键信息基础设施的活动，造成严重后果的，依法追究法律责任；国务院公安部门和有关部门并可以决定对该机构、组织、个人采取冻结财产或者其他必要的制裁措施。

三、《治安管理处罚法》节选

《中华人民共和国治安管理处罚法》（节选）

（2005 年 8 月 28 日第十届全国人民代表大会常务委员会第十七次会议通过 根据 2012 年 10 月 26 日第十一届全国人民代表大会常务委员会第二十九次会议《关于修改〈中华人民共和国治安管理处罚法〉的决定》修正 主席令第 67 号）

第一章 总则

第一条 为维护社会治安秩序，保障公共安全，保护公民、法人和其他组织的合法权益，规范和保障公安机关及其人民警察依法履行治安管理职责，制定本法。①

第二条 扰乱公共秩序，妨害公共安全，侵犯人身权利、财产权利，妨害社会管理，具有社会危害性，依照《中华人民共和国刑法》的规定构成犯罪的，依法追究刑事责任；尚不够刑事处罚的，由公安机关依照本法给予治安管理处罚。

第三条 治安管理处罚的程序，适用本法的规定；本法没有规定的，适用《中华人民共和国行政处罚法》的有关规定。

第五条 治安管理处罚必须以事实为依据，与违反治安管理行为的性质、情节以及社会危害程度相当。

实施治安管理处罚，应当公开、公正，尊重和保障人权，保护公民的人格尊严。

办理治安案件应当坚持教育与处罚相结合的原则。

第二章 处罚的种类和适用

第十条 治安管理处罚的种类分为：

（一）警告；

（二）罚款；

（三）行政拘留；

（四）吊销公安机关发放的许可证。

对违反治安管理的外国人，可以附加适用限期出境或者驱逐出境。

第十二条 已满十四周岁不满十八周岁的人违反治安管理的，从轻或者减轻处罚；不满十四周岁的人违反治安管理的，不予处罚，但是应当责令其监护人严加管教。

第十六条 有两种以上违反治安管理行为的，分别决定，合并执行。行政拘留处罚合并执行的，最长不超过二十日。

第十七条 共同违反治安管理的，根据违反治安管理行为人在违反治安管理行为中所起的作用，分别处罚。

---

① 本条是关于治安管理处罚法的立法目的的规定。其中维护社会治安秩序是该法总的目的；保护公民、法人和其他组织的合法权益是维护社会治安秩序的重要内容；而规范和保障公安机关及其人民警察依法履行治安管理职责是实现维护社会治安秩序这一总目的的前提条件和重要保障；三者之间存在内在的有机联系。网络空间中涉及违反治安管理行为的，适用该法。

教唆、胁迫、诱骗他人违反治安管理的，按照其教唆、胁迫、诱骗的行为处罚。

第十八条　单位违反治安管理的，对其直接负责的主管人员和其他直接责任人员依照本法的规定处罚。其他法律、行政法规对同一行为规定给予单位处罚的，依照其规定处罚。

第二十一条　违反治安管理行为人有下列情形之一，依照本法应当给予行政拘留处罚的，不执行行政拘留处罚：

（一）已满十四周岁不满十六周岁的；

（二）已满十六周岁不满十八周岁，初次违反治安管理的；

（三）七十周岁以上的；

（四）怀孕或者哺乳自己不满一周岁婴儿的。

第二十二条　违反治安管理行为在六个月内没有被公安机关发现的，不再处罚。

前款规定的期限，从违反治安管理行为发生之日起计算；违反治安管理行为有连续或者继续状态的，从行为终了之日起计算。

第三章　违反治安管理的行为和处罚

第一节　扰乱公共秩序的行为和处罚

第二十五条　有下列行为之一的，处五日以上十日以下拘留，可以并处五百元以下罚款；情节较轻的，处五日以下拘留或者五百元以下罚款：

（一）散布谣言，谎报险情、疫情、警情或者以其他方法故意扰乱公共秩序的；

（二）投放虚假的爆炸性、毒害性、放射性、腐蚀性物质或者传染病病原体等危险物质扰乱公共秩序的；

（三）扬言实施放火、爆炸、投放危险物质扰乱公共秩序的。

第二十六条　有下列行为之一的，处五日以上十日以下拘留，可以并处五百元以下罚款；情节较重的，处十日以上十五日以下拘留，可以并处一千元以下罚款：

（一）结伙斗殴的；

（二）追逐、拦截他人的；

（三）强拿硬要或者任意损毁、占用公私财物的；

（四）其他寻衅滋事行为。

第二十七条　有下列行为之一的，处十日以上十五日以下拘留，可以并处一千元以下罚款；情节较轻的，处五日以上十日以下拘留，可以并处五百元以下罚款：

（一）组织、教唆、胁迫、诱骗、煽动他人从事邪教、会道门活动或者利用邪教、会道门、迷信活动，扰乱社会秩序、损害他人身体健康的；

（二）冒用宗教、气功名义进行扰乱社会秩序、损害他人身体健康活动的。

第二十八条　违反国家规定，故意干扰无线电业务正常进行的，或者对正常运行的无线电台（站）产生有害干扰，经有关主管部门指出后，拒不采取有效措施消除的，处五日以上十日以下拘留；情节严重的，处十日以上十五日以下拘留。

第二十九条　有下列行为之一的，处五日以下拘留；情节较重的，处五日以上十日以下拘留：

（一）违反国家规定，侵入计算机信息系统，造成危害的；

（二）违反国家规定，对计算机信息系统功能进行删除、修改、增加、干扰，造成计算机信息系统不能正常运行的；

（三）违反国家规定，对计算机信息系统中存储、处理、传输的数据和应用程序进行删除、修改、增加的；

（四）故意制作、传播计算机病毒等破坏性程序，影响计算机信息系统正常运行的。

第三节　侵犯人身权利、财产权利的行为和处罚

第四十二条　有下列行为之一的，处五日以下拘留或者五百元以下罚款；情节较重的，处五日以上十日以下拘留，可以并处五百元以下罚款：

（一）写恐吓信或者以其他方法威胁他人人身安全的；

（二）公然侮辱他人或者捏造事实诽谤他人的；

（三）捏造事实诬告陷害他人，企图使他人受到刑事追究或者受到治安管理处罚的；

（四）对证人及其近亲属进行威胁、侮辱、殴打或者打击报复的；

（五）多次发送淫秽、侮辱、恐吓或者其他信息，干扰他人正常生活的；

（六）偷窥、偷拍、窃听、散布他人隐私的。

第四十七条　煽动民族仇恨、民族歧视，或者在出版物、计算机信息网络中刊载民族歧视、侮辱内容的，处十日以上十五日以下拘留，可以并处一千元以下罚款。

第四十八条　冒领、隐匿、毁弃、私自开拆或者非法检查他人邮件的，处五日以下拘留或者五百元以下罚款。

第四十九条　盗窃、诈骗、哄抢、抢夺、敲诈勒索或者故意损毁公私财物的，处五日以上十日以下拘留，可以并处五百元以下罚款；情节较重的，处十日以上十五日以下拘留，可以并处一千元以下罚款。

第四节　妨害社会管理的行为和处罚

第五十一条　冒充国家机关工作人员或者以其他虚假身份招摇撞骗的，处五日以上十日以下拘留，可以并处五百元以下罚款；情节较轻的，处五日以下拘留或者五百元以下罚款。

冒充军警人员招摇撞骗的，从重处罚。

第六十八条　制作、运输、复制、出售、出租淫秽的书刊、图片、影片、音像制品等淫秽物品或者利用计算机信息网络、电话以及其他通信工具传播淫秽信息的，处十日以上十五日以下拘留，可以并处三千元以下罚款；情节较轻的，处五日以下拘留或者五百元以下罚款。

第六十九条　有下列行为之一的，处十日以上十五日以下拘留，并处五百元以上一千元以下罚款：

（一）组织播放淫秽音像的；

（二）组织或者进行淫秽表演的；

（三）参与聚众淫乱活动的。

明知他人从事前款活动，为其提供条件的，依照前款的规定处罚。

第七十条　以营利为目的，为赌博提供条件的，或者参与赌博赌资较大的，处五日以下拘留或者五百元以下罚款；情节严重的，处十日以上十五日以下拘留，并处五百元以上三千元以下罚款。

四、《电子签名法》节选

《中华人民共和国电子签名法》（节选）

（2004 年 8 月 28 日中华人民共和国主席令第 18 号公布 根据 2019 年 4 月 23 日第十三届全国人民代表大会常务委员会第十次会议《关于修改〈中华人民共和国建筑法〉等八部法律的决定》修正）

第四章　法律责任

第二十九条　未经许可提供电子认证服务的，由国务院信息产业主管部门责令停止违法行为；有违法所得的，没收违法所得；违法所得三十万元以上的，处违法所得一倍以上三倍以下的罚款；没有违法所得或者违法所得不足三十万元的，处十万元以上三十万元以下的罚款。

第三十条　电子认证服务提供者暂停或者终止电子认证服务，未在暂停或者终止服务六十日前向国务院信息产业主管部门报告的，由国务院信息产业主管部门对其直接负责的主管人员处一万元以上五万元以下的罚款。

第三十一条　电子认证服务提供者不遵守认证业务规则、未妥善保存与认证相关的信息，或者有其他违法行为的，由国务院信息产业主管部门责令限期改正；逾期未改正的，吊销电子认证许可证书，其直接负责的主管人员和其他直接责任人员十年内不得从事电子认证服务。吊销电子认证许可证书的，应当予以公告并通知工商行政管理部门。

五、《密码法》节选

《中华人民共和国密码法》（节选）

（2019 年 10 月 26 日第十三届全国人民代表大会常务委员会第十四次会议通过）

第四章　法律责任

第三十二条　违反本法第十二条规定，窃取他人加密保护的信息，非法侵入他人的密码保障系统，或者利用密码从事危害国家安全、社会公共利益、他人合法权益等违法活动的，由有关部门依照《中华人民共和国网络安全法》和其他有关法律、行政法规的规定追究法律责任。

第三十五条　商用密码检测、认证机构违反本法第二十五条第二款、第三款规定开展商用密码检测认证的，由市场监督管理部门会同密码管理部门责令改正或者停止违法行为，给予警告，没收违法所得；违法所得三十万元以上的，可以并处违法所得一倍以上三倍以下罚款；没有违法所得或者违法所得不足三十万元的，可以并处十万元以上三十万元以下罚款；情节严重的，依法吊销相关资质。

第三十六条　违反本法第二十六条规定，销售或者提供未经检测认证或者检测认证不合格的商用密码产品，或者提供未经认证或者认证不合格的商用密码服务的，由市场监督管理部门会同密码管理部门责令改正或者停止违法行为，给予警告，没收违法产品和违法所得；违法所得十万元以上的，可以并处违法所得一倍以上三倍以下罚款；没有违法所得或者违法所得不足十万元的，可以并处三万元以上十万元以下罚款。

第三十七条 关键信息基础设施的运营者违反本法第二十七条第一款规定，未按照要求使用商用密码，或者未按照要求开展商用密码应用安全性评估的，由密码管理部门责令改正，给予警告；拒不改正或者导致危害网络安全等后果的，处十万元以上一百万元以下罚款，对直接负责的主管人员处一万元以上十万元以下罚款。

关键信息基础设施的运营者违反本法第二十七条第二款规定，使用未经安全审查或者安全审查未通过的产品或者服务的，由有关主管部门责令停止使用，处采购金额一倍以上十倍以下罚款；对直接负责的主管人员和其他直接责任人员处一万元以上十万元以下罚款。

第三十八条 违反本法第二十八条实施进口许可、出口管制的规定，进出口商用密码的，由国务院商务主管部门或者海关依法予以处罚。

第三十九条 违反本法第二十九条规定，未经认定从事电子政务电子认证服务的，由密码管理部门责令改正或者停止违法行为，给予警告，没收违法产品和违法所得；违法所得三十万元以上的，可以并处违法所得一倍以上三倍以下罚款；没有违法所得或者违法所得不足三十万元的，可以并处十万元以上三十万元以下罚款。

第三节 其他涉行政处罚有关法律规定

一、《计算机信息系统安全保护条例》节选

《中华人民共和国计算机信息系统安全保护条例》（节选）

（1994年2月18日中华人民共和国国务院令第147号发布 根据2011年1月8日国务院令第588号《国务院关于废止和修改部分行政法规的决定》修订）

第四章 法律责任
第二十条 违反本条例的规定，有下列行为之一的，由公安机关处以警告或者停机整顿：
(一)违反计算机信息系统安全等级保护制度，危害计算机信息系统安全的；
(二)违反计算机信息系统国际联网备案制度的；
(三)不按照规定时间报告计算机信息系统中发生的案件的；
(四)接到公安机关要求改进安全状况的通知后，在限期内拒不改进的；
(五)有危害计算机信息系统安全的其他行为的。
第二十三条 故意输入计算机病毒以及其他有害数据危害计算机信息系统安全的，或者未经许可出售计算机信息系统安全专用产品的，由公安机关处以警告或者对个人处以5000元以下的罚款、对单位处以15000元以下的罚款；有违法所得的，除予以没收外，可以处以违法所得1至3倍的罚款。
第二十四条 违反本条例的规定，构成违反治安管理行为的，依照《中华人民共和

国治安管理处罚法》的有关规定处罚；构成犯罪的，依法追究刑事责任。

二、《计算机信息网络国际联网安全保护管理办法》节选

《计算机信息网络国际联网安全保护管理办法》（节选）

（1997年12月11日国务院批准 1997年12月16日公安部令第33号发布 根据2011年1月8日国务院令第588号《国务院关于废止和修改部分行政法规的决定》修订）

第一章 总则

第五条 任何单位和个人不得利用国际联网制作、复制、查阅和传播下列信息：

（一）煽动抗拒、破坏宪法和法律、行政法规实施的；

（二）煽动颠覆国家政权，推翻社会主义制度的；

（三）煽动分裂国家、破坏国家统一的；

（四）煽动民族仇恨、民族歧视，破坏民族团结的；

（五）捏造或者歪曲事实，散布谣言，扰乱社会秩序的；

（六）宣扬封建迷信、淫秽、色情、赌博、暴力、凶杀、恐怖，教唆犯罪的；

（七）公然侮辱他人或者捏造事实诽谤他人的；

（八）损害国家机关信誉的；

（九）其他违反宪法和法律、行政法规的。

第六条 任何单位和个人不得从事下列危害计算机信息网络安全的活动：

（一）未经允许，进入计算机信息网络或者使用计算机信息网络资源的；

（二）未经允许，对计算机信息网络功能进行删除、修改或者增加的；

（三）未经允许，对计算机信息网络中存储、处理或者传输的数据和应用程序进行删除、修改或者增加的；

（四）故意制作、传播计算机病毒等破坏性程序的；

（五）其他危害计算机信息网络安全的。

第四章 法律责任

第二十条 违反法律、行政法规，有本办法第五条、第六条所列行为之一的，由公安机关给予警告，有违法所得的，没收违法所得，对个人可以并处五千元以下的罚款，对单位可以并处一万五千元以下的罚款，情节严重的，并可以给予六个月以内停止联网、停机整顿的处罚，必要时可以建议原发证、审批机构吊销经营许可证或者取消联网资格；构成违反治安管理行为的，依照治安管理处罚法的规定处罚；构成犯罪的，依法追究刑事责任。

第二十一条 有下列行为之一的，由公安机关责令限期改正，给予警告，有违法所得的，没收违法所得；在规定的限期内未改正的，对单位的主管负责人员和其他直接责任人员可以并处五千元以下的罚款，对单位可以并处一万五千元以下的罚款；情节严重的，并可以给予六个月以内的停止联网、停机整顿的处罚，必要时可以建议原发证、审批机构吊销经营许可证或者取消联网资格。

（一）未建立安全保护管理制度的；

（二）未采取安全技术保护措施的；

（三）未对网络用户进行安全教育和培训的；

（四）未提供安全保护管理所需信息、资料及数据文件，或者所提供内容不真实的；

（五）对委托其发布的信息内容未进行审核或者对委托单位和个人未进行登记的；

（六）未建立电子公告系统的用户登记和信息管理制度的；

（七）未按照国家有关规定，删除网络地址、目录或者关闭服务器的；

（八）未建立公用账号使用登记制度的；

（九）转借、转让用户账号的。

三、《互联网信息服务管理办法》节选

《互联网信息服务管理办法》（节选）

（2000 年 9 月 25 日中华人民共和国国务院令第 292 号公布　根据 2011 年 1 月 8 日国务院令第 588 号《国务院关于废止和修改部分行政法规的决定》修订）

第三条　互联网信息服务分为经营性和非经营性两类。

经营性互联网信息服务，是指通过互联网向上网用户有偿提供信息或者网页制作等服务活动。

非经营性互联网信息服务，是指通过互联网向上网用户无偿提供具有公开性、共享性信息的服务活动。

第四条　国家对经营性互联网信息服务实行许可制度；对非经营性互联网信息服务实行备案制度。

未取得许可或者未履行备案手续的，不得从事互联网信息服务。

第五条　从事新闻、出版、教育、医疗保健、药品和医疗器械等互联网信息服务，依照法律、行政法规以及国家有关规定须经有关主管部门审核同意的，在申请经营许可或者履行备案手续前，应当依法经有关主管部门审核同意。

第十一条　互联网信息服务提供者应当按照经许可或者备案的项目提供服务，不得超出经许可或者备案的项目提供服务。

非经营性互联网信息服务提供者不得从事有偿服务。

互联网信息服务提供者变更服务项目、网站网址等事项的，应当提前 30 日向原审核、发证或者备案机关办理变更手续。

第十二条　互联网信息服务提供者应当在其网站主页的显著位置标明其经营许可证编号或者备案编号。

第十四条　从事新闻、出版以及电子公告等服务项目的互联网信息服务提供者，应当记录提供的信息内容及其发布时间、互联网地址或者域名；互联网接入服务提供者应当记录上网用户的上网时间、用户账号、互联网地址或者域名、主叫电话号码等信息。

互联网信息服务提供者和互联网接入服务提供者的记录备份应当保存 60 日，并在国家有关机关依法查询时，予以提供。

第十五条　互联网信息服务提供者不得制作、复制、发布、传播含有下列内容的信息:

(一)反对宪法所确定的基本原则的;

(二)危害国家安全,泄露国家秘密,颠覆国家政权,破坏国家统一的;

(三)损害国家荣誉和利益的;

(四)煽动民族仇恨、民族歧视,破坏民族团结的;

(五)破坏国家宗教政策,宣扬邪教和封建迷信的;

(六)散布谣言,扰乱社会秩序,破坏社会稳定的;

(七)散布淫秽、色情、赌博、暴力、凶杀、恐怖或者教唆犯罪的;

(八)侮辱或者诽谤他人,侵害他人合法权益的;

(九)含有法律、行政法规禁止的其他内容的。

第十八条　国务院信息产业主管部门和省、自治区、直辖市电信管理机构,依法对互联网信息服务实施监督管理。

新闻、出版、教育、卫生、药品监督管理、工商行政管理和公安、国家安全等有关主管部门,在各自职责范围内依法对互联网信息内容实施监督管理。

第十九条　违反本办法的规定,未取得经营许可证,擅自从事经营性互联网信息服务,或者超出许可的项目提供服务的,由省、自治区、直辖市电信管理机构责令限期改正,有违法所得的,没收违法所得,处违法所得3倍以上5倍以下的罚款;没有违法所得或者违法所得不足5万元的,处10万元以上100万元以下的罚款;情节严重的,责令关闭网站。

违反本办法的规定,未履行备案手续,擅自从事非经营性互联网信息服务,或者超出备案的项目提供服务的,由省、自治区、直辖市电信管理机构责令限期改正;拒不改正的,责令关闭网站。

第二十条　制作、复制、发布、传播本办法第十五条所列内容之一的信息,构成犯罪的,依法追究刑事责任;尚不构成犯罪的,由公安机关、国家安全机关依照《中华人民共和国治安管理处罚法》《计算机信息网络国际联网安全保护管理办法》等有关法律、行政法规的规定予以处罚;对经营性互联网信息服务提供者,并由发证机关责令停业整顿直至吊销经营许可证,通知企业登记机关;对非经营性互联网信息服务提供者,并由备案机关责令暂时关闭网站直至关闭网站。

第二十一条　未履行本办法第十四条规定的义务的,由省、自治区、直辖市电信管理机构责令改正;情节严重的,责令停业整顿或者暂时关闭网站。

第二十二条　违反本办法的规定,未在其网站主页上标明其经营许可证编号或者备案编号的,由省、自治区、直辖市电信管理机构责令改正,处5000元以上5万元以下的罚款。

第二十五条　电信管理机构和其他有关主管部门及其工作人员,玩忽职守、滥用职权、徇私舞弊,疏于对互联网信息服务的监督管理,造成严重后果,构成犯罪的,依法追究刑事责任;尚不构成犯罪的,对直接负责的主管人员和其他直接责任人员依法给予降级、撤职直至开除的行政处分。

四、《电信条例》节选

《中华人民共和国电信条例》（节选）

[2000 年 9 月 25 日中华人民共和国国务院令第 291 号公布 根据 2014 年 7 月 29 日《国务院关于修改部分行政法规的决定》（国务院令第 653 号）第一次修订 根据 2016 年 2 月 6 日《国务院关于修改部分行政法规的决定》（国务院令第 666 号）第二次修订]

第二章　电信市场

第一节　电信业务许可

第七条　国家对电信业务经营按照电信业务分类，实行许可制度。

经营电信业务，必须依照本条例的规定取得国务院信息产业主管部门或者省、自治区、直辖市电信管理机构颁发的电信业务经营许可证。

未取得电信业务经营许可证，任何组织或者个人不得从事电信业务经营活动。

第五章　电信安全

第五十六条　任何组织或者个人不得利用电信网络制作、复制、发布、传播含有下列内容的信息：

（一）反对宪法所确定的基本原则的；

（二）危害国家安全，泄露国家秘密，颠覆国家政权，破坏国家统一的；

（三）损害国家荣誉和利益的；

（四）煽动民族仇恨、民族歧视，破坏民族团结的；

（五）破坏国家宗教政策，宣扬邪教和封建迷信的；

（六）散布谣言，扰乱社会秩序，破坏社会稳定的；

（七）散布淫秽、色情、赌博、暴力、凶杀、恐怖或者教唆犯罪的；

（八）侮辱或者诽谤他人，侵害他人合法权益的；

（九）含有法律、行政法规禁止的其他内容的。

第五十七条　任何组织或者个人不得有下列危害电信网络安全和信息安全的行为：

（一）对电信网的功能或者存储、处理、传输的数据和应用程序进行删除或者修改；

（二）利用电信网从事窃取或者破坏他人信息、损害他人合法权益的活动；

（三）故意制作、复制、传播计算机病毒或者以其他方式攻击他人电信网络等电信设施；

（四）危害电信网络安全和信息安全的其他行为。

第五十八条　任何组织或者个人不得有下列扰乱电信市场秩序的行为：

（一）采取租用电信国际专线、私设转接设备或者其他方法，擅自经营国际或者香港特别行政区、澳门特别行政区和台湾地区电信业务；

（二）盗接他人电信线路，复制他人电信码号，使用明知是盗接、复制的电信设施或者码号；

（三）伪造、变造电话卡及其他各种电信服务有价凭证；

（四）以虚假、冒用的身份证件办理入网手续并使用移动电话。

第六章 罚则

第六十六条 违反本条例第五十六条、第五十七条的规定，构成犯罪的，依法追究刑事责任；尚不构成犯罪的，由公安机关、国家安全机关依照有关法律、行政法规的规定予以处罚。

第六十七条 有本条例第五十八条第(二)、(三)、(四)项所列行为之一，扰乱电信市场秩序，构成犯罪的，依法追究刑事责任；尚不构成犯罪的，由国务院信息产业主管部门或者省、自治区、直辖市电信管理机构依据职权责令改正，没收违法所得，处违法所得 3 倍以上 5 倍以下罚款；没有违法所得或者违法所得不足 1 万元的，处 1 万元以上 10 万元以下罚款。

第六十八条 违反本条例的规定，伪造、冒用、转让电信业务经营许可证、电信设备进网许可证或者编造在电信设备上标注的进网许可证编号的，由国务院信息产业主管部门或者省、自治区、直辖市电信管理机构依据职权没收违法所得，处违法所得 3 倍以上 5 倍以下罚款；没有违法所得或者违法所得不足 1 万元的，处 1 万元以上 10 万元以下罚款。

第六十九条 违反本条例规定，有下列行为之一的，由国务院信息产业主管部门或者省、自治区、直辖市电信管理机构依据职权责令改正，没收违法所得，处违法所得 3 倍以上 5 倍以下罚款；没有违法所得或者违法所得不足 5 万元的，处 10 万元以上 100 万元以下罚款；情节严重的，责令停业整顿：

(一)违反本条例第七条第三款的规定或者有本条例第五十八条第(一)项所列行为，擅自经营电信业务的，或者超范围经营电信业务的；

(二)未通过国务院信息产业主管部门批准，设立国际通信出入口进行国际通信的；

(三)擅自使用、转让、出租电信资源或者改变电信资源用途的；

(四)擅自中断网间互联互通或者接入服务的；

(五)拒不履行普遍服务义务的。

第七十条 违反本条例的规定，有下列行为之一的，由国务院信息产业主管部门或者省、自治区、直辖市电信管理机构依据职权责令改正，没收违法所得，处违法所得 1 倍以上 3 倍以下罚款；没有违法所得或者违法所得不足 1 万元的，处 1 万元以上 10 万元以下罚款；情节严重的，责令停业整顿：

(一)在电信网间互联中违反规定加收费用的；

(二)遇有网间通信技术障碍，不采取有效措施予以消除的；

(三)擅自向他人提供电信用户使用电信网络所传输信息的内容的；

(四)拒不按照规定缴纳电信资源使用费的。

第七十一条 违反本条例第四十一条的规定，在电信业务经营活动中进行不正当竞争的，由国务院信息产业主管部门或者省、自治区、直辖市电信管理机构依据职权责令改正，处 10 万元以上 100 万元以下罚款；情节严重的，责令停业整顿。

第七十二条 违反本条例的规定，有下列行为之一的，由国务院信息产业主管部门或者省、自治区、直辖市电信管理机构依据职权责令改正，处 5 万元以上 50 万元以下罚款；情节严重的，责令停业整顿：

(一)拒绝其他电信业务经营者提出的互联互通要求的；

(二)拒不执行国务院信息产业主管部门或者省、自治区、直辖市电信管理机构依法作出的互联互通决定的;

(三)向其他电信业务经营者提供网间互联的服务质量低于本网及其子公司或者分支机构的。

第七十七条　有本条例第五十六条、第五十七条和第五十八条所列禁止行为之一,情节严重的,由原发证机关吊销电信业务经营许可证。

国务院信息产业主管部门或者省、自治区、直辖市电信管理机构吊销电信业务经营许可证后,应当通知企业登记机关。

第七十八条　国务院信息产业主管部门或者省、自治区、直辖市电信管理机构工作人员玩忽职守、滥用职权、徇私舞弊,构成犯罪的,依法追究刑事责任;尚不构成犯罪的,依法给予行政处分。

五、《互联网上网服务营业场所管理条例》节选

《互联网上网服务营业场所管理条例》(节选)

[2002 年 9 月 29 日中华人民共和国国务院令第 363 号公布　根据 2011 年 1 月 8 日《国务院关于废止和修改部分行政法规的决定》(国务院令第 588 号)第一次修订　根据 2016 年 2 月 6 日《国务院关于修改部分行政法规的决定》(国务院令第 666 号)第二次修订　根据 2019 年 3 月 24 日《国务院关于修改部分行政法规的决定》(国务院令第 710 号)第三次修订]

第一章　总则

第二条　本条例所称互联网上网服务营业场所,是指通过计算机等装置向公众提供互联网上网服务的网吧、电脑休闲室等营业性场所。

学校、图书馆等单位内部附设的为特定对象获取资料、信息提供上网服务的场所,应当遵守有关法律、法规,不适用本条例。

第二章　设立

第七条　国家对互联网上网服务营业场所经营单位的经营活动实行许可制度。未经许可,任何组织和个人不得从事互联网上网服务经营活动。

第十二条　互联网上网服务营业场所经营单位不得涂改、出租、出借或者以其他方式转让《网络文化经营许可证》。

第三章　经营

第十四条　互联网上网服务营业场所经营单位和上网消费者不得利用互联网上网服务营业场所制作、下载、复制、查阅、发布、传播或者以其他方式使用含有下列内容的信息:

(一)反对宪法确定的基本原则的;

(二)危害国家统一、主权和领土完整的;

(三)泄露国家秘密,危害国家安全或者损害国家荣誉和利益的;

(四)煽动民族仇恨、民族歧视,破坏民族团结,或者侵害民族风俗、习惯的;

（五）破坏国家宗教政策，宣扬邪教、迷信的；

（六）散布谣言，扰乱社会秩序，破坏社会稳定的；

（七）宣传淫秽、赌博、暴力或者教唆犯罪的；

（八）侮辱或者诽谤他人，侵害他人合法权益的；

（九）危害社会公德或者民族优秀文化传统的；

（十）含有法律、行政法规禁止的其他内容的。

第十五条 互联网上网服务营业场所经营单位和上网消费者不得进行下列危害信息网络安全的活动：

（一）故意制作或者传播计算机病毒以及其他破坏性程序的；

（二）非法侵入计算机信息系统或者破坏计算机信息系统功能、数据和应用程序的；

（三）进行法律、行政法规禁止的其他活动的。

第十六条 互联网上网服务营业场所经营单位应当通过依法取得经营许可证的互联网接入服务提供者接入互联网，不得采取其他方式接入互联网。

互联网上网服务营业场所经营单位提供上网消费者使用的计算机必须通过局域网的方式接入互联网，不得直接接入互联网。

第十八条 互联网上网服务营业场所经营单位和上网消费者不得利用网络游戏或者其他方式进行赌博或者变相赌博活动。

第二十三条 互联网上网服务营业场所经营单位应当对上网消费者的身份证等有效证件进行核对、登记，并记录有关上网信息。登记内容和记录备份保存时间不得少于60日，并在文化行政部门、公安机关依法查询时予以提供。登记内容和记录备份在保存期内不得修改或者删除。

第二十四条 互联网上网服务营业场所经营单位应当依法履行信息网络安全、治安和消防安全职责，并遵守下列规定：

（一）禁止明火照明和吸烟并悬挂禁止吸烟标志；

（二）禁止带入和存放易燃、易爆物品；

（三）不得安装固定的封闭门窗栅栏；

（四）营业期间禁止封堵或者锁闭门窗、安全疏散通道和安全出口；

（五）不得擅自停止实施安全技术措施。

第四章 罚则

第二十七条 违反本条例的规定，擅自从事互联网上网服务经营活动的，由文化行政部门或者由文化行政部门会同公安机关依法予以取缔，查封其从事违法经营活动的场所，扣押从事违法经营活动的专用工具、设备；触犯刑律的，依照刑法关于非法经营罪的规定，依法追究刑事责任；尚不够刑事处罚的，由文化行政部门没收违法所得及其从事违法经营活动的专用工具、设备；违法经营额1万元以上的，并处违法经营额5倍以上10倍以下的罚款；违法经营额不足1万元的，并处1万元以上5万元以下的罚款。

第二十九条 互联网上网服务营业场所经营单位违反本条例的规定，涂改、出租、出借或者以其他方式转让《网络文化经营许可证》，触犯刑律的，依照刑法关于伪造、变造、买卖国家机关公文、证件、印章罪的规定，依法追究刑事责任；尚不够刑事处罚的，由文化行政部门吊销《网络文化经营许可证》，没收违法所得；违法经营额 5000 元以上的，并处违法经营额 2 倍以上 5 倍以下的罚款；违法经营额不足 5000 元的，并处 5000 元以上 1 万元以下的罚款。

第三十条　互联网上网服务营业场所经营单位违反本条例的规定，利用营业场所制作、下载、复制、查阅、发布、传播或者以其他方式使用含有本条例第十四条规定禁止含有的内容的信息，触犯刑律的，依法追究刑事责任；尚不够刑事处罚的，由公安机关给予警告，没收违法所得；违法经营额 1 万元以上的，并处违法经营额 2 倍以上 5 倍以下的罚款；违法经营额不足 1 万元的，并处 1 万元以上 2 万元以下的罚款；情节严重的，责令停业整顿，直至由文化行政部门吊销《网络文化经营许可证》。

上网消费者有前款违法行为，触犯刑律的，依法追究刑事责任；尚不够刑事处罚的，由公安机关依照治安管理处罚法的规定给予处罚。

第三十一条　互联网上网服务营业场所经营单位违反本条例的规定，有下列行为之一的，由文化行政部门给予警告，可以并处 15000 元以下的罚款；情节严重的，责令停业整顿，直至吊销《网络文化经营许可证》：

（一）在规定的营业时间以外营业的；

（二）接纳未成年人进入营业场所的；

（三）经营非网络游戏的；

（四）擅自停止实施经营管理技术措施的；

（五）未悬挂《网络文化经营许可证》或者未成年人禁入标志的。

第三十二条　互联网上网服务营业场所经营单位违反本条例的规定，有下列行为之一的，由文化行政部门、公安机关依据各自职权给予警告，可以并处 15000 元以下的罚款；情节严重的，责令停业整顿，直至由文化行政部门吊销《网络文化经营许可证》：

（一）向上网消费者提供的计算机未通过局域网的方式接入互联网的；

（二）未建立场内巡查制度，或者发现上网消费者的违法行为未予制止并向文化行政部门、公安机关举报的；

（三）未按规定核对、登记上网消费者的有效身份证件或者记录有关上网信息的；

（四）未按规定时间保存登记内容、记录备份，或者在保存期内修改、删除登记内容、记录备份的；

（五）变更名称、住所、法定代表人或者主要负责人、注册资本、网络地址或者终止经营活动，未向文化行政部门、公安机关办理有关手续或者备案的。

第三十三条　互联网上网服务营业场所经营单位违反本条例的规定，有下列行为之一的，由公安机关给予警告，可以并处 15000 元以下的罚款；情节严重的，责令停业整顿，直至由文化行政部门吊销《网络文化经营许可证》：

（一）利用明火照明或者发现吸烟不予制止，或者未悬挂禁止吸烟标志的；

（二）允许带入或者存放易燃、易爆物品的；

（三）在营业场所安装固定的封闭门窗栅栏的；

（四）营业期间封堵或者锁闭门窗、安全疏散通道或者安全出口的；

（五）擅自停止实施安全技术措施的。

第三十四条 违反国家有关信息网络安全、治安管理、消防管理、工商行政管理、电信管理等规定,触犯刑律的,依法追究刑事责任;尚不够刑事处罚的,由公安机关、工商行政管理部门、电信管理机构依法给予处罚;情节严重的,由原发证机关吊销许可证件。

第三十五条 互联网上网服务营业场所经营单位违反本条例的规定,被吊销《网络文化经营许可证》的,自被吊销《网络文化经营许可证》之日起 5 年内,其法定代表人或者主要负责人不得担任互联网上网服务营业场所经营单位的法定代表人或者主要负责人。

擅自设立的互联网上网服务营业场所经营单位被依法取缔的,自被取缔之日起5年内,其主要负责人不得担任互联网上网服务营业场所经营单位的法定代表人或者主要负责人。

六、《电子认证服务密码管理办法》节选

《电子认证服务密码管理办法》(节选)

(2009 年 10 月 28 日国家密码管理局公告第 17 号公布 根据 2017 年 12 月 1 日《国家密码管理局关于废止和修改部分管理规定的决定》修正)

第二条 国家密码管理局对电子认证服务提供者使用密码的行为实施监督管理。

省、自治区、直辖市密码管理机构依据本办法承担有关监督管理工作。

第三条 提供电子认证服务,应当依据本办法申请《电子认证服务使用密码许可证》。

第十六条 有下列情形之一的,由国家密码管理局责令改正;情节严重的,吊销《电子认证服务使用密码许可证》,通报国务院信息产业主管部门并予以公布:

(一)电子认证服务系统的运行不符合《证书认证系统密码及其相关安全技术规范》的;

(二)电子认证服务系统使用本办法第六条规定以外的密钥管理系统提供的密钥开展业务的;

(三)对电子认证服务系统进行技术改造或者进行系统搬迁,未按照本办法第十四条规定办理的。

七、《电子认证服务管理办法》节选

《电子认证服务管理办法》(节选)

(2009 年 2 月 18 日中华人民共和国工业和信息化部令第 1 号公布 根据 2015 年 4 月 29 日中华人民共和国工业和信息化部令第 29 号公布的《工业和信息化部关于修改部分规章的决定》修订)

第一章 总 则

第二条 本办法所称电子认证服务,是指为电子签名相关各方提供真实性、可靠性验证的活动。

本办法所称电子认证服务提供者,是指为需要第三方认证的电子签名提供认证服务的机构(以下称为"电子认证服务机构")。

向社会公众提供服务的电子认证服务机构应当依法设立。

第四条 中华人民共和国工业和信息化部(以下简称"工业和信息化部")依法对电子认证服务机构和电子认证服务实施监督管理。

第二章 电子认证服务机构

第十三条 电子认证服务机构在《电子认证服务许可证》的有效期内变更公司名称、住所、法定代表人、注册资本的,应当在完成工商变更登记之日起15日内办理《电子认证服务许可证》变更手续。

第三章 电子认证服务

第十五条 电子认证服务机构应当按照工业和信息化部公布的《电子认证业务规则规范》等要求,制定本机构的电子认证业务规则和相应的证书策略,在提供电子认证服务前予以公布,并向工业和信息化部备案。

第十七条 电子认证服务机构应当保证提供下列服务:

(一)制作、签发、管理电子签名认证证书。

(二)确认签发的电子签名认证证书的真实性。

(三)提供电子签名认证证书目录信息查询服务。

(四)提供电子签名认证证书状态信息查询服务。

第十八条 电子认证服务机构应当履行下列义务:

(一)保证电子签名认证证书内容在有效期内完整、准确。

(二)保证电子签名依赖方能够证实或者了解电子签名认证证书所载内容及其他有关事项。

(三)妥善保存与电子认证服务相关的信息。

第四章 电子认证服务的暂停、终止

第二十七条 电子认证服务机构有根据工业和信息化部的安排承接其他机构开展的电子认证服务业务的义务。

第六章 监督管理

第三十三条 取得电子认证服务许可的电子认证服务机构,在电子认证服务许可的有效期内不得降低其设立时所应具备的条件。

第七章 罚则

第三十八条 电子认证服务机构向工业和信息化部隐瞒有关情况、提供虚假材料或者拒绝提供反映其活动的真实材料的,由工业和信息化部责令改正,给予警告或者处以5000元以上1万元以下的罚款。

第三十九条 工业和信息化部与省、自治区、直辖市信息产业主管部门的工作人员,不依法履行监督管理职责的,由工业和信息化部或者省、自治区、直辖市信息产业主管部门依据职权视情节轻重,分别给予警告、记过、记大过、降级、撤职、开除的行政处分;构成犯罪的,依法追究刑事责任。

第四十条 电子认证服务机构违反本办法第十三条、第十五条、第二十七条的规定的，由工业和信息化部依据职权责令限期改正，处以警告，可以并处 1 万元以下的罚款。

第四十一条　电子认证服务机构违反本办法第三十三条的规定的，由工业和信息化部依据职权责令限期改正，处以 3 万元以下的罚款，并将上述情况向社会公告。

八、《互联网域名管理办法》节选

《互联网域名管理办法》（节选）

（工业和信息化部令第 43 号）

第二章　域名管理

第九条　在境内设立域名根服务器及域名根服务器运行机构、域名注册管理机构和域名注册服务机构的，应当依据本办法取得工业和信息化部或者省、自治区、直辖市通信管理局(以下统称电信管理机构)的相应许可。

第二十八条　任何组织或者个人注册、使用的域名中，不得含有下列内容：

(一)反对宪法所确定的基本原则的；

(二)危害国家安全，泄露国家秘密，颠覆国家政权，破坏国家统一的；

(三)损害国家荣誉和利益的；

(四)煽动民族仇恨、民族歧视，破坏民族团结的；

(五)破坏国家宗教政策，宣扬邪教和封建迷信的；

(六)散布谣言，扰乱社会秩序，破坏社会稳定的；

(七)散布淫秽、色情、赌博、暴力、凶杀、恐怖或者教唆犯罪的；

(八)侮辱或者诽谤他人，侵害他人合法权益的；

(九)含有法律、行政法规禁止的其他内容的。

域名注册管理机构、域名注册服务机构不得为含有前款所列内容的域名提供服务。

第三十六条　提供域名解析服务，应当遵守有关法律、法规、标准，具备相应的技术、服务和网络与信息安全保障能力，落实网络与信息安全保障措施，依法记录并留存域名解析日志、维护日志和变更记录，保障解析服务质量和解析系统安全。涉及经营电信业务的，应当依法取得电信业务经营许可。

第三十七条　提供域名解析服务，不得擅自篡改解析信息。

任何组织或者个人不得恶意将域名解析指向他人的 IP 地址。

第三十八条　提供域名解析服务，不得为含有本办法第二十八条第一款所列内容的域名提供域名跳转。

第五章　罚则

第四十九条　违反本办法第九条规定，未经许可擅自设立域名根服务器及域名根服务器运行机构、域名注册管理机构、域名注册服务机构的，电信管理机构应当根据《中华人民共和国行政许可法》第八十一条的规定，采取措施予以制止，并视情节轻重，予以警告或者处一万元以上三万元以下罚款。

第五十条　违反本办法规定，域名注册管理机构或者域名注册服务机构有下列行为之一的，由电信管理机构依据职权责令限期改正，并视情节轻重，处一万元以上三万元以下罚款，向社会公告：

（一）为未经许可的域名注册管理机构提供域名注册服务，或者通过未经许可的域名注册服务机构开展域名注册服务的；

（二）未按照许可的域名注册服务项目提供服务的；

（三）未对域名注册信息的真实性、完整性进行核验的；

（四）无正当理由阻止域名持有者变更域名注册服务机构的。

第五十一条 违反本办法规定，提供域名解析服务，有下列行为之一的，由电信管理机构责令限期改正，可以视情节轻重处一万元以上三万元以下罚款，向社会公告：

（一）擅自篡改域名解析信息或者恶意将域名解析指向他人 IP 地址的；

（二）为含有本办法第二十八条第一款所列内容的域名提供域名跳转的；

（三）未落实网络与信息安全保障措施的；

（四）未依法记录并留存域名解析日志、维护日志和变更记录的；

（五）未按照要求对存在违法行为的域名进行处置的。

九、《计算机病毒防治管理办法》节选

《计算机病毒防治管理办法》（节选）

（2000 年 3 月 30 日公安部部长办公会议通过 中华人民共和国公安部令第 51 号公布）

第五条 任何单位和个人不得制作计算机病毒。

第六条 任何单位和个人不得有下列传播计算机病毒的行为：

（一）故意输入计算机病毒，危害计算机信息系统安全；

（二）向他人提供含有计算机病毒的文件、软件、媒体；

（三）销售、出租、附赠含有计算机病毒的媒体；

（四）其他传播计算机病毒的行为。

第七条 任何单位和个人不得向社会发布虚假的计算机病毒疫情。

第八条 从事计算机病毒防治产品生产的单位，应当及时向公安部公共信息网络安全监察部门批准的计算机病毒防治产品检测机构提交病毒样本。

第九条 计算机病毒防治产品检测机构应当对提交的病毒样本及时进行分析、确认，并将确认结果上报公安部公共信息网络安全监察部门。

第十四条 从事计算机设备或者媒体生产、销售、出租、维修行业的单位和个人，应当对计算机设备或者媒体进行计算机病毒检测、清除工作，并备有检测、清除的记录。

第十六条 在非经营活动中有违反本办法第五条、第六条第二、三、四项规定行为之一的，由公安机关处以一千元以下罚款。

在经营活动中有违反本办法第五条、第六条第二、三、四项规定行为之一，没有违法所得的，由公安机关对单位处以一万元以下罚款，对个人处以五千元以下罚款；有违法所得的，处以违法所得三倍以下罚款，但是最高不得超过三万元。

违反本办法第六条第一项规定的，依照《中华人民共和国计算机信息系统安全保护条例》第二十三条的规定处罚。

第十七条 违反本办法第七条、第八条规定行为之一的，由公安机关对单位处以一千元以下罚款，对单位直接负责的主管人员和直接责任人员处以五百元以下罚款；对个人处以五百元以下罚款。

第十八条 违反本办法第九条规定的，由公安机关处以警告，并责令其限期改正；逾期不改正的，取消其计算机病毒防治产品检测机构的检测资格。

第十九条 计算机信息系统的使用单位有下列行为之一的，由公安机关处以警告，并根据情况责令其限期改正；逾期不改正的，对单位处以一千元以下罚款，对单位直接负责的主管人员和直接责任人员处以五百元以下罚款：

（一）未建立本单位计算机病毒防治管理制度的；

（二）未采取计算机病毒安全技术防治措施的；

（三）未对本单位计算机信息系统使用人员进行计算机病毒防治教育和培训的；

（四）未及时检测、清除计算机信息系统中的计算机病毒，对计算机信息系统造成危害的；

（五）未使用具有计算机信息系统安全专用产品销售许可证的计算机病毒防治产品，对计算机信息系统造成危害的。

第二十条 违反本办法第十四条规定，没有违法所得的，由公安机关对单位处以一万元以下罚款，对个人处以五千元以下罚款；有违法所得的，处以违法所得三倍以下罚款，但是最高不得超过三万元。

十、《反不正当竞争法》节选

《中华人民共和国反不正当竞争法》（节选）

（1993 年 9 月 2 日第八届全国人民代表大会常务委员会第三次会议通过 2017 年 11 月 4 日第十二届全国人民代表大会常务委员会第三十次会议修正 2019 年 4 月 23 日第十三届全国人民代表大会常务委员会第十次会议《关于修改〈中华人民共和国建筑法〉等八部法律的决定》修正）

第二章 不正当竞争行为

第十二条 经营者利用网络从事生产经营活动，应当遵守本法的各项规定。

经营者不得利用技术手段，通过影响用户选择或者其他方式，实施下列妨碍、破坏其他经营者合法提供的网络产品或者服务正常运行的行为：

（一）未经其他经营者同意，在其合法提供的网络产品或者服务中，插入链接、强制进行目标跳转；

（二）误导、欺骗、强迫用户修改、关闭、卸载其他经营者合法提供的网络产品或者服务；

（三）恶意对其他经营者合法提供的网络产品或者服务实施不兼容；

（四）其他妨碍、破坏其他经营者合法提供的网络产品或者服务正常运行的行为。

第四章 法律责任

第二十四条 经营者违反本法第十二条规定妨碍、破坏其他经营者合法提供的网络产品或者服务正常运行的，由监督检查部门责令停止违法行为，处十万元以上五十万元以下的罚款；情节严重的，处五十万元以上三百万元以下的罚款。

十一、《互联网文化管理暂行规定》节选

《互联网文化管理暂行规定》（节选）

[2011 年 2 月 11 日文化部部务会议审议通过 根据 2017 年 12 月 15 日《文化部关于废止和修改部分部门规章的决定》（文化部令第 57 号）修订]

第七条 申请从事经营性互联网文化活动，应当符合《互联网信息服务管理办法》的有关规定，并具备以下条件：

（一）有单位的名称、住所、组织机构和章程；

（二）有确定的互联网文化活动范围；

（三）有适应互联网文化活动需要的专业人员、设备、工作场所以及相应的经营管理技术措施；

（四）有确定的域名；

（五）符合法律、行政法规和国家有关规定的条件。

第八条 申请从事经营性互联网文化活动，应当向所在地省、自治区、直辖市人民政府文化行政部门提出申请，由省、自治区、直辖市人民政府文化行政部门审核批准。

第十条 非经营性互联网文化单位，应当自设立之日起 60 日内向所在地省、自治区、直辖市人民政府文化行政部门备案，并提交下列文件：

（一）备案表；

（二）章程；

（三）法定代表人或者主要负责人的身份证明文件；

（四）域名登记证明；

（五）依法需要提交的其他文件。

第十一条 申请从事经营性互联网文化活动经批准后，应当持《网络文化经营许可证》，按照《互联网信息服务管理办法》的有关规定，到所在地电信管理机构或者国务院信息产业主管部门办理相关手续。

第十二条 互联网文化单位应当在其网站主页的显著位置标明文化行政部门颁发的《网络文化经营许可证》编号或者备案编号，标明国务院信息产业主管部门或者省、自治区、直辖市电信管理机构颁发的经营许可证编号或者备案编号。

第十三条 经营性互联网文化单位变更单位名称、域名、法定代表人或者主要负责人、注册地址、经营地址、股权结构以及许可经营范围的，应当自变更之日起 20 日内到所在地省、自治区、直辖市人民政府文化行政部门办理变更或者备案手续。

非经营性互联网文化单位变更名称、地址、域名、法定代表人或者主要负责人、业

务范围的，应当自变更之日起 60 日内到所在地省、自治区、直辖市人民政府文化行政部门办理备案手续。

第十六条　互联网文化单位不得提供载有以下内容的文化产品：

（一）反对宪法确定的基本原则的；

（二）危害国家统一、主权和领土完整的；

（三）泄露国家秘密、危害国家安全或者损害国家荣誉和利益的；

（四）煽动民族仇恨、民族歧视，破坏民族团结，或者侵害民族风俗、习惯的；

（五）宣扬邪教、迷信的；

（六）散布谣言，扰乱社会秩序，破坏社会稳定的；

（七）宣扬淫秽、赌博、暴力或者教唆犯罪的；

（八）侮辱或者诽谤他人，侵害他人合法权益的；

（九）危害社会公德或者民族优秀文化传统的；

（十）有法律、行政法规和国家规定禁止的其他内容的。

第二十条　互联网文化单位应当记录备份所提供的文化产品内容及其时间、互联网地址或者域名；记录备份应当保存 60 日，并在国家有关部门依法查询时予以提供。

第二十一条　未经批准，擅自从事经营性互联网文化活动的，由县级以上人民政府文化行政部门或者文化市场综合执法机构责令停止经营性互联网文化活动，予以警告，并处 30000 元以下罚款；拒不停止经营活动的，依法列入文化市场黑名单，予以信用惩戒。

第二十二条　非经营性互联网文化单位违反本规定第十条，逾期未办理备案手续的，由县级以上人民政府文化行政部门或者文化市场综合执法机构责令限期改正；拒不改正的，责令停止互联网文化活动，并处 10 00 元以下罚款。

第二十三条　经营性互联网文化单位违反本规定第十二条的，由县级以上人民政府文化行政部门或者文化市场综合执法机构责令限期改正，并可根据情节轻重处 10000 元以下罚款。

非经营性互联网文化单位违反本规定第十二条的，由县级以上人民政府文化行政部门或者文化市场综合执法机构责令限期改正；拒不改正的，责令停止互联网文化活动，并处 500 元以下罚款。

第二十四条　经营性互联网文化单位违反本规定第十三条的，由县级以上人民政府文化部门或者文化市场综合执法机构责令改正，没收违法所得，并处 10000 元以上 30000 元以下罚款；情节严重的，责令停业整顿直至吊销《网络文化经营许可证》；构成犯罪的，依法追究刑事责任。

非经营性互联网文化单位违反本规定第十三条的，由县级以上人民政府文化行政部门或者文化市场综合执法机构责令限期改正；拒不改正的，责令停止互联网文化活动，并处 1000 元以下罚款。

第二十五条　经营性互联网文化单位违反本规定第十五条，经营进口互联网文化产品未在其显著位置标明文化部批准文号、经营国产互联网文化产品未在其显著位置标明文化部备案编号的，由县级以上人民政府文化行政部门或者文化市场综合执法机构责令改正，并可根据情节轻重处 10000 元以下罚款。

第二十六条 经营性互联网文化单位违反本规定第十五条，擅自变更进口互联网文化产品的名称或者增删内容的，由县级以上人民政府文化行政部门或者文化市场综合执法机构责令停止提供，没收违法所得，并处 10000 元以上 30000 元以下罚款；情节严重的，责令停业整顿直至吊销《网络文化经营许可证》；构成犯罪的，依法追究刑事责任。

第二十七条 经营性互联网文化单位违反本规定第十五条，经营国产互联网文化产品逾期未报文化行政部门备案的，由县级以上人民政府文化行政部门或者文化市场综合执法机构责令改正，并可根据情节轻重处 20000 元以下罚款。

第二十八条 经营性互联网文化单位提供含有本规定第十六条禁止内容的互联网文化产品，或者提供未经文化部批准进口的互联网文化产品的，由县级以上人民政府文化行政部门或者文化市场综合执法机构责令停止提供，没收违法所得，并处 10000 元以上 30000 元以下罚款；情节严重的，责令停业整顿直至吊销《网络文化经营许可证》；构成犯罪的，依法追究刑事责任。

非经营性互联网文化单位，提供含有本规定第十六条禁止内容的互联网文化产品，或者提供未经文化部批准进口的互联网文化产品的，由县级以上人民政府文化行政部门或者文化市场综合执法机构责令停止提供，处 1000 元以下罚款；构成犯罪的，依法追究刑事责任。

第二十九条 经营性互联网文化单位违反本规定第十八条的，由县级以上人民政府文化行政部门或者文化市场综合执法机构责令改正，并可根据情节轻重处 20000 元以下罚款。

第三十条 经营性互联网文化单位违反本规定第十九条的，由县级以上人民政府文化行政部门或者文化市场综合执法机构予以警告，责令限期改正，并处 10000 元以下罚款。

第三十一条 违反本规定第二十条的，由省、自治区、直辖市电信管理机构责令改正；情节严重的，由省、自治区、直辖市电信管理机构责令停业整顿或者责令暂时关闭网站。

第三十二条 本规定所称文化市场综合执法机构是指依照国家有关法律、法规和规章的规定，相对集中地行使文化领域行政处罚权以及相关监督检查权、行政强制权的行政执法机构。

十二、《互联网新闻信息服务管理规定》节选

《互联网新闻信息服务管理规定》（节选）

（2017 年 5 月 2 日 国家互联网信息办公室令第 1 号）

第一章 总则

第一条 为加强互联网信息内容管理，促进互联网新闻信息服务健康有序发展，根据《中华人民共和国网络安全法》《互联网信息服务管理办法》《国务院关于授权国家互

联网信息办公室负责互联网信息内容管理工作的通知》，制定本规定。

第四条　国家互联网信息办公室负责全国互联网新闻信息服务的监督管理执法工作。地方互联网信息办公室依据职责负责本行政区域内互联网新闻信息服务的监督管理执法工作。

第二章　许可

第五条　通过互联网站、应用程序、论坛、博客、微博客、公众账号、即时通信工具、网络直播等形式向社会公众提供互联网新闻信息服务，应当取得互联网新闻信息服务许可，禁止未经许可或超越许可范围开展互联网新闻信息服务活动。

前款所称互联网新闻信息服务，包括互联网新闻信息采编发布服务、转载服务、传播平台服务。

第六条　申请互联网新闻信息服务许可，应当具备下列条件：

（一）在中华人民共和国境内依法设立的法人；

（二）主要负责人、总编辑是中国公民；

（三）有与服务相适应的专职新闻编辑人员、内容审核人员和技术保障人员；

（四）有健全的互联网新闻信息服务管理制度；

（五）有健全的信息安全管理制度和安全可控的技术保障措施；

（六）有与服务相适应的场所、设施和资金。

申请互联网新闻信息采编发布服务许可的，应当是新闻单位（含其控股的单位）或新闻宣传部门主管的单位。

符合条件的互联网新闻信息服务提供者实行特殊管理股制度，具体实施办法由国家互联网信息办公室另行制定。

提供互联网新闻信息服务，还应当依法向电信主管部门办理互联网信息服务许可或备案手续。

第七条　任何组织不得设立中外合资经营、中外合作经营和外资经营的互联网新闻信息服务单位。

互联网新闻信息服务单位与境内外中外合资经营、中外合作经营和外资经营的企业进行涉及互联网新闻信息服务业务的合作，应当报经国家互联网信息办公室进行安全评估。

第八条　互联网新闻信息服务提供者的采编业务和经营业务应当分开，非公有资本不得介入互联网新闻信息采编业务。

第九条　申请互联网新闻信息服务许可，申请主体为中央新闻单位（含其控股的单位）或中央新闻宣传部门主管的单位的，由国家互联网信息办公室受理和决定；申请主体为地方新闻单位（含其控股的单位）或地方新闻宣传部门主管的单位的，由省、自治区、直辖市互联网信息办公室受理和决定；申请主体为其他单位的，经所在地省、自治区、直辖市互联网信息办公室受理和初审后，由国家互联网信息办公室决定。

国家或省、自治区、直辖市互联网信息办公室决定批准的，核发《互联网新闻信息服务许可证》。《互联网新闻信息服务许可证》有效期为三年。有效期届满，需继续从事互联网新闻信息服务活动的，应当于有效期届满三十日前申请续办。

省、自治区、直辖市互联网信息办公室应当定期向国家互联网信息办公室报告许可受理和决定情况。

第十条　申请互联网新闻信息服务许可，应当提交下列材料：

（一）主要负责人、总编辑为中国公民的证明；

（二）专职新闻编辑人员、内容审核人员和技术保障人员的资质情况；

（三）互联网新闻信息服务管理制度；

（四）信息安全管理制度和技术保障措施；

（五）互联网新闻信息服务安全评估报告；

（六）法人资格、场所、资金和股权结构等证明；

（七）法律法规规定的其他材料。

第三章　运行

第十一条　互联网新闻信息服务提供者应当设立总编辑，总编辑对互联网新闻信息内容负总责。总编辑人选应当具有相关从业经验，符合相关条件，并报国家或省、自治区、直辖市互联网信息办公室备案。

互联网新闻信息服务相关从业人员应当依法取得相应资质，接受专业培训、考核。互联网新闻信息服务相关从业人员从事新闻采编活动，应当具备新闻采编人员职业资格，持有国家新闻出版广电总局统一颁发的新闻记者证。

第十二条　互联网新闻信息服务提供者应当健全信息发布审核、公共信息巡查、应急处置等信息安全管理制度，具有安全可控的技术保障措施。

第十三条　互联网新闻信息服务提供者为用户提供互联网新闻信息传播平台服务，应当按照《中华人民共和国网络安全法》的规定，要求用户提供真实身份信息。用户不提供真实身份信息的，互联网新闻信息服务提供者不得为其提供相关服务。

互联网新闻信息服务提供者对用户身份信息和日志信息负有保密的义务，不得泄露、篡改、毁损，不得出售或非法向他人提供。

互联网新闻信息服务提供者及其从业人员不得通过采编、发布、转载、删除新闻信息，干预新闻信息呈现或搜索结果等手段谋取不正当利益。

第十四条　互联网新闻信息服务提供者提供互联网新闻信息传播平台服务，应当与在其平台上注册的用户签订协议，明确双方权利义务。

对用户开设公众账号的，互联网新闻信息服务提供者应当审核其账号信息、服务资质、服务范围等信息，并向所在地省、自治区、直辖市互联网信息办公室分类备案。

第十五条　互联网新闻信息服务提供者转载新闻信息，应当转载中央新闻单位或省、自治区、直辖市直属新闻单位等国家规定范围内的单位发布的新闻信息，注明新闻信息来源、原作者、原标题、编辑真实姓名等，不得歪曲、篡改标题原意和新闻信息内容，并保证新闻信息来源可追溯。

互联网新闻信息服务提供者转载新闻信息，应当遵守著作权相关法律法规的规定，保护著作权人的合法权益。

第十六条　互联网新闻信息服务提供者和用户不得制作、复制、发布、传播法律、行政法规禁止的信息内容。

互联网新闻信息服务提供者提供服务过程中发现含有违反本规定第三条或前款规定内容的，应当依法立即停止传输该信息、采取消除等处置措施，保存有关记录，并向有关主管部门报告。

第十七条　互联网新闻信息服务提供者变更主要负责人、总编辑、主管单位、股权结构等影响许可条件的重大事项，应当向原许可机关办理变更手续。

互联网新闻信息服务提供者应用新技术、调整增设具有新闻舆论属性或社会动员能力的应用功能，应当报国家或省、自治区、直辖市互联网信息办公室进行互联网新闻信息服务安全评估。

第十八条　互联网新闻信息服务提供者应当在明显位置明示互联网新闻信息服务许可证编号。

互联网新闻信息服务提供者应当自觉接受社会监督，建立社会投诉举报渠道，设置便捷的投诉举报入口，及时处理公众投诉举报。

第四章　监督检查

第十九条　国家和地方互联网信息办公室应当建立日常检查和定期检查相结合的监督管理制度，依法对互联网新闻信息服务活动实施监督检查，有关单位、个人应当予以配合。

国家和地方互联网信息办公室应当健全执法人员资格管理制度。执法人员开展执法活动，应当依法出示执法证件。

第二十条　任何组织和个人发现互联网新闻信息服务提供者有违反本规定行为的，可以向国家和地方互联网信息办公室举报。

国家和地方互联网信息办公室应当向社会公开举报受理方式，收到举报后，应当依法予以处置。互联网新闻信息服务提供者应当予以配合。

第二十一条　国家和地方互联网信息办公室应当建立互联网新闻信息服务网络信用档案，建立失信黑名单制度和约谈制度。

国家互联网信息办公室会同国务院电信、公安、新闻出版广电等部门建立信息共享机制，加强工作沟通和协作配合，依法开展联合执法等专项监督检查活动。

第五章　法律责任

第二十二条　违反本规定第五条规定，未经许可或超越许可范围开展互联网新闻信息服务活动的，由国家和省、自治区、直辖市互联网信息办公室依据职责责令停止相关服务活动，处一万元以上三万元以下罚款。

第二十三条　互联网新闻信息服务提供者运行过程中不再符合许可条件的，由原许可机关责令限期改正；逾期仍不符合许可条件的，暂停新闻信息更新；《互联网新闻信息服务许可证》有效期届满仍不符合许可条件的，不予换发许可证。

第二十四条　互联网新闻信息服务提供者违反本规定第七条第二款、第八条、第十一条、第十二条、第十三条第三款、第十四条、第十五条第一款、第十七条、第十八条规定的，由国家和地方互联网信息办公室依据职责给予警告，责令限期改正；情节严重或拒不改正的，暂停新闻信息更新，处五千元以上三万元以下罚款；构成犯罪的，依法追究刑事责任。

第二十五条 互联网新闻信息服务提供者违反本规定第三条、第十六条第一款、第十九条第一款、第二十条第二款规定的，由国家和地方互联网信息办公室依据职责给予警告，责令限期改正；情节严重或拒不改正的，暂停新闻信息更新，处二万元以上三万元以下罚款；构成犯罪的，依法追究刑事责任。

第二十六条 互联网新闻信息服务提供者违反本规定第十三条第一款、第十六条第二款规定的，由国家和地方互联网信息办公室根据《中华人民共和国网络安全法》的规定予以处理。

十三、《互联网视听节目服务管理规定》节选

《互联网视听节目服务管理规定》（节选）

（2007年12月20日国家广播电影电视总局、信息产业部令第56号公布 根据2015年8月28日国家新闻出版广电总局令第3号公布的《关于修订部分规章和规范性文件的决定》修订）

第二条 在中华人民共和国境内向公众提供互联网（含移动互联网，以下简称互联网）视听节目服务活动，适用本规定。

本规定所称互联网视听节目服务，是指制作、编辑、集成并通过互联网向公众提供视音频节目，以及为他人提供上载传播视听节目服务的活动。

第三条 国务院广播电影电视主管部门作为互联网视听节目服务的行业主管部门，负责对互联网视听节目服务实施监督管理，统筹互联网视听节目服务的产业发展、行业管理、内容建设和安全监管。国务院信息产业主管部门作为互联网行业主管部门，依据电信行业管理职责对互联网视听节目服务实施相应的监督管理。

地方人民政府广播电影电视主管部门和地方电信管理机构依据各自职责对本行政区域内的互联网视听节目服务单位及接入服务实施相应的监督管理。

第七条 从事互联网视听节目服务，应当依照本规定取得广播电影电视主管部门颁发的《信息网络传播视听节目许可证》（以下简称《许可证》）或履行备案手续。

未按照本规定取得广播电影电视主管部门颁发的《许可证》或履行备案手续，任何单位和个人不得从事互联网视听节目服务。

互联网视听节目服务业务指导目录由国务院广播电影电视主管部门商国务院信息产业主管部门制定。

第十六条 互联网视听节目服务单位提供的、网络运营单位接入的视听节目应当符合法律、行政法规、部门规章的规定。已播出的视听节目应至少完整保留60日。视听节目不得含有以下内容：

（一）反对宪法确定的基本原则的；

（二）危害国家统一、主权和领土完整的；

（三）泄露国家秘密、危害国家安全或者损害国家荣誉和利益的；

（四）煽动民族仇恨、民族歧视，破坏民族团结，或者侵害民族风俗、习惯的；

（五）宣扬邪教、迷信的；

（六）扰乱社会秩序，破坏社会稳定的；

（七）诱导未成年人违法犯罪和渲染暴力、色情、赌博、恐怖活动的；

（八）侮辱或者诽谤他人，侵害公民个人隐私等他人合法权益的；

（九）危害社会公德，损害民族优秀文化传统的；

（十）有关法律、行政法规和国家规定禁止的其他内容。

第二十三条 违反本规定有下列行为之一的，由县级以上广播电影电视主管部门予以警告、责令改正，可并处 3 万元以下罚款；同时，可对其主要出资者和经营者予以警告，可并处 2 万元以下罚款：

（一）擅自在互联网上使用广播电视专有名称开展业务的；

（二）变更注册资本、股东、股权结构，或上市融资，或重大资产变动时，未办理审批手续的；

（三）未建立健全节目运营规范，未采取版权保护措施，或对传播有害内容未履行提示、删除、报告义务的；

（四）未在播出界面显著位置标注播出标识、名称、《许可证》和备案编号的；

（五）未履行保留节目记录、向主管部门如实提供查询义务的；

（六）向未持有《许可证》或备案的单位提供代收费及信号传输、服务器托管等与互联网视听节目服务有关的服务的；

（七）未履行查验义务，或向互联网视听节目服务单位提供其《许可证》或备案载明事项范围以外的接入服务的；

（八）进行虚假宣传或者误导用户的；

（九）未经用户同意，擅自泄露用户信息秘密的；

（十）互联网视听服务单位在同一年度内三次出现违规行为的；

（十一）拒绝、阻挠、拖延广播电影电视主管部门依法进行监督检查或者在监督检查过程中弄虚作假的；

（十二）以虚假证明、文件等手段骗取《许可证》的。

有本条第十二项行为的，发证机关应撤销其许可证。

第二十五条 对违反本规定的互联网视听节目服务单位，电信主管部门应根据广播电影电视主管部门的书面意见，按照电信管理和互联网管理的法律、行政法规的规定，关闭其网站，吊销其相应许可证或撤销备案，责令为其提供信号接入服务的网络运营单位停止接入；拒不执行停止接入服务决定，违反《电信条例》第五十七条规定的，由电信主管部门依据《电信条例》第七十八条的规定吊销其许可证。

违反治安管理规定的，由公安机关依法予以处罚；构成犯罪的，由司法机关依法追究刑事责任。

十四、《网络信息内容生态治理规定》节选

《网络信息内容生态治理规定》(节选)

(国家互联网信息办公室 2019 年 12 月 15 日发布 自 2020 年 3 月 1 日起施行)

第二章 网络信息内容生产者

第六条 网络信息内容生产者不得制作、复制、发布含有下列内容的违法信息:

(一)反对宪法所确定的基本原则的;

(二)危害国家安全,泄露国家秘密,颠覆国家政权,破坏国家统一的;

(三)损害国家荣誉和利益的;

(四)歪曲、丑化、亵渎、否定英雄烈士事迹和精神,以侮辱、诽谤或者其他方式侵害英雄烈士的姓名、肖像、名誉、荣誉的;

(五)宣扬恐怖主义、极端主义或者煽动实施恐怖活动、极端主义活动的;

(六)煽动民族仇恨、民族歧视,破坏民族团结的;

(七)破坏国家宗教政策,宣扬邪教和封建迷信的;

(八)散布谣言,扰乱经济秩序和社会秩序的;

(九)散布淫秽、色情、赌博、暴力、凶杀、恐怖或者教唆犯罪的;

(十)侮辱或者诽谤他人,侵害他人名誉、隐私和其他合法权益的;

(十一)法律、行政法规禁止的其他内容。

第三章 网络信息内容服务平台

第九条 网络信息内容服务平台应当建立网络信息内容生态治理机制,制定本平台网络信息内容生态治理细则,健全用户注册、账号管理、信息发布审核、跟帖评论审核、版面页面生态管理、实时巡查、应急处置和网络谣言、黑色产业链信息处置等制度。

网络信息内容服务平台应当设立网络信息内容生态治理负责人,配备与业务范围和服务规模相适应的专业人员,加强培训考核,提升从业人员素质。

第十条 网络信息内容服务平台不得传播本规定第六条规定的信息,应当防范和抵制传播本规定第七条规定的信息。

网络信息内容服务平台应当加强信息内容的管理,发现本规定第六条、第七条规定的信息的,应当依法立即采取处置措施,保存有关记录,并向有关主管部门报告。

第十二条 网络信息内容服务平台采用个性化算法推荐技术推送信息的,应当设置符合本规定第十条、第十一条规定要求的推荐模型,建立健全人工干预和用户自主选择机制。

第十四条 网络信息内容服务平台应当加强对本平台设置的广告位和在本平台展示的广告内容的审核巡查,对发布违法广告的,应当依法予以处理。

第十五条 网络信息内容服务平台应当制定并公开管理规则和平台公约,完善用户协议,明确用户相关权利义务,并依法依约履行相应管理职责。

网络信息内容服务平台应当建立用户账号信用管理制度,根据用户账号的信用情况提供相应服务。

第十六条　网络信息内容服务平台应当在显著位置设置便捷的投诉举报入口，公布投诉举报方式，及时受理处置公众投诉举报并反馈处理结果。

第四章　网络信息内容服务使用者

第十九条　网络群组、论坛社区版块建立者和管理者应当履行群组、版块管理责任，依据法律法规、用户协议和平台公约等，规范群组、版块内信息发布等行为。

第二十一条　网络信息内容服务使用者和网络信息内容生产者、网络信息内容服务平台不得利用网络和相关信息技术实施侮辱、诽谤、威胁、散布谣言以及侵犯他人隐私等违法行为，损害他人合法权益。

第二十二条　网络信息内容服务使用者和网络信息内容生产者、网络信息内容服务平台不得通过发布、删除信息以及其他干预信息呈现的手段侵害他人合法权益或者谋取非法利益。

第二十三条　网络信息内容服务使用者和网络信息内容生产者、网络信息内容服务平台不得利用深度学习、虚拟现实等新技术新应用从事法律、行政法规禁止的活动。

第二十四条　网络信息内容服务使用者和网络信息内容生产者、网络信息内容服务平台不得通过人工方式或者技术手段实施流量造假、流量劫持以及虚假注册账号、非法交易账号、操纵用户账号等行为，破坏网络生态秩序。

第二十五条　网络信息内容服务使用者和网络信息内容生产者、网络信息内容服务平台不得利用党旗、党徽、国旗、国徽、国歌等代表党和国家形象的标识及内容，或者借国家重大活动、重大纪念日和国家机关及其工作人员名义等，违法违规开展网络商业营销活动。

第六章　监督管理

第三十一条　各级网信部门对网络信息内容服务平台履行信息内容管理主体责任情况开展监督检查，对存在问题的平台开展专项督查。

网络信息内容服务平台对网信部门和有关主管部门依法实施的监督检查，应当予以配合。

第七章　法律责任

第三十四条　网络信息内容生产者违反本规定第六条规定的，网络信息内容服务平台应当依法依约采取警示整改、限制功能、暂停更新、关闭账号等处置措施，及时消除违法信息内容，保存记录并向有关主管部门报告。

第三十五条　网络信息内容服务平台违反本规定第十条、第三十一条第二款规定的，由网信等有关主管部门依据职责，按照《中华人民共和国网络安全法》《互联网信息服务管理办法》等法律、行政法规的规定予以处理。

第三十六条　网络信息内容服务平台违反本规定第十一条第二款规定的，由设区的市级以上网信部门依据职责进行约谈，给予警告，责令限期改正；拒不改正或者情节严重的，责令暂停信息更新，按照有关法律、行政法规的规定予以处理。

第三十七条　网络信息内容服务平台违反本规定第九条、第十二条、第十五条、第十六条、第十七条规定的，由设区的市级以上网信部门依据职责进行约谈，给予警告，责令限期改正；拒不改正或者情节严重的，责令暂停信息更新，按照有关法律、行政法规的规定予以处理。

第三十八条　违反本规定第十四条、第十八条、第十九条、第二十一条、第二十二条、第二十三条、第二十四条、第二十五条规定的，由网信等有关主管部门依据职责，按照有关法律、行政法规的规定予以处理。

第三十九条　网信部门根据法律、行政法规和国家有关规定，会同有关主管部门建立健全网络信息内容服务严重失信联合惩戒机制，对严重违反本规定的网络信息内容服务平台、网络信息内容生产者和网络信息内容使用者依法依规实施限制从事网络信息服务、网上行为限制、行业禁入等惩戒措施。

第四十条　违反本规定，给他人造成损害的，依法承担民事责任；构成犯罪的，依法追究刑事责任；尚不构成犯罪的，由有关主管部门依照有关法律、行政法规的规定予以处罚。

十五、《区块链信息服务管理规定》节选

《区块链信息服务管理规定》（节选）

（国家互联网信息办公室令第3号　自2019年2月15日起施行）

第二条　在中华人民共和国境内从事区块链信息服务，应当遵守本规定。法律、行政法规另有规定的，遵照其规定。

本规定所称区块链信息服务，是指基于区块链技术或者系统，通过互联网站、应用程序等形式，向社会公众提供信息服务。

本规定所称区块链信息服务提供者，是指向社会公众提供区块链信息服务的主体或者节点，以及为区块链信息服务的主体提供技术支持的机构或者组织；本规定所称区块链信息服务使用者，是指使用区块链信息服务的组织或者个人。

第三条　国家互联网信息办公室依据职责负责全国区块链信息服务的监督管理执法工作。省、自治区、直辖市互联网信息办公室依据职责负责本行政区域内区块链信息服务的监督管理执法工作。

第五条　区块链信息服务提供者应当落实信息内容安全管理责任，建立健全用户注册、信息审核、应急处置、安全防护等管理制度。

第六条　区块链信息服务提供者应当具备与其服务相适应的技术条件，对于法律、行政法规禁止的信息内容，应当具备对其发布、记录、存储、传播的即时和应急处置能力，技术方案应当符合国家相关标准规范。

第七条　区块链信息服务提供者应当制定并公开管理规则和平台公约，与区块链信息服务使用者签订服务协议，明确双方权利义务，要求其承诺遵守法律规定和平台公约。

第八条　区块链信息服务提供者应当按照《中华人民共和国网络安全法》的规定，对区块链信息服务使用者进行基于组织机构代码、身份证件号码或者移动电话号码等方式的真实身份信息认证。用户不进行真实身份信息认证的，区块链信息服务提供者不得为其提供相关服务。

第九条 区块链信息服务提供者开发上线新产品、新应用、新功能的，应当按照有关规定报国家和省、自治区、直辖市互联网信息办公室进行安全评估。

第十条 区块链信息服务提供者和使用者不得利用区块链信息服务从事危害国家安全、扰乱社会秩序、侵犯他人合法权益等法律、行政法规禁止的活动，不得利用区块链信息服务制作、复制、发布、传播法律、行政法规禁止的信息内容。

第十一条 区块链信息服务提供者应当在提供服务之日起十个工作日内通过国家互联网信息办公室区块链信息服务备案管理系统填报服务提供者的名称、服务类别、服务形式、应用领域、服务器地址等信息，履行备案手续。

区块链信息服务提供者变更服务项目、平台网址等事项的，应当在变更之日起五个工作日内办理变更手续。

区块链信息服务提供者终止服务的，应当在终止服务三十个工作日前办理注销手续，并作出妥善安排。

第十二条 国家和省、自治区、直辖市互联网信息办公室收到备案人提交的备案材料后，材料齐全的，应当在二十个工作日内予以备案，发放备案编号，并通过国家互联网信息办公室区块链信息服务备案管理系统向社会公布备案信息；材料不齐全的，不予备案，在二十个工作日内通知备案人并说明理由。

第十三条 完成备案的区块链信息服务提供者应当在其对外提供服务的互联网站、应用程序等的显著位置标明其备案编号。

第十四条 国家和省、自治区、直辖市互联网信息办公室对区块链信息服务备案信息实行定期查验，区块链信息服务提供者应当在规定时间内登录区块链信息服务备案管理系统，提供相关信息。

第十五条 区块链信息服务提供者提供的区块链信息服务存在信息安全隐患的，应当进行整改，符合法律、行政法规等相关规定和国家相关标准规范后方可继续提供信息服务。

第十六条 区块链信息服务提供者应当对违反法律、行政法规规定和服务协议的区块链信息服务使用者，依法依约采取警示、限制功能、关闭账号等处置措施，对违法信息内容及时采取相应的处理措施，防止信息扩散，保存有关记录，并向有关主管部门报告。

第十七条 区块链信息服务提供者应当记录区块链信息服务使用者发布内容和日志等信息，记录备份应当保存不少于六个月，并在相关执法部门依法查询时予以提供。

第十九条 区块链信息服务提供者违反本规定第五条、第六条、第七条、第九条、第十一条第二款、第十三条、第十五条、第十七条、第十八条规定的，由国家和省、自治区、直辖市互联网信息办公室依据职责给予警告，责令限期改正，改正前应当暂停相关业务；拒不改正或者情节严重的，并处五千元以上三万元以下罚款；构成犯罪的，依法追究刑事责任。

第二十条 区块链信息服务提供者违反本规定第八条、第十六条规定的，由国家和省、自治区、直辖市互联网信息办公室依据职责，按照《中华人民共和国网络安全法》的规定予以处理。

第二十一条　区块链信息服务提供者违反本规定第十条的规定，制作、复制、发布、传播法律、行政法规禁止的信息内容的，由国家和省、自治区、直辖市互联网信息办公室依据职责给予警告，责令限期改正，改正前应当暂停相关业务；拒不改正或者情节严重的，并处二万元以上三万元以下罚款；构成犯罪的，依法追究刑事责任。

区块链信息服务使用者违反本规定第十条的规定，制作、复制、发布、传播法律、行政法规禁止的信息内容的，由国家和省、自治区、直辖市互联网信息办公室依照有关法律、行政法规的规定予以处理。

第二十二条　区块链信息服务提供者违反本规定第十一条第一款的规定，未按照本规定履行备案手续或者填报虚假备案信息的，由国家和省、自治区、直辖市互联网信息办公室依据职责责令限期改正；拒不改正或者情节严重的，给予警告，并处一万元以上三万元以下罚款。

十六、《公安机关互联网安全监督检查规定》节选

《公安机关互联网安全监督检查规定》（节选）

（公安部令第 151 号　自 2018 年 11 月 1 日起施行）

第二章　监督检查对象和内容

第八条　互联网安全监督检查由互联网服务提供者的网络服务运营机构和联网使用单位的网络管理机构所在地公安机关实施。互联网服务提供者为个人的，可以由其经常居住地公安机关实施。

第九条　公安机关应当根据网络安全防范需要和网络安全风险隐患的具体情况，对下列互联网服务提供者和联网使用单位开展监督检查：

(一)提供互联网接入、互联网数据中心、内容分发、域名服务的；

(二)提供互联网信息服务的；

(三)提供公共上网服务的；

(四)提供其他互联网服务的；

对开展前款规定的服务未满一年的，两年内曾发生过网络安全事件、违法犯罪案件的，或者因未履行法定网络安全义务被公安机关予以行政处罚的，应当开展重点监督检查。

第十条　公安机关应当根据互联网服务提供者和联网使用单位履行法定网络安全义务的实际情况，依照国家有关规定和标准，对下列内容进行监督检查：

(一)是否办理联网单位备案手续，并报送接入单位和用户基本信息及其变更情况；

(二)是否制定并落实网络安全管理制度和操作规程，确定网络安全负责人；

(三)是否依法采取记录并留存用户注册信息和上网日志信息的技术措施；

(四)是否采取防范计算机病毒和网络攻击、网络侵入等技术措施；

(五)是否在公共信息服务中对法律、行政法规禁止发布或者传输的信息依法采取相关防范措施；

（六）是否按照法律规定的要求为公安机关依法维护国家安全、防范调查恐怖活动、侦查犯罪提供技术支持和协助；

（七）是否履行法律、行政法规规定的网络安全等级保护等义务。

第十一条　除本规定第十条所列内容外，公安机关还应当根据提供互联网服务的类型，对下列内容进行监督检查：

（一）对提供互联网接入服务的，监督检查是否记录并留存网络地址及分配使用情况；

（二）对提供互联网数据中心服务的，监督检查是否记录所提供的主机托管、主机租用和虚拟空间租用的用户信息；

（三）对提供互联网域名服务的，监督检查是否记录网络域名申请、变动信息，是否对违法域名依法采取处置措施；

（四）对提供互联网信息服务的，监督检查是否依法采取用户发布信息管理措施，是否对已发布或者传输的法律、行政法规禁止发布或者传输的信息依法采取处置措施，并保存相关记录；

（五）对提供互联网内容分发服务的，监督检查是否记录内容分发网络与内容源网络链接对应情况；

（六）对提供互联网公共上网服务的，监督检查是否采取符合国家标准的网络与信息安全保护技术措施。

第十二条　在国家重大网络安全保卫任务期间，对与国家重大网络安全保卫任务相关的互联网服务提供者和联网使用单位，公安机关可以对下列内容开展专项安全监督检查：

（一）是否制定重大网络安全保卫任务所要求的工作方案、明确网络安全责任分工并确定网络安全管理人员；

（二）是否组织开展网络安全风险评估，并采取相应风险管控措施堵塞网络安全漏洞隐患；

（三）是否制定网络安全应急处置预案并组织开展应急演练，应急处置相关设施是否完备有效；

（四）是否依法采取重大网络安全保卫任务所需要的其他网络安全防范措施；

（五）是否按照要求向公安机关报告网络安全防范措施及落实情况。

对防范恐怖袭击的重点目标的互联网安全监督检查，按照前款规定的内容执行。

第四章　法律责任

第二十一条　公安机关在互联网安全监督检查中，发现互联网服务提供者和联网使用单位有下列违法行为的，依法予以行政处罚：

（一）未制定并落实网络安全管理制度和操作规程，未确定网络安全负责人的，依照《中华人民共和国网络安全法》第五十九条第一款的规定予以处罚；

（二）未采取防范计算机病毒和网络攻击、网络侵入等危害网络安全行为的技术措施的，依照《中华人民共和国网络安全法》第五十九条第一款的规定予以处罚；

（三）未采取记录并留存用户注册信息和上网日志信息措施的，依照《中华人民共和国网络安全法》第五十九条第一款的规定予以处罚；

（四）在提供互联网信息发布、即时通讯等服务中，未要求用户提供真实身份信息，或者对不提供真实身份信息的用户提供相关服务的，依照《中华人民共和国网络安全法》第六十一条的规定予以处罚；

（五）在公共信息服务中对法律、行政法规禁止发布或者传输的信息未依法或者不按照公安机关的要求采取停止传输、消除等处置措施、保存有关记录的，依照《中华人民共和国网络安全法》第六十八条或者第六十九条第一项的规定予以处罚；

（六）拒不为公安机关依法维护国家安全和侦查犯罪的活动提供技术支持和协助的，依照《中华人民共和国网络安全法》第六十九条第三项的规定予以处罚。

有前款第四至六项行为违反《中华人民共和国反恐怖主义法》规定的，依照《中华人民共和国反恐怖主义法》第八十四条或者第八十六条第一款的规定予以处罚。

第二十二条　公安机关在互联网安全监督检查中，发现互联网服务提供者和联网使用单位，窃取或者以其他非法方式获取、非法出售或者非法向他人提供个人信息，尚不构成犯罪的，依照《中华人民共和国网络安全法》第六十四条第二款的规定予以处罚。

第二十三条　公安机关在互联网安全监督检查中，发现互联网服务提供者和联网使用单位在提供的互联网服务中设置恶意程序的，依照《中华人民共和国网络安全法》第六十条第一项的规定予以处罚。

第二十四条　互联网服务提供者和联网使用单位拒绝、阻碍公安机关实施互联网安全监督检查的，依照《中华人民共和国网络安全法》第六十九条第二项的规定予以处罚；拒不配合反恐怖主义工作的，依照《中华人民共和国反恐怖主义法》第九十一条或者第九十二条的规定予以处罚。

第二十五条　受公安机关委托提供技术支持的网络安全服务机构及其工作人员，从事非法侵入监督检查对象网络、干扰监督检查对象网络正常功能、窃取网络数据等危害网络安全的活动的，依照《中华人民共和国网络安全法》第六十三条的规定予以处罚；窃取或者以其他非法方式获取、非法出售或者非法向他人提供在工作中获悉的个人信息的，依照《中华人民共和国网络安全法》第六十四条第二款的规定予以处罚，构成犯罪的，依法追究刑事责任。

前款规定的机构及人员侵犯监督检查对象的商业秘密，构成犯罪的，依法追究刑事责任。

第二十六条　公安机关及其工作人员在互联网安全监督检查工作中，玩忽职守、滥用职权、徇私舞弊的，对直接负责的主管人员和其他直接责任人员依法予以处分；构成犯罪的，依法追究刑事责任。

第二十七条　互联网服务提供者和联网使用单位违反本规定，构成违反治安管理行为的，依法予以治安管理处罚；构成犯罪的，依法追究刑事责任。

十七、《金融信息服务管理规定》节选

《金融信息服务管理规定》（节选）

（国家互联网信息办公室 2018 年 12 月 26 日发布　自 2019 年 2 月 1 日起施行）

第五条　金融信息服务提供者应当履行主体责任，配备与服务规模相适应的管理人

员，建立信息内容审核、信息数据保存、信息安全保障、个人信息保护、知识产权保护等服务规范。

第六条　金融信息服务提供者应当在显著位置准确无误注明信息来源，并确保文字、图像、视频、音频等形式的金融信息来源可追溯。

第七条　金融信息服务提供者应当配备相关专业人员，负责金融信息内容的审核，确保金融信息真实、客观、合法。

第八条　金融信息服务提供者不得制作、复制、发布、传播含有下列内容的信息：

（一）散布虚假金融信息，危害国家金融安全以及社会稳定的；

（二）歪曲国家财政货币政策、金融管理政策，扰乱经济秩序、损害国家利益的；

（三）教唆他人商业欺诈或经济犯罪，造成社会影响的；

（四）虚构证券、基金、期货、外汇等金融市场事件或新闻的；

（五）宣传有关主管部门禁止的金融产品与服务的；

（六）法律、法规和规章禁止的其他内容。

第九条　金融信息服务提供者应当自觉接受用户监督，设置便捷投诉窗口，及时妥善处理投诉事宜，并保存有关记录。

第十四条　金融信息服务提供者违反本规定第五条、第六条、第七条、第八条、第九条规定的，由国家或地方互联网信息办公室依据职责进行约谈、公开谴责、责令改正、列入失信名单；依法应当予以行政处罚的，由国家或地方互联网信息办公室等有关主管部门给予行政处罚；构成犯罪的，依法追究刑事责任。

第六章 网络空间安全民事法律法规

第一节 网络空间安全民事法律法规综述

与网络空间相关的民事法律，现行有效的主要有《中华人民共和国民法总则》（简称《民法总则》）、《中华人民共和国合同法》（简称《合同法》）、《中华人民共和国侵权责任法》（简称《侵权责任法》）等。值得关注的是，2020年5月28日，第十三届全国人民代表大会第三次会议通过了《中华人民共和国民法典》（简称《民法典》），《民法典》规定了总则、物权、合同、人格权、婚姻家庭、继承、侵权责任共七编以及附则，共一千二百六十条。《民法典》由中华人民共和国主席令（第45号）予以公布，自2021年1月1日起施行。《中华人民共和国婚姻法》《中华人民共和国继承法》《中华人民共和国民法通则》《中华人民共和国收养法》《中华人民共和国担保法》《中华人民共和国合同法》《中华人民共和国物权法》《中华人民共和国侵权责任法》《中华人民共和国民法总则》同时废止。

专门规范网络空间的民事法律，主要有《中华人民共和国电子签名法》（简称《电子签名法》）和《中华人民共和国电子商务法》（简称《电子商务法》）。此外，一些法律里面还有专门规范网络行为的条款。例如《侵权责任法》第三十六条，被称为"互联网专条"，对于规制网络用户、网络服务提供者利用网络侵害他人民事权益的行为作出了规定。该条款既适用于一般的民事侵权行为，也适用于知识产权侵权行为。《民法典》第一千一百九十四至第一千一百九十七条体现了以上"互联网专条"的内容，并进行了相当程度的完善，又被称为"网络侵权规制"条款。《民法典》第一千一百九十四条对应于"互联网专条"的第一款：网络用户、网络服务提供者利用网络侵害他人民事权益的，应当承担侵权责任；同时规定"法律另有规定的，依照其规定"，这就为《中华人民共和国著作权法》（简称《著作权法》）、《中华人民共和国商标法》（简称《商标法》）等法律对于利用网络侵犯知识产权等网络侵权行为有特殊规制条款的，提供了优先适用的空间。《民法典》第一千一百九十五至第一千一百九十七条取代了"互联网专条"的第二款、第三款，并借鉴了《电子商务法》第四十二至第四十四条的规定，将"互联网专条"设定的"通知—采取必要措施"规则进一步完善为"通知—必要措施—反通知—终止必要措施"规则，"必要措施"包括删除、屏蔽、断开链接等。《民法典》对于权利人的维权通知及网络用户的"不存在侵权行为的声明"（即"反通知"）的内容提出了明确的要求，前者包括"构成侵权的初步证据及权利人的真实身份信息"，后者包括"不存在侵权行为的初步证据及网络用户的真实身份信息"。《民法典》还规定：权利人因错误通知造成网络用户或者网络服务提供者损害的，应当承担侵权责任。网络服务提供者接到声明后，应当将该声明转送发出通知的权利人，并告知其可以向有关部门投诉或者向人民法院提起诉讼。网络服务提供者再转送声明到达权利人后的合理期限内，未收到权利人已经投诉或者提起诉讼通知的，应当及时终止所采取的措施。《民法典》的"网络侵权规制"条款，对于实现电子商务平台、视频分享平台等网络服务提供者，著作权人、商标权人、专利权人等权利人，视频分享者、标识使用者等网络用户之间的利益平衡，促进网络空间的有序发展有着重要意义[①]。

最高人民法院有关的司法解释，也是调整网络空间法律关系的重要民事规范，主要有《最高人民法院关于适用〈中华人民共和国民法典〉物权编的解释（一）》《最高人民法院关于适用〈中华人民共和国民法典〉时间效力的若干规定》《最高人民法院关于审理民事案件适用诉讼时效制度若干问题的规定》《最高人民法院关于审理利用信息网络侵害人身权益民事纠纷案件适用法律若干问题的规定》《最高人民法院关于审理旅游纠纷案件适用法律若干问题的规定》《最高人民法院关于审理买卖合同纠纷案件适用法律问题的解释》。

需要注意的是，本节所讲的民事法律，是指民事实体法，不包括民事程序法。但程序法也是网络空间法律的重要组成部分。程序法的功能在于规范司法机关的活动，为当事人实体法上权利的实现与义务的履行提供正当的程序保障。例如《民事诉讼法》《最高人民法院关于适用〈中华人民共和国民事诉讼法〉的解释》《最高人民法院关于民事诉讼证据的若干规定》《最高人民法院关于审查知识产权纠纷行为保全案件适用法律若干问题的规定》等。

一、人身权在网络空间的法律保护

（一）基础知识

民法上的主体分为自然人、法人和非法人组织。人身权与财产权是民事主体在民法上享有的两大权利。

自然人的人身权包括人格权和身份权。《民法典》第一编"总则"第一百零九条规定，自然人的人身自由、人格尊严受法律保护。第一百一十条第一款规定：自然人享有生命权、身体权、健康权、姓名权、肖像权、名誉权、荣誉权、隐私权、婚姻自主等权利。第一百一十一条规定：自然人的个人信息受法律保护。《民法典》第四编"人格权"第九百九十条规定：人格权是民事主体享有的生命权、身体权、健康权、姓名权、名称权、肖像权、名誉权、荣誉权、隐私权等权利。除前款规定的人格权外，自然人享有基于人身自由、人格尊严产生的其他人格权益。其中，生命权、身体权、健康权、姓名权、肖像权、名誉权、隐私权、荣誉权等权利属于人格权。婚姻自主权，在学理上有人格权说、

[①] 对《民法典》上述"通知—必要措施—反通知—终止必要措施"规则的理解，还可以参阅本章对《电子商务法》的介绍，以及第 7 章"网络著作权"部分对《信息网络传播权保护条例》第十四至第十七条内容的介绍。

身份权说，一般认为属于特别的人格权。

网络空间具有数字化、虚拟化、信息化的特征。自然人在网络空间的存在，经常通过游戏账号、注册账号、社交应用程序(APP)昵称等形式呈现。例如，一个自然人，在网络游戏对战中可能是一个游戏玩家的网络身份，在博客上又可能是名称不同的博客创作者身份，在视频分享网站发弹幕则是文艺评论家的网络身份。但如果其相关网络行为侵害了他人的人身权益，仍然要归责于该自然人，而非这些网络身份。同时，这些网络身份虽然使真实的自然人在网络空间虚拟化，但并不妨碍该自然人的人格权等民事权利受到法律保护。

网络空间的虚拟主体身份，与其对应的真实的自然人，在法律上的关系是前者依附于后者。虚拟的网络身份并不是独立的民事主体，虽然就影响力来说，有些网名可能具有很高的公众知晓度，而真实的姓名反而不为人知，但由此带来的权益在法律上皆归入该真实的自然人。当然，民事权利与民事义务是相对应的，义务的履行是权利实现的担保，离开了义务，权利就无从谈起。这一点不仅体现在人身权上面，也体现在物权、债权等民法上的一般财产权及知识产权上面。

法人、非法人组织是法律拟制的主体，因此能够独立于自然人之外享有民事权利，履行民事义务及以自己的名义从事民事活动。根据《民法典》的规定，法人分为营利法人(包括有限责任公司、股份有限公司及其他企业法人等)、非营利法人(包括事业单位、社会团体、基金会以及社会服务机构等)和特别法人(机关法人、农村集体经济组织法人、城镇农村的合作经济组织法人、基层群众性自治组织法人)。非法人组织包括个人独资企业、合伙企业、不具有法人资格的专业服务机构等。

非法人组织，顾名思义即不具有法人资格，其出资人或设立人应对该组织的债务承担无限责任。需要明确的是，无限责任与无限连带责任不同，只有在非法人组织的财产不足以清偿其债务时，其出资人或设立人对债务才开始承担责任。

法人、非法人组织也依法享有人格权。《民法典》第一编"总则"第一百一十条第二款的规定：法人、非法人组织依法享有名称权、名誉权和荣誉权。法人、非法人组织的人身权，在网络空间仍然受保护。

(二)网络空间人格权案例

网络游戏使用电视剧《西游记》中的艺术形象，是否侵犯肖像权、名誉权？——章金莱与蓝港在线(北京)科技有限公司(简称蓝港公司)人格权纠纷一案[①]。

案情：章金莱系 20 世纪 80 年代央视电视剧《西游记》中"孙悟空"形象［图 6-1(b)］的扮演者。蓝港公司系网络游戏"西游记"的研发单位，该游戏的官方网页及游戏中配有"孙悟空"的形象［图 6-1(a)］。章金莱认为，在蓝港公司推出的网络游戏"西游记"的网站及游戏中，使用了其塑造的"孙悟空"形象，侵犯了其肖像权；章金莱还认为，蓝港公司开发的"西游记"游戏内容低俗，公众误以为其为该网络游戏进行代言，致使其社会评价降低，对名誉权造成了侵害，故请求法院判令蓝港公司：①停止使用章金莱

---

① 北京市第一中级人民法院(2013)一中民终字第 05303 号民事判决书。

塑造的"孙悟空"形象；②书面公开赔礼道歉；③赔偿损失 1000000 元；④赔偿支出的公证费 2000 元。

(a)游戏中的"孙悟空"　　　　　(b)章金莱扮演的"孙悟空"

图 6-1　游戏中和电视剧中的"孙悟空"

法院驳回了章金莱的全部诉讼请求。

二审判决要点 1：章金莱所饰演的"孙悟空"形象落入其肖像权的保护范围。

二审法院认为，章金莱所饰演的"孙悟空"形象与章金莱个人的五官特征、轮廓、面部表情密不可分。章金莱饰演的"孙悟空"完全与其个人具有一一对应的关系，即该形象与章金莱之间具有可识别性。所以，当某一角色形象与自然人之间具有一一对应的关系时，对该形象的保护应该属于肖像权保护的射程，在某一角色形象能够反映出饰演者的体貌特征并与饰演者具有可识别性的条件下，将该形象作为自然人的肖像予以保护，是防止对人格权实施商品化侵权的前提。

二审判决要点 2：蓝港公司使用的"孙悟空"形象并不能直接反映章金莱的相貌特征，故不构成侵犯章金莱的肖像权。

二审法院认为，两者的"孙悟空"形象存在一定的差异，确实如蓝港公司在答辩中所述，其使用的"孙悟空"的面目更有棱角，神态更冷峻、凶悍；而章金莱饰演的"孙悟空"更圆润，更具亲和力。本案之所以强调蓝港公司使用的"孙悟空"与章金莱饰演的"孙悟空"之间的区别，是因为章金莱饰演的"孙悟空"形象深入人心，通过章金莱饰演的"孙悟空"能够识别出章金莱。恰恰这些差异，导致了在同样的观众范围内，立即能够分辨出蓝港公司所使用的"孙悟空"不是章金莱饰演的"孙悟空"，更不能通过该形象与章金莱建立直接的联系。

二审判决要点 3：蓝港公司也未侵犯章金莱的名誉权。

二审法院认为，名誉情感是自然人对其名声、信用等价值的自我评价。为了避免个体感受不同而带来的保护上的差异，强调行为的违法性为判定名誉权是否受到侵犯提供了一种客观的标准，故《民法通则》第一百零一条规定：禁止用侮辱、诽谤等方式损害公民、法人的名誉。与此同时，《〈中华人民共和国民法通则〉若干问题的意见(试行)》第 140 条也强调了侮辱、诽谤等方式，作为构成侵犯名誉权的要件事实。本案中，上诉人章金莱未举证证明对方存在侮辱之事实，对可能存在的诽谤行为，由于提交的证明材料中涉及的《蓝港详解〈西游记〉代言始末称六小龄童是眼红》《蓝港在线称六小龄童诉讼是代言不成眼红所致》两篇文章，不能证明是被上诉人蓝港公司所为，故章金莱指控蓝港公司侵犯其名誉权不能成立。至于上诉人章金莱主张由于使用了其饰演的"孙悟空"

形象导致社会误认为其进行代言，可能会在一定范围内造成不良影响，属于名誉情感的范畴，不能作为独立的侵权行为认定。

评析： 法院虽然最终没有认定涉案形象构成侵权，但判决书对肖像权、名誉权侵权构成的论证，对于明确网络空间特别是网络游戏中肖像权、名誉权的保护具有典型意义。

《民法典》第四编"人格权"第一千零一十八条规定：自然人享有肖像权，有权依法制作、使用、公开或者许可他人使用自己的肖像。肖像是通过影像、雕塑、绘画等方式在一定载体上所反映的特定自然人可以被识别的外部形象。肖像权，是自然人一项重要的民事权利。虽然归入人格权的范畴，但肖像用于电视广告、在线广告等商业活动十分普遍，该项权利具有财产属性。肖像为自然人个人形象及个性的表现，肖像权系个人对其肖像是否公开的自主权利。因此，肖像权是自然人对其肖像上体现的精神利益与物质利益所享有的人格权。未经自然人同意，使用其肖像，如无法定免责事由，应承担侵权责任。需要注意的是，肖像并不是自然人的相貌本身，而是相貌体现的一个形象信息，这个信息可以体现在照片上，也可以上传于网络空间。

本案中，法院确认自然人的肖像权保护范围，不仅包括本来的相貌信息，还包括与本来的相貌建立了可识别的、一一对应关系的角色等其他形象信息。对于蓝港公司是否侵犯肖像权，法院正确指出，判断蓝港公司所使用的形象是否侵犯章金莱的肖像权，应以确认该形象能否反映章金莱的相貌特征并与章金莱建立联系为前提。基于两者的差异性，法院认定不构成肖像权侵权。

《民法典》第四编"人格权"第一千零二十四条规定：民事主体享有名誉权。任何组织或者个人不得以侮辱、诽谤等方式侵害他人的名誉权。名誉是对民事主体的品德、声望、才能、信用等的社会评价。名誉权是指自然人、法人或者其他组织就其自身属性和价值所获得的社会评价享有的保有和维护的人格权。名誉本质上是一种社会评价，而不是自然人、法人等民事主体的自我名誉感受，法院在本案中对此进行了正确的区分。因此，构成名誉权侵权，一般要求行为人存在公开的侮辱、诽谤或者披露隐私行为，导致权利人社会评价降低。

这一要求的作用，在于划定名誉侵权与言论自由的边界。互联网的应用使个人获得了空前的公开表达的空间，言论自由也是一项基本权利，但权利不得滥用，不得侵犯他人包括名誉权在内的合法权益。网络用户在各种自媒体平台发布文章、发表言论，不得侵害他人合法权益，否则将承担侵权责任。相对于原创而言，"转发"是更多的网络用户行使言论自由权的经常方式，网络用户在转发网文时（文章、图片、朋友圈评论等各种网络表达形式），如果明知或应知被转发网文属于侮辱、诽谤、披露隐私等损害他人合法权益情形的，应当承担侵权责任。

【推荐阅读】 法人人格权的保护——北京奇虎科技有限公司、奇智软件（北京）有限公司诉成都每日经济新闻报社有限公司（现成都每经传媒有限公司）、上海经闻文化传播有限公司名誉权纠纷一案（2014）沪一中民四（商）终字第2186号二审民事判决书。

（三）网络空间热点民法问题

在网络空间时代，个人信息保护与大数据利用怎么平衡？

网络空间时代的一个重要标志，就是大数据在各个领域的应用。塔吉特（Target）是美国第二大超市，该公司通过大数据技术对顾客购买行为进行分析，并根据大数据找出来的早期怀孕人群进行精准商品营销。2012 年，美国当地的一位父亲向他家附近的一家塔吉特零售店提出交涉，认为塔吉特向其 17 岁的女儿发婴儿尿片和童车优惠券，是在胡乱营销。但一个月后，这位父亲到塔吉特来道歉，因为他这时才得知女儿怀孕了。塔吉特比这位父亲提前一个月知道其女儿怀孕的事实，就是该公司运用大数据技术的结果。

产业界使用大数据技术，可以带来"智慧制造"。例如，智能汽车上使用大数据技术，可以对汽车使用过程中产生的各种数据，包括零件性能、驾驶习惯，进行收集分析，既可以为用户提供精准的服务，也可以提升汽车研发水平。可以说大数据技术驱动了机器智能的发展。

同时，大数据的多维度和海量的特征必然导致科技公司等市场机构对大量个人信息的收集、存储、分析，进而可以做到比用户本人还了解用户，这有利于服务的精准化、个性化，给用户带来越来越多的便利。但众多市场机构对用户个人信息的利用，也会产生市场机构强行收集个人信息、用户个人信息泄露风险或者信息滥用的问题。例如，2019年 1 月 21 日，因谷歌(Google)在为用户提供个性化广告推送服务中，违反了欧盟《通用数据保护条例》，没有在处理用户信息前获取有效同意。法国数据保护监管机构(Commission Nationale de l'information et des Libertes，CNIL)因此对谷歌处以 5000 万欧元(约人民币 3.8 亿元)的罚款。又如，2019 年 8 月 21 日，因瑞典一所学校利用人脸识别系统收集学生面部识别特征等个人信息，瑞典数据保护机构根据欧盟《通用数据保护条例》，对该学校处以 200000 瑞典克朗(约人民币 15 万元)的罚款。

可见，如果放任市场机构无节制地随意收集个人信息，无限制地加以商业利用，将会使每个人的基本隐私、信息权益处于危险的境地。面对这些新问题，在个人信息的法律保护与大数据利用之间，法律正在探索其平衡之道。

就立法来讲，《民法典》第一编"总则"第一百一十一条将个人信息明确作为自然人在民法上的一种利益进行保护，《民法典》第四编"人格权"的第六章"隐私权和个人信息保护"还具体规定了对个人信息的保护。但为什么没有像规定生命权、身体权、健康权、姓名权、肖像权等人格权那样，直接规定个人信息权呢？这是因为个人信息的法律保护问题还比较新，在权利属性上还存在基本权利说、人格权说、财产权说、复合权利说等争论。所以《民法典》从客体的角度明确了对个人信息的保护，但没有从权利的角度直接规定个人信息权。《民法典》第四编"人格权"第一千零三十四条规定：自然人的个人信息受法律保护。该条还对"隐私"与"个人信息"的法律保护作了区分，规定：个人信息中的私密信息，适用有关隐私权的规定；没有规定的，适用有关个人信息保护的规定。

在近年出台的《网络安全法》《电子商务法》等网络空间专门立法中，个人信息保护与大数据平衡是一个重点内容。《网络安全法》第四十一条确立了互联网中网络平台等网络运营者收集、使用个人信息应遵循的"合法、正当、必要"原则，以及"用户明示同意""最少够用"等具体规则。该条规定：网络运营者收集、使用个人信息，应当遵循合法、正当、必要的原则，公开收集、使用规则，明示收集、使用信息的目的、方式和范围，并经被收集者同意。网络运营者不得收集与其提供的服务无关的个人信息，不得违反法律、行政法规的规定和双方的约定收集、使用个人信息，并应当依照法律、行政法规的规定和与用户的约定，处理其保存的个人信息。《民法典》第四编"人格权"第一千零三十五条也规定了与上述个人信息处理大致相同的原则及具体规则，并明确"个人信息的处理包括个人信息的收集、存储、使用、加工、传输、提供、公开等"。

《网络安全法》第四十二条还确立了使用个人信息的禁止性规则和采取技术保护措施的义务。《电子商务法》第二十三条、第二十四条规定了电子商务经营者收集、使用其用户的个人信息时的法律义务。《民法典》第四编"人格权"第一千零三十六至第一千零三十九条则规定了自然人对其个人信息处理的知悉、更正、要求删除等权利，以及个人信息处理者的免责情形及对于个人信息的安全保障义务。从司法实践来看，也有了一些有益的探索。在北京微梦创科网络技术有限公司与北京淘友天下技术有限公司等不正当竞争纠纷一案[1]，二审法院确立了利用大数据技术收集使用个人信息，应遵循"用户授权网络运营者"+"网络运营者授权第三方"+"用户授权第三方"的三重授权原则。

《民法典》第四编"人格权"第一千零三十四条规定：个人信息是以电子或者其他方式记录的能够单独或者与其他信息结合识别特定自然人的各种信息，包括自然人的姓名、出生日期、身份证件号码、生物识别信息、住址、电话号码、电子邮箱、健康信息、行踪信息等。《网络安全法》第七十六条规定：个人信息，是指以电子或者其他方式记录的能够单独或者与其他信息结合识别自然人个人身份的各种信息，包括但不限于自然人的姓名、出生日期、身份证件号码、个人生物识别信息、住址、电话号码等。在淘宝(中国)软件有限公司(简称淘宝公司)与安徽美景信息科技有限公司(简称美景公司)不正当竞争纠纷一案[2]中，法院认为，《网络安全法》将"网络用户信息"分为个人信息和非个人信息，前者指向单独或与其他信息结合识别自然人个人身份的各种信息和敏感信息，后者包括无法识别到特定个人的诸如网络活动记录等数据信息。

网络运营者的个人信息安全保障义务和收集使用要求，因此也就有所不同。**对于非个人信息的保护**，《网络安全法》第二十二条规定：网络产品、服务具有收集用户信息功能的，其提供者应当向用户明示并取得同意。而**对于个人信息的保护**，《网络安全法》第四十一条、第四十二条则规定了网络运营者应承担更为严格的责任。法院据此认为，淘宝公司开发的涉案大数据产品"生意参谋"使用的网络用户信息不属于网络安全法中的网络用户个人信息，而属于网络用户非个人信息。但因部分网络用户在网络上留有个人身份信息，其敏感信息容易与特定主体发生对应联系，会暴露其个人隐私或经营秘密。因此，对于网络运营者收集、使用网络用户行为痕迹信息，除未留有个人信息的网络用户所提供的及网络用户已自行公开披露的信息之外，应比照《网络安全法》第四十一条、第四十二条关于网络用户个人信息保护的相应规定予以规制。

在淘宝公司与美景公司案中，法院再次明确了个人信息使用的"用户授权网络运营者"+"网络运营者授权第三方"+"用户授权第三方"的三重授权许可使用规则。

【推荐阅读】《网络安全法》《儿童个人信息网络保护规定》《App 违法违规收集使用个人信息自评估指南》《信息安全技术 个人信息安全规范》《信息安全技术 网络安全等级保护基本要求》。

---

① 北京知识产权法院 (2016) 京 73 民终 588 号民事判决书。
② 杭州铁路运输法院 (2017) 浙 8601 民初 4034 号民事判决书。

二、财产权在网络空间的法律保护

（一）基础知识

财产权相对于人身权而言，是民事主体对财产利益享有的权利，包括物权、债权、知识产权、股权及其他投资性权利、其他民事权利和利益。

物权是权利人依法对特定的"物"享有直接支配和排他的权利，分为所有权与限制物权，限制物权又分为用益物权与担保物权。这里的"物"包括不动产和动产，不动产是指土地、房屋、定着在土地上的林木等，动产是指汽车、智能手机、机械设备等。例如，某甲购买了一套房屋，取得了"不动产权证"，其对该房屋享有所有权。如果某甲购买时向银行贷了款，作为还款担保，某甲向银行抵押了该房屋，贷款银行对该房屋就享有抵押权(担保物权的一种，担保物权还有质权、留置权等类型)，某甲还清银行贷款时，抵押权就消灭了。

虽然物权的客体主要是"物"。但在有法律规定的情况下，"权利"也可以成为物权的客体。例如，根据《民法典》第二编"物权"第四分编"担保物权"第四百四十条规定，可以转让的注册商标专用权、专利权、著作权等知识产权中的财产权可以出质，从而产生权利质权。

股权是指因向公司投资而享有的一项综合性股东权利，包括表决权、利润分配权等。其他的投资性权利包括基金份额等。这两项权利依法也可以成为物权的客体。《民法典》第二编"物权"第四分编"担保物权"第四百四十条规定，可以转让的基金份额、股权可以出质，从而也产生了权利质权。

债权是指请求他人为一定行为的民法上权利，与债务相对而言。最常见的债权是合同债权。在网络空间，合同行为的特征是电子化、在线化，主要形式是电子商务。虽然物权的客体一般是房屋、手机、汽车、飞机等现实的有体物，不可能在虚拟的网络空间里占用、使用、收益，但房屋等的买卖可以通过在线交易系统完成。同样，股权、其他投资性权利也可以在线交易，如上市公司股票买卖。这些在线交易与网络空间相关，是电子商务的重要内容(但根据《电子商务法》第二条，金融类产品和服务，利用信息网络提供新闻信息、音视频节目、出版以及文化产品等内容方面的服务，不适用《电子商务法》的规定)。

知识产权在网络空间时代仍然重要，与网络空间有关的知识产权包括网络著作权、软件著作权及网络空间的专利权、商标权。

本部分要讨论的是，存在于网络空间的财产——虚拟财产。《民法典》第一编"总则"第一百二十七条规定：法律对数据、网络虚拟财产的保护有规定的，依照其规定。由此可以看出法律规定的是虚拟财产，而不是虚拟财产权。这是因为与个人信息权一样，立法直接规定虚拟财产权的条件还不成熟，虚拟财产权包括哪些客体，权利的内涵是什么还有待进一步研究。但从目前的法律实践来看，数据产品、网络游戏物品等，在网络空间具有合法的可交易性，可以作为民法上的虚拟财产进行保护。

上述淘宝公司与美景公司案的一个典型意义就在于：法院确认了大数据产品的虚拟

财产性质，但对于淘宝公司诉称其对涉案原始数据享有财产权，法院则认为"财产所有权作为一项绝对权利，如果赋予网络运营者享有网络大数据产品财产所有权，则意味不特定多数人将因此承担相应的义务。是否赋予网络运营者享有网络大数据产品财产所有权，事关民事法律制度的确定，限于我国法律目前对于数据产品的权利保护尚未作出具体规定，基于'物权法定'原则，故对淘宝公司该项诉讼主张，本院不予确认"。

对于数据产品属于法律上的虚拟财产，法院进行了精彩的分析：涉案"生意参谋"数据产品中的数据内容虽然来源于原始用户信息，但经过淘宝公司的深度开发已不同于普通的网络数据。首先，该产品所提供数据内容不再是原始网络数据，而是在巨量原始网络数据基础上通过一定的算法，经过深度分析过滤、提炼整合及匿名化脱敏处理后而形成的预测型、指数型、统计型的衍生数据；其次，该产品呈现数据内容的方式是趋势图、排行榜、占比图等图形，提供的是可视化的数据内容。"生意参谋"数据产品将巨量枯燥的原始网络数据通过一定的算法过滤，整合成适应市场需求的数据内容，形成大数据分析，并直观地呈现给用户，能够给用户全新的感知体验，其已不是一般意义上的网络数据库，已成为网络大数据产品。"生意参谋"数据产品系淘宝公司的劳动成果，其所带来的权益，应当归淘宝公司所享有。

法院进而认定，美景公司经营的"咕咕互助平台"，其主要经营手段与经营模式是利用已订购"生意参谋"数据产品服务的淘宝用户所提供子账户，为他人获取"生意参谋"数据产品中的数据内容提供远程登录技术帮助，从中获取商业利益。美景公司未付出自己的劳动创造，仅是将"生意参谋"数据产品直接作为自己获取商业利益的工具，其使用"生意参谋"数据产品也仅是提供同质化的网络服务。此种将他人市场成果直接据为己用，从而获取商业利益与竞争优势的行为，明显有悖公认的商业道德，属于不劳而获"搭便车"的不正当竞争行为。

"生意参谋"和"咕咕互助平台"的关系如图 6-2 所示。

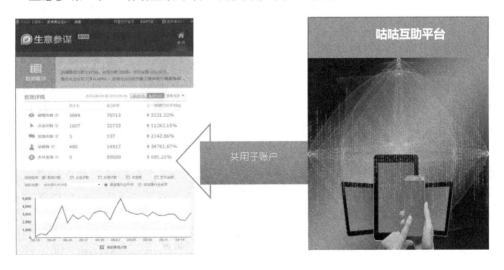

图 6-2　"生意参谋"和"咕咕互助平台"的关系

（二）网络空间财产权案例

微信公众号是否属于虚拟财产？——尹某、袁某、张某与赵某合伙协议纠纷一案①。

案情：2016 年 1 月，尹某、袁某、张某与赵某主要通过微信群聊的方式沟通，筹备设立名称为"重要意见"的微信公众号。随后，赵某以其个人名义注册微信公众号"重要意见"。2016 年 1 月 31 日，涉案微信公众号发布第一篇文章，名为《开篇的话》，撰稿人为尹某。文中写道"这个公众号不是我一个人的，至少是四个人的……我们四个人就是赵总裁、袁美丽、天才张和我"。文末留有公众号的二维码、QQ 邮箱及四个人的微博。一审审理中，各方确认赵总裁、袁美丽、天才张分别是赵某、袁某、张某。

运营期间，赵某通过微信、公众号公共邮箱，与一些品牌的工作人员，就涉案微信公众号和相关品牌的合作进行了沟通。赵某以个人名义与部分品牌商签订合同。"重要意见"微信公众号主要通过撰写软文或好物笔记的方式与广告商合作，以获取广告收入。公众号上的文章由赵某与尹某、袁某、张某撰写。

"重要意见"微信公众号 2016 年 7 月左右开始盈利，至 2017 年 7 月共计收入超过 300 万元。期间各方分配了部分收入。2017 年 7 月赵某与尹某、袁某、张某之间发生争议，遂诉至法院。

评析：本案判决确认了微信公众号的虚拟财产性质及认定条件。

微信公众号在现阶段，已经成为重要的传播媒介。特别是有一定规模关注量的公众号，具有相当的市场知晓度和商业影响力，成为广告发布的重要平台，可以取得相当的经营收益，具备了财产价值属性。本案中的微信公众号"重要意见"即属于此类情形，法院认定：截至 2017 年 7 月 13 日，涉案微信公众号的粉丝数量为 94700，截至 2018 年 6 月 13 日，涉案微信公众号的粉丝数量为 83790。通过估测微信公众号未来预期收益的现值来判断资产价值的方法，涉案微信公众号在 2017 年 7 月 13 日的市场价值为 4000000 元。

在此基础上，一审法院从涉案公众号运营的独立性、支配性、价值性三方面论证了微信公众号的虚拟财产法律属性：

一是独立性条件。微信公众号是个人或企业在微信公众平台上申请的应用账号。设立之初，微信公众号仅是一数据代号，后因设置微信公众号名称，确立账号主体，其具有区别于其他网络资源或现实财产的独立性。本案中"重要意见"微信公众号有自己的标识，有自己的栏目架构及运营理念、文化，既区别于网络运营商提供的运行环境、微信公众平台提供的运营平台，也与其他网络用户的资源相区别，具有独立性。

二是支配性条件。微信公众号虽然存在于网络空间中，具有虚拟性，但可通过对账号设置密码来控制微信公众号的运营，防止他人对公众号上的资料进行修改、增删。本案中的微信公众号也是如此，当事人通过密码进入公众号后台，发表文章，回复评论，对公众号进行管理，具有支配性。

三是价值性条件。微信公众号作为一种**新型的电子商务模式**，已不再是简单的通过流量渠道直接提供产品或服务获取费用，而是作为与用户沟通互动的桥梁，为品牌与用户之间构建深度联系的平台，具有较大价值性。法院正确地指出，随着微信公众平台功

① 上海市第二中级人民法院 (2019) 沪 02 民终 7631 号民事判决书。

能的深入开发，微信公众号不再局限于单一承载、发布信息的传统自媒体形式，其功能得以不断拓展，逐步发展成为一种新型的电子商务模式，即通过发表软文或撰写好物笔记宣传商品，获取广告收入、导流收入，或通过小程序商店直接提供产品或服务获取费用，集多种盈利模式于一体，有商业盈利价值。

从而在本案中，法院按照财产分割的方式，判决在本案当事人之间进行权益分配，即微信公众号"重要意见"由赵某继续运营，赵某折价补偿尹某、袁某、张某各 850000 元。这样就在司法实践中，完成了对《民法总则》第一百二十七条(现为《民法典》第一编"总则"第一百二十七条)的一次个案探索，是虚拟财产的一次法律实现。

在论证微信公众号的财产属性时，法院还强调了其与一般资产不同，其一定程度上还依赖于运营方投入的智力和劳动成本，即信息财产的特征。早在 2009 年的文章中[①]，笔者就尝试论证了包括虚拟财产在内的信息财产的法律属性。笔者在文章中指出，网络游戏物品的本质是信息，具有财产属性。网络游戏物品要成为法律意义上的财产，应具有效用性、稀缺性和可支配性的法律特征。虚拟性虽然是网络游戏物品的自然属性，但并不能成为否定网络游戏物品在法律上的财产属性的理由。任何现实财产的效用性一般都意味着满足一定范围内特定主体的某种需要。游戏用户通过时间、精力投入或现实货币支出以"练级"等方式或者金钱购买网络游戏物品，达到了精神娱乐需求的满足，而在网络游戏物品上进行了资金和智力投入的运营商，出售网络游戏物品的玩家，则获得了经济收益需求的满足。因此，无论对于运营商还是用户来说，网络游戏物品均具有使用价值，而网络游戏物品的特定独立性也决定了实现价值交换的可能性。因此，网络游戏物品的使用价值和交换价值，使其具备了财产的效用性。财产的稀缺性，是指资源在数量上的有限或者需要通过劳动获得，因此不能普遍地无限制地满足人们的需要。笔者认为，从市场供求关系来看，网络游戏运营的商业需要，网络游戏本身的平衡性要求及网络游戏对用户的吸引力和娱乐性需求，都决定了运营商不能无限地复制数据，随意地增加网络游戏物品的数量，否则网络游戏运营将失去市场价值。从生成机制来看，网络游戏的开发需要大量的资金、智力投入，网络游戏物品体现的是智力劳动的成果，从事智力劳动的网络游戏开发人员的稀缺性也决定了作为信息的网络游戏物品不可能被每个人自然地创造出来。这种信息创造的性质，决定了网络游戏物品不可能无限量地存在。而网络游戏作为一种信息产品，法律赋予了专有财产权，也使其具有了供给关系上的稀缺性。财产的可支配性，是指能够为人力所控制、支配。这里的控制、支配，包括主体的直接或间接的支配，并通过这种支配，能够为主体所有效使用和合法转让。虚拟的网络游戏物品已经与现实的货币建立了联系，成为市场上的商品。因此，对网络游戏物品的支配，不仅仅体现为对二进制代码数据的支配，而且还体现为通过市场交易其具有了商品意义上的支配，从而获得了法律意义上的财产支配性的含义。

【推荐阅读】《网络游戏中物品的民法属性》，詹毅著，《知识产权法研究(第7卷)》，北京大学出版社 2009 年 8 月第 1 版。

---

① 《网络游戏中物品的民法属性》，詹毅著，《知识产权法研究(第 7 卷)》第 241 页至第 270 页，北京大学出版社 2009 年 8 月第 1 版。

三、电子商务领域的法律保护

（一）基础知识

电子商务，根据《电子商务法》第二条第二款的规定，是指通过互联网等信息网络销售商品或者提供服务的经营活动。但该条第三款同时规定，法律、行政法规对销售商品或者提供服务有规定的，适用其规定。金融类产品和服务，利用信息网络提供新闻信息、音视频节目、出版以及文化产品等内容方面的服务，不适用本法。从交易是否全要素数字化来区分，电子商务可以分为完全的电子商务和不完全电子商务。例如，玩家购买一个网络游戏物品，信息检索、购买、支付及虚拟物品交付、使用，全程发生在网络空间，即属于完全的电子商务；而一个消费者在电子商务平台购买一盒牙膏，不可能以二进制的形式交付给消费者，一般是通过快递物流来实现合同的履行，因此属于不完全的电子商务。从商业模式来区分，电子商务可以分为企业之间的 B2B（business to business）、企业与消费者用户之间的 B2C（business to customer）、消费者用户之间的 C2C（consumer to consumer）、企业与政府之间的 B2G（business to government）、用户与政府之间的 C2G（consumer to government）、消费者用户与企业之间的 C2B（customer to business）、线下销售与线上推广相结合的 O2O（online to offline）、供应商采购商与运营者之间的 BOB（business-operator-business）等业态。

《电子商务法》是电子商务领域的综合性专门立法，本质上是信息网络技术对商务活动之再造性革新的法律应对，是基于电子商务特点作出的针对性规范，确定了该领域主体的权利义务及行为的法律后果，并由国家强制力予以保障。《电子商务法》对电子商务经营者及其经营行为规范、消费者权益保护、电子商务合同、电子商务争议解决、国家对电子商务的促进措施、违反电子商务法的法律责任等内容作出了全面规定。需要说明的是，调整电子商务法律关系的不仅仅是《电子商务法》，包括《民法典》在内的民事法律的相关规定也适用于电子商务领域。而且很多立法也都规定有涉及电子商务的条款，例如，《中华人民共和国消费者权益保护法》第四十四条规定：消费者通过网络交易平台购买商品或者接受服务，其合法权益受到损害的，可以向销售者或者服务者要求赔偿。网络交易平台提供者不能提供销售者或者服务者的真实名称、地址和有效联系方式的，消费者也可以向网络交易平台提供者要求赔偿；网络交易平台提供者作出更有利于消费者的承诺的，应当履行承诺。网络交易平台提供者赔偿后，有权向销售者或者服务者追偿。网络交易平台提供者明知或者应知销售者或者服务者利用其平台侵害消费者合法权益，未采取必要措施的，依法与该销售者或者服务者承担连带责任。

关于电子商务经营主体，《电子商务法》明确了电子商务经营者、电子商务平台经营者及平台内经营者等主体概念。电子商务经营者包括电子商务平台经营者、平台内经营者及通过自建网站、其他网络服务销售商品或者提供服务的电子商务经营者。

电子商务平台经营者，根据《电子商务法》第九条第二款规定，是指在电子商务中为交易双方或者多方提供网络经营场所、交易撮合、信息发布等服务，供交易双方或者多方独立开展交易活动的法人或者非法人组织。如天猫、京东、亚马逊等。平台内经营者，根据该条第三款规定，是指通过电子商务平台销售商品或者提供服务的电子商务经营者。

关于电子商务经营主体的一般经营规范，《电子商务法》首先要求电子商务经营者应当办理市场主体登记，取得营业执照；经营范围还需要特别许可的，还应当办理行政审批手续。例如，如果想以公司名义在电子商务平台上开网店的，应当办理公司设立登记。但该法第十条规定下列主体不需要办理政府登记：个人销售自产农副产品、家庭手工业产品，个人利用自己的技能从事依法无须取得许可的便民劳务活动和零星小额交易活动，以及依照法律、行政法规不需要进行登记的其他主体。其次，要求电子商务经营者在经营活动中，应依法在首页显著位置"亮照经营"及出具发票等凭证或单据。再次，《电子商务法》规定了电子商务经营者对消费者权益的保护义务，包括保护消费者的知情权、选择权及个人信息权益。最后，还规定了电子商务经营者的依法履约义务、数据提供义务和知识产权保护义务等。

《电子商务法》第十七条是消费者权益保护条款，该规定体现了电子商务行业特色：电子商务经营者应当全面、真实、准确、及时地披露商品或者服务信息，保障消费者的知情权和选择权。电子商务经营者不得以虚构交易、编造用户评价等方式进行虚假或者引人误解的商业宣传，欺骗、误导消费者。虚拟交易，常见的是"刷流量"行为；编造用户评价，常见的有"刷好评"等，这些行为是电子商务领域典型的虚假或者引人误解的商业宣传行为。该条规定为有效规制这些电子商务领域的不正当竞争行为，保护消费者权益提供了充分的法律依据。

关于电子商务平台经营者的专门经营规范，《电子商务法》还对电子商务平台经营者的经营行为作出了特别规范：第一，电子商务平台经营者对于平台内经营者的信息，应当依法进行登记、更新及报送；第二，应当保障平台运行的网络安全，并依法记录、保存平台上发布的商品和服务信息、交易信息；第三，应当做到平台服务协议及交易规则制定、修改的民主程序、公开公平；第四，对自营的业务，应当进行显著标记，区分自营业务和平台内经营者开展的业务，以避免误导消费者；第五，应当建立信用评价体系和知识产权保护规则。

在电子商务平台经营者的专门经营规范中，还明确了"竞价排名"的广告性质，结束了持续多年的"竞价排名"是技术服务还是广告的法律属性之争。"竞价排名"在市场出现之初，经常被界定为一种技术服务，而不是广告。例如，广东的一家法院曾在判决书中认为：百度公司提供的竞价排名服务"在本质上仍属于信息检索技术服务，不属于内容提供服务"。鉴于百度仅仅提供了技术平台，并根据"通知"＋"移除"规则对涉案侵权行为进行了立即删除，因此不应承担侵权责任。

而上海的一家法院虽然也持相同观点，但还是从帮助侵权的角度，要求竞价排名服务商承担一定的民事责任[①]。"百度网站作为搜索引擎，其实质性功能是提供网络链接服务，其既不属于网络内容的提供者，也不属于专门进行广告发布的网络传媒。……但是，根据《民法通则》意见的有关规定，教唆、帮助他人实施侵权行为的人，为共同侵权人，应当承担连带民事责任。百度网站的竞价排名服务是一种收费服务，其有义务也有能力在存在侵权可能性的情形下，审查注册用户使用该关键词的合法性。……百度网站对于申请竞价排名服务的用户网站除进行涉黄涉反等最低限度的技术过滤和筛选以外，没有

---

① 上海市第二中级人民法院(2007)沪二中民五(知)初字第147号民事判决书。

采取任何其他的审查措施，未尽合理的注意义务"，主观上存在过错，与实施直接侵权的第三方网站构成共同侵权，应当承担连带民事责任。

对于"竞价排名"的法律属性，《电子商务法》第四十条明确为"广告"。第八十一条第二款规定：电子商务平台经营者违反本法第四十条规定，对竞价排名的商品或者服务未显著标明"广告"的，依照《中华人民共和国广告法》的规定处罚。

在电子商务平台经营者的专门经营规范中，《电子商务法》第四十一至第四十五条规定了平台的知识产权保护义务。值得注意的是，《电子商务法》第四十二至第四十四条规定的"通知—必要措施—反通知—终止必要措施"规则，被《民法典》的"网络侵权规制"条款所借鉴。但两者也存在一定的差异，例如，《民法典》要求，权利人的"通知"应包括"权利人的真实身份信息"；网络用户的"反通知"应包括"网络用户的真实身份信息"。又如，《民法典》该条款还适用于"平台内经营者"以外的网络用户，同时该条款不仅规定权利人对于其"错误通知"造成网络用户损害的，应承担侵权责任，而且还规定造成网络服务提供者损害的，也应承担侵权责任。再如，《电子商务法》第四十二条第三款还有"恶意发出错误通知，造成平台内经营者损失的，加倍承担赔偿责任"的规定，而《民法典》则没有规定"恶意"发出错误通知的规制情形。因此，两者在将来的法律实践中怎么进行协调、适用，还有待观察、研究。《电子商务法》第四十五条还纳入了知识产权保护的"红旗"规则。如果平台网店的侵权商品或行为就像"红旗"一样显而易见，电子商务平台就不能这熟视无睹，采取鸵鸟政策放任侵权内容的存在，而应主动对侵权内容采取措施，否则应承担侵权责任。

关于电子商务合同规范，电子商务合同又称为电子合同，一般是指以数据电文①形式达成的合同。数据电文用于合同早已有之，如电子邮件、电报、传真、电子数据交换（electronic data interchange，EDI）等形式，但我国《电子商务法》是否包括这些形式还存在疑问。从条文及体系来看，我国的《电子商务法》似乎更多地针对通过互联网进行的商品或服务交易行为，如常见的在互联网电子商务平台购买台电器，并由快递物流交付。

由于订约环境发生在网络空间，订约方来来回回的合同谈判等意思表示，合同的签名盖章都虚拟化、数字化，电子合同体现出不同于面对面形式等传统合同的特点：电子要约、电子承诺、电子签名和电子支付等。例如，在电子商务平台购买一批办公家具，从商品查询、选择到下单，都是通过信息系统和软件形式完成，电子商务平台及网店并没有一个具体的人像传统购物那样，与买家交流、商谈、签约。针对网络交易的这一个典型特征，《电子商务法》第四十八条规定：电子商务当事人使用自动信息系统订立或者履行合同的行为对使用该系统的当事人具有法律效力。也即根据预先设定的程序，计算机等电子设备就自动作出了意思表示，完成了电子要约和承诺，并对交易各方都具有法律效力。

当然，电子要约、电子承诺，只是信息网络技术对合同影响的结果，在底层法理上仍然要遵循《民法典》第三编"合同"关于要约、承诺的规定。电子要约也应属于特定方的意思表示，须满足《民法典》规定的要约成立条件：一是向希望与其订约的相对方发出；二是具有缔约的目的，表明经受要约人承诺，要约人即受该意思表示约束；三是

---

① 《电子签名法》第二条第二款规定：本法所称数据电文，是指以电子、光学、磁或者类似手段生成、发送、接收或者储存的信息。联合国国际贸易委员会《电子商务示范法》第二条也作了基本一致的规定。

内容应达到合同成立的要求。例如，某五星级酒店，在客房的吧台放置了几种高档名酒，并在旁标牌上注明了名称、价格，供宾客选饮，酒店这个行为就是要约。再如，某公司在电视购物节目称，德国进口精工厨具，仅剩 100 套，每套优惠价人民币 5080 元，欢迎打进电话选购，有效期 2 天，该公司的电视购物广告构成要约。承诺，是指受要约人同意要约的意思表示。《民法典》第三编"合同"第四百八十四条规定：以通知方式作出的承诺，生效的时间适用本法第一百三十七条的规定。承诺不需要通知的，根据交易习惯或者要约的要求作出承诺的行为时生效。例如，上例中酒店的宾客看到酒品及标牌后，开瓶饮用即是承诺，退房时应当支付酒品的钱。再如，上例中某西餐厅看到电视购物后，打进电话购买 50 套即属于承诺。电子承诺与传统承诺的不同之处在于，同意要约的意思表示系以数据电文的形式作出。

要约和承诺是订约及合同成立的过程，《民法典》第三编"合同"第四百八十三条规定：承诺生效时合同成立，但是法律另有规定或者当事人另有约定的除外。合同成立后对各方当事人产生法律约束力。《电子商务法》则对电子合同的成立，建立了一个**著名的"提交订单成功，合同即成立"规则**。《电子商务法》第四十九条规定了该规则的具体内容。《民法典》第三编"合同"第四百九十一条进一步完善了该规则：当事人一方通过互联网等信息网络发布的商品或者服务信息符合要约条件的，对方选择该商品或者服务并提交订单成功时合同成立，但是当事人另有约定的除外。

(二)网络空间电子商务案例

如何认定电子支付"即时到账"发生了未授权支付？——上海 JY 网络科技有限公司(简称 JY 公司)与支付宝(中国)网络技术有限公司(简称支付宝公司)服务合同纠纷一案①。

案情：JY 公司是一家从事网络科技业务的有限责任公司。2017 年 6 月 22 日，JY 公司在支付宝公司注册了账号为××××××××@qq.com 的支付宝企业账户。JY 公司与蚂蚁金服(杭州)网络技术有限公司(简称蚂蚁金服)在线签订的《开放平台服务协议》(笔者注：通过电子要约和电子承诺，达成了电子合同)。

2017 年 11 月 7 日，JY 公司向支付宝公司申请开通该账户下的"单笔转账到支付宝账户接口"功能，并通过电子签约方式与支付宝公司签订了《支付宝服务合同》《支付宝安全保障规则》(笔者注：通过电子要约和电子承诺，达成了电子合同)。"单笔转账到支付宝账户接口"功能系资金支出类的高风险接口，使用 AppID 和 RSA 密钥，无须输入支付密码，就能操作账户资金支出。JY 公司开通"单笔转账到支付宝账户接口"功能后至 11 月 25 日之前，频繁通过该功能向参与其运营的"斯摩格庄园"游戏的相关游戏玩家发放奖励，未有争议。

2017 年 11 月 25 日发生涉案交易：JY 公司该支付宝账户分别向"*海川"和"*霆霆"的支付宝账转出共计 929000 元。

2017 年 11 月 27 日，JY 公司向支付宝反映并向公安机关报案，称有人利用其认证漏洞，或者破解了其支付宝账户和密码，导致 929000 元被盗转账。当支付宝客服询问是否需要关闭余额支付和提现功能时，JY 公司予以拒绝。当日，JY 公司该支付宝账户又

① 上海市浦东新区人民法院(2018)沪 0115 民初 26533 号民事判决书。

分别向"*述超"和"*健敏"的支付宝账户转出 194000 元。

JY 公司再次致电支付宝公司反映账户又被盗,要求支付宝公司关闭了涉案支付宝账户的支付功能,向公安机关补充报案,称其账户又被人利用漏洞骗取了 194000 元。

2017 年 12 月 8 日,支付宝公司清退了 JY 公司支付宝账户的"单笔转账到支付宝账户接口"功能。

JY 公司认为上述交易未经其授权,而支付宝公司没有履行安全保障义务,遂诉至法院请求判令支付宝承担支付赔偿款 1123000 元等责任。

评析:根据《电子商务法》第五十七条的规定:未经授权的支付造成的损失,由电子支付服务提供者承担;电子支付服务提供者能够证明未经授权的支付是因用户的过错造成的,不承担责任。电子支付服务提供者发现支付指令未经授权,或者收到用户支付指令未经授权的通知时,应当立即采取措施防止损失扩大。电子支付服务提供者未及时采取措施导致损失扩大的,对损失扩大部分承担责任。因此,对于用户使用电子支付服务提供者提供的支付服务,是否发生未经授权的支付,是各方责任边界划定的关键点。本案从合同约定及合同履行的角度进行论证,进行了有益的探索。

本案中判断涉案交易是否经 JY 公司授权,法院认为应当着重审查支付指令的发出及完成是否依合同约定的方式使用了正确的 AppID 和 RSA 密匙。首先,JY 公司在涉案交易有约定"用户需自行创建应用并获取 AppID、配置密钥、搭建和配置开发环境"的要求下,仍选择签约并开通该功能,表明 JY 公司自信自己具备使用该功能的技术条件。其次,JY 公司仅需依约使用其 AppID 和自行生成并保管的 RSA 密钥即可完成交易,无须输入支付密码,支付宝公司不从中提供中介服务,双方也未约定交易应特定在工作日或有固定 IP 地址的设备上;支付宝公司仅应依约验证完成交易所需的 AppID 和 RSA 密钥是否正确;JY 公司开通该支付功能后,一直使用该支付方式向其游戏玩家发放佣金,其在历次使用过程中均未对交易方式持有异议。故现涉案交易能够完成,应认为系因使用正确的 AppID 和 RSA 密钥所完成。再次,JY 公司向公安机关的报案陈述认为,涉案交易可能系案外人利用 JY 公司的支付漏洞跳过了认证程序或者破解了 JY 公司的支付宝账户和密码所致。该报案行为针对的是案外人可能存在的侵权行为,不能直接证明涉案交易指令的发出或完成存在不符合合同约定的情形。综上,因 JY 公司未提供证据证明涉案交易指令的发出及完成未依合同约定的方式进行,涉案交易应认定为系经 JY 公司授权的交易。

法院还认为,电子支付服务系高风险的网络交易方式,支付宝公司通过"甲方承诺,乙方按照甲方指令进行操作的一切风险均由甲方承担"等合同约定,对合同相关条款以加粗字体呈现及网站公示等方式进行揭示,已经尽到了作为电子支付服务提供者对涉案交易风险的审慎合理提示义务。而且,涉案争议的支付行为发生后,JY 公司拒绝关闭余额支付功能和提现功能,其对后续损失的发生具有重大过失,应自行承担相应的后果。最终,法院驳回了 JY 公司的全部诉讼请求。

(三)网络空间电子商务法问题

《电子商务法》是否属于民法范畴?

我国的《电子商务法》于 2018 年 8 月 31 日由第十三届全国人民代表大会常务委员

会第五次会议通过，自 2019 年 1 月 1 日起施行。对于该法的性质，有观点认为《电子商务法》属于商法的范畴，也有观点认为《电子商务法》属于综合性立法。学理上的商法，一般包括公司法、保险法、证券法等与商事活动有关的法律。

如果秉持"大民法"，即民商合一的理念，那么《电子商务法》即使具有商法性质，归入民法范畴也自然不存在问题。如果采用民商分立，即民法是民法，商法是商法的观点①，《电子商务法》虽然有商法的内容，同时还有网络安全管理的内容，但主要是从民法规范的角度来调整电子商务法律关系。

例如，《电子商务法》第一章"总则"规定了电子商务经营者从事经营活动，应当遵循自愿、平等、公平、诚信的原则，这与《民法典》第一编"总则"第四至第七条规定的民事主体开展民事活动应遵循的基本原则相一致。而没有将"等价有偿"这一商法特征的原则作为基本原则来规定，当然"等价有偿"应当作为实际的电子商务活动中应遵守的具体法律原则。又如，《电子商务法》第二章"电子商务经营者"从民事主体的角度，对通过互联网等信息网络从事销售商品或者提供服务的经营活动的自然人、法人和非法人组织作出了规定。再如，《电子商务法》第三章"电子商务合同的订立与履行"，在该章第一条(第四十七条)即开宗明义：电子商务当事人订立和履行合同，适用本章和《民法总则》《合同法》《电子签名法》等法律的规定，表明了民法规范的属性。因此，从《电子商务法》总的架构来看，主体还是属于民法规范。

【推荐阅读】《中华人民共和国电子商务法条文释义》，全国人大财经委员会电子商务法起草组编著，法律出版社 2018 年 9 月版。《中华人民共和国电子商务法释义与原理》，赵旭东主编，中国法制出版社 2018 年 9 月版。

第二节　民事领域有关法律法规

一、《民法典》总则编节选

中华人民共和国民法典(节选)

(2020 年 5 月 28 日第十三届全国人民代表大会第三次会议通过)

第一编　总则

第二章　自然人

第一节　民事权利能力和民事行为能力

第十四条　自然人的民事权利能力一律平等。

第十七条　十八周岁以上的自然人为成年人。不满十八周岁的自然人为未成年人。

---

① 从最高人民法院的规定来看，对民法与商法还是有所区别的。详见《全国法院民商事审判工作会议纪要》《最高人民法院关于修改〈最高人民法院关于严格规范民商事案件延长审限和延期开庭问题的规定〉的决定》《最高人民法院关于内地与香港特别行政区法院就民商事案件相互委托提取证据的安排》。

第十八条　成年人为完全民事行为能力人，可以独立实施民事法律行为。

十六周岁以上的未成年人，以自己的劳动收入为主要生活来源的，视为完全民事行为能力人。

第十九条　八周岁以上的未成年人为限制民事行为能力人，实施民事法律行为由其法定代理人代理或者经其法定代理人同意、追认；但是，可以独立实施纯获利益的民事法律行为或者与其年龄、智力相适应的民事法律行为。

第二十条　不满八周岁的未成年人为无民事行为能力人，由其法定代理人代理实施民事法律行为。

第二十一条　不能辨认自己行为的成年人为无民事行为能力人，由其法定代理人代理实施民事法律行为。

八周岁以上的未成年人不能辨认自己行为的，适用前款规定。

第二十二条　不能完全辨认自己行为的成年人为限制民事行为能力人，实施民事法律行为由其法定代理人代理或者经其法定代理人同意、追认；但是，可以独立实施纯获利益的民事法律行为或者与其智力、精神健康状况相适应的民事法律行为。

第四节　个体工商户和农村承包经营户

第五十四条　自然人从事工商业经营，经依法登记，为个体工商户。个体工商户可以起字号。

第三章　法人

第一节　一般规定

第五十七条　法人是具有民事权利能力和民事行为能力，依法独立享有民事权利和承担民事义务的组织。

第五十八条　法人应当依法成立。

法人应当有自己的名称、组织机构、住所、财产或者经费。法人成立的具体条件和程序，依照法律、行政法规的规定。

设立法人，法律、行政法规规定须经有关机关批准的，依照其规定。

第六十条　法人以其全部财产独立承担民事责任。

第六十一条　依照法律或者法人章程的规定，代表法人从事民事活动的负责人，为法人的法定代表人。

法定代表人以法人名义从事的民事活动，其法律后果由法人承受。

法人章程或者法人权力机构对法定代表人代表权的限制，不得对抗善意相对人。

第二节　营利法人

第七十六条　以取得利润并分配给股东等出资人为目的成立的法人，为营利法人。

营利法人包括有限责任公司、股份有限公司和其他企业法人等。

第三节　非营利法人

第八十七条　为公益目的或者其他非营利目的成立，不向出资人、设立人或者会员分配所取得利润的法人，为非营利法人。

非营利法人包括事业单位、社会团体、基金会、社会服务机构等。

第四节　特别法人

第九十六条　本节规定的机关法人、农村集体经济组织法人、城镇农村的合作经济组织法人、基层群众性自治组织法人，为特别法人。

第四章　非法人组织

第一百零二条　非法人组织是不具有法人资格，但是能够依法以自己的名义从事民事活动的组织。

非法人组织包括个人独资企业、合伙企业、不具有法人资格的专业服务机构等。

第五章　民事权利

第一百零九条　自然人的人身自由、人格尊严受法律保护。

第一百一十条　自然人享有生命权、身体权、健康权、姓名权、肖像权、名誉权、荣誉权、隐私权、婚姻自主权等权利。

法人、非法人组织享有名称权、名誉权和荣誉权。

第一百一十一条　自然人的个人信息受法律保护。任何组织或者个人需要获取他人个人信息的，应当依法取得并确保信息安全，不得非法收集、使用、加工、传输他人个人信息，不得非法买卖、提供或者公开他人个人信息。

第一百一十二条　自然人因婚姻家庭关系等产生的人身权利受法律保护。

第一百一十三条　民事主体的财产权利受法律平等保护。

第一百一十四条　民事主体依法享有物权。

物权是权利人依法对特定的物享有直接支配和排他的权利，包括所有权、用益物权和担保物权。

第一百一十五条　物包括不动产和动产。法律规定权利作为物权客体的，依照其规定。

第一百一十六条　物权的种类和内容，由法律规定。

第一百一十七条　为了公共利益的需要，依照法律规定的权限和程序征收、征用不动产或者动产的，应当给予公平、合理的补偿。

第一百一十八条　民事主体依法享有债权。

债权是因合同、侵权行为、无因管理、不当得利以及法律的其他规定，权利人请求特定义务人为或者不为一定行为的权利。

第一百一十九条　依法成立的合同，对当事人具有法律约束力。

第一百二十条　民事权益受到侵害的，被侵权人有权请求侵权人承担侵权责任。

第一百二十一条　没有法定的或者约定的义务，为避免他人利益受损失而进行管理的人，有权请求受益人偿还由此支出的必要费用。

第一百二十二条　因他人没有法律根据，取得不当利益，受损失的人有权请求其返还不当利益。

第一百二十三条　民事主体依法享有知识产权。

知识产权是权利人依法就下列客体享有的专有的权利：

（一）作品；

(二)发明、实用新型、外观设计;

(三)商标;

(四)地理标志;

(五)商业秘密;

(六)集成电路布图设计;

(七)植物新品种;

(八)法律规定的其他客体。

第一百二十四条 自然人依法享有继承权。

自然人合法的私有财产,可以依法继承。

第一百二十五条 民事主体依法享有股权和其他投资性权利。

第一百二十六条 民事主体享有法律规定的其他民事权利和利益。

第一百二十七条 法律对数据、网络虚拟财产的保护有规定的,依照其规定。

第六章 民事法律行为

第一节 一般规定

第一百三十三条 民事法律行为是民事主体通过意思表示设立、变更、终止民事法律关系的行为。

第二节 意思表示

第一百三十七条 以对话方式作出的意思表示,相对人知道其内容时生效。

以非对话方式作出的意思表示,到达相对人时生效。以非对话方式作出的采用数据电文形式的意思表示,相对人指定特定系统接收数据电文的,该数据电文进入该特定系统时生效;未指定特定系统的,相对人知道或者应当知道该数据电文进入其系统时生效。当事人对采用数据电文形式的意思表示的生效时间另有约定的,按照其约定。

第三节 民事法律行为的效力

第一百四十三条 具备下列条件的民事法律行为有效:

(一)行为人具有相应的民事行为能力;

(二)意思表示真实;

(三)不违反法律、行政法规的强制性规定,不违背公序良俗。

第八章 民事责任

第一百七十九条 承担民事责任的方式主要有:

(一)停止侵害;

(二)排除妨碍;

(三)消除危险;

(四)返还财产;

(五)恢复原状;

(六)修理、重作、更换;

(七)继续履行;

(八)赔偿损失;

(九)支付违约金;

(十)消除影响、恢复名誉;

(十一)赔礼道歉。

法律规定惩罚性赔偿的,依照其规定。

本条规定的承担民事责任的方式,可以单独适用,也可以合并适用。

第九章 诉讼时效

第一百八十八条 向人民法院请求保护民事权利的诉讼时效期间为三年。法律另有规定的,依照其规定。

诉讼时效期间自权利人知道或者应当知道权利受到损害以及义务人之日起计算。法律另有规定的,依照其规定。但是,自权利受到损害之日起超过二十年的,人民法院不予保护;有特殊情况的,人民法院可以根据权利人的申请决定延长。

二、《民法典》物权编节选

中华人民共和国民法典(节选)

(2020年5月28日第十三届全国人民代表大会第三次会议通过)

第二编 物权

第一分编 通则

第一章 一般规定

第二百零五条 本编调整因物的归属和利用产生的民事关系。

第二百零七条 国家、集体、私人的物权和其他权利人的物权受法律平等保护,任何组织或者个人不得侵犯。

第二百零八条 不动产物权的设立、变更、转让和消灭,应当依照法律规定登记。动产物权的设立和转让,应当依照法律规定交付。

第二分编 所有权

第四章 一般规定

第二百四十条 所有权人对自己的不动产或者动产,依法享有占有、使用、收益和处分的权利。

第二百四十一条 所有权人有权在自己的不动产或者动产上设立用益物权和担保物权。用益物权人、担保物权人行使权利,不得损害所有权人的权益。

第四分编 担保物权

第十八章 质权

第二节 权利质权

第四百四十条 债务人或者第三人有权处分的下列权利可以出质:

(一)汇票、本票、支票;

(二)债券、存款单;

(三)仓单、提单;

(四)可以转让的基金份额、股权;

(五)可以转让的注册商标专用权、专利权、著作权等知识产权中的财产权;

(六)现有的以及将有的应收账款;

(七)法律、行政法规规定可以出质的其他财产权利。

第四百四十四条 以注册商标专用权、专利权、著作权等知识产权中的财产权出质的,质权自办理出质登记时设立。

知识产权中的财产权出质后,出质人不得转让或者许可他人使用,但是出质人与质权人协商同意的除外。出质人转让或者许可他人使用出质的知识产权中的财产权所得的价款,应当向质权人提前清偿债务或者提存。

第四百四十六条 权利质权除适用本节规定外,适用本章第一节的有关规定。

三、《民法典》合同编节选

中华人民共和国民法典(节选)

(2020 年 5 月 28 日第十三届全国人民代表大会第三次会议通过)

第三编 合同

第二章 合同的订立

第四百六十九条 当事人订立合同,可以采用书面形式、口头形式或者其他形式。

书面形式是合同书、信件、电报、电传、传真等可以有形地表现所载内容的形式。

以电子数据交换、电子邮件等方式能够有形地表现所载内容,并可以随时调取查用的数据电文,视为书面形式。

第四百七十条 合同的内容由当事人约定,一般包括下列条款:

(一)当事人的姓名或者名称和住所;

(二)标的;

(三)数量;

(四)质量;

(五)价款或者报酬;

(六)履行期限、地点和方式;

(七)违约责任;

(八)解决争议的方法。

当事人可以参照各类合同的示范文本订立合同。

第四百七十一条 当事人订立合同,可以采取要约、承诺方式或者其他方式。

第四百七十二条 要约是希望与他人订立合同的意思表示,该意思表示应当符合下列条件:

(一)内容具体确定;

(二)表明经受要约人承诺,要约人即受该意思表示约束。

第四百七十四条 要约生效的时间适用本法第一百三十七条的规定。

第四百七十九条 承诺是受要约人同意要约的意思表示。

第四百八十条 承诺应当以通知的方式作出；但是，根据交易习惯或者要约表明可以通过行为作出承诺的除外。

第四百八十三条 承诺生效时合同成立，但是法律另有规定或者当事人另有约定的除外。

第四百八十四条 以通知方式作出的承诺，生效的时间适用本法第一百三十七条的规定。

承诺不需要通知的，根据交易习惯或者要约的要求作出承诺的行为时生效。

第四百九十条 当事人采用合同书形式订立合同的，自当事人均签名、盖章或者按指印时合同成立。在签名、盖章或者按指印之前，当事人一方已经履行主要义务，对方接受时，该合同成立。

法律、行政法规规定或者当事人约定合同应当采用书面形式订立，当事人未采用书面形式但是一方已经履行主要义务，对方接受时，该合同成立。

第四百九十一条 当事人采用信件、数据电文等形式订立合同要求签订确认书的，签订确认书时合同成立。

当事人一方通过互联网等信息网络发布的商品或者服务信息符合要约条件的，对方选择该商品或者服务并提交订单成功时合同成立，但是当事人另有约定的除外。

第四百九十二条 承诺生效的地点为合同成立的地点。

采用数据电文形式订立合同的，收件人的主营业地为合同成立的地点；没有主营业地的，其住所地为合同成立的地点。当事人另有约定的，按照其约定。

第三章 合同的效力

第五百零二条 依法成立的合同，自成立时生效，但是法律另有规定或者当事人另有约定的除外。

依照法律、行政法规的规定，合同应当办理批准等手续的，依照其规定。未办理批准等手续影响合同生效的，不影响合同中履行报批等义务条款以及相关条款的效力。应当办理申请批准等手续的当事人未履行义务，对方可以请求其承担违反该义务的责任。

依照法律、行政法规的规定，合同的变更、转让、解除等情形应当办理批准等手续的，适用前款规定。

第四章 合同的履行

第五百零九条 当事人应当按照约定全面履行自己的义务。

当事人应当遵循诚信原则，根据合同的性质、目的和交易习惯履行通知、协助、保密等义务。

当事人在履行合同过程中，应当避免浪费资源、污染环境和破坏生态。

第八章 违约责任

第五百七十七条 当事人一方不履行合同义务或者履行合同义务不符合约定的，应当承担继续履行、采取补救措施或者赔偿损失等违约责任。

第五百七十八条 当事人一方明确表示或者以自己的行为表明不履行合同义务的，对方可以在履行期限届满前请求其承担违约责任。

四、《民法典》人格权编

中华人民共和国民法典(节选)

(2020 年 5 月 28 日第十三届全国人民代表大会第三次会议通过)

第四编　人格权

第一章　一般规定

第九百八十九条　本编调整因人格权的享有和保护产生的民事关系。

第九百九十条　人格权是民事主体享有的生命权、身体权、健康权、姓名权、名称权、肖像权、名誉权、荣誉权、隐私权等权利。

除前款规定的人格权外,自然人享有基于人身自由、人格尊严产生的其他人格权益。

第九百九十二条　人格权不得放弃、转让或者继承。

第九百九十三条　民事主体可以将自己的姓名、名称、肖像等许可他人使用,但是依照法律规定或者根据其性质不得许可的除外。

第九百九十九条　为公共利益实施新闻报道、舆论监督等行为的,可以合理使用民事主体的姓名、名称、肖像、个人信息等;使用不合理侵害民事主体人格权的,应当依法承担民事责任。

第三章　姓名权和名称权

第一千零一十二条　自然人享有姓名权,有权依法决定、使用、变更或者许可他人使用自己的姓名,但是不得违背公序良俗。

第一千零一十三条　法人、非法人组织享有名称权,有权依法决定、使用、变更、转让或者许可他人使用自己的名称。

第一千零一十七条　具有一定社会知名度,被他人使用足以造成公众混淆的笔名、艺名、网名、译名、字号、姓名和名称的简称等,参照适用姓名权和名称权保护的有关规定。

第四章　肖像权

第一千零一十八条　自然人享有肖像权,有权依法制作、使用、公开或者许可他人使用自己的肖像。

肖像是通过影像、雕塑、绘画等方式在一定载体上所反映的特定自然人可以被识别的外部形象。

第一千零一十九条　任何组织或者个人不得以丑化、污损,或者利用信息技术手段伪造等方式侵害他人的肖像权。未经肖像权人同意,不得制作、使用、公开肖像权人的肖像,但是法律另有规定的除外。

未经肖像权人同意,肖像作品权利人不得以发表、复制、发行、出租、展览等方式使用或者公开肖像权人的肖像。

第一千零二十条　合理实施下列行为的,可以不经肖像权人同意:

(一)为个人学习、艺术欣赏、课堂教学或者科学研究,在必要范围内使用肖像权人已经公开的肖像;

（二）为实施新闻报道，不可避免地制作、使用、公开肖像权人的肖像；

（三）为依法履行职责，国家机关在必要范围内制作、使用、公开肖像权人的肖像；

（四）为展示特定公共环境，不可避免地制作、使用、公开肖像权人的肖像；

（五）为维护公共利益或者肖像权人合法权益，制作、使用、公开肖像权人的肖像的其他行为。

第一千零二十一条　当事人对肖像许可使用合同中关于肖像使用条款的理解有争议的，应当作出有利于肖像权人的解释。

第一千零二十二条　当事人对肖像许可使用期限没有约定或者约定不明确的，任何一方当事人可以随时解除肖像许可使用合同，但是应当在合理期限之前通知对方。

当事人对肖像许可使用期限有明确约定，肖像权人有正当理由的，可以解除肖像许可使用合同，但是应当在合理期限之前通知对方。因解除合同造成对方损失的，除不可归责于肖像权人的事由外，应当赔偿损失。

第一千零二十三条　对姓名等的许可使用，参照适用肖像许可使用的有关规定。

对自然人声音的保护，参照适用肖像权保护的有关规定。

第五章　名誉权和荣誉权

第一千零二十四条　民事主体享有名誉权。任何组织或者个人不得以侮辱、诽谤等方式侵害他人的名誉权。

名誉是对民事主体的品德、声望、才能、信用等的社会评价。

第一千零二十五条　行为人为公共利益实施新闻报道、舆论监督等行为，影响他人名誉的，不承担民事责任，但是有下列情形之一的除外：

（一）捏造、歪曲事实；

（二）对他人提供的严重失实内容未尽到合理核实义务；

（三）使用侮辱性言辞等贬损他人名誉。

第六章　隐私权和个人信息保护

第一千零三十二条　自然人享有隐私权。任何组织或者个人不得以刺探、侵扰、泄露、公开等方式侵害他人的隐私权。

隐私是自然人的私人生活安宁和不愿为他人知晓的私密空间、私密活动、私密信息。

第一千零三十四条　自然人的个人信息受法律保护。

个人信息是以电子或者其他方式记录的能够单独或者与其他信息结合识别特定自然人的各种信息，包括自然人的姓名、出生日期、身份证件号码、生物识别信息、住址、电话号码、电子邮箱、健康信息、行踪信息等。

个人信息中的私密信息，适用有关隐私权的规定；没有规定的，适用有关个人信息保护的规定。

第一千零三十五条　处理个人信息的，应当遵循合法、正当、必要原则，不得过度处理，并符合下列条件：

（一）征得该自然人或者其监护人同意，但是法律、行政法规另有规定的除外；

（二）公开处理信息的规则；

（三）明示处理信息的目的、方式和范围；

（四）不违反法律、行政法规的规定和双方的约定。

个人信息的处理包括个人信息的收集、存储、使用、加工、传输、提供、公开等。

第一千零三十六条　处理个人信息，有下列情形之一的，行为人不承担民事责任：

（一）在该自然人或者其监护人同意的范围内合理实施的行为；

（二）合理处理该自然人自行公开的或者其他已经合法公开的信息，但是该自然人明确拒绝或者处理该信息侵害其重大利益的除外；

（三）为维护公共利益或者该自然人合法权益，合理实施的其他行为。

五、《民法典》侵权责任编节选

中华人民共和国民法典（节选）

（2020年5月28日第十三届全国人民代表大会第三次会议通过）

第七编　侵权责任

第一章　一般规定

第一千一百六十五条　行为人因过错侵害他人民事权益造成损害的，应当承担侵权责任。

依照法律规定推定行为人有过错，其不能证明自己没有过错的，应当承担侵权责任。

第一千一百六十六条　行为人造成他人民事权益损害，不论行为人有无过错，法律规定应当承担侵权责任的，依照其规定。

第一千一百六十八条　二人以上共同实施侵权行为，造成他人损害的，应当承担连带责任。

第一千一百六十九条　教唆、帮助他人实施侵权行为的，应当与行为人承担连带责任。

教唆、帮助无民事行为能力人、限制民事行为能力人实施侵权行为的，应当承担侵权责任；该无民事行为能力人、限制民事行为能力人的监护人未尽到监护职责的，应当承担相应的责任。

第二章　损害赔偿

第一千一百八十五条　故意侵害他人知识产权，情节严重的，被侵权人有权请求相应的惩罚性赔偿。

第三章　责任主体的特殊规定

第一千一百九十四条　网络用户、网络服务提供者利用网络侵害他人民事权益的，应当承担侵权责任。法律另有规定的，依照其规定。

第一千一百九十五条　网络用户利用网络服务实施侵权行为的，权利人有权通知网络服务提供者采取删除、屏蔽、断开链接等必要措施。通知应当包括构成侵权的初步证据及权利人的真实身份信息。

网络服务提供者接到通知后，应当及时将该通知转送相关网络用户，并根据构成侵权的初步证据和服务类型采取必要措施；未及时采取必要措施的，对损害的扩大部分与该网络用户承担连带责任。

权利人因错误通知造成网络用户或者网络服务提供者损害的，应当承担侵权责任。法律另有规定的，依照其规定。

第一千一百九十六条　网络用户接到转送的通知后，可以向网络服务提供者提交不存在侵权行为的声明。声明应当包括不存在侵权行为的初步证据及网络用户的真实身份信息。

网络服务提供者接到声明后，应当将该声明转送发出通知的权利人，并告知其可以向有关部门投诉或者向人民法院提起诉讼。网络服务提供者在转送声明到达权利人后的合理期限内，未收到权利人已经投诉或者提起诉讼通知的，应当及时终止所采取的措施。

第一千一百九十七条　网络服务提供者知道或者应当知道网络用户利用其网络服务侵害他人民事权益，未采取必要措施的，与该网络用户承担连带责任。

六、有关司法解释节选

最高人民法院关于审理买卖合同纠纷案件适用法律问题的解释（节选）

（2012 年 3 月 31 日最高人民法院审判委员会第 1545 次会议通过，根据 2020 年 12 月 23 日最高人民法院审判委员会第 1823 次会议通过的《最高人民法院关于修改〈最高人民法院关于在民事审判工作中适用《中华人民共和国工会法》若干问题的解释〉等二十七件民事类司法解释的决定》修改，自 2021 年 1 月 1 日起施行）

为正确审理买卖合同纠纷案件，根据《中华人民共和国民法典》《中华人民共和国民事诉讼法》等法律的规定，结合审判实践，制定本解释。

一、买卖合同的成立

第一条　当事人之间没有书面合同，一方以送货单、收货单、结算单、发票等主张存在买卖合同关系的，人民法院应当结合当事人之间的交易方式、交易习惯以及其他相关证据，对买卖合同是否成立作出认定。

对账确认函、债权确认书等函件、凭证没有记载债权人名称，买卖合同当事人一方以此证明存在买卖合同关系的，人民法院应予支持，但有相反证据足以推翻的除外。

二、标的物交付和所有权转移

第二条　标的物为无需以有形载体交付的电子信息产品，当事人对交付方式约定不明确，且依照民法典第五百一十条的规定仍不能确定的，买受人收到约定的电子信息产品或者权利凭证即为交付。

最高人民法院关于审理利用信息网络侵害人身权益民事纠纷案件适用法律若干问题的规定

（2014 年 6 月 23 日最高人民法院审判委员会第 1621 次会议通过，根据 2020 年 12 月 23 日最高人民法院审判委员会第 1823 次会议通过的《最高人民法院关于修改〈最高人民法院关于在民事审判工作中适用《中华人民共和国工会法》若干问题的解释〉等二十七件民事类司法解释的决定》修改，自 2021 年 1 月 1 日起施行）

为正确审理利用信息网络侵害人身权益民事纠纷案件，根据《中华人民共和国民法典》《全国人民代表大会常务委员会关于加强网络信息保护的决定》《中华人民共和国民事诉讼法》等法律的规定，结合审判实践，制定本规定。

第一条　本规定所称的利用信息网络侵害人身权益民事纠纷案件，是指利用信息网络侵害他人姓名权、名称权、名誉权、荣誉权、肖像权、隐私权等人身权益引起的纠纷案件。

第二条　原告依据民法典第一千一百九十五条、第一千一百九十七条的规定起诉网络用户或者网络服务提供者的，人民法院应予受理。

原告仅起诉网络用户，网络用户请求追加涉嫌侵权的网络服务提供者为共同被告或者第三人的，人民法院应予准许。

原告仅起诉网络服务提供者，网络服务提供者请求追加可以确定的网络用户为共同被告或者第三人的，人民法院应予准许。

第三条　原告起诉网络服务提供者，网络服务提供者以涉嫌侵权的信息系网络用户发布为由抗辩的，人民法院可以根据原告的请求及案件的具体情况，责令网络服务提供者向人民法院提供能够确定涉嫌侵权的网络用户的姓名(名称)、联系方式、网络地址等信息。

网络服务提供者无正当理由拒不提供的，人民法院可以依据民事诉讼法第一百一十四条的规定对网络服务提供者采取处罚等措施。

原告根据网络服务提供者提供的信息请求追加网络用户为被告的，人民法院应予准许。

第四条　人民法院适用民法典第一千一百九十五条第二款的规定，认定网络服务提供者采取的删除、屏蔽、断开链接等必要措施是否及时，应当根据网络服务的类型和性质、有效通知的形式和准确程度、网络信息侵害权益的类型和程度等因素综合判断。

第五条　其发布的信息被采取删除、屏蔽、断开链接等措施的网络用户，主张网络服务提供者承担违约责任或者侵权责任，网络服务提供者以收到民法典第一千一百九十五条第一款规定的有效通知为由抗辩的，人民法院应予支持。

第六条　人民法院依据民法典第一千一百九十七条认定网络服务提供者是否"知道或者应当知道"，应当综合考虑下列因素：

(一)网络服务提供者是否以人工或者自动方式对侵权网络信息以推荐、排名、选择、编辑、整理、修改等方式作出处理；

(二)网络服务提供者应当具备的管理信息的能力，以及所提供服务的性质、方式及其引发侵权的可能性大小；

(三)该网络信息侵害人身权益的类型及明显程度；

(四)该网络信息的社会影响程度或者一定时间内的浏览量；

(五)网络服务提供者采取预防侵权措施的技术可能性及其是否采取了相应的合理措施；

(六)网络服务提供者是否针对同一网络用户的重复侵权行为或者同一侵权信息采取了相应的合理措施；

(七)与本案相关的其他因素。

第七条　人民法院认定网络用户或者网络服务提供者转载网络信息行为的过错及其程度，应当综合以下因素：

（一）转载主体所承担的与其性质、影响范围相适应的注意义务；

（二）所转载信息侵害他人人身权益的明显程度；

（三）对所转载信息是否作出实质性修改，是否添加或者修改文章标题，导致其与内容严重不符以及误导公众的可能性。

第八条　网络用户或者网络服务提供者采取诽谤、诋毁等手段，损害公众对经营主体的信赖，降低其产品或者服务的社会评价，经营主体请求网络用户或者网络服务提供者承担侵权责任的，人民法院应依法予以支持。

第九条　网络用户或者网络服务提供者，根据国家机关依职权制作的文书和公开实施的职权行为等信息来源所发布的信息，有下列情形之一，侵害他人人身权益，被侵权人请求侵权人承担侵权责任的，人民法院应予支持：

（一）网络用户或者网络服务提供者发布的信息与前述信息来源内容不符；

（二）网络用户或者网络服务提供者以添加侮辱性内容、诽谤性信息、不当标题或者通过增删信息、调整结构、改变顺序等方式致人误解；

（三）前述信息来源已被公开更正，但网络用户拒绝更正或者网络服务提供者不予更正；

（四）前述信息来源已被公开更正，网络用户或者网络服务提供者仍然发布更正之前的信息。

第十条　被侵权人与构成侵权的网络用户或者网络服务提供者达成一方支付报酬，另一方提供删除、屏蔽、断开链接等服务的协议，人民法院应认定为无效。

擅自篡改、删除、屏蔽特定网络信息或者以断开链接的方式阻止他人获取网络信息，发布该信息的网络用户或者网络服务提供者请求侵权人承担侵权责任的，人民法院应予支持。接受他人委托实施该行为的，委托人与受托人承担连带责任。

第十一条　网络用户或者网络服务提供者侵害他人人身权益，造成财产损失或者严重精神损害，被侵权人依据民法典第一千一百八十二条和第一千一百八十三条的规定，请求其承担赔偿责任的，人民法院应予支持。

第十二条　被侵权人为制止侵权行为所支付的合理开支，可以认定为民法典第一千一百八十二条规定的财产损失。合理开支包括被侵权人或者委托代理人对侵权行为进行调查、取证的合理费用。人民法院根据当事人的请求和具体案情，可以将符合国家有关部门规定的律师费用计算在赔偿范围内。

被侵权人因人身权益受侵害造成的财产损失以及侵权人因此获得的利益难以确定的，人民法院可以根据具体案情在 50 万元以下的范围内确定赔偿数额。

第十三条　本规定施行后人民法院正在审理的一审、二审案件适用本规定。

本规定施行前已经终审，本规定施行后当事人申请再审或者按照审判监督程序决定再审的案件，不适用本规定。

第三节　电子商务领域有关法律法规

一、《电子商务法》节选

中华人民共和国电子商务法(节选)

(2018 年 8 月 31 日第十三届全国人民代表大会常务委员会第五次会议通过)

第一章　总则

第二条　中华人民共和国境内的电子商务活动,适用本法。

本法所称电子商务,是指通过互联网等信息网络销售商品或者提供服务的经营活动。

法律、行政法规对销售商品或者提供服务有规定的,适用其规定。金融类产品和服务,利用信息网络提供新闻信息、音视频节目、出版以及文化产品等内容方面的服务,不适用本法。

第二章　电子商务经营者

第一节　一般规定

第九条　本法所称电子商务经营者,是指通过互联网等信息网络从事销售商品或者提供服务的经营活动的自然人、法人和非法人组织,包括电子商务平台经营者、平台内经营者以及通过自建网站、其他网络服务销售商品或者提供服务的电子商务经营者。

本法所称电子商务平台经营者,是指在电子商务中为交易双方或者多方提供网络经营场所、交易撮合、信息发布等服务,供交易双方或者多方独立开展交易活动的法人或者非法人组织。

本法所称平台内经营者,是指通过电子商务平台销售商品或者提供服务的电子商务经营者。

第十条　电子商务经营者应当依法办理市场主体登记。但是,个人销售自产农副产品、家庭手工业产品,个人利用自己的技能从事依法无须取得许可的便民劳务活动和零星小额交易活动,以及依照法律、行政法规不需要进行登记的除外。

第十一条　电子商务经营者应当依法履行纳税义务,并依法享受税收优惠。

依照前条规定不需要办理市场主体登记的电子商务经营者在首次纳税义务发生后,应当依照税收征收管理法律、行政法规的规定申请办理税务登记,并如实申报纳税。

第十二条　电子商务经营者从事经营活动,依法需要取得相关行政许可的,应当依法取得行政许可。

第十三条　电子商务经营者销售的商品或者提供的服务应当符合保障人身、财产安全的要求和环境保护要求,不得销售或者提供法律、行政法规禁止交易的商品或者服务。

第十四条　电子商务经营者销售商品或者提供服务应当依法出具纸质发票或者电子发票等购货凭证或者服务单据。电子发票与纸质发票具有同等法律效力。

第十五条　电子商务经营者应当在其首页显著位置,持续公示营业执照信息、与其经营业务有关的行政许可信息、属于依照本法第十条规定的不需要办理市场主体登记情形等信息，或者上述信息的链接标识。

前款规定的信息发生变更的，电子商务经营者应当及时更新公示信息。

第十六条　电子商务经营者自行终止从事电子商务的，应当提前三十日在首页显著位置持续公示有关信息。

第十七条　电子商务经营者应当全面、真实、准确、及时地披露商品或者服务信息，保障消费者的知情权和选择权。电子商务经营者不得以虚构交易、编造用户评价等方式进行虚假或者引人误解的商业宣传，欺骗、误导消费者。

第十八条　电子商务经营者根据消费者的兴趣爱好、消费习惯等特征向其提供商品或者服务的搜索结果的，应当同时向该消费者提供不针对其个人特征的选项，尊重和平等保护消费者合法权益。

电子商务经营者向消费者发送广告的，应当遵守《中华人民共和国广告法》的有关规定。

第十九条　电子商务经营者搭售商品或者服务，应当以显著方式提请消费者注意，不得将搭售商品或者服务作为默认同意的选项。

第二十条　电子商务经营者应当按照承诺或者与消费者约定的方式、时限向消费者交付商品或者服务，并承担商品运输中的风险和责任。但是，消费者另行选择快递物流服务提供者的除外。

第二十一条　电子商务经营者按照约定向消费者收取押金的，应当明示押金退还的方式、程序，不得对押金退还设置不合理条件。消费者申请退还押金，符合押金退还条件的，电子商务经营者应当及时退还。

第二十二条　电子商务经营者因其技术优势、用户数量、对相关行业的控制能力以及其他经营者对该电子商务经营者在交易上的依赖程度等因素而具有市场支配地位的，不得滥用市场支配地位，排除、限制竞争。

第二十三条　电子商务经营者收集、使用其用户的个人信息，应当遵守法律、行政法规有关个人信息保护的规定。

第二十四条　电子商务经营者应当明示用户信息查询、更正、删除以及用户注销的方式、程序，不得对用户信息查询、更正、删除以及用户注销设置不合理条件。

电子商务经营者收到用户信息查询或者更正、删除的申请的，应当在核实身份后及时提供查询或者更正、删除用户信息。用户注销的，电子商务经营者应当立即删除该用户的信息；依照法律、行政法规的规定或者双方约定保存的，依照其规定。

第二节　电子商务平台经营者

第二十七条　电子商务平台经营者应当要求申请进入平台销售商品或者提供服务的经营者提交其身份、地址、联系方式、行政许可等真实信息，进行核验、登记，建立登记档案，并定期核验更新。

电子商务平台经营者为进入平台销售商品或者提供服务的非经营用户提供服务，应当遵守本节有关规定。

第二十八条　电子商务平台经营者应当按照规定向市场监督管理部门报送平台内经

营者的身份信息，提示未办理市场主体登记的经营者依法办理登记，并配合市场监督管理部门，针对电子商务的特点，为应当办理市场主体登记的经营者办理登记提供便利。

电子商务平台经营者应当依照税收征收管理法律、行政法规的规定，向税务部门报送平台内经营者的身份信息和与纳税有关的信息，并应当提示依照本法第十条规定不需要办理市场主体登记的电子商务经营者依照本法第十一条第二款的规定办理税务登记。

第二十九条　电子商务平台经营者发现平台内的商品或者服务信息存在违反本法第十二条、第十三条规定情形的，应当依法采取必要的处置措施，并向有关主管部门报告。

第三十一条　电子商务平台经营者应当记录、保存平台上发布的商品和服务信息、交易信息，并确保信息的完整性、保密性、可用性。商品和服务信息、交易信息保存时间自交易完成之日起不少于三年；法律、行政法规另有规定的，依照其规定。

第三十二条　电子商务平台经营者应当遵循公开、公平、公正的原则，制定平台服务协议和交易规则，明确进入和退出平台、商品和服务质量保障、消费者权益保护、个人信息保护等方面的权利和义务。

第三十三条　电子商务平台经营者应当在其首页显著位置持续公示平台服务协议和交易规则信息或者上述信息的链接标识，并保证经营者和消费者能够便利、完整地阅览和下载。

第三十四条　电子商务平台经营者修改平台服务协议和交易规则，应当在其首页显著位置公开征求意见，采取合理措施确保有关各方能够及时充分表达意见。修改内容应当至少在实施前七日予以公示。

平台内经营者不接受修改内容，要求退出平台的，电子商务平台经营者不得阻止，并按照修改前的服务协议和交易规则承担相关责任。

第三十五条　电子商务平台经营者不得利用服务协议、交易规则以及技术等手段，对平台内经营者在平台内的交易、交易价格以及与其他经营者的交易等进行不合理限制或者附加不合理条件，或者向平台内经营者收取不合理费用。

第三十六条　电子商务平台经营者依据平台服务协议和交易规则对平台内经营者违反法律、法规的行为实施警示、暂停或者终止服务等措施的，应当及时公示。

第三十七条　电子商务平台经营者在其平台上开展自营业务的，应当以显著方式区分标记自营业务和平台内经营者开展的业务，不得误导消费者。

电子商务平台经营者对其标记为自营的业务依法承担商品销售者或者服务提供者的民事责任。

第三十八条　电子商务平台经营者知道或者应当知道平台内经营者销售的商品或者提供的服务不符合保障人身、财产安全的要求，或者有其他侵害消费者合法权益行为，未采取必要措施的，依法与该平台内经营者承担连带责任。

对关系消费者生命健康的商品或者服务，电子商务平台经营者对平台内经营者的资质资格未尽到审核义务，或者对消费者未尽到安全保障义务，造成消费者损害的，依法承担相应的责任。

第三十九条　电子商务平台经营者应当建立健全信用评价制度，公示信用评价规则，为消费者提供对平台内销售的商品或者提供的服务进行评价的途径。

电子商务平台经营者不得删除消费者对其平台内销售的商品或者提供的服务的评价。

第四十条　电子商务平台经营者应当根据商品或者服务的价格、销量、信用等以多种方式向消费者显示商品或者服务的搜索结果；对于竞价排名的商品或者服务，应当显著标明"广告"。

第四十一条　电子商务平台经营者应当建立知识产权保护规则，与知识产权权利人加强合作，依法保护知识产权。

第四十二条　知识产权权利人认为其知识产权受到侵害的，有权通知电子商务平台经营者采取删除、屏蔽、断开链接、终止交易和服务等必要措施。通知应当包括构成侵权的初步证据。

电子商务平台经营者接到通知后，应当及时采取必要措施，并将该通知转送平台内经营者；未及时采取必要措施的，对损害的扩大部分与平台内经营者承担连带责任。

因通知错误造成平台内经营者损害的，依法承担民事责任。恶意发出错误通知，造成平台内经营者损失的，加倍承担赔偿责任。

第四十三条　平台内经营者接到转送的通知后，可以向电子商务平台经营者提交不存在侵权行为的声明。声明应当包括不存在侵权行为的初步证据。

电子商务平台经营者接到声明后，应当将该声明转送发出通知的知识产权权利人，并告知其可以向有关主管部门投诉或者向人民法院起诉。电子商务平台经营者在转送声明到达知识产权权利人后十五日内，未收到权利人已经投诉或者起诉通知的，应当及时终止所采取的措施。

第四十四条　电子商务平台经营者应当及时公示收到的本法第四十二条、第四十三条规定的通知、声明及处理结果。

第四十五条　电子商务平台经营者知道或者应当知道平台内经营者侵犯知识产权的，应当采取删除、屏蔽、断开链接、终止交易和服务等必要措施；未采取必要措施的，与侵权人承担连带责任。

第三章　电子商务合同的订立与履行

第四十七条　电子商务当事人订立和履行合同，适用本章和《中华人民共和国民法总则》《中华人民共和国合同法》《中华人民共和国电子签名法》等法律的规定。

第四十八条　电子商务当事人使用自动信息系统订立或者履行合同的行为对使用该系统的当事人具有法律效力。

在电子商务中推定当事人具有相应的民事行为能力。但是，有相反证据足以推翻的除外。

第四十九条　电子商务经营者发布的商品或者服务信息符合要约条件的，用户选择该商品或者服务并提交订单成功，合同成立。当事人另有约定的，从其约定。

电子商务经营者不得以格式条款等方式约定消费者支付价款后合同不成立；格式条款等含有该内容的，其内容无效。

第五十条　电子商务经营者应当清晰、全面、明确地告知用户订立合同的步骤、注意事项、下载方法等事项，并保证用户能够便利、完整地阅览和下载。

电子商务经营者应当保证用户在提交订单前可以更正输入错误。

第五十一条　合同标的为交付商品并采用快递物流方式交付的，收货人签收时间为交付时间。合同标的为提供服务的，生成的电子凭证或者实物凭证中载明的时间为交付时间；前述凭证没有载明时间或者载明时间与实际提供服务时间不一致的，实际提供服务的时间为交付时间。

合同标的为采用在线传输方式交付的，合同标的进入对方当事人指定的特定系统并且能够检索识别的时间为交付时间。

合同当事人对交付方式、交付时间另有约定的，从其约定。

第五十三条　电子商务当事人可以约定采用电子支付方式支付价款。

电子支付服务提供者为电子商务提供电子支付服务，应当遵守国家规定，告知用户电子支付服务的功能、使用方法、注意事项、相关风险和收费标准等事项，不得附加不合理交易条件。电子支付服务提供者应当确保电子支付指令的完整性、一致性、可跟踪稽核和不可篡改。

电子支付服务提供者应当向用户免费提供对账服务以及最近三年的交易记录。

第五十四条　电子支付服务提供者提供电子支付服务不符合国家有关支付安全管理要求，造成用户损失的，应当承担赔偿责任。

第五十五条　用户在发出支付指令前，应当核对支付指令所包含的金额、收款人等完整信息。

支付指令发生错误的，电子支付服务提供者应当及时查找原因，并采取相关措施予以纠正。造成用户损失的，电子支付服务提供者应当承担赔偿责任，但能够证明支付错误非自身原因造成的除外。

第五十六条　电子支付服务提供者完成电子支付后，应当及时准确地向用户提供符合约定方式的确认支付的信息。

第五十七条　用户应当妥善保管交易密码、电子签名数据等安全工具。用户发现安全工具遗失、被盗用或者未经授权的支付的，应当及时通知电子支付服务提供者。

未经授权的支付造成的损失，由电子支付服务提供者承担；电子支付服务提供者能够证明未经授权的支付是因用户的过错造成的，不承担责任。

电子支付服务提供者发现支付指令未经授权，或者收到用户支付指令未经授权的通知时，应当立即采取措施防止损失扩大。电子支付服务提供者未及时采取措施导致损失扩大的，对损失扩大部分承担责任。

第四章　电子商务争议解决

第五十八条　国家鼓励电子商务平台经营者建立有利于电子商务发展和消费者权益保护的商品、服务质量担保机制。

电子商务平台经营者与平台内经营者协议设立消费者权益保证金的，双方应当就消费者权益保证金的提取数额、管理、使用和退还办法等作出明确约定。

消费者要求电子商务平台经营者承担先行赔偿责任以及电子商务平台经营者赔偿后向平台内经营者的追偿，适用《中华人民共和国消费者权益保护法》的有关规定。

第五十九条　电子商务经营者应当建立便捷、有效的投诉、举报机制，公开投诉、举报方式等信息，及时受理并处理投诉、举报。

第六十二条　在电子商务争议处理中，电子商务经营者应当提供原始合同和交易记录。因电子商务经营者丢失、伪造、篡改、销毁、隐匿或者拒绝提供前述资料，致使人民法院、仲裁机构或者有关机关无法查明事实的，电子商务经营者应当承担相应的法律责任。

第五章　电子商务促进

第六十四条　国务院和省、自治区、直辖市人民政府应当将电子商务发展纳入国民经济和社会发展规划，制定科学合理的产业政策，促进电子商务创新发展。

第六十六条　国家推动电子商务基础设施和物流网络建设，完善电子商务统计制度，加强电子商务标准体系建设。

第六十七条　国家推动电子商务在国民经济各个领域的应用，支持电子商务与各产业融合发展。

第六章　法律责任

第七十四条　电子商务经营者销售商品或者提供服务，不履行合同义务或者履行合同义务不符合约定，或者造成他人损害的，依法承担民事责任。

第七十五条　电子商务经营者违反本法第十二条、第十三条规定，未取得相关行政许可从事经营活动，或者销售、提供法律、行政法规禁止交易的商品、服务，或者不履行本法第二十五条规定的信息提供义务，电子商务平台经营者违反本法第四十六条规定，采取集中交易方式进行交易，或者进行标准化合约交易的，依照有关法律、行政法规的规定处罚。

第七十六条　电子商务经营者违反本法规定，有下列行为之一的，由市场监督管理部门责令限期改正，可以处一万元以下的罚款，对其中的电子商务平台经营者，依照本法第八十一条第一款的规定处罚：

（一）未在首页显著位置公示营业执照信息、行政许可信息、属于不需要办理市场主体登记情形等信息，或者上述信息的链接标识的；

（二）未在首页显著位置持续公示终止电子商务的有关信息的；

（三）未明示用户信息查询、更正、删除以及用户注销的方式、程序，或者对用户信息查询、更正、删除以及用户注销设置不合理条件的。

电子商务平台经营者对违反前款规定的平台内经营者未采取必要措施的，由市场监督管理部门责令限期改正，可以处二万元以上十万元以下的罚款。

第七十七条　电子商务经营者违反本法第十八条第一款规定提供搜索结果，或者违反本法第十九条规定搭售商品、服务的，由市场监督管理部门责令限期改正，没收违法所得，可以并处五万元以上二十万元以下的罚款；情节严重的，并处二十万元以上五十万元以下的罚款。

第七十八条　电子商务经营者违反本法第二十一条规定，未向消费者明示押金退还的方式、程序，对押金退还设置不合理条件，或者不及时退还押金的，由有关主管部门责令限期改正，可以处五万元以上二十万元以下的罚款；情节严重的，处二十万元以上五十万元以下的罚款。

第七十九条　电子商务经营者违反法律、行政法规有关个人信息保护的规定，或者不履行本法第三十条和有关法律、行政法规规定的网络安全保障义务的，依照《中华人民共和国网络安全法》等法律、行政法规的规定处罚。

第八十条　电子商务平台经营者有下列行为之一的，由有关主管部门责令限期改正；逾期不改正的，处二万元以上十万元以下的罚款；情节严重的，责令停业整顿，并处十万元以上五十万元以下的罚款：

（一）不履行本法第二十七条规定的核验、登记义务的；

（二）不按照本法第二十八条规定向市场监督管理部门、税务部门报送有关信息的；

（三）不按照本法第二十九条规定对违法情形采取必要的处置措施，或者未向有关主管部门报告的；

（四）不履行本法第三十一条规定的商品和服务信息、交易信息保存义务的。

法律、行政法规对前款规定的违法行为的处罚另有规定的，依照其规定。

第八十一条　电子商务平台经营者违反本法规定，有下列行为之一的，由市场监督管理部门责令限期改正，可以处二万元以上十万元以下的罚款；情节严重的，处十万元以上五十万元以下的罚款：

（一）未在首页显著位置持续公示平台服务协议、交易规则信息或者上述信息的链接标识的；

（二）修改交易规则未在首页显著位置公开征求意见，未按照规定的时间提前公示修改内容，或者阻止平台内经营者退出的；

（三）未以显著方式区分标记自营业务和平台内经营者开展的业务的；

（四）未为消费者提供对平台内销售的商品或者提供的服务进行评价的途径，或者擅自删除消费者的评价的。

电子商务平台经营者违反本法第四十条规定，对竞价排名的商品或者服务未显著标明"广告"的，依照《中华人民共和国广告法》的规定处罚。

第八十二条　电子商务平台经营者违反本法第三十五条规定，对平台内经营者在平台内的交易、交易价格或者与其他经营者的交易等进行不合理限制或者附加不合理条件，或者向平台内经营者收取不合理费用的，由市场监督管理部门责令限期改正，可以处五万元以上五十万元以下的罚款；情节严重的，处五十万元以上二百万元以下的罚款。

第八十三条　电子商务平台经营者违反本法第三十八条规定，对平台内经营者侵害消费者合法权益行为未采取必要措施，或者对平台内经营者未尽到资质资格审核义务，或者对消费者未尽到安全保障义务的，由市场监督管理部门责令限期改正，可以处五万元以上五十万元以下的罚款；情节严重的，责令停业整顿，并处五十万元以上二百万元以下的罚款。

第八十四条　电子商务平台经营者违反本法第四十二条、第四十五条规定，对平台内经营者实施侵犯知识产权行为未依法采取必要措施的，由有关知识产权行政部门责令限期改正；逾期不改正的，处五万元以上五十万元以下的罚款；情节严重的，处五十万元以上二百万元以下的罚款。

第八十五条　电子商务经营者违反本法规定，销售的商品或者提供的服务不符合保障人身、财产安全的要求，实施虚假或者引人误解的商业宣传等不正当竞争行为，滥用市场支配地位，或者实施侵犯知识产权、侵害消费者权益等行为的，依照有关法律的规定处罚。

第七章 附则

第八十九条 本法自 2019 年 1 月 1 日起施行。

二、《电子签名法》节选

中华人民共和国电子签名法(节选)

(2004 年 8 月 28 日第十届全国人民代表大会常务委员会第十一次会议通过，根据 2015 年 4 月 24 日第十二届全国人民代表大会常务委员会第十四次会议《关于修改〈中华人民共和国电力法〉等六部法律的决定》第一次修正，根据 2019 年 4 月 23 日第十三届全国人民代表大会常务委员会第十次会议《关于修改〈中华人民共和国建筑法〉等八部法律的决定》第二次修正)

第一章 总则

第二条 本法所称电子签名，是指数据电文中以电子形式所含、所附用于识别签名人身份并表明签名人认可其中内容的数据。

本法所称数据电文，是指以电子、光学、磁或者类似手段生成、发送、接收或者储存的信息。

第三条 民事活动中的合同或者其他文件、单证等文书，当事人可以约定使用或者不使用电子签名、数据电文。

当事人约定使用电子签名、数据电文的文书，不得仅因为其采用电子签名、数据电文的形式而否定其法律效力。

前款规定不适用下列文书：

(一)涉及婚姻、收养、继承等人身关系的；

(二)涉及停止供水、供热、供气等公用事业服务的；

(三)法律、行政法规规定的不适用电子文书的其他情形。

第二章 数据电文

第四条 能够有形地表现所载内容，并可以随时调取查用的数据电文，视为符合法律、法规要求的书面形式。

第五条 符合下列条件的数据电文，视为满足法律、法规规定的原件形式要求：

(一)能够有效地表现所载内容并可供随时调取查用；

(二)能够可靠地保证自最终形成时起，内容保持完整、未被更改。但是，在数据电文上增加背书以及数据交换、储存和显示过程中发生的形式变化不影响数据电文的完整性。

第六条 符合下列条件的数据电文，视为满足法律、法规规定的文件保存要求：

（一）能够有效地表现所载内容并可供随时调取查用；

（二）数据电文的格式与其生成、发送或者接收时的格式相同，或者格式不相同但是能够准确表现原来生成、发送或者接收的内容；

（三）能够识别数据电文的发件人、收件人以及发送、接收的时间。

第七条　数据电文不得仅因为其是以电子、光学、磁或者类似手段生成、发送、接收或者储存的而被拒绝作为证据使用。

第八条　审查数据电文作为证据的真实性，应当考虑以下因素：

（一）生成、储存或者传递数据电文方法的可靠性；

（二）保持内容完整性方法的可靠性；

（三）用以鉴别发件人方法的可靠性；

（四）其他相关因素。

第九条　数据电文有下列情形之一的，视为发件人发送：

（一）经发件人授权发送的；

（二）发件人的信息系统自动发送的；

（三）收件人按照发件人认可的方法对数据电文进行验证后结果相符的。

当事人对前款规定的事项另有约定的，从其约定。

第十条　法律、行政法规规定或者当事人约定数据电文需要确认收讫的，应当确认收讫。发件人收到收件人的收讫确认时，数据电文视为已经收到。

第十一条　数据电文进入发件人控制之外的某个信息系统的时间，视为该数据电文的发送时间。

收件人指定特定系统接收数据电文的，数据电文进入该特定系统的时间，视为该数据电文的接收时间；未指定特定系统的，数据电文进入收件人的任何系统的首次时间，视为该数据电文的接收时间。

当事人对数据电文的发送时间、接收时间另有约定的，从其约定。

第十二条　发件人的主营业地为数据电文的发送地点，收件人的主营业地为数据电文的接收地点。没有主营业地的，其经常居住地为发送或者接收地点。

当事人对数据电文的发送地点、接收地点另有约定的，从其约定。

第三章　电子签名与认证

第十三条　电子签名同时符合下列条件的，视为可靠的电子签名：

（一）电子签名制作数据用于电子签名时，属于电子签名人专有；

（二）签署时电子签名制作数据仅由电子签名人控制；

（三）签署后对电子签名的任何改动能够被发现；

（四）签署后对数据电文内容和形式的任何改动能够被发现。

当事人也可以选择使用符合其约定的可靠条件的电子签名。

第十四条　可靠的电子签名与手写签名或者盖章具有同等的法律效力。

第十五条　电子签名人应当妥善保管电子签名制作数据。电子签名人知悉电子签名制作数据已经失密或者可能已经失密时，应当及时告知有关各方，并终止使用该电子签名制作数据。

第十六条　电子签名需要第三方认证的，由依法设立的电子认证服务提供者提供认证服务。

第十七条　提供电子认证服务，应当具备下列条件：

(一)取得企业法人资格；

(二)具有与提供电子认证服务相适应的专业技术人员和管理人员；

(三)具有与提供电子认证服务相适应的资金和经营场所；

(四)具有符合国家安全标准的技术和设备；

(五)具有国家密码管理机构同意使用密码的证明文件；

(六)法律、行政法规规定的其他条件。

第二十一条　电子认证服务提供者签发的电子签名认证证书应当准确无误，并应当载明下列内容：

(一)电子认证服务提供者名称；

(二)证书持有人名称；

(三)证书序列号；

(四)证书有效期；

(五)证书持有人的电子签名验证数据；

(六)电子认证服务提供者的电子签名；

(七)国务院信息产业主管部门规定的其他内容。

第四章　法律责任

第二十七条　电子签名人知悉电子签名制作数据已经失密或者可能已经失密未及时告知有关各方、并终止使用电子签名制作数据，未向电子认证服务提供者提供真实、完整和准确的信息，或者有其他过错，给电子签名依赖方、电子认证服务提供者造成损失的，承担赔偿责任。

第二十八条　电子签名人或者电子签名依赖方因依据电子认证服务提供者提供的电子签名认证服务从事民事活动遭受损失，电子认证服务提供者不能证明自己无过错的，承担赔偿责任。

第二十九条　未经许可提供电子认证服务的，由国务院信息产业主管部门责令停止违法行为；有违法所得的，没收违法所得；违法所得三十万元以上的，处违法所得一倍以上三倍以下的罚款；没有违法所得或者违法所得不足三十万元的，处十万元以上三十万元以下的罚款。

第五章　附则

第三十四条　本法中下列用语的含义：

(一)电子签名人，是指持有电子签名制作数据并以本人身份或者以其所代表的人的名义实施电子签名的人；

　　(二)电子签名依赖方,是指基于对电子签名认证证书或者电子签名的信赖从事有关活动的人;

　　(三)电子签名认证证书,是指可证实电子签名人与电子签名制作数据有联系的数据电文或者其他电子记录;

　　(四)电子签名制作数据,是指在电子签名过程中使用的,将电子签名与电子签名人可靠地联系起来的字符、编码等数据;

　　(五)电子签名验证数据,是指用于验证电子签名的数据,包括代码、口令、算法或者公钥等。

第七章　网络空间安全知识产权法律法规

第一节　网络空间安全知识产权法律法规综述

与网络空间相关的知识产权法律、行政法规主要有《中华人民共和国专利法》(简称《专利法》)、《中华人民共和国商标法》(简称《商标法》)、《中华人民共和国著作权法》(简称《著作权法》)、《中华人民共和国反不正当竞争法》(简称《反不正当竞争法》)、《计算机软件保护条例》、《中华人民共和国著作权法实施条例》(简称《著作权法实施条例》)、《中华人民共和国专利法实施细则》(简称《专利法实施细则》)、《中华人民共和国商标法实施条例》(简称《商标法实施条例》)等。专门规范网络空间的知识产权法律主要有《信息网络传播权保护条例》。

最高人民法院有关的司法解释，也是调整网络空间法律关系的重要知识产权规范，主要有《最高人民法院关于审理侵犯专利权纠纷案件应用法律若干问题的解释》《最高人民法院关于审理侵犯专利权纠纷案件应用法律若干问题的解释(二)》《最高人民法院关于商标法修改决定施行后商标案件管辖和法律适用问题的解释》《最高人民法院关于审理涉及驰名商标保护的民事纠纷案件应用法律若干问题的解释》《最高人民法院关于审理商标民事纠纷案件适用法律若干问题的解释》《最高人民法院关于审理著作权民事纠纷案件适用法律若干问题的解释》《最高人民法院关于审理侵害信息网络传播权民事纠纷案件适用法律若干问题的规定》。

需要注意的是，民事权利主要是指传统民法范围的人格权、物权、债权等。知识产权，作为一项以财产权为主的信息权利，因为其客体的信息性及法律保护的时限性、地域性而与传统的民事权利有所区别。但知识产权在性质上也属于民事权利的一种。《民法典》第一编"总则"第一百二十三条规定，民事主体依法享有知识产权。

那么，与传统民事财产权，尤其是房屋产权等物权相比，知识产权有哪些特点？知识产权的客体是作品、专利技术、商标、商业秘密、地理标志、域名、植物新品种、集成电路布图设计等，本质上与网络游戏物品、微信公众号等虚拟财产一样，属于信息财产的范畴，这就与物权区别开来。物权的客体是"物"，即有形财产，如房屋、汽车、智能手机、飞机等。

与物权的客体——物相比，信息财产的特征在于信息的无体性或者非物质性。由于对信息无法进行有形的直接的管领和支配，信息财产也不会发生现实的毁损灭失。例如，电影《星际迷航 3：超越星辰》就是影像信息，可以存储在计算机、智能手机等载体上，也可以呈现在图画书等载体上。虽然这些载体都属于民法上的物，是物权的客体，购买一台计算机或一本图画书，可以对其享有所有权，但并不能因此对其上存储或呈现的电影《星际迷航 3：超越星辰》享有权利。因为电影属于《著作权法》保护的作品，其财产权归属著作权人，无论其存储或复制在什么载体上。但人们了解、感知这些信息，又需要通过计算机、图画书等物质载体。作为影像信息的载体，一本图画书作为"物"会发生损坏灭失，但影像信息始终还存在，可以存储于其他的图书或者计算机等"物"的载体上，不会像物质一样发生毁损灭失。需要说明的是，并不是所有的信息都可以成为信息财产，应当无偿提供的政府信息、公有领域的信息、禁止交易或者传播的国家秘密信息等都不属于信息财产，不能成为产权的客体。

作为信息财产的重要类型，知识产权的主要特点有：第一，客体的非物质性，即信息具有的非物质性或者无体性的自然属性。知识产权具有支配权和对世权的性质，与传统民法上的物权类似，但信息的非物质性将知识产权和物权区分开来。虽然具有客体的非物质性特征，但并不意味着知识产权的客体——作品、专利技术、商标、商业秘密等信息是虚幻的，这些客体均在一定的载体上以内容的形式表达出来，从而能够为人感知、传递、加工和利用。第二，专有性。专有性是知识产权作为一项绝对权当然具有的特征。《著作权法》《专利法》《商标法》等知识产权法律，在知识产权客体上设定了专有权利，并由著作权人、专利权人、注册商标专用权人等权利人享有。要使用这些信息，应当取得权利人的许可，否则会承担侵权责任。例如，未经专利权人同意，为生产经营目的使用专利技术制造、销售产品，如无法定免责事由，就构成专利侵权行为。当然，法律对知识产权的专有性也设置了限制，如著作权的合理使用制度、专利权的不视为侵权制度（权利用尽、先用实施、临时过境、科学实现）和强制许可制度等。第三，地域性，即一国法律赋予的知识产权，一般只在该法域内有效。例如，一项发明在中国申请获得了专利权，但没有在美国申请专利，那么美国就不保护该发明。第四，时间性，即知识产权只在法定保护期限有效，期限届满后法律不再保护。例如，我国《专利法》规定，发明专利权的保护期限为 20 年，实用新型专利权的保护期限为 10 年，外观设计专利权的保护期限为 15 年（2020 年《专利法》），均自申请日起计算。需要说明的是，时间性并不是所有知识产权的特征，如注册商标专用权，可以通过续展一直持有。技术秘密和经营秘密可以通过权利人的保密措施得到无限期的保护，如可口可乐的配方。

一、网络著作权

（一）基础知识

网络版权，讨论的是发生在网络空间的版权法律问题。我国《著作权法》第五十七条规定：本法所称的著作权即版权。因此，网络版权也称为网络著作权。

著作权的客体也即保护的对象主要是作品，还包括表演、录音录像制品等。2020 年《著作权法》第三条规定：本法所称的作品，是指文学、艺术和科学领域内具有独创性并能以一定形式表现的智力成果。例如，以文字形式表现的小说、论文，流行歌曲、古典交响乐等音乐，国画、雕塑等平面或立体艺术品，电影、电视剧、大型网络游戏等视听作品，工程设计图、产品设计图及地图等图形作品。作品本质上是信息，属于信息财产的范畴，具有非物质性，并因此与存储它们的书本、计算机等载体区别开来。

《著作权法》第十条规定了权利人对作品所享有的十七项权利。其中，信息网络传播权是法律针对网络空间传播常见的交互式特点，专门赋予著作权人的一项权利，因此本章将主要讨论这一权利。需要说明的是，信息网络传播权并不等于全部的网络版权。网络空间的著作权问题，如视频网站"定时播放"电影、"网课直播"等，还涉及其他的著作权项，如复制权、表演权及 2020 年《著作权法》上的广播权。

《著作权法》第十条第一款第十二项规定了"信息网络传播权"的定义，即以有线或者无线方式向公众提供作品，使公众可以在其个人选定的时间和地点获得作品的权利。可以看出，该权利对应的行为具有可以自由决定获得作品的时间和地点这一特点，也即大家熟知的"交互性"。这一特点使信息网络传播权与涉及网络的其他著作权权项区别开来。例如，软件公司职员小强午间休息时，在视频网站打开"网剧专区"，点选《无心法师》观看，因时间紧张没看完，下班后在餐厅看了一会，又回家继续观看。定义里的"提供作品"是指将作品置于信息网络的行为。例如，将电影上传到一款视频分享 APP；再如，通过共享软件将计算机里的小说通过设置网络共享方式提供给网络用户，都属于提供作品。而上传后他人再提供该视频、小说的链接则不属于提供作品。定义里的"公众"，一般是指三人或者三人以上，但如果这三个人是家庭成员或者关系密切的朋友，则也不属于公众。反之，如果是处于公开传播的状态，即使只有三个人下载了这些视频、小说，也属于向公众传播。定义里的"获得"，包括下载视频、小说，也包括在线浏览、观看等，但强调的是获得可能性，即使视频上传后，并没有人下载、观看，依然属于信息网络传播权对应的传播作品的行为。

《信息网络传播权保护条例》[①]是根据著作权法制定的专门保护信息网络传播权的行政法规。《信息网络传播权保护条例》保护的对象包括作品、表演、录音录像制品，也即根据《著作权法》的规定，信息网络传播权分别作为著作权中一个权项、表演者权中一个权项以及录音录像制品者权中一个权项，均依照《著作权法》及《信息网络传播权保护条例》保护。未经权利人许可，通过信息网络提供作品、表演、录音录像制品，如无法定免责事由的，应承担信息网络传播权侵权责任。

《信息网络传播权保护条例》还规定了权利人采取**技术措施**[②]保护其信息网络传播权的权利。针对网络传播迅速快捷的特点，采取合法有效的技术措施，权利人可以控制对作品的访问或使用，有效地保护自己的合法权益。北京市高级人民法院 2018 年发布的《侵害著作权案件审理指南》中第 9.26 规定，信息网络传播权保护条例第二十六条规定的技术措施是指为保护权利人在著作权法上的正当利益而采取的控制浏览、欣赏或者控制使用作品、表演、录音录像制品的技术措施。下列情形中的技术措施不属于受著作权法保护的技术措施：①用于实现作品、表演、录音录像制品与产品或者服务的捆绑销售；②用于实现作品、表演、录音录像制品价格区域划分；③用于破坏未经许可使用作品、表演、录音录像制品的用户的计算机系统；④其他与权利人在著作权法上的正当利益无关的技术措施。第 9.27 规定：受著作权法保护的技术措施应为有效的技术措施。技术措

---

① 2006 年 5 月 18 日中华人民共和国国务院令第 468 号公布，根据 2013 年 1 月 30 日《国务院关于修改〈信息网络传播权保护条例〉的决定》修订。

② 应当注意的是，《著作权法》第三次修改的修订草案送审稿将"技术措施"改为"技术保护措施"。

施是否有效，应当以一般用户掌握的通常方法是否能够避开或者破解为标准。技术人员能够通过某种方式避开或者破解技术措施的，不影响技术措施的有效性。

《信息网络传播权保护条例》第四条明确了几种规避技术措施的违法情形，违反本条规定的，应当依照《著作权法》及《信息网络传播权保护条例》第十八条、第十九条承担法律责任。规避技术措施的行为分为直接规避与间接规避两种类型。直接规避是指故意避开或者破坏技术措施的行为。间接规避包括两种情形，一种是故意制造、进口或者向公众提供主要用于避开或者破坏技术措施的装置或者部件的行为，另一种是故意为他人避开或者破坏技术措施提供技术服务的行为。无论是直接规避还是间接规避，只有在行为人存在主观故意的情况下，才构成侵害技术措施的违法行为。在飞狐信息技术(天津)有限公司(简称飞狐公司)与深圳市迅雷网络技术有限公司(简称迅雷公司)著作权权属、侵权纠纷一案①中法院认定，迅雷公司在未告知视频播放网站并未取得其许可，亦未取得作品权利人的授权许可的情形下，通过技术手段分析、破解"××视频"的相关代码后私自取得涉案影视作品信息，使得公众无需登录"××视频"、通过迅雷公司的"迅雷HD"软件即可实现涉案作品的在线观看。飞狐公司在本案中还主张其采用了技术保护措施防止未经授权的第三方跳过广告直接抓取视频。因此，迅雷公司在本案中故意避开或者破坏飞狐公司为涉案作品采取的保护信息网络传播权的技术措施，已构成侵权。综上，迅雷公司虽提供的是搜索链接服务，但其故意避开或破坏了被飞狐公司为保护涉案作品采取的技术措施，构成侵权。迅雷公司主张其不应承担侵权责任，法院不予支持。

值得注意的是，2020年《著作权法》第五十条规定了可以合法地避开技术措施的五种情况。

权利管理电子信息，根据《信息网络传播权保护条例》第二十六条的规定，是指说明作品及其作者、表演及其表演者、录音录像制品及其制作者的信息，作品、表演、录音录像制品权利人的信息和使用条件的信息，以及表示上述信息的数字或者代码。第五条规定了两种侵害权利管理电子信息的情形，一是故意删除或者改变权利管理电子信息的行为，以故意为主观要件；二是通过信息网络向公众提供明知或者应知未经权利人许可被删除或者改变权利管理电子信息的作品、表演、录音录像制品的行为，以明知或者应知为主观要件。违反本条规定的，应当依照条例第十八条承担法律责任。本条还明确了如果是由于技术上的原因无法避免删除或者改变的，则不属于侵害权利管理电子信息的行为。

作为对信息网络传播权的限制，《信息网络传播权保护条例》第六条、第七条明确了九种**合理使用**的情形。合理使用是指可以合法地不经权利人许可也不用向其支付报酬而使用作品、表演、录音录像制品的法定情形或制度，包括为介绍、评论某一作品或者说明某一问题，在向公众提供的作品中适当引用已经发表的作品；为报道时事新闻，在向公众提供的作品中不可避免地再现或者引用已经发表的作品等。

法定许可也是对著作权的一种限制，虽然也是不经权利人许可就可以使用作品，但与合理使用不同的是，法定许可的情形下应向权利人支付报酬。《信息网络传播权保护条

---

① 深圳市中级人民法院(2016)粤03民终4741号民事判决书。

例》第八条、第九条分别规定了远程教育、扶贫公益方面的法定许可。

条例的第十四至第十七条还规定了著名的**"通知—删除"规则**，适用于提供信息存储空间、提供搜索、链接等网络服务的运营商。该规则对于平衡著作权保护与网络技术服务起着重要作用，正如法院在刘京胜与搜狐爱特信信息技术(北京)有限公司侵犯著作权纠纷一案①所指出的，由于在互联网上网站之间具有互联性、开放性，网上的各类信息内容庞杂，数量巨大，要求网络服务商对所链接的全部信息和信息内容是否存在权利上的瑕疵先行作出判断和筛选是不客观的，网上的信息内容有权利上的瑕疵时，主要应由信息提供者或传播者承担法律责任，仅提供网络技术或设施的服务商，一般不应承担赔偿责任。

如果网络服务提供商按照"通知—删除"规则，在收到通知后采取了删除、屏蔽、断开链接等必要措施，网络服务提供者是否就一定能免除承担侵权责任，特别是赔偿责任呢？首先，网络服务商在收到权利人的通知后不采取必要措施，并不一定承担侵权责任。条例规定权利人应对其通知的真实性负责，如果通知并非权利人发出，或者内容存在瑕疵的，网络服务商可以不采取必要措施，也无须承担侵权责任。其次，对于网络服务商承担信息网络传播权侵权责任的归责原则，法律规定的是过错原则。《民法典》第一千一百九十七条规定：网络服务提供者知道或者应当知道网络用户利用其网络服务侵害他人民事权益，未采取必要措施的，与该网络用户承担连带责任。2012 年发布的《最高人民法院关于审理侵害信息网络传播权民事纠纷案件适用法律若干问题的规定》第七条第三款规定：网络服务提供者明知或者应知网络用户利用网络服务侵害信息网络传播权，未采取删除、屏蔽、断开链接等必要措施，或者提供技术支持等帮助行为的，人民法院应当认定其构成帮助侵权行为。《信息网络传播权保护条例》第二十三条也规定：网络服务者为服务对象提供搜索或者链接服务，在接到权利人的通知书后，根据本条例规定断开与侵权的作品、表演、录音录像制品的链接的，不承担赔偿责任；但是，明知或者应知所链接的作品、表演、录音录像制品侵权的，应当承担共同侵权责任。以上规定中的"知道或者应当知道""明知或者应知"就是指网络服务提供者存在过错。而根据《最高人民法院关于审理侵害信息网络传播权民事纠纷案件适用法律若干问题的规定》第九条第五项的规定，"网络服务提供者是否设置便捷程序接收侵权通知并及时对侵权通知作出合理的反应"只是判断过错的因素之一。因此，网络服务商按照条例规定的"通知—删除"规则采取了删除、屏蔽、断开链接等必要措施的，在一般情况下，不承担赔偿责任，但如果其本就对侵权信息存在其他类型的过错的，例如，视频分享网络服务商对热播的影视剧以设置榜单、目录、索引、描述性段落、内容简介等方式进行推荐，且公众可以在其网页上直接以下载、浏览或者推给等其他方式获得的，就构成"应知"的过错，无论其是否在收到通知后删除侵权视频，均应承担赔偿责任。

《信息网络传播权保护条例》的第十八条、第十九条规定了侵犯信息网络传播权应当承担的**法律责任**。

《信息网络传播权保护条例》的第二十至第二十三条，规定了著名的**"避风港"条款**，

---

① 北京市第二中级人民法院(2000)二中知初字第 128 号民事判决书。

明确了提供网络接入、信息自动传输、系统缓存、存储发布空间、搜索链接等网络服务的免责条件。例如，第二十三条规定：网络服务提供者为服务对象提供搜索或者链接服务，在接到权利人的通知书后，根据本条例规定断开与侵权的作品、表演、录音录像制品的链接的，不承担赔偿责任；但是，明知或者应知所链接的作品、表演、录音录像制品侵权的，应当承担共同侵权责任。规定该等条款的理由在于"那些根据用户指令，通过互联网提供自动搜索、链接服务，且对搜索、链接的信息不进行组织、筛选的网络服务提供者，对通过其系统或者网络的信息的监控能力有限；网络上信息数量庞大，且在不断变化、更新，故要求其逐条甄别信息、注意到信息的合法性是不可能的。通常情况下，提供自动搜索、链接功能的网络服务提供者不知道相关信息是否侵权。"[1]

"避风港"条款为网络服务提供者提供一个明确、稳定的行为预期，符合规则的网络服务行为不需要承担赔偿责任。如果被诉信息网络传播权侵权，网络服务提供者可以此作为抗辩理由，这就给予了网络技术与商业模式一个明确、可靠的著作权法律支持。

那么"避风港"条款是否属于条例给予网络服务商的优待条件？或者说怎么来理解"避风港"条款呢？首先，"避风港"条款的意义在于，在复杂的网络条件下，给网络服务提供者划定一条清晰的法律风险安全线，但没有给予其侵权责任上的优待，并不意味着网络服务提供者在侵害信息网络传播权应承担赔偿责任时，可以因为"避风港"条款而得到豁免。其次，符合规定条件的网络服务可以驶入"避风港"，但未达到条件的网络服务也不必然构成信息网络传播权侵权，侵权与否还应根据过错归责原则来判断。例如，《最高人民法院关于审理侵害信息网络传播权民事纠纷案件适用法律若干问题的规定》第八条第一款规定：人民法院应当根据网络服务提供者的过错，确定其是否承担教唆、帮助侵权责任。网络服务提供者的过错包括对于网络用户侵害信息网络传播权行为的明知或者应知。北京市高级人民法院《侵害著作权案件审理指南》中第 9.17 规定，《侵权责任法》第三十六条第二款、第三款属于网络服务提供者的侵权责任构成要件条款。不符合《信息网络传播权保护条例》第二十至第二十三条关于网络服务提供者侵权损害赔偿责任免责条款的，还应当根据《侵权责任法》第三十六条判断网络服务提供者是否应当承担相应的侵权责任。

(二)网络版权案例

短视频是不是著作权法上的作品？"通知—删除""避风港"条款怎么适用？——北京微播视界科技有限公司(简称微播公司)与百度在线网络技术(北京)有限公司、北京百度网讯科技有限公司(合称"百度公司")侵害作品信息网络传播权纠纷一案[2]。

案情：微播公司，是抖音平台即抖音网(域名为 douyin.com)及抖音短视频手机软件(Android 系统和 iOS 系统)的运营者。百度公司，是伙拍平台即伙拍小视频手机软件(Android 系统和 iOS 系统)的运营者。

昵称为"黑脸 V"(抖音号为 145651081)的用户，制作并在抖音平台发布了"我想对你说"短视频，整体时长 13 秒。2018 年 10 月 29 日，抖音平台后台信息显示，该短

---

① 最高人民法院(2009)民三终字第 2 号民事判决书。
② 北京互联网法院(2018)京 0491 民初 1 号民事判决书。

视频的创建时间为 2018 年 5 月 12 日 19 时 21 分 32 秒，播放次数为 41023503 次，点赞量为 280.4 万。抖音平台上两位用户分享了该短视频，播放页面均有"抖音"和"ID：145651081"字样的水印。伙拍小视频手机软件（Android 系统和 iOS 系统）中，昵称为"黑脸 V"（ID451670）的用户页面，可以播放被控侵权短视频，被控侵权短视频播放页面未显示有水印。经比对，被控侵权短视频与"我想对你说"短视频完全一致。

微播公司向百度公司发送了两封电子邮件通知百度公司某员工，后又向百度寄送一封纸质投诉函，要求删除侵权短视频。微播公司认为，经"黑脸 V"合法授权，其依法对"我想对你说"短视频在全球范围内享有独家排他的信息网络传播权及以微播公司名义进行独家维权的权利。百度公司未经许可，擅自将"我想对你说"短视频在伙拍小视频上传播并提供下载、分享服务，侵害了其对"我想对你说"短视频享有的信息网络传播权。被控侵权短视频上未显示抖音和用户 ID 的水印，百度公司必然实施了消除上述水印的行为，存在破坏微播公司技术措施的故意行为，此行为亦构成对其信息网络传播权的侵犯。遂诉至法院，请求判令百度公司停止侵权、消除影响、赔偿损失 100 万元及合理支出 5 万元。法院驳回了微播公司的全部诉讼请求。

评析：短视频是指在各种互联网新媒体平台上播放的、适合在移动状态观看的视频内容，时间几秒到几分钟不等。本案中的短视频是否属于著作权法保护的作品呢？百度公司是否构成侵权呢？视频上抖音和用户 ID 的水印是不是技术措施呢？

法院认为，"我想对你说"短视频由制作者独立创作完成，体现出了创作性。该视频的制作者在给定主题和素材的情形下，其创作空间受到一定的限制，体现出创作性难度较高。虽然该短视频是在已有素材的基础上进行创作，但其编排、选择及呈现给观众的效果，体现了制作者的个性化表达。同时，该短视频带给观众的精神享受亦是该短视频具有创作性的具体体现。抖音平台上其他用户对"我想对你说"短视频的分享行为，亦可作为该视频具有创作性的佐证。因此，"我想对你说"短视频符合创作性条件，具备著作权法的独创性要求，构成以类似摄制电影的方法创作的作品（简称类电作品）。

本案中被控侵权短视频系案外人上传，百度公司为信息存储空间服务提供者，是否承担责任关键在于其是否履行了"通知—删除"义务，如果履行了则可能进入"避风港"，不承担侵权责任。法院认为，微播公司以两封电子邮件的方式举证，主张其早已于 2018 年 8 月 24 日通知百度公司删除被控侵权短视频，百度公司一直迟至其所称的 9 月 10 日才进行删除，未在合理期限内履行"通知—删除"义务，百度公司不应适用避风港条款。但是在百度公司称其未收到上述邮件的情况下，微播公司无法证明上述电子邮件到达百度公司电子邮件系统。故法院不认可微播公司的上述主张。

百度公司在收到有效的纸质投诉函后，删除被控侵权短视频的行为在合理期限内。因此，法院认为现有证据无法证明百度公司对于被控侵权短视频是否侵权存在明知或应知的主观过错，且在收到微播公司的通知后，百度公司及时删除了被控侵权短视频，百度公司的行为符合进入"避风港"的要件。在此情形下，无论伙拍小视频手机软件的涉案用户是否构成侵权，百度公司作为网络服务提供者，均不构成侵权，不应承担责任。

法院还认为，著作权法意义上的"技术措施"与纯技术意义上的"技术措施"的差异主要有两点：一是著作权法意义上的"技术措施"用于作品、表演和录音制品等著作权法中的特定客体；二是著作权法意义上的"技术措施"具有阻止对上述特定客体实施特定行为的功能。本案中的水印显然不能实现上述功能。本案中的水印包含有"我想对你说"短视频的制作者用户 ID 号，表示了制作者的信息，更宜认定为权利管理信息。水印中标注的"抖音"字样，表示了传播者的信息。而且被控侵权短视频系案外人上传，消除水印的行为人不是百度公司。因此，法院不支持微播公司关于百度公司因破坏技术措施，进而侵害其信息网络传播权的主张。

(三)网络版权热点问题

网课直播归不归信息网络传播权管？

网课直播的时间，公众无法自由选定，不具备交互性。因此，网课直播行为无法归入信息网络传播权项下。网课直播行为的"按时开讲，过时不候"的特征，与网络定时播放行为相同。"所谓网络定时播放，即网络内容服务提供商利用网络电视软件，使互联网用户可以通过客户端网络电视软件在线观看播出的节目。"在评析安乐影片公司诉北京时越公司等侵害著作权案时，主审法官认为，对于定时播放行为，"并没有哪一项具体的著作权之财产权完全与之对应。目前唯一可以采取的手段就是运用'兜底条款'来应对"，"《著作权法》第十条第十七项规定了兜底条款，俗称其他权"[①]。

因此也有观点认为，对于网课直播，也应适用《著作权法》第十条规定的"其他权利"。笔者认为，这一观点也无法成立，网课直播行为应归入《著作权法》第十条第一款第九项规定的"表演权"项下。如上所述，网课直播在《著作权法》意义上，属于对作品的表演。而定时播放本质上属于对作品的广播。虽然均系传播作品的行为，但《著作权法》严格限定了广播权的调整范围，对应的行为只包括：以无线方式公开广播或者传播作品的行为，以及以无线传播或有线传播或转播的方式向公众传播广播的作品的行为。因此，互联网定时播放行为，无法归入到广播权，只能适用兜底条款来调整[①]。

表演权则不同。《著作权法》规定的表演权对应的行为包括两个：第一个是公开表演作品的行为；第二个是用各种手段公开播送作品的表演的行为。这来自《伯尔尼保护文学作品和艺术作品公约》第十一条第一款规定，戏剧作品、音乐戏剧作品和音乐作品的作者享有下列专有权利：①授权公开表演和演奏其作品，包括用各种手段和方式公开表演和演奏；②授权用各种手段公开播送其作品的表演和演奏[②]。按照世界知识产权组织（World Intellectual Property Organization，WIPO）前官员的解释，"公约使用的是狭义的传播的含义"。换言之，向非传播发生地播放，才算是"传播"，否则称之为"表演"，包括机械表演。而公约第十一条第一款第二项规定的授权用各种手段公开播送其作品的表演，"与数字网络传播密切相关"，自然可以包括网课直播行为。

对照我国《著作权法》对表演权的定义，就很明确了。《著作权法》规定的第一个行为对应公约的第一个行为，《著作权法》规定的第二个行为对应公约的第二个行为。因此，网课直播行为，应适用表演权条款来调整。但 2020 年 11 月 11 日修改的《著作权法》第十条第一款第十一项规定：广播权，即以有线或者无线方式公开传播或者转播作品，以及通过扩音器或者其他传送符号、声音、图像的类似工具向公众传播广播的作品的权利，但不包括本款第十二项规定的权利。由此，立法者对广播权条款的修改意图，包含了今后主要适用该条款来调整网络直播，包括网课直播行为。

---

① 2020 年《著作权法》改由"广播权"规制。

② 世界知识产权组织. 伯尔尼保护文学和艺术作品公约. https://wipolex.wipo.int/zh/text/ 283701[2020-03-06].

二、软件著作权

(一)基础知识

软件版权,讨论的是发生与计算机程序有关的版权法律问题。我国《著作权法》第六十二条规定:本法所称的著作权即版权。因此软件版权也称为软件著作权。需要注意的是,计算机软件作为综合性的信息产品,对其知识产权保护也是立体的。本部分讨论《著作权法》对软件的保护,但软件还可以获得专利、商业秘密保护,一些软件的图形用户界面(graphical user interface,GUI)如果具有识别商品来源的显著性,还可以获得商标法保护。一般来说,软件程序的高层逻辑功能设计,如果构成发明创造,可以受专利法保护;软件的源代码与目标码则受著作权法保护;在具有非公知性的条件下,源程序还可以作为技术秘密来保护。

《著作权法》和《专利法》对软件的保护并不重叠,而是有分工的。《专利审查指南》规定:如果一项权利要求仅涉及一种算法或数学计算规则,或者计算机程序本身或仅仅记录在载体(例如磁带、磁盘、光盘、磁光盘、ROM、PROM、VCD、DVD或者其他的计算机可读介质)上的计算机程序本身,或者游戏的规则和方法等,则该权利要求属于智力活动的规则和方法,不属于专利保护的客体。其规定的"计算机程序本身"指的是软件的表达部分,包括字面与非字面的要素,主要是源代码、目标代码,这些属于著作权的保护范围。而计算机程序的发明,本质上属于技术方案,涉及的是软件具有实用性的功能部分,即软件实施的方法,这往往是软件开发的核心,也是软件财产价值的重要组成部分。而著作权只保护软件非实用非功能的表达部分,这时就需要为软件提供专利保护,包括对含有创新算法的技术方案提供专利保护,正如《专利审查指南》所述:如果涉及计算机程序的发明专利申请的解决方案执行计算机程序的目的是解决技术问题,在计算机上运行计算机程序从而对外部或内部对象进行控制或处理所反映的是遵循自然规律的技术手段,并且由此获得符合自然规律的技术效果,则这种解决方案属于专利法第二条第二款所说的技术方案,属于专利保护的客体。

《计算机软件保护条例》是根据著作权法制定的专门保护软件版权的行政法规。计算机软件,根据《计算机软件保护条例》第二条的规定,是指计算机程序及其有关文档。第三条规定:(一)计算机程序[①]是指为了得到某种结果而可以由计算机等具有信息处理能力的装置执行的代码化指令序列(**笔者注**:机器语言目标程序),或者可以被自动转换成代码化指令序列的符号化指令序列(**笔者注**:汇编语言源程序)或者符号化语句序列(**笔者注**:高级语言源程序)。同一计算机程序的源程序和目标程序为同一作品。(二)文档,是指用来描述程序的内容、组成、设计、功能规格、开发情况、测试结果及使用方法的文字资料和图表等,如程序设计说明书、流程图、用户手册等。

《计算机软件保护条例》第四条规定:受本条例保护的软件必须由开发者独立开发,

---

① 著作权法第三次修改过程中,有观点认为,"计算机程序"的定义应修改为,以源程序或者目标程序表现的、用于电子计算机或者其他信息处理装置运行的指令和数据的总和,计算机程序的源程序和目标程序为同一作品。

并已固定在某种有形物体上。"独立开发"是软件著作权保护的原创性条件，是指软件应由开发者独立完成，是开发者投入劳动创造的智力成果。但原创性是表达层面的要求，只需达到独立完成的要求，并不要求开发完成的软件是全新的、首创的。因此，不同开发者开发的软件即使相同或者相似，只要是各自独立完成的，均不妨碍各自软件的原创性，也不影响各自受到著作权保护。软件著作权保护的原创性条件，区别于专利法中的新颖性。新颖性要求的是软件应当是首创的，具有强烈的排他性。软件著作权保护的原创性，还包括最低限度创造性的要求，从而将一些过于简单的程序代码编写排除在法律保护之外，例如"PRINT Welcome to China　END"。"已固定在某种有形物体上"体现了软件著作权保护的固定条件，是指开发出来的计算机软件应当已经存储在某种载体上。软件是具有实用目的的功能性作品，如果没有固定下来，就无法被感知、使用、复制、传播，无从判断是否具有原创性，也就谈不上著作权保护。

"保护表达不保护思想"，或称"思想表达两分法"(idea expression dichotomy)是著作权法的基本原理。《计算机软件保护条例》第六条规定：本条例对软件著作权的保护不延及开发软件所用的思想、处理过程、操作方法或者数学概念等。该条体现了这一原理，划定了**软件版权保护的边界**。根据该条的规定，开发软件所用的思想、处理过程、操作方法或者数学概念等都属于思想表达两分法意义上的思想，应当排除在软件著作权保护之外，而思想的表达，如源代码、目标代码则应受著作权保护。需要注意的是，著作权法原理上的"思想"，与传统观念上的"思想"不完全一致，前者包括通过软件来解决具体技术问题的技术方案，这些方案因为其功能性或实用性，而属于著作权法上的"思想"，不能被著作权法保护。美国知识产权法学者认为："传统上所采用的著作权并不保护有关操作的思想，而这正是计算机程序中最有价值的部分。美国法院自 1879 年以来就已经将著作权保护排除在实用性方法之外。"虽然"技术方案"属于著作权法不保护的思想，但如果具备专利法规定的条件，可以申请获得专利权。

《计算机软件保护条例》还规定了著作权法基本原理"思想表达两分法"的一个具体判断指标：即"思想表达合并"原理(又称思想观念的"唯一表达"或"有限表述")。《计算机软件保护条例》第二十九条规定：软件开发者开发的软件，由于可供选用的表达方式有限而与已经存在的软件相似的，不构成对已经存在的软件的著作权的侵犯。软件工程为了实现安全、易用、效率等目标，追求的是有效的表达，而小说、电影、绘画等一般文学艺术创作，追求的是丰富的表达，对于"有效"的追求，往往导致软件开发中存在编写、选择的方式、范围只有几种有限的情形，这时有限的几种表达方式就视同"思想"。已经存在的软件如果使用了这类表达，并不能禁止其他人在软件开发中使用。

软件著作权人对其软件享有版权权利：发表权、署名权、修改权、复制权、发行权、出租权、信息网络传播权、翻译权、应当由软件著作权人享有的其他权利。软件著作权人对这些权利，依法可以有多种利用方式，包括许可他人行使其软件著作权，并有权获得报酬；也可以全部或者部分转让其软件著作权，并有权获得报酬。

需要注意的是，虽然《计算机软件保护条例》是对软件版权的规定，立法依据来自《著作权法》，两者对软件著作权的保护并不存在实质性差异，但《计算机软件保护条例》规定的"软件修改权"与《著作权法》规定的"修改权"并不一致。《著作权法》第十条第一款第三项规定：修改权，即修改或者授权他人修改作品的权利。修改权属于人身权的范畴。而《计算机软件保护条例》上的软件修改权，等同于著作权法上的改编权，属于财产权，具有经济权利性质。这在著作权法第三次修改的修订草案送审稿的规定中充分体现出来，修订草案送审稿规定："改编权，即将作品改变成其他体裁和种类的新作品，或者将文字、音乐、戏剧等作品制作成视听作品，以及对计算机程序进行增补、删节、改变指令、语句顺序或者其他变动的权利"。因此，《计算机软件保护条例》规定的软件修改权与《著作权法》上的"修改权"，虽然名称相同，但却属于两种完全不同的专有权利。

软件权利的归属，《计算机软件保护条例》也作了规定。《计算机软件保护条例》的第九条和第十条规定：软件著作权属于软件开发者，本条例另有规定的除外。如无相反证明，在软件上署名的自然人、法人或者其他组织为开发者。合作开发的软件，其权利归属采用的是合同约定优先原则。无书面合同或者合同未作明确约定，合作开发的软件可以分割使用的，开发者对各自开发的部分可以单独享有著作权。合作开发的软件不能分割使用的，其著作权由各合作开发者共同享有。

如何来认定一款软件是合作开发的呢？一般应具备两个条件。第一，各方均有共同研发软件并成为合作开发者的合意。如果未经对方同意，就将对方的软件合成到一方的软件之中，不构成合作开发，还可能承担侵权责任。但如经对方同意，将对方已开发完成的软件合成到一方的软件之中，由于双方缺乏共同研发的合意，虽然不构成侵权，但一般也不认为属于合作软件。第二，各方均有共同研发软件的行为。一般情况下，只有各方均对软件的独创性表达作出了贡献，才能成为合作软件的权利人。仅仅提供一些测试数据、咨询意见、机器设备的，不能成为软件的开发者。

接受他人委托开发的软件，其权利归属也是合同约定优先原则。无书面合同或者合同未作明确约定的，其著作权由受托人享有，即权利归属实际开发者。国家机关下达任务开发的软件，其版权归属与委托开发的软件相似，权利的归属与行使由项目任务书或者合同规定，项目任务书或者合同中未作明确规定的，软件著作权由接受任务的法人或者其他组织享有。

职务软件的认定和归属，《计算机软件保护条例》第十三条规定了三种情形。

软件版权与其他很多知识产权一样，也有**保护期**的限制。《计算机软件保护条例》第十四条规定了自然人的软件著作权、法人或者其他组织的软件著作权的保护期。

软件版权保护与社会公众利益的平衡。首先，《计算机软件保护条例》赋予了软件合法复制品所有人安装权、备份权、修改权。软件是实用的功能性作品，与小说、油画、音乐、电影等作品主要用于赏析的目的不同，软件的合法复制品所有人购买软件是为了利用其功能用途，因此有必要对软件著作权作出限制。其次，为了维护社会公众对于软件进行科学分析、了解技术知识的权利，《计算机软件保护条例》规定为了学习和研究软件内含的设计思想和原理，通过安装、显示、传输或者存储软件等方式使用软件的，可以不经软件著作权人许可，不向其支付报酬。

软件作为信息产品，开发者将其研发出来是为了**经济利用**。许可使用和转让是软件版权利用最主要的两种方式，其中许可使用又最为常见。例如，HyperMesh 软件是一款应用于航空航天和汽车领域的仿真前处理器程序产品,具备较好的几何处理、网络划分、装配和边界定义功能,可以图形驱动来处理大模型。该软件是 HyperWorks 平台软件上的一个模块,用户可以购买点数来选择所需的软件模块,HyperMesh 对应的是 21 个点,即单套售价为人民币 525000 元[①]。这里的售价是许可使用费金额的意思,并不是说版权人将该软件的版权出售(转让)了。这种许可属于非专有许可,即 HyperMesh 的版权人还可以许可其他的公司使用,以及自己使用。

非专有许可又称为普通许可,这是软件行业普遍的商业模式。在作出非专有许可后,在许可的期间、地域及许可的权利内容范围内,著作权人仍然可以自己使用,以及许可其他人使用以获取经济收益。另一个类型就是专有许可,专有许可的内容要看合同的约定。依照《著作权法实施条例》第二十四条的规定,合同没有约定或者约定不明的,视为被许可人有权排除包括著作权人在内的任何人以同样的方式使用作品,也即在许可的期间、地域及权利使用方式内,被许可人获得的是独占许可。如果不排除版权人自己使用的,则被许可人获得的是排他许可。专有许可与非专有许可的不同还在于,发生软件版权侵权时,专有许可的被许可人可以以自己名义单独提起民事诉讼。

违反《著作权法》及《计算机软件保护条例》的规定,侵害版权人的软件权利的,应承担法律责任。

(二)软件版权案例

目标代码实质相同的,是否可以认定软件著作权侵权成立?——南京因泰莱电器股份有限公司(简称因泰莱公司)**与西安市远征科技有限公司**(简称远征科技公司)、**西安远征智能软件有限公司**(简称远征软件公司)、**南京友成电力工程有限公司软件著作权侵权纠纷一案**[②]。

案情:因泰莱公司是"PA100 系列综合数字继电器嵌入软件 V3.4""PA200 系列综合数字继电器嵌入软件 V3.1"软件的版权人。因泰莱公司曾与远征科技公司有过技术合作关系,由因泰莱公司向远征科技公司提供具有自主知识产权的变配电系统综合自动化集成技术,以 OEM 方式提供因泰莱公司系列产品(包括 PA100 和 PA200 系列综合数字继电器),并提供免费技术培训。合作终止后,因泰莱公司发现,远征科技公司、远征软件公司在其两个型号的产品 YZ100-SB、YZ300-CX 中非法复制了因泰莱公司的以上两款软件,侵害了因泰莱公司的软件著作权。法院认定,远征科技公司、远征软件公司被控侵权软件与因泰莱公司涉案软件构成实质性相同,远征科技公司在其产品生产前即具备接触因泰莱公司涉案软件的客观条件,且远征科技公司、远征软件公司也未能提供证据证明其独立研发了被控侵权软件。因此根据现有证据,应当认定远征科技公司、远征软件公司侵犯了因泰莱公司涉案 PA100、PA200 计算机软件著作权,应当承担相应的法律责任。

评析:"接触+实质性相似"是计算机软件著作权侵权成立的认定方法,"接触"是指被控侵权人存在接触涉案软件的机会或者条件。"实质性相似"是指经过比对,被控侵

---

① 苏州市中级人民法院 (2018) 苏 05 民初 1671 号民事判决书。
② 江苏省高级人民法院 (2008) 苏民三终字第 0079 号民事判决书。

权软件对涉案软件独创性表达的复制达到了侵权的程度。司法实践当中，通常采用"抽象-过滤-比对"的方法，排除算法、功能、性能、因效率或者兼容而表达有限的代码、通用的代码等不受著作权保护的思想、公有领域等因素，关键是排除软件中的技术方案及功能性部分，从而过滤出软件中的独创性表达进行比对，如果经过比对两者构成实质性相似，被控侵权人又无法定免责事由的，就可以认定构成版权侵权。

那么二进制码目标码能否拿来进行比对，进而作为软件侵权认定的依据呢？本案中法院认为，鉴定机构采用二进制代码对比方法应属合理。本案中，由于从涉案产品芯片中只能读出二进制代码，与电子版源程序分属不同表达方式，无法进行直接对比。而在对比两者一致性的问题上，理论上存在三种方法：第一种方法是 C 源程序的直接对比。因泰莱公司 PA100、PA200 电子版源程序采用的编写语言是 C 语言，而通过涉案产品芯片只能读出二进制代码，因此需要将涉案产品芯片中的二进制代码翻译成 C 源程序，之后方能进行直接的 C 源程序对比。但目前尚无编译工具可以将二进制代码翻译成 C 源程序，因此实际不具备该种对比的技术条件。第二种方法是汇编语言程序的对比。即分别将电子版源程序和涉案产品芯片中的二进制代码均翻译成汇编语言程序，再就汇编语言的一致性进行对比。但由于涉及编译工具、参数配置、优化策略等多方面因素，即使是同一软件程序，从 C 源程序编译成的汇编程序，与利用反汇编工具从二进制代码翻译出的汇编程序，也存在不相同的可能性。因此，本案中通过汇编语言程序进行对比也不具备技术条件。第三种方法是二进制代码的对比。即将电子版源程序编译成二进制代码，再与涉案产品芯片中的二进制代码进行对比。目前，具备将电子版源程序编译成二进制代码的技术条件。同时，一般情形下，根据编译器或者编译参数的不同，同样的 C 源程序可能生成不同的二进制代码，但是不同的 C 源程序不可能生成相同的二进制代码。因此，本案二审鉴定机构采用二进制代码对比方法，确定电子版源程序与涉案产品芯片中程序的一致性具备事实和科学依据，法院予以采信。

(三)软件版权热点问题

开源软件在代码贡献前可否申请软件专利？"贡献"后还有没有版权？

开源软件是相对于商业软件、公有软件而言的①。商业软件一般是不开源的，使用商业软件需取得版权人许可并支付版权费②。公有领域软件，即由于版权保护期届满、开发者放弃版权等原因不受版权法保护的软件。既然法律不保护，公有软件也就不存在权利许可的问题。开源软件是受著作权法保护的，但开发者按照"开源"的要求作出"贡献"：公开了源代码，并开放了对源代码享有的版权。开放条件的不同，形成了不同的开源许可证。例如 AGPL、GPL、LGPL、MPL、MIT、Apache 2.0、BSD 3 等业界熟知的许可证，再如中国的 Mulan 系列开源许可证。

"贡献"(contribution)是开源软件领域特有的法律概念。例如，我国首张开源许可证

---

① 笔者进行的分类，与现今软件类型的主流相符。但软件分类还有很多，例如，SPA 的分类：商业软件、自由软件、试用软件、公有软件；FSF 的分类：专有软件、Copylefted 软件、自由软件、试用软件、公有软件等。

② 需要注意的是，随着云计算、SaaS、人工智能(artificial intelligence，AI)等技术、业务模式的兴起，很多商业软件许可证也不收取版权费。但不收费不等同于"开源"。

Mulan PSL v1 第 0 条规定："贡献"是指由任一"贡献者"许可在"本许可证"下的受版权法保护的作品。再如，Apache 2.0、MPL 2.0 等开源许可证也规定了 "贡献"。为什么将作品(主要是源代码)称为"贡献"呢？因为做开源，首先需要做的就是开放源代码，提供给公众分享。这种分享往往是不收取知识产权税的，而且还允许其他程序员、公司、高校或者机构一起来做源代码的改进、分发。因此，将在开源许可证下开放分享、改进、分发的程序代码，称为"贡献"比较形象化。而提交"贡献"的企业、程序员、机构等主体，则称为"贡献者"。

由于人们对"贡献"的通常理解是"进奉或赠与"或者"对公众有所助益的事"①。那么，"贡献"是否意味着做开源，企业就需要像做公益捐赠一样，将源代码分享出去呢？企业开源的程序代码，是否成为了公共财产呢？答案是否定的。将程序代码开源公布后，企业仍然是该程序的权利人，也即该程序代码的财产所有人。例如，GNU GPL 3.0 许可证第 11 条规定："贡献者"，是指授权使用本许可证下的程序的版权所有人、或者授权使用该程序衍生作品的版权所有人②。因此，开源是企业根据许可证设定的条件，将自己对程序所享有权利许可了出去，允许公众自由地进行运行、修改、分发，而并非放弃了对源代码所享有的知识产权。如果企业不许可，其他人擅自商业使用、修改、分发的，一般情形下仍然会构成侵权，依法应承担法律责任。

同时，开源许可证的法律依据主要是著作权法，涉及的是代码的复制、修改、分发等版权利用事项，并没有禁止"贡献者"在开源前就程序相关的技术方案申请专利。一些开源许可证规定了专利限制条款，也表明贡献源代码与申请发明专利并不冲突。例如，Apache2.0 开源许可证就有相关的规定。但有一些开源许可证并未涉及专利问题，例如 MIT，这类许可证是否存在默示的专利限制呢？这还有待进一步的法律研究。源代码开源分享后，可能导致程序相关的技术方案为公众所知，从而无法达到专利法规定的授权条件。因此，在贡献前申请专利，是企业应当考虑的步骤。虽然很多开源许可证都设定了专利限制条款，导致贡献者无法收取专利费，但取得"贡献"程序代码相关技术方案的专利权，对企业仍然具有重要意义，特别是在专利布局方面。而且，企业对于许可证范围之外的技术方案擅自实施行为，仍然有权提起专利侵权诉讼。

三、网络空间的专利权

(一)基础知识

专利法保护的信息产品是**发明创造**。我国《专利法》上的发明创造有三种类型：发明、实用新型和外观设计。发明和实用新型是技术方案类的信息，而外观设计不涉及技术、功能的因素，属于产品美感设计类的信息。发明是指对产品、方法或者其改进所提出的新的技术方案，分为产品发明和方法发明。实用新型，是指对产品的形状、构造或者其结合所提出的适于实用的新的技术方案。外观设计，是指对产品的整体或者局部形

---

① "辞海之家"【贡献】 基本信息. http://www.cihai123.com/cidian/1097976.html。

② GNU GPL 3.0 A "contributor" is a copyright holder who authorizes use under this License of the Program or a work on which the Program is based. https://opensource.org/licenses/GPL-3.0。

状、图案或者其结合，以及色彩与形状、图案的结合所作出的富有美感并适于工业应用的新设计。

提出申请并经专利主管部门审查批准后，对发明创造可以授予专利权。根据《专利法》的规定，**授予专利权的发明和实用新型，应当具备新颖性、创造性和实用性**。新颖性和实用性属于客观性条件，创造性具有相对的主观性。新颖性，是指该发明或者实用新型不属于现有技术；也没有任何单位或者个人就同样的发明或者实用新型在申请日以前向国务院专利行政部门提出过申请，并记载在申请日以后公布的专利申请文件或者公告的专利文件中。实用性，是指该发明或者实用新型能够制造或者使用，并且能够产生积极效果。创造性，是指与现有技术相比，该发明具有突出的实质性特点和显著的进步，该实用新型具有实质性特点和进步。

"新颖性""创造性"两个专利授权条件，都涉及了一个重要概念**"现有技术"**，一个发明创造是否具备这两个授权条件，均是将所涉技术方案与"现有技术"进行比较而作出的判断。现有技术，是指申请日以前在国内外为公众所知的技术。"为公众所知"是指实质性技术内容处于能够为公众实际获得的状态，即想知道就可以知道的状态，而不要求实际上已经知晓。一项技术内容在申请日前(如果享有优先权的，则指优先权日)为公众所知，即构成现有技术。判断的主体是公众，而不仅仅是本领域技术人员。"为公众所知"可以是以出版物形式公开，如科技期刊、学术专著、专利公报等；也可以是以使用形式公开，如公开销售产品、在公开场合使用、展示相关技术等。与网络空间相关的形式是互联网公开，如在线文献数据库公开、在线新闻报道公开、电子商务中的展示、销售公开等。

"创造性"条件中还涉及两个要求：其一是"实质性特点"，指对本领域技术人员来说，该发明或者实用新型相对于现有技术是非显而易见的，其二是"进步"，指该发明或者实用新型与现有技术相比能够产生有益的技术效果。判断发明或实用新型对于本领域的技术人员是否"显而易见"，需要确定现有技术整体上是否存在某种技术启示，即现有技术中是否给出将该发明或者实用新型的区别技术特征应用到最接近的现有技术，以解决其存在的技术问题的启示。这种启示会使本领域的技术人员在面对相应的技术问题时，有动机改进最接近的现有技术并获得该发明或者实用新型专利技术。发明的"技术效果"是判断创造性的重要因素。如果发明相对于现有技术所产生的技术效果在质或量上发生明显变化，超出了本领域技术人员的合理预期，可以认定发明具有预料不到的技术效果。

《专利法》在**外观设计专利授权条件**上，并没有直接写明"新颖性""创造性"两个词，而是规定了两款内容。第一款是"授予专利权的外观设计，应当不属于现有设计；也没有任何单位或者个人就同样的外观设计在申请日以前向国务院专利行政部门提出过申请，并记载在申请日以后公告的专利文件中"。这实际上相当于新颖性要求。第二款是"授予专利权的外观设计与现有设计或者现有设计特征的组合相比，应当具有明显区别"。这相当于是创造性要求。这两个要求的基本判断标准为"现有设计"，其中的"为公众所知"认定与"现有技术"要求的形式相同。《专利法》还规定：授予专利权的外观设计不得与他人在申请日以前已经取得的合法权利相冲突。但一般认为该条件不属于与"新颖性""创造性"并列的授权条件。

要对发明创造获得专利权，需要提出**专利申请**。专利主管部门收到申请后进行审查。

对发明专利申请进行的是实质审查，经实质审查没有发现驳回理由的，由专利主管部门作出授予发明专利权的决定，发给发明专利证书，同时予以登记和公告。发明专利权自公告之日起生效。对于实用新型和外观设计专利申请，经初步审查没有发现驳回理由的，由专利主管部门作出授予实用新型专利权或者外观设计专利权的决定，发给相应的专利证书，同时予以登记和公告。实用新型专利权和外观设计专利权自公告之日起生效。

根据《专利法》有关规定，对于下列情形不授予专利权：①违反法律、社会公德或者妨害公共利益的发明创造；②对违反法律、行政法规的规定获取或者利用遗传资源，并依赖该遗传资源完成的发明创造；③科学发现；④智力活动的规则和方法；⑤疾病的诊断和治疗方法；⑥动物和植物品种，但相关产品的生产方法，可以授予专利权；⑦原子核变换方法以及用原子核变换方法获得的物质；⑧对平面印刷品的图案、色彩或者二者的结合作出的主要起标识作用的设计。

自专利主管部门公告授予专利权之日起，任何单位或者个人认为该专利权的授予不符合《专利法》有关规定的，可以请求主管部门宣告该专利权无效。主管部门对宣告专利权无效的请求应当及时审查和作出决定，并通知请求人和专利权人。宣告专利权无效的决定，由专利主管部门登记和公告。对主管部门宣告专利权无效或者维持专利权的决定不服的，可以自收到通知之日起三个月内向人民法院起诉。人民法院应当通知无效宣告请求程序的对方当事人作为第三人参加诉讼。

专利权被专利主管部门批准授予后，就产生了排他的**法律效力**，具体表现在：发明和实用新型专利权被授予后，除本法另有规定的以外，任何单位或者个人未经专利权人许可，都不得实施其专利，即不得为生产经营目的制造、使用、许诺销售、销售、进口其专利产品，或者使用其专利方法及使用、许诺销售、销售、进口依照该专利方法直接获得的产品。外观设计专利权被授予后，任何单位或者个人未经专利权人许可，都不得实施其专利，即不得为生产经营目的制造、许诺销售、销售、进口其外观设计专利产品。

专利权的保护对象是技术方案信息和适于工业应用的产品美感设计信息，法律对专利权设定了**权利限制**。首先是保护期的限制，《专利法》第四十二条规定：发明专利权的期限为 20 年，实用新型专利权的保护期限为 10 年，外观设计专利权的保护期限为 15 年（2020 年《专利法》），均自申请日起计算。其次是对国有发明专利的指定许可。2020 年《专利法》第四十九条规定：国有企业事业单位的发明专利，对国家利益或者公共利益具有重大意义的，国务院有关主管部门和省、自治区、直辖市人民政府报经国务院批准，可以决定在批准的范围内推广应用，允许指定的单位实施，由实施单位按照国家规定向专利权人支付使用费。再次是发明专利或者实用新型专利的强制许可。《专利法》第六章规定了具体的情形和条件。最后是不视为侵犯专利权的规定。2020 年《专利法》第七十五条规定五种情况。

未经专利权权人许可，实施其专利的，如果没有法定免责事由，则构成**专利侵权**，应承担法律责任。实施专利是指落入专利权保护范围的行为。发明或者实用新型专利权的保护范围是指权利要求书记载的必要技术特征所确定的范围，包括与该必要技术特征等同的特征确定的范围，说明书及附图可以用于解释权利要求的内容。外观设计专利权的保护范围以表示在图片或者照片中的该产品的外观设计为准，简要说明可以用于解释图片或者照片所表示的该产品的外观设计。

(二)网络空间专利权案例

1. 侵害发明专利权纠纷一案

"中国互联网专利第一案"——北京百度网讯科技有限公司(简称百度网讯公司)与北京搜狗科技发展有限公司(简称搜狗科技公司)、北京搜狗信息服务有限公司(简称搜狗信息公司)侵害发明专利权纠纷一案[①]。

案情：搜狗科技公司是涉案发明专利"一种输入过程中删除信息的方法及装置"的专利权人，专利号为200810116190.8，申请日为2008年7月4日，授权公告日为2011年9月28日，涉案专利的权利要求1是方法专利要求，权利要求7为与权利要求1相对应的装置权利要求。2015年4月10日，搜狗科技公司与搜狗信息公司签订"专利实施许可合同"，合同约定：搜狗科技公司将涉案专利以普通许可的方式，许可搜狗信息公司实施，许可期限为自2012年1月1日起10年。该合同第三条第四项约定：经搜狗科技公司授权，搜狗信息公司有权以自己的名义单独或与搜狗科技公司共同就本协议所涉专利的侵权行为提起诉讼。

涉案专利授权公告文本记载的权利要求1。一种输入过程中删除信息的方法，其特征在于，输入区域包括编码输入区和字符上屏区，所述方法包括：当输入焦点在编码输入区时，接收删除键的指令，删除已输入的编码；当所有的编码全部删除完时，暂停接收所述删除键的指令；当所述删除键的按键状态达到预置条件时，继续接收删除键的指令，删除字符上屏区中的字符。

涉案专利授权公告文本记载的权利要求7。一种输入过程中删除信息的装置，其特征在于，输入区域包括编码输入区和字符上屏区，所述装置包括：按键处理单元，用于当输入焦点在编码输入区时，接收删除键的指令，并触发编码删除单元；编码删除单元，用于删除已输入的编码；控制单元，用于当所有的编码全部删除完时，暂停接收所述删除键的指令；当所述删除键的按键状态达到预置条件时，继续接收所述删除键的指令，则触发字符删除单元；字符删除单元，用于删除字符上屏区中的字符。

搜狗公司认为百度网讯公司的"百度输入法"落入涉案专利权的保护范围，侵害了涉案专利权，遂起诉至法院，请求判令停止侵权并判令百度网讯公司赔偿搜狗公司经济损失990万元，以及为制止侵权行为所支付的合理开支10万元，共计1000万元。

本案一审判决：①百度网讯公司自本判决生效之日起立即停止使用第200810116190.8号、名称为"一种输入过程中删除信息的方法及装置"的发明专利权的行为；②百度网讯公司自本判决生效之日起立即停止发行、或通过任何方式向第三方提供使用第200810116190.8号、名称为"一种输入过程中删除信息的方法及装置"的发明专利权的"百度手机输入法"产品。二审判决：驳回上诉，维持原判。

评析：最高人民法院对于专利权的保护态度是，维护权利范围的公示和划界作用，增强保护范围的确定性，为社会公众提供明确的法律预期。发明和实用新型专利权保护范围的确定，要与其相对于现有技术的创造性程度和撰写质量相协调(陶凯元，2017)。本案中搜狗公司涉案专利的撰写质量，就发挥了一定的作用。

[①] 北京市高级人民法院(2018)京民终498号民事判决书。

第一，涉案专利权利要求 1 为方法权利要求，撰写方式以"再现"为导向，基本没有涉及后台软件编程等技术要素，这就方便了搜狗公司的举证。本案的一审法院就认为，本案在审理中秉持如下原则进行提交证据责任的移转，直至举证责任的分配：当搜狗公司至少在现象上证明被诉侵权产品具备了涉案专利限定的全部功能，并通过操作演示说明被诉侵权产品具有实施了涉案专利保护的方法流程的可能性时，可以认为搜狗公司尽到了初步的证明义务。至此，百度网讯公司应当结合操作演示，说明被诉侵权产品实施的具体流程步骤和装置组成及相互关系与涉案专利保护方案的区别。在百度网讯公司的举证未能证明其实施的不同于涉案专利权利要求保护范围的操作步骤可以实现同样的功能现象，并拒绝进一步展示被诉侵权产品后台操作流程步骤时，应当承担举证不能的不利后果。

第二，权利要求 7 撰写为与权 1 相对应的装置权利要求，两者具有实质相同的保护范围，这样就能够将保护从专利"方法"延及到具体的"输入法"软件产品。本案的一审法院就认为，涉案专利权利要求 1 并非制造方法，并不能延及产品，并且涉及计算机程序的专利授权允许同时要求保护方法专利及对应产品专利，并无方法延及产品的必要。涉案专利权利要求 7 是产品权利要求，涉及计算机程序的发明产品权利要求所保护的是计算机程序装置的各个组成部分及其各组成部分之间的关系，而不是计算机程序本身。对于涉及计算机程序的发明专利所保护的并不是程序本身，其实施行为并不能包含编写计算机程序的行为，而是在制作软件产品中包含（使用）受保护的计算机程序装置的各个组成部分及其各组成部分之间的关系。涉及计算机程序的产品专利同样应当控制禁止许诺销售、销售使用涉案专利技术方案的产品的行为。

第三，撰写时对技术术语的选用也十分关键。本案的争议焦点之一是：涉案被控的百度手机输入法是否实施了涉案专利权利要求 1 中所述的"当输入焦点在编码输入区时，接收删除键的指令，删除已输入的编码"的技术特征。由于撰写时使用了"输入焦点"这一概念，就避免了涉案专利保护范围狭窄化。二审法院认为，根据涉案专利说明书的记载，其中并未对"输入焦点"应当理解为"光标"作出限定。同时涉案专利说明书亦未对"输入焦点"显示的形式予以限定，故百度网讯公司以被控侵权百度手机输入法是基于触屏手机而开发的产品，在删除拼音和汉字过程中，其光标始终处于字符上屏区而否定不存在涉案专利权利要求 1 中的技术特征的上诉主张缺乏事实依据，本院不予支持。

第四，涉案专利权利要求虽然使用了"删除字符上屏区中的字符"这样的以效果表述的技术特征，但在撰写时应该考虑到《最高人民法院关于审理侵犯专利权纠纷案件应用法律若干问题的解释（二）》第八条关于功能性特征的规定。因此，并未被一审法院认定为功能性技术特征。二审法院也认为，虽然百度网讯公司上诉主张涉案被控侵权的百度手机输入法只能删除编码，字符上屏区的删除的操作已经脱离了输入法的控制，删除字符上屏区中字符的动作是由操作系统与应用程序配合执行的，与百度手机输入法无关。然而，因涉案专利技术方案所要解决的技术问题在于在编码输入区的字符删除完后，不再进行删除操作，防止上屏区的字符被错误删除，故此需要预设一个条件，从而满足在达到预设条件后再次按下删除键，才会继续删除字符上屏区的字符。但是，对于满足预置条件后，再次按下删除键，字符上屏区中的字符具体如何在屏幕上删除，在涉案专利权利要求 1 中并未限定，亦不属于其所要保护的技术特征。同时，在输入法领域技术人员看来，从输入法监测到按键信息至字符上屏区显示用户输入或删除的文本，必然需要操作系统、输入法程序和应用程序(消息编辑器)协同处理。因此，只要涉案被控的百度手机输入法实施了删除的步骤即落入涉案专利的保护范围，至于删除是由输入法程序单独实现的还是与其他程序配合实现，并不能成为其未落入涉案专利权保护范围的合法抗辩事由。因此，百度网讯公司该部分上诉理由缺乏事实及法律依据，法院不予支持。

第五，本案还涉及"现有技术"抗辩的问题。对此，二审法院认为，涉案被控侵权的百度手机输入法与百度网讯公司所主张的飞利浦 9@9r 手机所承载的输入法删除方式是否相同或者等同，则是百度网讯公司关于现有技术抗辩能否成立的关键问题。本案中，飞利浦 9@9r 手机一次性清空全部已经输入内容，可以证明其清除键下发的是一次性清空的删除指令，而百度输入法则是连续多次下发删除指令，并非一个删除指令，两者实施删除的具体方式不同。百度输入法在删除过程中对于删除的内容有较大的控制余地，可以保留部分不需要删除的内容，而一次性清空的删除方式控制选择的余地较小，不能保留不需要删除的内容。因此，两者既不相同也不等同。

2. 侵害外观设计专利权纠纷一案

"中国 GUI 外观专利侵权诉讼第一案"——北京奇虎科技有限公司、奇智软件(北京)**有限公司**(合称 360 公司)**诉北京江民新科技有限公司**(简称江民公司)**侵害外观设计专利权纠纷一案**①。

<u>案情</u>：360 公司是涉案外观设计专利"带图形用户界面的电脑"的专利权人，专利号为 ZL201430329167.3，申请日为 2014 年 9 月 5 日，授权公告日为 2014 年 11 月 5 日，该专利至今有效，本专利的授权公告文本中包括六面视图以及变化状态图。

360 公司发现江民公司开发并提供给用户下载的，版本号为 1.0.16.0107 的"江民优化专家"软件属于"包含图形用户界面的产品"。该软件外化出的界面图像与 360 公司的外观设计相同，两者构成了相似的外观设计(图 7-1)。360 公司认为，江民公司的行为构成对 360 公司专利权的直接侵犯。即便涉案专利的保护范围为"带图形用户界面的电脑"，需要考虑电脑这一产品，江民公司的行为也构成帮助侵权行为。360 公司遂诉到法院，请求判令江民公司停止侵权、赔偿经济损失及诉讼合理开支共计 500 万元等。

(a) "江民优化专家"软件界面

① 北京知识产权法院(2016)京 73 民初 276 号民事判决书。

(b)涉案专利主视图及变化状态图

图 7-1　"江民优化专家"软件与 360 公司的外观设计

北京知识产权法院认为 360 公司的起诉理由均不能成立，判决驳回 360 公司的全部诉讼请求。

评析：本案涉及的是软件与硬件装置分离的 GUI 专利保护问题。360 公司之所以败诉，在于，虽然两者的软件界面通过整体页面布局及方形框、标识分数的圆圈、按钮区域、检测提示等具体构成要素上的比对，可以认定构成近似，但涉案专利为"带图形用户界面的电脑"，而江民公司提供的只是软件，并未制造或销售电脑或与之相近种类的产品。法院认为，《最高人民法院关于审理侵犯专利权纠纷案件应用法律若干问题的解释》第八条规定：在与外观设计专利产品相同或者相近种类产品上，采用与授权外观设计相同或者近似的外观设计的，人民法院应当认定被诉侵权设计落入专利法第五十九条第二款规定的外观设计专利权的保护范围。由上述规定可知，外观设计专利权保护范围的确定需要同时考虑产品及设计两要素，无论是其中的产品要素还是设计要素均以图片或照片中所显示内容为依据。

法院进一步指出，本案中涉案专利视图中所显示的产品为电脑，其名称亦为"带图形用户界面的电脑"，可见，涉案专利为用于电脑产品上的外观设计。在对"包含图形用户界面的产品"尚不存在独立于现有外观设计法律规则之外的特殊规则时，适用于该类产品的规则与适用于其他产品的规则不应有所不同。因此，如果对于"包含图形用户界面的产品"而言，产品仅是设计的附着物，不会对外观设计的保护范围产生影响，则依据同样的规则，对于任何外观设计而言，产品均应被视为设计的附着物，对于外观设计的保护范围不具有限定作用。这一情形意味着在外观设计保护范围的确定上仅需要考虑设计要素，而无须考虑产品要素，这显然是与上述法律规定相悖的。

法院因此认定，涉案专利为"带图形用户界面的电脑"，360 公司有权禁止他人在与电脑相同或相近种类产品上使用相同或相近似的外观设计。本案中，被诉侵权行为是江民公司向用户提供被诉侵权软件的行为，因被诉侵权软件并不属于外观设计产品的范畴，相应地，其与涉案专利的电脑产品不可能构成相同或相近种类的产品，据此，即便被诉侵权软件的用户界面与涉案专利的用户界面相同或相近似，被诉侵权软件亦未落入涉案专利的保护范围，360 公司认为被诉侵权行为侵犯其专利权的主张不能成立，法院不予支持。

四、网络空间的商标权

(一)基础知识

商标权保护的是符号信息。市场主体使用这种符号信息来标识其提供的商品或服务，以区别于其他经营者提供的商品或服务，因此**识别功能**是商标的本质所在。识别功能如果被破坏，消费者就无法知道产品或服务的真正来源，权利人的商标权也受到了侵害。《商标法》的主要功能，就是要维持商标的识别功能，规制商标侵权行为，保护商标权利和消费者权益。

商标的构成要素，根据《商标法》第八条的规定，包括文字、图形、字母、数字、三维标志、颜色组合和声音等，以及上述要素的组合。例如，"百度智选"由普通汉字构成，是百度在线网络技术(北京)有限公司的注册商标；主要为一个企鹅图形，是企鹅图书公司的注册商标。市场上生产者、经营者申请注册的商标，通常分为两类：商品商标和服务商标，前者如Haier注册使用在家电商品上，后者如兴业由兴业银行注册使用在"证券交易行情"等金融服务上。《商标法》第三条还规定了另外两类特别的商标：集体商标和证明商标，一般由特定的团体、协会、组织申请注册。

《商标法》第九条规定：申请注册的商标，应当有**显著特征**。显著特征，也称为显著性，是指经营者使用一个符号信息作为标示，可以使其提供的商品或服务与其他经营者提供的商品或服务区分开来时，才可以认定是法律意义上的商标。显著性是商标法上十分重要的一个概念，不仅直接关系到商标的注册，也直接关系到商标权的保护强度及商标侵权的认定。《商标法》第八条所称的"能够将自然人、法人或者其他组织的商品与他人的商品区别开"即是对商标提出了显著性的要求。有了显著性，也就有了商标的识别功能。显著性分为固有显著性和获得显著性。

固有显著性也称内在显著性，是法律拟制某些符号信息本身可以直接作为商标使用，根据显著程度的高低，这些商标可以分为臆造商标、任意商标和暗示商标。臆造商标是原本并不存在而是独立设计的词汇等想象创造出来的信息，如注册在首饰、手表等商品上的"Cartier""卡地亚"商标，注册在汽车等商品上的"路虎""LANDROVER"商标；任意商标使用的是已经存在的词汇等商标要素，但含义与其所使用的商品没有关联，如注册在电脑、手机等商品上的"苹果""APPLE"商标；暗示商标，使用的标志对商品的原料、功能、用途等属性有暗示作用，但没有达到直接描述和说明的程度，如注册在酒类商品上的"酿艺"商标、注册在洗浴品上的"舒肤佳"商标。

获得显著性，是指本来不具备显著特征的符号信息，经过商业上的使用取得第二含义后，起到了区分商品或服务来源作用时，就可以作为商标注册，《商标法》第十一条第二款是获得显著性的法律依据。获得显著性，经常发生于使用描述性标志的情形下。描述性标志直接说明了商品的质量、主要原料、功能、用途、重量、数量、特定消费对象、价格、内容、风格或风味、使用方式与方法、生产工艺、生产地点、时间或年份、有效期限、保质期或服务时间、销售场所或地域范围、技术特点或者其他特点，因而缺乏内在显著性，法律不允许作为商标注册。例如"云锦"不能注册在丝绸(布料)等商品上，

"5G 门户"不能注册在计算机网络服务上,"SWEET"不能注册在巧克力等商品上。在广州医药集团有限公司、王老吉有限公司与国家工商行政管理总局商标评审委员会商标权无效宣告行政纠纷一案①中,法院认定"怕上火喝加多宝"的商标注册无效,原因之一在于,由于所使用的咖啡饮料、茶等商品可能具有预防上火及去火的功能,将诉争商标注册在上述两项商品上,直接描述了商品的功能特点,所以不具有显著特征。

但如果经过在商业活动中的使用,描述性标志获得了显著性的,则允许作为商标注册。例如,"两面针"注册在牙膏等商品上,直接说明了商品的原材料,但经过长期作为商标使用,产生了识别功能,因此取得了商标注册。需要注意的是,描述性标志是在使用过程中产生了第二含义即显著性后,核准注册成为商标的,因此即使取得了注册商标专用权,也不能阻止他人在原有的第一含义上使用该标志信息,即用来描述其商品或服务的功能、用途、质量、数量等特点。

描述性标志在尚不具备获得显著性时,不能申请获批为注册商标,但可以在经营活动中作为非注册商标使用。而有一类符号信息,《商标法》第十条不仅禁止注册,而还禁止作为商标使用,此即**商标禁用条款**(有观点认为属于商标绝对禁注条款)。这类标志包括"同中华人民共和国的国家名称、国旗、国徽、国歌、军旗、军徽、军歌、勋章等相同或者近似的标志"、"同中央国家机关的名称、标志、所在地特定地点的名称或者标志性建筑物的名称、图形相同的标志",以及"带有欺骗性,容易使公众对商品的质量等特点或者产地产生误认的标志"等。在上述"怕上火喝加多宝"商标注册无效案中,商标之所以被认定无效,原因还在于诉争商标由"怕上火喝加多宝"构成,上述标志使用在30 类糖果、面包等商品上,相关公众容易认为该标志所指示的商品具有去火的功效,从而对相关商品的功能、质量等特点产生误认,因此违反了商标法第十条第一款第七项的规定。

商标的显著性强弱,也不是一成不变的。在李叶飞、韩燕明与北京新浪互联信息服务有限公司(简称新浪公司)侵犯商标权纠纷一案②中,李叶飞、韩燕明于 2007 年 9 月 7 日获得了国家商标局批准注册的第九类"拍客"商标专用权,商标专用权内容包括计算机软件等相关类别。从 2012 年底开始,新浪公司在其运营的新浪网、新浪微博上推出"拍客"客户端、"拍客"小助手等 APP,李叶飞、韩燕明因此认为新浪公司侵害了其对"拍客"商标权。法院认为,"拍客"一词可以指代互联网时代下,将自己所拍的图片或者视频上传到网络平台与他人共享的一群人及该类人的这种行为方式。随着"拍客"一词的使用与普及,"拍客"商标在涉案拍客使用的新浪 APP 上作为商标的显著性程度大大减弱,其发挥商品来源功能的效果明显低于其第一含义的指代作用。"拍客"一词在新浪 APP 软件上起到的作用是表明该款软件的用途,其目的是直接告知消费者该款 APP 软件的用途及适用人群,该种使用方式属于对"拍客"一词第一含义的使用,而并非发挥表彰和区分其服务来源作用的商标性使用。新浪公司的使用方式应视为商业上的自由表达,属于商业活动允许的正常范围。

---

① 北京市高级人民法院(2017)京行终 3134 号行政判决书。该案实体问题是依据 2001 年《商标法》判的,但其与现行《商标法》法律精神和规定的内容基本一致,不影响本书依据现行《商标法》考察分析。
② 北京知识产权法院(2015)京知民终字第 114 号民事判决书。

商标获得注册后,权利人即享有注册商标的专用权,可以专有地在核定使用的商品上使用核准注册的商标。同时也有权依法禁止他人的商标侵权,这涉及**注册商标专用权的保护范围**,主要包括两个方面:第一,禁止他人未经商标权人同意,在核定使用的商品上使用核准注册的商标,否则即构成商标侵权。第二,禁止他人在同一种商品上使用与其注册商标近似的商标,或者在类似商品上使用与其注册商标相同或者近似的商标,该等内容构成商标侵权须具备一个要件,即容易导致混淆,即著名的"混淆可能性"标准。商标的识别功能是"混淆可能性"的法理基础,并决定了商标权保护范围的弹力性,对于商标等商业标识类知识产权,要根据维护商业标识声誉和显著性的目的,结合保护范围弹力性的特点,尽可能保护商业标识的区别性。在商业标识领域,要妥善运用商标近似、商品类似、混淆、不正当手段等弹性因素,考虑市场实际,使商标权保护的强度与商标的显著程度、知名度等相适应(陶凯元,2017)。

"混淆可能性"是商标侵权的判断标准,一般采用多因素检验法,包括直接混淆(也称来源混淆)和间接混淆(也称关联混淆),理论上还有售前、售中、售后混淆的区分类型。以上所述的混淆均属于正向混淆,与之对应的则是"反向混淆",是指可能使消费者误认为他人在先商标使用的商品来自侵权者,或者经其赞助或同意,常见的情形是经营规模大的大企业侵犯小厂商的在先商标权。"新百伦"案[①]即属于"反向混淆"的典型案例,该案中周乐伦是"百伦""新百伦"注册商标的权利人,核定使用的商品包括"鞋(脚上的穿着物)",两件商标也在鞋类产品上实际使用。新百伦贸易(中国)有限公司明知这一情形,组合使用"New Balance 新百伦""NB 新百伦"或"New Balance 新百伦"及"NB"图形等标识,足以造成相关公众的混淆,侵害了周乐伦的注册商标专用权。

商标权保护范围主要由以上两个内容构成,但由此还延及到权利人有权禁止以下行为:销售侵犯注册商标专用权的商品;伪造、擅自制造注册商标标识或者销售伪造、擅自制造的注册商标标识;未经同意,更换其注册商标并将该更换商标的商品又投入市场;故意为侵犯商标专用权行为提供便利条件,帮助他人实施侵犯商标专用权行为;以及给注册商标专用权造成其他损害的行为。

相对于普通的注册商标,《商标法》对**驰名商标**提供了特别保护,给予了更大的保护范围。在保护强度上,法律对于普通的注册商标只保护到防止造成对商品来源的误认,包括直接混淆和关联混淆;而对于驰名商标,还保护到防止显著性的弱化、市场声誉的贬损、市场声誉的不正当利用,也就是说即使不混淆也可能构成对驰名商标的侵权。具体来说,在保护的商品类别上,对于驰名的非注册商标,法律保护与对普通的注册商标的保护范围相等同,《商标法》第十三条第二款规定,就相同或者类似商品申请注册的商标是复制、摹仿或者翻译他人未在中国注册的驰名商标,容易导致混淆的,不予注册并禁止使用。而对于驰名的注册商标,法律给予的是"跨类"保护,《商标法》第十三条第三款规定,就不相同或者不相类似商品申请注册的商标是复制、摹仿或者翻译他人已经在中国注册的驰名商标,误导公众,致使该驰名商标注册人的利益可能受到损害的,不

---

① 广东省高级人民法院(2015)粤高法民三终字第 444 号民事判决书。

予注册并禁止使用。例如，在"路虎"案①中，"路虎""LANDROVER"等是捷豹路虎有限公司的注册商标，核定使用在第12类陆地机动车辆等商品上。广州市奋力食品有限公司在罐装营养素饮品、瓶装维生素运动饮料等饮料商品上使用了"路虎""LANDROVER"等被诉标识。法院认为：本案中，奋力公司被诉标识所使用的商品虽然与路虎公司涉案注册商标核定使用的商品类别不同，但如前所述，基于路虎公司涉案注册商标的显著性和长期大量使用，相关公众已将涉案注册商标与路虎公司建立起紧密联系。相关公众看到被诉产品及被诉标识，容易误以为被诉行为获得了路虎公司的许可，或者误以为奋力公司与路虎公司之间具有控股、投资、合作等相当程度的联系，削弱了路虎公司涉案注册商标作为驰名商标所具有的显著性和良好商誉，损害了路虎公司的利益。因此，原审法院认定奋力公司被诉行为误导公众、致使路虎公司的利益可能受到损害，从而构成商标侵权，并无不当，法院予以支持。

要获得注册商标专用权，需要提出**注册申请**。商标主管部门收到申请后进行审查，符合规定的，予以初步审定公告。对初步审定公告的商标，自公告之日起三个月内，在先权利人、利害关系人认为违反《商标法》相关规定的，可以向商标主管部门提出异议；商标主管部门如果作出准予注册决定的，发给商标注册证，并予公告，异议人不服的，可以向商标主管部门请求宣告该注册商标无效；商标主管部门作出不予注册决定，被异议人不服的，可以申请复审，对复审决定不服的，可以自收到通知之日起三十日内向人民法院起诉。公告期满无异议的，予以核准注册，发给商标注册证，并予公告。

申请注册的商标，凡不符合规定的，由商标主管部门驳回申请，不予公告。商标注册申请人不服的，可以申请复审。商标主管部门应当作出决定，并书面通知申请人。当事人对决定不服的，可以自收到通知之日起三十日内向人民法院起诉。

对于获准注册的商标，《商标法》规定有效期为十年，自核准注册之日起计算。有效期满，需要继续使用的，商标注册人应当办理续展手续；每次续展注册的有效期为十年，自该商标上一届有效期满次日起计算。期满未办理续展手续的，注销其注册商标。商标注册人可以通过签订商标使用许可合同，许可他人使用其注册商标，还可以转让注册商标。如果获准注册的商标存在不符合规定的情形的，《商标法》设置立了无效宣告制度和撤销制度，依法宣告无效的注册商标，由商标主管部门予以公告，该注册商标专用权视为自始即不存在；依法被撤销的注册商标，由商标主管部门予以公告，该注册商标专用权自公告之日起终止。

《商标法》第五十七条规定了**侵犯注册商标专用权的行为**，侵权者应承担商标侵权责任。赔偿权利人损失是商标侵权应承担的主要侵权责任，《商标法》第六十三条规定了侵犯商标专用权赔偿数额的具体计算方法及适用顺位：首先，按照权利人因被侵权所受到的实际损失确定；其次，实际损失难以确定的，可以按照侵权人因侵权所获得的利益确定；再次，权利人的损失或者侵权人获得的利益难以确定的，参照该商标许可使用费的

---

① 广东省高级人民法院 (2017) 粤民终 633 号民事判决书。

倍数合理确定。对恶意侵犯商标专用权，情节严重的，可以根据上述方法按照数额的一倍以上五倍以下确定赔偿数额。赔偿数额应当包括权利人为制止侵权行为所支付的合理开支。最后，权利人因被侵权所受到的实际损失、侵权人因侵权所获得的利益、注册商标许可使用费难以确定的，由人民法院根据侵权行为的情节判决给予五百万元以下的赔偿。侵权赔偿总的要求是比例原则，具体赔偿数额不仅要与商标的显著程度、知名度相适应，也要与市场实际情况相协调。在"采蝶轩"案①中，最高人民法院认为，销售收入与生产经营规模、广告宣传、商品质量等密切相关，而不仅仅来源于对商标的使用及其知名度。当事人主张以全部销售收入与销售利润率为基础计算侵权获利的，不应予以支持。

根据《商标法》第五十九条的规定，有三种情况虽然使用了注册商标的符号信息，但不构成商标侵权(在商标侵权案中经常作为不侵权抗辩事由)：①叙述性正当使用，是指注册商标中含有的本商品的通用名称、图形、型号，或者直接表示商品的质量、主要原料、功能、用途、重量、数量及其他特点，或者含有的地名，注册商标专用权人无权禁止他人正当使用。②商品形状正当使用，是指三维标志注册商标中含有的商品自身的性质产生的形状、为获得技术效果而需有的商品形状或者使商品具有实质性价值的形状，注册商标专用权人无权禁止他人正当使用。③先用权(又称善意在先使用商标的抗辩)，是指商标注册人申请商标注册前，他人已经在同一种商品或者类似商品上先于商标注册人使用与注册商标相同或者近似并有一定影响的商标的，注册商标专用权人无权禁止该使用人在原使用范围内继续使用该商标，但可以要求其附加适当区别标识。在商标法理论上，还存在对抗商标侵权主张的其他一些抗辩事由，包括权利无效抗辩，经商标权人同意的抗辩，对驰名商标的报道评论抗辩、比较广告抗辩等。

根据《商标法》第六十四条的规定，有两种情况虽然构成商标侵权但不承担赔偿责任(在商标侵权案中经常作为不赔偿抗辩事由)：①注册商标未使用事由，是指注册商标专用权人请求赔偿，被控侵权人以注册商标专用权人未使用注册商标提出抗辩的，人民法院可以要求注册商标专用权人提供此前三年内实际使用该注册商标的证据。注册商标专用权人不能证明此前三年内实际使用过该注册商标，也不能证明因侵权行为受到其他损失的，被控侵权人不承担赔偿责任。②合法来源事由，是指销售不知道是侵犯注册商标专用权的商品，能证明该商品是自己合法取得并说明提供者的，不承担赔偿责任。

(二)网络空间的商标权案例

"微信"是否可以作为商标注册？——**创博亚太科技**(山东)**有限公司**(简称创博亚太公司)**与国家工商行政管理总局商标评审委员会商标异议复审行政纠纷一案**②。

---

① 最高人民法院(2015)民提字第 38 号民事判决书。
② 北京市高级人民法院(2015)高行知终字第 1538 号行政判决书,最高人民法院(2016)最高法行申 3313 号再审行政裁定书。

案情：2010 年 11 月 12 日，创博亚太公司向国家工商行政管理总局商标局(简称商标局)提出第 8840949 号"微信"商标(简称被异议商标)的注册申请，指定使用在第 38 类"信息传送、电子邮件、提供全球计算机网络用户接入服务(服务商)、语音邮件服务"等服务上。

2011 年 8 月 27 日，被异议商标经商标局初步审定公告。在法定异议期内，张新河对被异议商标提出异议。2013 年 3 月 19 日，商标局作出(2013)商标异字第 7726 号《"微信"商标异议裁定书》(简称第 7726 号裁定)裁定：被异议商标不予核准注册。

创博亚太公司不服商标局第 7726 号裁定，于 2013 年 4 月 7 日向商标评审委员会申请复审。2014 年 10 月 22 日，商标评审委员会作出第 67139 号裁定：被异议商标不予核准注册。

创博亚太公司不服商评委裁定，在法定期限内向北京知识产权法院提起行政诉讼。2015 年 3 月 11 日，北京知识产权法院判决：维持第 67139 号裁定。

创博亚太公司不服北京知识产权法院(2014)京知行初字第 67 号行政判决，在法定期限内向北京市高级人民法院提出上诉。2016 年 4 月 20 日，北京高院终审判决：虽然本案被异议商标的申请注册并未违反《商标法》第十条第二款第八项的规定，但被异议商标在指定使用服务上，缺乏商标注册所必须具备的显著特征，其注册申请违反了《商标法》第十一条第一款第二项的规定，被异议商标依法不应予以核准注册。

评析：本案涉及两个商标法问题，一是能否适用商标法第十条禁用条款，二是"微信"是否具有商标的显著性。

第一个问题，二审法院正确地指出，根据《商标法》第十条第一款第八项的规定，有害于社会主义道德风尚或者有其他不良影响的标志不得作为商标使用。审查判断有关标志是否构成具有其他不良影响的情形时，应当考虑该标志或者其构成要素是否可能对我国政治、经济、文化、宗教、民族等社会公共利益和公共秩序产生消极、负面影响。本案中，被异议商标由中文"微信"二字构成，现有证据不足以证明该商标标志或者其构成要素有可能会对我国政治、经济、文化、宗教、民族等社会公共利益和公共秩序产生消极、负面影响。因此，就标志本身或者其构成要素而言，不能认定被异议商标具有"其他不良影响"。因此，二审法院认为，本案被异议商标的申请注册，不属于《商标法》第十条第一款第八项规定的具有"其他不良影响"的情形，原审判决及第 67139 号裁定的相关认定错误。

第二个问题，二审法院从商标注册的显著性条件进行了分析：被异议商标由中文"微信"二字构成，指定使用在第 38 类"信息传送、电子邮件、提供全球计算机网络用户接入服务(服务商)、语音邮件服务"等服务上。"微"具有"小""少"等含义，与"信"字组合使用在上述服务项目上，易使相关公众将其理解为是比电子邮件、手机短信等常见通信方式更为短小、便捷的信息沟通方式，是对上述服务功能、用途或其他特点的直接描述，而不易被相关公众作为区分服务来源的商标加以识别和对待，因此，被异议商标在上述服务项目上缺乏显著特征，属于《商标法》第十一条第一款第二项所指情形。至本院作出二审裁判时，创博亚太公司提交的证据不足以证明被异议商标经过使用，已经与创博亚太公司建立起稳定的关联关系，从而使被异议商标起到区分服务来源的识别作用，构成《商标法》第十一条第二款规定的可以作为商标注册的情形。因此，被异议商标不应予以核准注册。

第二节　网络著作权与软件著作权领域有关法律法规

一、《著作权法》节选

中华人民共和国著作权法(节选)

(1990 年 9 月 7 日第七届全国人民代表大会常务委员会第十五次会议通过　根据 2001 年
10 月 27 日第九届全国人民代表大会常务委员会第二十四次会议《关于修改〈中华人民
共和国著作权法〉的决定》第一次修正　根据 2010 年 2 月 26 日第十一届全国人民代表
大会常务委员会第十三次会议《关于修改〈中华人民共和国著作权法〉的决定》第二次
修正　根据 2020 年 11 月 11 日第十三届全国人民代表大会常务委员会第二十三次会议
《关于修改〈中华人民共和国著作权法〉的决定》第三次修正)

第一章　总则

第三条　本法所称的作品，是指文学、艺术和科学领域内具有独创性并能以一定形式
表现的智力成果，包括：

(一)文字作品；

(二)口述作品；

(三)音乐、戏剧、曲艺、舞蹈、杂技艺术作品；

(四)美术、建筑作品；

(五)摄影作品；

(六)视听作品；

(七)工程设计图、产品设计图、地图、示意图等图形作品和模型作品；

(八)计算机软件；

(九)符合作品特征的其他智力成果。

第二章　著作权

第一节　著作权人及其权利

第九条　著作权人包括：

(一)作者；

(二)其他依照本法享有著作权的自然人、法人或者非法人组织。

第十条　著作权包括下列人身权和财产权：

(一)发表权，即决定作品是否公之于众的权利；

(二)署名权，即表明作者身份，在作品上署名的权利；

(三)修改权，即修改或者授权他人修改作品的权利；

(四)保护作品完整权，即保护作品不受歪曲、篡改的权利；

(五)复制权，即以印刷、复印、拓印、录音、录像、翻录、翻拍、数字化等方式将
作品制作一份或者多份的权利；

(六)发行权，即以出售或者赠与方式向公众提供作品的原件或者复制件的权利；

(七)出租权,即有偿许可他人临时使用视听作品、计算机软件的原件或者复制件的权利,计算机软件不是出租的主要标的的除外;

(八)展览权,即公开陈列美术作品、摄影作品的原件或者复制件的权利;

(九)表演权,即公开表演作品,以及用各种手段公开播送作品的表演的权利;

(十)放映权,即通过放映机、幻灯机等技术设备公开再现美术、摄影、视听作品等的权利;

(十一)广播权,即以有线或者无线方式公开传播或者转播作品,以及通过扩音器或者其他传送符号、声音、图像的类似工具向公众传播广播的作品的权利,但不包括本款第十二项规定的权利;

(十二)信息网络传播权,即以有线或者无线方式向公众提供,使公众可以在其选定的时间和地点获得作品的权利;

(十三)摄制权,即以摄制视听作品的方法将作品固定在载体上的权利;

(十四)改编权,即改变作品,创作出具有独创性的新作品的权利;

(十五)翻译权,即将作品从一种语言文字转换成另一种语言文字的权利;

(十六)汇编权,即将作品或者作品的片段通过选择或者编排,汇集成新作品的权利;

(十七)应当由著作权人享有的其他权利。

著作权人可以许可他人行使前款第五项至第十七项规定的权利,并依照约定或者本法有关规定获得报酬。

著作权人可以全部或者部分转让本条第一款第五项至第十七项规定的权利,并依照约定或者本法有关规定获得报酬。

二、《著作权法实施条例》节选

中华人民共和国著作权法实施条例(节选)

(2002 年 8 月 2 日中华人民共和国国务院令第 359 号公布 根据 2011 年 1 月 8 日《国务院关于废止和修改部分行政法规的决定》第一次修订 根据 2013 年 1 月 30 日《国务院关于修改〈中华人民共和国著作权法实施条例〉的决定》第二次修订)

第二条 著作权法所称作品,是指文学、艺术和科学领域内具有独创性并能以某种有形形式复制的智力成果。

第三条 著作权法所称创作,是指直接产生文学、艺术和科学作品的智力活动。

为他人创作进行组织工作,提供咨询意见、物质条件,或者进行其他辅助工作,均不视为创作。

第四条 著作权法和本条例中下列作品的含义:

(一)文字作品,是指小说、诗词、散文、论文等以文字形式表现的作品;

(二)口述作品,是指即兴的演说、授课、法庭辩论等以口头语言形式表现的作品;

(三)音乐作品,是指歌曲、交响乐等能够演唱或者演奏的带词或者不带词的作品;

(四)戏剧作品,是指话剧、歌剧、地方戏等供舞台演出的作品;

(五)曲艺作品,是指相声、快书、大鼓、评书等以说唱为主要形式表演的作品;

(六)舞蹈作品,是指通过连续的动作、姿势、表情等表现思想情感的作品;

（七）杂技艺术作品，是指杂技、魔术、马戏等通过形体动作和技巧表现的作品；

（八）美术作品，是指绘画、书法、雕塑等以线条、色彩或者其他方式构成的有审美意义的平面或者立体的造型艺术作品；

（九）建筑作品，是指以建筑物或者构筑物形式表现的有审美意义的作品；

（十）摄影作品，是指借助器械在感光材料或者其他介质上记录客观物体形象的艺术作品；

（十一）电影作品和以类似摄制电影的方法创作的作品，是指摄制在一定介质上，由一系列有伴音或者无伴音的画面组成，并且借助适当装置放映或者以其他方式传播的作品；

（十二）图形作品，是指为施工、生产绘制的工程设计图、产品设计图，以及反映地理现象、说明事物原理或者结构的地图、示意图等作品；

（十三）模型作品，是指为展示、试验或者观测等用途，根据物体的形状和结构，按照一定比例制成的立体作品。

三、《信息网络传播权保护条例》节选

信息网络传播权保护条例（节选）

（2006 年 5 月 18 日中华人民共和国国务院令第 468 号公布 根据 2013 年 1 月 30 日《国务院关于修改〈信息网络传播权保护条例〉的决定》修订）

第四条　为了保护信息网络传播权，权利人可以采取技术措施。

任何组织或者个人不得故意避开或者破坏技术措施，不得故意制造、进口或者向公众提供主要用于避开或者破坏技术措施的装置或者部件，不得故意为他人避开或者破坏技术措施提供技术服务。但是，法律、行政法规规定可以避开的除外。

第五条　未经权利人许可，任何组织或者个人不得进行下列行为：

（一）故意删除或者改变通过信息网络向公众提供的作品、表演、录音录像制品的权利管理电子信息，但由于技术上的原因无法避免删除或者改变的除外；

（二）通过信息网络向公众提供明知或者应知未经权利人许可被删除或者改变权利管理电子信息的作品、表演、录音录像制品。

第六条　通过信息网络提供他人作品，属于下列情形的，可以不经著作权人许可，不向其支付报酬：

（一）为介绍、评论某一作品或者说明某一问题，在向公众提供的作品中适当引用已经发表的作品；

（二）为报道时事新闻，在向公众提供的作品中不可避免地再现或者引用已经发表的作品；

（三）为学校课堂教学或者科学研究，向少数教学、科研人员提供少量已经发表的作品；

（四）国家机关为执行公务，在合理范围内向公众提供已经发表的作品；

（五）将中国公民、法人或者其他组织已经发表的、以汉语言文字创作的作品翻译成的少数民族语言文字作品，向中国境内少数民族提供；

（六）不以营利为目的，以盲人能够感知的独特方式向盲人提供已经发表的文字作品；

（七）向公众提供在信息网络上已经发表的关于政治、经济问题的时事性文章；

（八）向公众提供在公众集会上发表的讲话。

第七条　图书馆、档案馆、纪念馆、博物馆、美术馆等可以不经著作权人许可，通过信息网络向本馆馆舍内服务对象提供本馆收藏的合法出版的数字作品和依法为陈列或者保存版本的需要以数字化形式复制的作品，不向其支付报酬，但不得直接或者间接获得经济利益。当事人另有约定的除外。

前款规定的为陈列或者保存版本需要以数字化形式复制的作品，应当是已经损毁或者濒临损毁、丢失或者失窃，或者其存储格式已经过时，并且在市场上无法购买或者只能以明显高于标定的价格购买的作品。

第八条　为通过信息网络实施九年制义务教育或者国家教育规划，可以不经著作权人许可，使用其已经发表作品的片断或者短小的文字作品、音乐作品或者单幅的美术作品、摄影作品制作课件，由制作课件或者依法取得课件的远程教育机构通过信息网络向注册学生提供，但应当向著作权人支付报酬。

第九条　为扶助贫困，通过信息网络向农村地区的公众免费提供中国公民、法人或者其他组织已经发表的种植养殖、防病治病、防灾减灾等与扶助贫困有关的作品和适应基本文化需求的作品，网络服务提供者应当在提供前公告拟提供的作品及其作者、拟支付报酬的标准。自公告之日起 30 日内，著作权人不同意提供的，网络服务提供者不得提供其作品；自公告之日起满 30 日，著作权人没有异议的，网络服务提供者可以提供其作品，并按照公告的标准向著作权人支付报酬。网络服务提供者提供著作权人的作品后，著作权人不同意提供的，网络服务提供者应当立即删除著作权人的作品，并按照公告的标准向著作权人支付提供作品期间的报酬。

依照前款规定提供作品的，不得直接或者间接获得经济利益。

第十条　依照本条例规定不经著作权人许可、通过信息网络向公众提供其作品的，还应当遵守下列规定：

（一）除本条例第六条第一项至第六项、第七条规定的情形外，不得提供作者事先声明不许提供的作品；

（二）指明作品的名称和作者的姓名(名称)；

（三）依照本条例规定支付报酬；

（四）采取技术措施，防止本条例第七条、第八条、第九条规定的服务对象以外的其他人获得著作权人的作品，并防止本条例第七条规定的服务对象的复制行为对著作权人利益造成实质性损害；

（五）不得侵犯著作权人依法享有的其他权利。

第十一条　通过信息网络提供他人表演、录音录像制品的，应当遵守本条例第六条至第十条的规定。

第十二条　属于下列情形的，可以避开技术措施，但不得向他人提供避开技术措施的技术、装置或者部件，不得侵犯权利人依法享有的其他权利：

（一）为学校课堂教学或者科学研究，通过信息网络向少数教学、科研人员提供已经发表的作品、表演、录音录像制品，而该作品、表演、录音录像制品只能通过信息网络获取；

(二)不以营利为目的，通过信息网络以盲人能够感知的独特方式向盲人提供已经发表的文字作品，而该作品只能通过信息网络获取；

(三)国家机关依照行政、司法程序执行公务；

(四)在信息网络上对计算机及其系统或者网络的安全性能进行测试。

第十四条 对提供信息存储空间或者提供搜索、链接服务的网络服务提供者，权利人认为其服务所涉及的作品、表演、录音录像制品，侵犯自己的信息网络传播权或者被删除、改变了自己的权利管理电子信息的，可以向该网络服务提供者提交书面通知，要求网络服务提供者删除该作品、表演、录音录像制品，或者断开与该作品、表演、录音录像制品的链接。通知书应当包含下列内容：

(一)权利人的姓名(名称)、联系方式和地址；

(二)要求删除或者断开链接的侵权作品、表演、录音录像制品的名称和网络地址；

(三)构成侵权的初步证明材料。

权利人应当对通知书的真实性负责。

第十五条 网络服务提供者接到权利人的通知书后，应当立即删除涉嫌侵权的作品、表演、录音录像制品，或者断开与涉嫌侵权的作品、表演、录音录像制品的链接，并同时将通知书转送提供作品、表演、录音录像制品的服务对象；服务对象网络地址不明、无法转送的，应当将通知书的内容同时在信息网络上公告。

第十六条 服务对象接到网络服务提供者转送的通知书后，认为其提供的作品、表演、录音录像制品未侵犯他人权利的，可以向网络服务提供者提交书面说明，要求恢复被删除的作品、表演、录音录像制品，或者恢复与被断开的作品、表演、录音录像制品的链接。书面说明应当包含下列内容：

(一)服务对象的姓名(名称)、联系方式和地址；

(二)要求恢复的作品、表演、录音录像制品的名称和网络地址；

(三)不构成侵权的初步证明材料。

服务对象应当对书面说明的真实性负责。

第十七条 网络服务提供者接到服务对象的书面说明后，应当立即恢复被删除的作品、表演、录音录像制品，或者可以恢复与被断开的作品、表演、录音录像制品的链接，同时将服务对象的书面说明转送权利人。权利人不得再通知网络服务提供者删除该作品、表演、录音录像制品，或者断开与该作品、表演、录音录像制品的链接。

第十八条 违反本条例规定，有下列侵权行为之一的，根据情况承担停止侵害、消除影响、赔礼道歉、赔偿损失等民事责任；同时损害公共利益的，可以由著作权行政管理部门责令停止侵权行为，没收违法所得，非法经营额5万元以上的，可处非法经营额1倍以上5倍以下的罚款；没有非法经营额或者非法经营额5万元以下的，根据情节轻重，可处25万元以下的罚款；情节严重的，著作权行政管理部门可以没收主要用于提供网络服务的计算机等设备；构成犯罪的，依法追究刑事责任：

(一)通过信息网络擅自向公众提供他人的作品、表演、录音录像制品的；

(二)故意避开或者破坏技术措施的；

(三)故意删除或者改变通过信息网络向公众提供的作品、表演、录音录像制品的权利管理电子信息，或者通过信息网络向公众提供明知或者应知未经权利人许可而被删除或者改变权利管理电子信息的作品、表演、录音录像制品的；

（四）为扶助贫困通过信息网络向农村地区提供作品、表演、录音录像制品超过规定范围，或者未按照公告的标准支付报酬，或者在权利人不同意提供其作品、表演、录音录像制品后未立即删除的；

（五）通过信息网络提供他人的作品、表演、录音录像制品，未指明作品、表演、录音录像制品的名称或者作者、表演者、录音录像制作者的姓名（名称），或者未支付报酬，或者未依照本条例规定采取技术措施防止服务对象以外的其他人获得他人的作品、表演、录音录像制品，或者未防止服务对象的复制行为对权利人利益造成实质性损害的。

第十九条 违反本条例规定，有下列行为之一的，由著作权行政管理部门予以警告，没收违法所得，没收主要用于避开、破坏技术措施的装置或者部件；情节严重的，可以没收主要用于提供网络服务的计算机等设备；非法经营额 5 万元以上的，可处非法经营额 1 倍以上 5 倍以下的罚款；没有非法经营额或者非法经营额 5 万元以下的，根据情节轻重，可处 25 万元以下的罚款；构成犯罪的，依法追究刑事责任：

（一）故意制造、进口或者向他人提供主要用于避开、破坏技术措施的装置或者部件，或者故意为他人避开或者破坏技术措施提供技术服务的；

（二）通过信息网络提供他人的作品、表演、录音录像制品，获得经济利益的；

（三）为扶助贫困通过信息网络向农村地区提供作品、表演、录音录像制品，未在提供前公告作品、表演、录音录像制品的名称和作者、表演者、录音录像制作者的姓名（名称）以及报酬标准的。

第二十条 网络服务提供者根据服务对象的指令提供网络自动接入服务，或者对服务对象提供的作品、表演、录音录像制品提供自动传输服务，并具备下列条件的，不承担赔偿责任：

（一）未选择并且未改变所传输的作品、表演、录音录像制品；

（二）向指定的服务对象提供该作品、表演、录音录像制品，并防止指定的服务对象以外的其他人获得。

第二十一条 网络服务提供者为提高网络传输效率，自动存储从其他网络服务提供者获得的作品、表演、录音录像制品，根据技术安排自动向服务对象提供，并具备下列条件的，不承担赔偿责任：

（一）未改变自动存储的作品、表演、录音录像制品；

（二）不影响提供作品、表演、录音录像制品的原网络服务提供者掌握服务对象获取该作品、表演、录音录像制品的情况；

（三）在原网络服务提供者修改、删除或者屏蔽该作品、表演、录音录像制品时，根据技术安排自动予以修改、删除或者屏蔽。

第二十二条 网络服务提供者为服务对象提供信息存储空间，供服务对象通过信息网络向公众提供作品、表演、录音录像制品，并具备下列条件的，不承担赔偿责任：

（一）明确标示该信息存储空间是为服务对象所提供，并公开网络服务提供者的名称、联系人、网络地址；

（二）未改变服务对象所提供的作品、表演、录音录像制品；

（三）不知道也没有合理的理由应当知道服务对象提供的作品、表演、录音录像制品侵权；

（四）未从服务对象提供作品、表演、录音录像制品中直接获得经济利益；

（五）在接到权利人的通知书后，根据本条例规定删除权利人认为侵权的作品、表演、录音录像制品。

第二十三条　网络服务提供者为服务对象提供搜索或者链接服务，在接到权利人的通知书后，根据本条例规定断开与侵权的作品、表演、录音录像制品的链接的，不承担赔偿责任；但是，明知或者应知所链接的作品、表演、录音录像制品侵权的，应当承担共同侵权责任。

第二十四条　因权利人的通知导致网络服务提供者错误删除作品、表演、录音录像制品，或者错误断开与作品、表演、录音录像制品的链接，给服务对象造成损失的，权利人应当承担赔偿责任。

第二十五条　网络服务提供者无正当理由拒绝提供或者拖延提供涉嫌侵权的服务对象的姓名（名称）、联系方式、网络地址等资料的，由著作权行政管理部门予以警告；情节严重的，没收主要用于提供网络服务的计算机等设备。

四、《计算机软件保护条例》节选

计算机软件保护条例（节选）

（2001 年 12 月 20 日中华人民共和国国务院令第 339 号公布　根据 2011 年 1 月 8 日《国务院关于废止和修改部分行政法规的决定》第一次修订　根据 2013 年 1 月 30 日《国务院关于修改〈计算机软件保护条例〉的决定》第二次修订）

第一章　总则

第二条　本条例所称计算机软件（以下简称软件），是指计算机程序及其有关文档。

第三条　本条例下列用语的含义：

（一）计算机程序，是指为了得到某种结果而可以由计算机等具有信息处理能力的装置执行的代码化指令序列，或者可以被自动转换成代码化指令序列的符号化指令序列或者符号化语句序列。同一计算机程序的源程序和目标程序为同一作品。

（二）文档，是指用来描述程序的内容、组成、设计、功能规格、开发情况、测试结果及使用方法的文字资料和图表等，如程序设计说明书、流程图、用户手册等。

（三）软件开发者，是指实际组织开发、直接进行开发，并对开发完成的软件承担责任的法人或者其他组织；或者依靠自己具有的条件独立完成软件开发，并对软件承担责任的自然人。

（四）软件著作权人，是指依照本条例的规定，对软件享有著作权的自然人、法人或者其他组织。

第四条　受本条例保护的软件必须由开发者独立开发，并已固定在某种有形物体上。

第二章　软件著作权

第八条　软件著作权人享有下列各项权利：

（一）发表权，即决定软件是否公之于众的权利；

（二）署名权，即表明开发者身份，在软件上署名的权利；

（三）修改权，即对软件进行增补、删节，或者改变指令、语句顺序的权利；

（四）复制权，即将软件制作一份或者多份的权利；

（五）发行权，即以出售或者赠与方式向公众提供软件的原件或者复制件的权利；

（六）出租权，即有偿许可他人临时使用软件的权利，但是软件不是出租的主要标的的除外；

（七）信息网络传播权，即以有线或者无线方式向公众提供软件，使公众可以在其个人选定的时间和地点获得软件的权利；

（八）翻译权，即将原软件从一种自然语言文字转换成另一种自然语言文字的权利；

（九）应当由软件著作权人享有的其他权利。

软件著作权人可以许可他人行使其软件著作权，并有权获得报酬。

软件著作权人可以全部或者部分转让其软件著作权，并有权获得报酬。

第九条　软件著作权属于软件开发者，本条例另有规定的除外。

如无相反证明，在软件上署名的自然人、法人或者其他组织为开发者。

第十条　由两个以上的自然人、法人或者其他组织合作开发的软件，其著作权的归属由合作开发者签订书面合同约定。无书面合同或者合同未作明确约定，合作开发的软件可以分割使用的，开发者对各自开发的部分可以单独享有著作权；但是，行使著作权时，不得扩展到合作开发的软件整体的著作权。合作开发的软件不能分割使用的，其著作权由各合作开发者共同享有，通过协商一致行使；不能协商一致，又无正当理由的，任何一方不得阻止他方行使除转让权以外的其他权利，但是所得收益应当合理分配给所有合作开发者。

第十一条　接受他人委托开发的软件，其著作权的归属由委托人与受托人签订书面合同约定；无书面合同或者合同未作明确约定的，其著作权由受托人享有。

第十二条　由国家机关下达任务开发的软件，著作权的归属与行使由项目任务书或者合同规定；项目任务书或者合同中未作明确规定的，软件著作权由接受任务的法人或者其他组织享有。

第十三条　自然人在法人或者其他组织中任职期间所开发的软件有下列情形之一的，该软件著作权由该法人或者其他组织享有，该法人或者其他组织可以对开发软件的自然人进行奖励：

（一）针对本职工作中明确指定的开发目标所开发的软件；

（二）开发的软件是从事本职工作活动所预见的结果或者自然的结果；

（三）主要使用了法人或者其他组织的资金、专用设备、未公开的专门信息等物质技术条件所开发并由法人或者其他组织承担责任的软件。

第十四条　软件著作权自软件开发完成之日起产生。

自然人的软件著作权，保护期为自然人终生及其死亡后50年，截止于自然人死亡后第50年的12月31日；软件是合作开发的，截止于最后死亡的自然人死亡后第50年的12月31日。

法人或者其他组织的软件著作权，保护期为50年，截止于软件首次发表后第50年的12月31日，但软件自开发完成之日起50年内未发表的，本条例不再保护。

第十五条　软件著作权属于自然人的，该自然人死亡后，在软件著作权的保护期内，软件著作权的继承人可以依照《中华人民共和国继承法》的有关规定，继承本条例第八条规定的除署名权以外的其他权利。

软件著作权属于法人或者其他组织的，法人或者其他组织变更、终止后，其著作权在本条例规定的保护期内由承受其权利义务的法人或者其他组织享有；没有承受其权利义务的法人或者其他组织的，由国家享有。

第十六条　软件的合法复制品所有人享有下列权利：

（一）根据使用的需要把该软件装入计算机等具有信息处理能力的装置内；

（二）为了防止复制品损坏而制作备份复制品。这些备份复制品不得通过任何方式提供给他人使用，并在所有人丧失该合法复制品的所有权时，负责将备份复制品销毁；

（三）为了把该软件用于实际的计算机应用环境或者改进其功能、性能而进行必要的修改；但是，除合同另有约定外，未经该软件著作权人许可，不得向任何第三方提供修改后的软件。

第十七条　为了学习和研究软件内含的设计思想和原理，通过安装、显示、传输或者存储软件等方式使用软件的，可以不经软件著作权人许可，不向其支付报酬。

第三章　软件著作权的许可使用和转让

第十八条　许可他人行使软件著作权的，应当订立许可使用合同。

许可使用合同中软件著作权人未明确许可的权利，被许可人不得行使。

第十九条　许可他人专有行使软件著作权的，当事人应当订立书面合同。

没有订立书面合同或者合同中未明确约定为专有许可的，被许可行使的权利应当视为非专有权利。

第二十条　转让软件著作权的，当事人应当订立书面合同。

第四章　法律责任

第二十三条　除《中华人民共和国著作权法》或者本条例另有规定外，有下列侵权行为的，应当根据情况，承担停止侵害、消除影响、赔礼道歉、赔偿损失等民事责任：

（一）未经软件著作权人许可，发表或者登记其软件的；

（二）将他人软件作为自己的软件发表或者登记的；

（三）未经合作者许可，将与他人合作开发的软件作为自己单独完成的软件发表或者登记的；

（四）在他人软件上署名或者更改他人软件上的署名的；

（五）未经软件著作权人许可，修改、翻译其软件的；

（六）其他侵犯软件著作权的行为。

第二十四条　除《中华人民共和国著作权法》、本条例或者其他法律、行政法规另有规定外，未经软件著作权人许可，有下列侵权行为的，应当根据情况，承担停止侵害、消除影响、赔礼道歉、赔偿损失等民事责任；同时损害社会公共利益的，由著作权行政管理部门责令停止侵权行为，没收违法所得，没收、销毁侵权复制品，可以并处罚款；情节严重的，著作权行政管理部门并可以没收主要用于制作侵权复制品的材料、工具、设备等；触犯刑律的，依照刑法关于侵犯著作权罪、销售侵权复制品罪的规定，依法追究刑事责任：

（一）复制或者部分复制著作权人的软件的；

（二）向公众发行、出租、通过信息网络传播著作权人的软件的；

（三）故意避开或者破坏著作权人为保护其软件著作权而采取的技术措施的；

（四）故意删除或者改变软件权利管理电子信息的；

（五）转让或者许可他人行使著作权人的软件著作权的。

有前款第一项或者第二项行为的，可以并处每件 100 元或者货值金额 1 倍以上 5 倍以下的罚款；有前款第三项、第四项或者第五项行为的，可以并处 20 万元以下的罚款。

第二十八条　软件复制品的出版者、制作者不能证明其出版、制作有合法授权的，或者软件复制品的发行者、出租者不能证明其发行、出租的复制品有合法来源的，应当承担法律责任。

第二十九条　软件开发者开发的软件，由于可供选用的表达方式有限而与已经存在的软件相似的，不构成对已经存在的软件的著作权的侵犯。

第三十条　软件的复制品持有人不知道也没有合理理由应当知道该软件是侵权复制品的，不承担赔偿责任；但是，应当停止使用、销毁该侵权复制品。如果停止使用并销毁该侵权复制品将给复制品使用人造成重大损失的，复制品使用人可以在向软件著作权人支付合理费用后继续使用。

五、有关司法解释节选

最高人民法院关于审理侵害信息网络传播权民事纠纷案件适用法律若干问题的规定

（2012 年 11 月 26 日由最高人民法院审判委员会第 1561 次会议通过，根据 2020 年 12 月 23 日最高人民法院审判委员会第 1823 次会议通过的《最高人民法院关于修改〈最高人民法院关于审理侵犯专利权纠纷案件应用法律若干问题的解释（二）〉等十八件知识产权类司法解释的决定》修改，自 2021 年 1 月 1 日起施行）

为正确审理侵害信息网络传播权民事纠纷案件，依法保护信息网络传播权，促进信息网络产业健康发展，维护公共利益，根据《中华人民共和国民法典》《中华人民共和国著作权法》《中华人民共和国民事诉讼法》等有关法律规定，结合审判实际，制定本规定。

第一条　人民法院审理侵害信息网络传播权民事纠纷案件，在依法行使裁量权时，应当兼顾权利人、网络服务提供者和社会公众的利益。

第二条　本规定所称信息网络，包括以计算机、电视机、固定电话机、移动电话机等电子设备为终端的计算机互联网、广播电视网、固定通信网、移动通信网等信息网络，以及向公众开放的局域网络。

第三条　网络用户、网络服务提供者未经许可，通过信息网络提供权利人享有信息网络传播权的作品、表演、录音录像制品，除法律、行政法规另有规定外，人民法院应当认定其构成侵害信息网络传播权行为。

通过上传到网络服务器、设置共享文件或者利用文件分享软件等方式，将作品、表演、录音录像制品置于信息网络中，使公众能够在个人选定的时间和地点以下载、浏览或者其他方式获得的，人民法院应当认定其实施了前款规定的提供行为。

第四条　有证据证明网络服务提供者与他人以分工合作等方式共同提供作品、表演、录音录像制品，构成共同侵权行为的，人民法院应当判令其承担连带责任。网络服务提供者能够证明其仅提供自动接入、自动传输、信息存储空间、搜索、链接、文件分享技术等网络服务，主张其不构成共同侵权行为的，人民法院应予支持。

第五条 网络服务提供者以提供网页快照、缩略图等方式实质替代其他网络服务提供者向公众提供相关作品的,人民法院应当认定其构成提供行为。

前款规定的提供行为不影响相关作品的正常使用,且未不合理损害权利人对该作品的合法权益,网络服务提供者主张其未侵害信息网络传播权的,人民法院应予支持。

第六条 原告有初步证据证明网络服务提供者提供了相关作品、表演、录音录像制品,但网络服务提供者能够证明其仅提供网络服务,且无过错的,人民法院不应认定为构成侵权。

第七条 网络服务提供者在提供网络服务时教唆或者帮助网络用户实施侵害信息网络传播权行为的,人民法院应当判令其承担侵权责任。

网络服务提供者以言语、推介技术支持、奖励积分等方式诱导、鼓励网络用户实施侵害信息网络传播权行为的,人民法院应当认定其构成教唆侵权行为。

网络服务提供者明知或者应知网络用户利用网络服务侵害信息网络传播权,未采取删除、屏蔽、断开链接等必要措施,或者提供技术支持等帮助行为的,人民法院应当认定其构成帮助侵权行为。

第八条 人民法院应当根据网络服务提供者的过错,确定其是否承担教唆、帮助侵权责任。网络服务提供者的过错包括对于网络用户侵害信息网络传播权行为的明知或者应知。

网络服务提供者未对网络用户侵害信息网络传播权的行为主动进行审查的,人民法院不应据此认定其具有过错。

网络服务提供者能够证明已采取合理、有效的技术措施,仍难以发现网络用户侵害信息网络传播权行为的,人民法院应当认定其不具有过错。

第九条 人民法院应当根据网络用户侵害信息网络传播权的具体事实是否明显,综合考虑以下因素,认定网络服务提供者是否构成应知:

(一)基于网络服务提供者提供服务的性质、方式及其引发侵权的可能性大小,应当具备的管理信息的能力;

(二)传播的作品、表演、录音录像制品的类型、知名度及侵权信息的明显程度;

(三)网络服务提供者是否主动对作品、表演、录音录像制品进行了选择、编辑、修改、推荐等;

(四)网络服务提供者是否积极采取了预防侵权的合理措施;

(五)网络服务提供者是否设置便捷程序接收侵权通知并及时对侵权通知作出合理的反应;

(六)网络服务提供者是否针对同一网络用户的重复侵权行为采取了相应的合理措施;

(七)其他相关因素。

第十条 网络服务提供者在提供网络服务时,对热播影视作品等以设置榜单、目录、索引、描述性段落、内容简介等方式进行推荐,且公众可以在其网页上直接以下载、浏览或者其他方式获得的,人民法院可以认定其应知网络用户侵害信息网络传播权。

第十一条　网络服务提供者从网络用户提供的作品、表演、录音录像制品中直接获得经济利益的，人民法院应当认定其对该网络用户侵害信息网络传播权的行为负有较高的注意义务。

网络服务提供者针对特定作品、表演、录音录像制品投放广告获取收益，或者获取与其传播的作品、表演、录音录像制品存在其他特定联系的经济利益，应当认定为前款规定的直接获得经济利益。网络服务提供者因提供网络服务而收取一般性广告费、服务费等，不属于本款规定的情形。

第十二条　有下列情形之一的，人民法院可以根据案件具体情况，认定提供信息存储空间服务的网络服务提供者应知网络用户侵害信息网络传播权：

（一）将热播影视作品等置于首页或者其他主要页面等能够为网络服务提供者明显感知的位置的；

（二）对热播影视作品等的主题、内容主动进行选择、编辑、整理、推荐，或者为其设立专门的排行榜的；

（三）其他可以明显感知相关作品、表演、录音录像制品为未经许可提供，仍未采取合理措施的情形。

第十三条　网络服务提供者接到权利人以书信、传真、电子邮件等方式提交的通知及构成侵权的初步证据，未及时根据初步证据和服务类型采取必要措施的，人民法院应当认定其明知相关侵害信息网络传播权行为。

第十四条　人民法院认定网络服务提供者转送通知、采取必要措施是否及时，应当根据权利人提交通知的形式，通知的准确程度，采取措施的难易程度，网络服务的性质，所涉作品、表演、录音录像制品的类型、知名度、数量等因素综合判断。

第十五条　侵害信息网络传播权民事纠纷案件由侵权行为地或者被告住所地人民法院管辖。侵权行为地包括实施被诉侵权行为的网络服务器、计算机终端等设备所在地。侵权行为地和被告住所地均难以确定或者在境外的，原告发现侵权内容的计算机终端等设备所在地可以视为侵权行为地。

第十六条　本规定施行之日起，《最高人民法院关于审理涉及计算机网络著作权纠纷案件适用法律若干问题的解释》（法释〔2006〕11号）同时废止。

本规定施行之后尚未终审的侵害信息网络传播权民事纠纷案件，适用本规定。本规定施行前已经终审，当事人申请再审或者按照审判监督程序决定再审的，不适用本规定。

第三节　专利领域有关法律法规

中华人民共和国专利法（节选）

（1984年3月12日第六届全国人民代表大会常务委员会第四次会议通过　根据1992年9月4日第七届全国人民代表大会常务委员会第二十七次会议《关于修改〈中华人民共和国专利法〉的决定》第一次修正　根据2000年8月25日第九届全国人民代表大会常务委员会第十七次会议《关于修改〈中华人民共和国专利法〉的决定》第二次修正　根据

2008 年 12 月 27 日第十一届全国人民代表大会常务委员会第六次会议《关于修改〈中华人民共和国专利法〉的决定》第三次修正 根据 2020 年 10 月 17 日第十三届全国人民代表大会常务委员会第二十二次会议《关于修改〈中华人民共和国专利法〉的决定》第四次修正)

第一章 总则

第一条 为了保护专利权人的合法权益，鼓励发明创造，推动发明创造的应用，提高创新能力，促进科学技术进步和经济社会发展，制定本法。

第二条 本法所称的发明创造是指发明、实用新型和外观设计。

发明，是指对产品、方法或者其改进所提出的新的技术方案。

实用新型，是指对产品的形状、构造或者其结合所提出的适于实用的新的技术方案。

外观设计，是指对产品的整体或者局部的形状、图案或者其结合以及色彩与形状、图案的结合所作出的富有美感并适于工业应用的新设计。

第三条 国务院专利行政部门负责管理全国的专利工作；统一受理和审查专利申请，依法授予专利权。

省、自治区、直辖市人民政府管理专利工作的部门负责本行政区域内的专利管理工作。

第四条 申请专利的发明创造涉及国家安全或者重大利益需要保密的，按照国家有关规定办理。

第五条 对违反法律、社会公德或者妨害公共利益的发明创造，不授予专利权。

对违反法律、行政法规的规定获取或者利用遗传资源，并依赖该遗传资源完成的发明创造，不授予专利权。

第六条 执行本单位的任务或者主要是利用本单位的物质技术条件所完成的发明创造为职务发明创造。职务发明创造申请专利的权利属于该单位，申请被批准后，该单位为专利权人。该单位可以依法处置其职务发明创造申请专利的权利和专利权，促进相关发明创造的实施和运用。

非职务发明创造，申请专利的权利属于发明人或者设计人；申请被批准后，该发明人或者设计人为专利权人。

利用本单位的物质技术条件所完成的发明创造，单位与发明人或者设计人订有合同，对申请专利的权利和专利权的归属作出约定的，从其约定。

第七条 对发明人或者设计人的非职务发明创造专利申请，任何单位或者个人不得压制。

第八条 两个以上单位或者个人合作完成的发明创造、一个单位或者个人接受其他单位或者个人委托所完成的发明创造，除另有协议的以外，申请专利的权利属于完成或者共同完成的单位或者个人；申请被批准后，申请的单位或者个人为专利权人。

第九条 同样的发明创造只能授予一项专利权。但是，同一申请人同日对同样的发明创造既申请实用新型专利又申请发明专利，先获得的实用新型专利权尚未终止，且申请人声明放弃该实用新型专利权的，可以授予发明专利权。

两个以上的申请人分别就同样的发明创造申请专利的，专利权授予最先申请的人。

第十条 专利申请权和专利权可以转让。

中国单位或者个人向外国人、外国企业或者外国其他组织转让专利申请权或者专利权的，应当依照有关法律、行政法规的规定办理手续。

转让专利申请权或者专利权的，当事人应当订立书面合同，并向国务院专利行政部门登记，由国务院专利行政部门予以公告。专利申请权或者专利权的转让自登记之日起生效。

第十一条　发明和实用新型专利权被授予后，除本法另有规定的以外，任何单位或者个人未经专利权人许可，都不得实施其专利，即不得为生产经营目的制造、使用、许诺销售、销售、进口其专利产品，或者使用其专利方法以及使用、许诺销售、销售、进口依照该专利方法直接获得的产品。

外观设计专利权被授予后，任何单位或者个人未经专利权人许可，都不得实施其专利，即不得为生产经营目的制造、许诺销售、销售、进口其外观设计专利产品。

第二章　授予专利权的条件

第二十二条　授予专利权的发明和实用新型，应当具备新颖性、创造性和实用性。

新颖性，是指该发明或者实用新型不属于现有技术；也没有任何单位或者个人就同样的发明或者实用新型在申请日以前向国务院专利行政部门提出过申请，并记载在申请日以后公布的专利申请文件或者公告的专利文件中。

创造性，是指与现有技术相比，该发明具有突出的实质性特点和显著的进步，该实用新型具有实质性特点和进步。

实用性，是指该发明或者实用新型能够制造或者使用，并且能够产生积极效果。

本法所称现有技术，是指申请日以前在国内外为公众所知的技术。

第二十三条　授予专利权的外观设计，应当不属于现有设计；也没有任何单位或者个人就同样的外观设计在申请日以前向国务院专利行政部门提出过申请，并记载在申请日以后公告的专利文件中。

授予专利权的外观设计与现有设计或者现有设计特征的组合相比，应当具有明显区别。

授予专利权的外观设计不得与他人在申请日以前已经取得的合法权利相冲突。

本法所称现有设计，是指申请日以前在国内外为公众所知的设计。

第二十四条　申请专利的发明创造在申请日以前六个月内，有下列情形之一的，不丧失新颖性：

(一)在国家出现紧急状态或者非常情况时，为公共利益目的首次公开的；

(二)在中国政府主办或者承认的国际展览会上首次展出的；

(三)在规定的学术会议或者技术会议上首次发表的；

(四)他人未经申请人同意而泄露其内容的。

第二十五条　对下列各项，不授予专利权：

(一)科学发现；

(二)智力活动的规则和方法；

(三)疾病的诊断和治疗方法；

(四)动物和植物品种；

(五)原子核变换方法以及用原子核变换方法获得的物质；

(六)对平面印刷品的图案、色彩或者二者的结合作出的主要起标识作用的设计。

对前款第(四)项所列产品的生产方法,可以依照本法规定授予专利权。

第三章 专利的申请

第二十六条 申请发明或者实用新型专利的,应当提交请求书、说明书及其摘要和权利要求书等文件。

请求书应当写明发明或者实用新型的名称,发明人的姓名,申请人姓名或者名称、地址,以及其他事项。

说明书应当对发明或者实用新型作出清楚、完整的说明,以所属技术领域的技术人员能够实现为准;必要的时候,应当有附图。摘要应当简要说明发明或者实用新型的技术要点。

权利要求书应当以说明书为依据,清楚、简要地限定要求专利保护的范围。

依赖遗传资源完成的发明创造,申请人应当在专利申请文件中说明该遗传资源的直接来源和原始来源;申请人无法说明原始来源的,应当陈述理由。

第二十七条 申请外观设计专利的,应当提交请求书、该外观设计的图片或者照片以及对该外观设计的简要说明等文件。

申请人提交的有关图片或者照片应当清楚地显示要求专利保护的产品的外观设计。

第四章 专利申请的审查和批准

第三十四条 国务院专利行政部门收到发明专利申请后,经初步审查认为符合本法要求的,自申请日起满十八个月,即行公布。国务院专利行政部门可以根据申请人的请求早日公布其申请。

第三十五条 发明专利申请自申请日起三年内,国务院专利行政部门可以根据申请人随时提出的请求,对其申请进行实质审查;申请人无正当理由逾期不请求实质审查的,该申请即被视为撤回。

国务院专利行政部门认为必要的时候,可以自行对发明专利申请进行实质审查。

第五章 专利权的期限、终止和无效

第四十二条 发明专利权的期限为二十年,实用新型专利权的期限为十年,外观设计专利权的期限为十五年,均自申请日起计算。

自发明专利申请日起满四年,且自实质审查请求之日起满三年后授予发明专利权的,国务院专利行政部门应专利权人的请求,就发明专利在授权过程中的不合理延迟给予专利权期限补偿,但由申请人引起的不合理延迟除外。

为补偿新药上市审评审批占用的时间,对在中国获得上市许可的新药相关发明专利,国务院专利行政部门应专利权人的请求给予专利权期限补偿。补偿期限不超过五年,新药批准上市后总有效专利权期限不超过十四年。

第四十三条 专利权人应当自被授予专利权的当年开始缴纳年费。

第四十四条 有下列情形之一的,专利权在期限届满前终止:

(一)没有按照规定缴纳年费的;

(二)专利权人以书面声明放弃其专利权的。

专利权在期限届满前终止的,由国务院专利行政部门登记和公告。

第四十五条　自国务院专利行政部门公告授予专利权之日起，任何单位或者个人认为该专利权的授予不符合本法有关规定的，可以请求国务院专利行政部门宣告该专利权无效。

第四十六条　国务院专利行政部门对宣告专利权无效的请求应当及时审查和作出决定，并通知请求人和专利权人。宣告专利权无效的决定，由国务院专利行政部门登记和公告。

对国务院专利行政部门宣告专利权无效或者维持专利权的决定不服的，可以自收到通知之日起三个月内向人民法院起诉。人民法院应当通知无效宣告请求程序的对方当事人作为第三人参加诉讼。

第四十七条　宣告无效的专利权视为自始即不存在。

宣告专利权无效的决定，对在宣告专利权无效前人民法院作出并已执行的专利侵权的判决、调解书，已经履行或者强制执行的专利侵权纠纷处理决定，以及已经履行的专利实施许可合同和专利权转让合同，不具有追溯力。但是因专利权人的恶意给他人造成的损失，应当给予赔偿。

依照前款规定不返还专利侵权赔偿金、专利使用费、专利权转让费，明显违反公平原则的，应当全部或者部分返还。

第七章　专利权的保护

第五十九条　发明或者实用新型专利权的保护范围以其权利要求的内容为准，说明书及附图可以用于解释权利要求的内容。

外观设计专利权的保护范围以表示在图片或者照片中的该产品的外观设计为准，简要说明可以用于解释图片或者照片所表示的该产品的外观设计。

第六十四条　发明或者实用新型专利权的保护范围以其权利要求的内容为准，说明书及附图可以用于解释权利要求的内容。

外观设计专利权的保护范围以表示在图片或者照片中的该产品的外观设计为准，简要说明可以用于解释图片或者照片所表示的该产品的外观设计。

第六十七条　为了制止专利侵权行为，在证据可能灭失或者以后难以取得的情况下，专利权人或者利害关系人可以在起诉前向人民法院申请保全证据。

人民法院采取保全措施，可以责令申请人提供担保；申请人不提供担保的，驳回申请。

人民法院应当自接受申请之时起四十八小时内作出裁定；裁定采取保全措施的，应当立即执行。

申请人自人民法院采取保全措施之日起十五日内不起诉的，人民法院应当解除该措施。

第六十八条　侵犯专利权的诉讼时效为二年，自专利权人或者利害关系人得知或者应当得知侵权行为之日起计算。

发明专利申请公布后至专利权授予前使用该发明未支付适当使用费的，专利权人要求支付使用费的诉讼时效为二年，自专利权人得知或者应当得知他人使用其发明之日起计算，但是，专利权人于专利权授予之日前即已得知或者应当得知的，自专利权授予之日起计算。

第六十九条 有下列情形之一的，不视为侵犯专利权：

(一)专利产品或者依照专利方法直接获得的产品，由专利权人或者经其许可的单位、个人售出后，使用、许诺销售、销售、进口该产品的；

(二)在专利申请日前已经制造相同产品、使用相同方法或者已经作好制造、使用的必要准备，并且仅在原有范围内继续制造、使用的；

(三)临时通过中国领陆、领水、领空的外国运输工具，依照其所属国同中国签订的协议或者共同参加的国际条约，或者依照互惠原则，为运输工具自身需要而在其装置和设备中使用有关专利的；

(四)专为科学研究和实验而使用有关专利的；

(五)为提供行政审批所需要的信息，制造、使用、进口专利药品或者专利医疗器械的，以及专门为其制造、进口专利药品或者专利医疗器械的。

第七十条 为生产经营目的使用、许诺销售或者销售不知道是未经专利权人许可而制造并售出的专利侵权产品，能证明该产品合法来源的，不承担赔偿责任。

第七十三条 为了制止专利侵权行为，在证据可能灭失或者以后难以取得的情况下，专利权人或者利害关系人可以在起诉前依法向人民法院申请保全证据。

第七十四条 侵犯专利权的诉讼时效为三年，自专利权人或者利害关系人知道或者应当知道侵权行为以及侵权人之日起计算。

发明专利申请公布后至专利权授予前使用该发明未支付适当使用费的，专利权人要求支付使用费的诉讼时效为三年，自专利权人知道或者应当知道他人使用其发明之日起计算，但是，专利权人于专利权授予之日前即已知道或者应当知道的，自专利权授予之日起计算。

第七十五条 有下列情形之一的，不视为侵犯专利权：

(一)专利产品或者依照专利方法直接获得的产品，由专利权人或者经其许可的单位、个人售出后，使用、许诺销售、销售、进口该产品的；

(二)在专利申请日前已经制造相同产品、使用相同方法或者已经作好制造、使用的必要准备，并且仅在原有范围内继续制造、使用的；

(三)临时通过中国领陆、领水、领空的外国运输工具，依照其所属国同中国签订的协议或者共同参加的国际条约，或者依照互惠原则，为运输工具自身需要而在其装置和设备中使用有关专利的；

(四)专为科学研究和实验而使用有关专利的；

(五)为提供行政审批所需要的信息，制造、使用、进口专利药品或者专利医疗器械的，以及专门为其制造、进口专利药品或者专利医疗器械的。

第七十七条 为生产经营目的使用、许诺销售或者销售不知道是未经专利权人许可而制造并售出的专利侵权产品，能证明该产品合法来源的，不承担赔偿责任。

第四节　商标领域有关法律法规

中华人民共和国商标法（节选）

（1982 年 8 月 23 日第五届全国人民代表大会常务委员会第二十四次会议通过　根据 1993 年 2 月 22 日第七届全国人民代表大会常务委员会第三十次会议《关于修改〈中华人民共和国商标法〉的决定》第一次修正　根据 2001 年 10 月 27 日第九届全国人民代表大会常务委员会第二十四次会议《关于修改〈中华人民共和国商标法〉的决定》第二次修正　根据 2013 年 8 月 30 日第十二届全国人民代表大会常务委员会第四次会议《关于修改〈中华人民共和国商标法〉的决定》第三次修正　根据 2019 年 4 月 23 日第十三届全国人民代表大会常务委员会第十次会议《关于修改〈中华人民共和国建筑法〉等八部法律的决定》第四次修正）

第一章　总则

第三条　经商标局核准注册的商标为注册商标，包括商品商标、服务商标和集体商标、证明商标；商标注册人享有商标专用权，受法律保护。

本法所称集体商标，是指以团体、协会或者其他组织名义注册，供该组织成员在商事活动中使用，以表明使用者在该组织中的成员资格的标志。

本法所称证明商标，是指由对某种商品或者服务具有监督能力的组织所控制，而由该组织以外的单位或者个人使用于其商品或者服务，用以证明该商品或者服务的原产地、原料、制造方法、质量或者其他特定品质的标志。

集体商标、证明商标注册和管理的特殊事项，由国务院工商行政管理部门规定。

第四条　自然人、法人或者其他组织在生产经营活动中，对其商品或者服务需要取得商标专用权的，应当向商标局申请商标注册。不以使用为目的的恶意商标注册申请，应当予以驳回。

本法有关商品商标的规定，适用于服务商标。

第八条　任何能够将自然人、法人或者其他组织的商品与他人的商品区别开的标志，包括文字、图形、字母、数字、三维标志、颜色组合和声音等，以及上述要素的组合，均可以作为商标申请注册。

第九条　申请注册的商标，应当有显著特征，便于识别，并不得与他人在先取得的合法权利冲突。

商标注册人有权标明"注册商标"或者注册标记。

第十条　下列标志不得作为商标使用：

（一）同中华人民共和国的国家名称、国旗、国徽、国歌、军旗、军徽、军歌、勋章等相同或者近似的，以及同中央国家机关的名称、标志、所在地特定地点的名称或者标志性建筑物的名称、图形相同的；

（二）同外国的国家名称、国旗、国徽、军旗等相同或者近似的，但经该国政府同意的除外；

(三)同政府间国际组织的名称、旗帜、徽记等相同或者近似的，但经该组织同意或者不易误导公众的除外；

(四)与表明实施控制、予以保证的官方标志、检验印记相同或者近似的，但经授权的除外；

(五)同"红十字"、"红新月"的名称、标志相同或者近似的；

(六)带有民族歧视性的；

(七)带有欺骗性，容易使公众对商品的质量等特点或者产地产生误认的；

(八)有害于社会主义道德风尚或者有其他不良影响的。

县级以上行政区划的地名或者公众知晓的外国地名，不得作为商标。但是，地名具有其他含义或者作为集体商标、证明商标组成部分的除外；已经注册的使用地名的商标继续有效。

第十一条　下列标志不得作为商标注册：

(一)仅有本商品的通用名称、图形、型号的；

(二)仅直接表示商品的质量、主要原料、功能、用途、重量、数量及其他特点的；

(三)其他缺乏显著特征的。

前款所列标志经过使用取得显著特征，并便于识别的，可以作为商标注册。

第十二条　以三维标志申请注册商标的，仅由商品自身的性质产生的形状、为获得技术效果而需有的商品形状或者使商品具有实质性价值的形状，不得注册。

第十三条　为相关公众所熟知的商标，持有人认为其权利受到侵害时，可以依照本法规定请求驰名商标保护。

就相同或者类似商品申请注册的商标是复制、摹仿或者翻译他人未在中国注册的驰名商标，容易导致混淆的，不予注册并禁止使用。

就不相同或者不相类似商品申请注册的商标是复制、摹仿或者翻译他人已经在中国注册的驰名商标，误导公众，致使该驰名商标注册人的利益可能受到损害的，不予注册并禁止使用。

第十六条　商标中有商品的地理标志，而该商品并非来源于该标志所标示的地区，误导公众的，不予注册并禁止使用；但是，已经善意取得注册的继续有效。

前款所称地理标志，是指标示某商品来源于某地区，该商品的特定质量、信誉或者其他特征，主要由该地区的自然因素或者人文因素所决定的标志。

第二章　商标注册的申请

第二十二条　商标注册申请人应当按规定的商品分类表填报使用商标的商品类别和商品名称，提出注册申请。

商标注册申请人可以通过一份申请就多个类别的商品申请注册同一商标。

商标注册申请等有关文件，可以以书面方式或者数据电文方式提出。

第二十三条　注册商标需要在核定使用范围之外的商品上取得商标专用权的，应当另行提出注册申请。

第二十四条　注册商标需要改变其标志的，应当重新提出注册申请。

第三章　商标注册的审查和核准

第二十八条　对申请注册的商标，商标局应当自收到商标注册申请文件之日起九个月内审查完毕，符合本法有关规定的，予以初步审定公告。

第六章　商标使用的管理

第四十八条　本法所称商标的使用，是指将商标用于商品、商品包装或者容器以及商品交易文书上，或者将商标用于广告宣传、展览以及其他商业活动中，用于识别商品来源的行为。

第四十九条　商标注册人在使用注册商标的过程中，自行改变注册商标、注册人名义、地址或者其他注册事项的，由地方工商行政管理部门责令限期改正；期满不改正的，由商标局撤销其注册商标。

注册商标成为其核定使用的商品的通用名称或者没有正当理由连续三年不使用的，任何单位或者个人可以向商标局申请撤销该注册商标。商标局应当自收到申请之日起九个月内做出决定。有特殊情况需要延长的，经国务院工商行政管理部门批准，可以延长三个月。

第五十条　注册商标被撤销、被宣告无效或者期满不再续展的，自撤销、宣告无效或者注销之日起一年内，商标局对与该商标相同或者近似的商标注册申请，不予核准。

第七章　注册商标专用权的保护

第五十六条　注册商标的专用权，以核准注册的商标和核定使用的商品为限。

第五十七条　有下列行为之一的，均属侵犯注册商标专用权：

(一)未经商标注册人的许可，在同一种商品上使用与其注册商标相同的商标的；

(二)未经商标注册人的许可，在同一种商品上使用与其注册商标近似的商标，或者在类似商品上使用与其注册商标相同或者近似的商标，容易导致混淆的；

(三)销售侵犯注册商标专用权的商品的；

(四)伪造、擅自制造他人注册商标标识或者销售伪造、擅自制造的注册商标标识的；

(五)未经商标注册人同意，更换其注册商标并将该更换商标的商品又投入市场的；

(六)故意为侵犯他人商标专用权行为提供便利条件，帮助他人实施侵犯商标专用权行为的；

(七)给他人的注册商标专用权造成其他损害的。

第五十八条　将他人注册商标、未注册的驰名商标作为企业名称中的字号使用，误导公众，构成不正当竞争行为的，依照《中华人民共和国反不正当竞争法》处理。

第五十九条　注册商标中含有的本商品的通用名称、图形、型号，或者直接表示商品的质量、主要原料、功能、用途、重量、数量及其他特点，或者含有的地名，注册商标专用权人无权禁止他人正当使用。

三维标志注册商标中含有的商品自身的性质产生的形状、为获得技术效果而需有的商品形状或者使商品具有实质性价值的形状，注册商标专用权人无权禁止他人正当使用。

商标注册人申请商标注册前，他人已经在同一种商品或者类似商品上先于商标注册人使用与注册商标相同或者近似并有一定影响的商标的，注册商标专用权人无权禁止该使用人在原使用范围内继续使用该商标，但可以要求其附加适当区别标识。

第八章　网络空间安全程序与证据有关法律法规

第一节　网络空间安全程序与证据法律法规综述

一、网络空间安全有关程序法

程序法是法律体系的重要组成部分之一。根据法律体系解决保证实现实体权利与义务的程序问题，抑或解决实体权利与义务本身问题这一划分标准，可以将法律分为程序法和实体法。需要注意的是，程序法和实体法是两个互为对应的专门概念。程序法是关于在诉讼或仲裁中实现实体权利与义务，并获法律救济的过程、方法的法律；实体法则是涉及权利与义务，及其违反了权利、义务规定所应承担责任的法律。

"程序"一词在社会生活中的应用极为普遍，且适用范围也随着社会的发展而日趋广泛。《现代汉语词典》将"程序"一词释解为"事情进行的先后顺序"。若从法学角度来看"程序"，在相当长的一段时间内，中国法律传统中存在"重实体，轻程序"的倾向。程序法一直没有独立于实体法之外，其内部分化也很不充分，根本不存在几种诉讼程序并立的现象。[①]随着法治社会建设的推进，中国在程序法的建设方面取得了长足发展，相关制度性内容已然不断完善。

《牛津法律大辞典》对于"程序法"给出的定义是：程序法一词最初是由英国法学家边沁创造的类名词，用来表示不同于实体法的法律原则和规范体系。程序法的对象不是人们的权利和义务，而是用来申明、证实或强制实现这些权利义务的手段或保证在它们遭到侵害时能到得到补偿。因此，程序法的内容包括关于各法院管辖范围，审判程序，诉讼的提起和审判，证据，上诉，判决的执行，代理和法律援助，诉讼费用，文具的交付和登记，以及行政请求和非诉讼请求的程序等方法的原则和制度。[②]从广义角度来说，程序法系指调整人们从事法律行为所须遵循或须履行的法定的时间、空间上的步骤和形式的制度规则体系的法律规范的统称。鉴于程序法是实现实体权利与义务的必备要件和合法形式，系不同于实体法的法律原则、法规规则的体系，其内容既包括了刑事诉讼法、民事诉讼法、行政诉讼法、仲裁法等以解决纠纷为主要目的的法律，还涵盖了各类实体法中所涉及的程序法律规范等。从狭义角度来说，程序法特指为解决纠纷所须遵循或须履行的法定的时间、空间上的步骤和形式的制度规则体系的法律规范的总称。我们通常

---

① 季卫东著：《法治秩序的建构》，中国政法大学出版社1999年版，第55页。

② 〔英〕戴维·M.沃克著：《牛津法律大辞典》，北京社会与科技发展研究所译，光明日报出版社1988年版，第17页。

所称的三大诉讼法，即是狭义程序法的主要内容。简言之，程序法即是在解决冲突或争议的程序中，用以保证权利和义务实现的法律规范。

传统观点在阐释程序法和实体法之间的关系时，仅仅将程序法视为实现实体法的工具和手段。需要注意的是，对于法治国家而言，程序法的确具有工具和手段的功能，但这并不代表程序法仅有工具的价值。恰恰相反，程序法有着自身独立的地位与价值。法治的本质和实现都离不开程序，这一方面表现了程序对于法治的手段功能，但另一方面也表明，法治的价值和理念也反映和应当反映在程序之中，离开了程序，法治的基本价值和理念就不可能实现。[①]

程序法的内容体系，主要囊括了刑事诉讼法、民事诉讼法（包含海事诉讼特别程序法）、行政诉讼法、仲裁法等。其既包括涉及诉讼程序的法律规范，又包括涉及仲裁程序的法律规范。相较而言，诉讼程序的法律规范内容更多，也更为普遍，有关于刑事诉讼程序的法律规范、民事诉讼程序的法律规范及行政诉讼程序的法律规范皆涵盖在内。鉴于程序法在于落实实体法，因而程序的立法往往基于实体的立法。在实体法中，主要有刑事法律部门、民事法律部门、行政法律部门等主要的法律部门。故，程序法相对于前述三个实体法的法律部门，也有着对应的刑事程序法律、民事程序法律和行政程序法律。刑事程序和行政程序都属于诉讼程序，系通过司法机关作出裁判的形式，来实现刑事层面的实体法和行政层面的实体法。民事诉讼程序和仲裁程序，皆属于民事程序法律。前者是通过司法机关作出裁判的形式，来实现民商事层面的实体法。后者则是通过非官方的、民间性质的仲裁机构作出裁决的形式来实现民商事层面的实体法。程序法中包括的刑事诉讼程序、民事诉讼程序、行政诉讼程序和仲裁程序这四种最为基本的程序。前三种属于司法程序范畴，也就是我们口中常说的"打官司"，亦可称之为诉讼程序；最后一种不属于司法程序范畴，而属于一种非诉讼程序，是以民间性质的仲裁机构作为第三方来居中裁决，从而解决纠纷或争议。由于程序法中主要涉及的都是司法程序，也即诉讼程序，因而也有不少表述直接将程序法和诉讼法两者等同，或者对这两个概念予以互用。但基于以上论述，程序法和诉讼法的概念仍有显著区别。程序法的外延较之于诉讼法的外延更为广泛，除诉讼法外，还涵盖了仲裁法。

程序法的核心在于，切实保证冲突和争议解决过程的合法性、公正性。如何保证程序公正，并不仅仅只是程序自身的考量，更是全部法律的考量。为了切实保证程序的公正，就需要整个诉讼过程或者仲裁过程，不仅需要符合法律规范，亦需要依据客观事实。因此，程序与证据与是不可分割的，离开了证据的程序是空洞的程序。在程序中要用证据来证明案件事实，根据案件事实来解决实体问题。如果没有证据，程序就如同"镜花水月"，也就难以做到公正。

二、网络空间安全有关证据法

证据法，系用于调整诉讼中证据调查和应用的法律规范的统称。诉讼活动中的证据及其证据运用，相对于其他社会事务或自然科学领域中的证据与证据运用而言，有着法

[①] 屈崇丽编著：《中国程序法》，北京工业大学出版社2003年版，第22页。

律上的明确规定和限制。尽管我国迄今尚无独立的证据法典，证据法也未成为我国法律体系中一个单独的法律部门，但绝不能因此就认为我国目前没有证据法。[①]我国现行的《刑事诉讼法》、《民事诉讼法》和《行政诉讼法》皆用专章的形式，对诉讼中的证据及其证据运用作出了明文规定。此外，《中华人民共和国仲裁法》《中华人民共和国律师法》《行政处罚法》《治安管理处罚法》等法律法规中，也有关于证据问题的规定。前述法律文本凝练了长期以来司法、执法活动中的经验教训，明确了证据，尤其是诉讼证据的表现形式，对不同诉讼中证据运用的程序、方法作出了规定，为证据在司法实践中的运用提供了相应法律依据。此外，诸如最高人民法院《关于民事诉讼证据的若干规定》《关于行政诉讼证据若干问题的规定》、《关于知识产权民事诉讼证据的若干规定》，最高人民检察院《人民检察院刑事诉讼规则》等作出的与证据有关的司法解释，同样也是现行证据法的重要组成内容。需要注意的是，随着司法改革的不断推进深入，我国现行的有关证据的法律规定已然无法适应司法实践中对于证据运用所提出的要求。制定专门的证据法律，不仅是司法实践的期待所归，更是时代发展的必然选择。

尽管"证据"一词是证据法的基础概念，看似并无深奥晦涩之处，但就证据定义的学说认识，学界却存在着不小的分歧。归纳来说，主要存在"事实说""材料说""方法说""根据说"等。①事实说。该学说将证据界定为能够证明案件真实情况的一切事实。此处的"事实"，指的是事情的真实情况。在过去的较长一段时间内，"事实说"在我国证据法学研究中的影响最大，不少学者均在这一框架内对证据作出界定。1996年《刑事诉讼法》对"证据"所下的定义，将"证据"界定为"证明案件真实情况的一切事实"。这即是将证据等同于事实，采用了证据定义学说上的"事实说"观点。②材料说。该学说将证据界定为一种能够证明案件事实的材料。2012年《刑事诉讼法》修改时，就摒弃了原有证据定义的"事实说"，改为采用"材料说"的定义。《刑事诉讼法》第五十条第一款规定，可以用于证明案件事实的材料，都是证据。③方法说。该学说认为，证据是用以认定某一特定事实的方法或手段。苏联学者克林曼认为：证据不是别的东西，而是确定真实情况的一种手段……是借以确认对某一案件有法律意义的事实存在或不存在的一种手段。[②]由于这一学说过于表面化，且尚未深入证据实质，故在证据法学研究领域中的影响较小。④根据说。该学说将证据界定为证明案件事实的根据。有观点认为，证据是指用来证明案件真实情况，正确处理案件的根据。[③]与此同时，"根据说"也在司法实践中得到了部分实务部门的承认。譬如，最高人民法院1984年8月30日颁布的《最高人民法院关于贯彻执行<民事诉讼法(试行)>若干问题的意见》第四部分"证据问题"开篇即明确："证据是查明和确定案件真实情况的根据"。[④]

诉讼活动中的证据最终是否可以成为定案依据，与其自身的证据能力和证明力息息相关。证据能力，又可称为证据资格，是指证据材料在法庭上允许其作为证据的资格。[⑤]

---

① 卞建林，谭世贵主编：《证据法学(第三版)》，中国政法大学出版社2014年版，第2页。
② 崔敏主编：《刑事证据理论研究综述》，中国人民公安大学出版社1990年版，第2页。
③ 杨荣新主编：《民事诉讼法教程》，中国政法大学出版社1991年版，第210页。
④ 占善刚，刘显鹏著：《证据法论(第二版)》，武汉大学出版社2013年版，第22页。
⑤ 杜志淳，霍宪丹主编：《中国司法鉴定制度研究》，中国法制出版社2002年版，第182页。

从证据的本质来看，证据能力不是其内在的特性，而是法律为了维护国家、社会和当事人的权益，将证据的运用纳入诉讼法律调整的范围中，用立法的形式对某类证据是否具有资格对案件事实进行认定，即证据的可采性进行直接的干预。证据能力的概念源于大陆法系，英美法系一般称之为"证据的可采性"。相比之下，大陆法系国家对于证据能力，立法上一般通过设立相应规定确定无证据能力或限制证据能力的情形，如德国的程序禁止及证据禁止的理论对证据能力作出的限制。英美法系国家对于证据能力的限制往往比较严格。例如，英美法系国家确立的严格和系统的排除规则，即是从立法的层面对证据能力进行规范。证据的证明力，或称为证据力，是指证据对需要证明的事实所具有的证明效力。证据的证明力是证据本身固有的特性，主要体现在证据的客观性和关联性上。只要认定证据与案件待证事实具有关联性和客观性，证据即可具备一定的证明力。但对于不同的证据而言，因各自的证据形式和与待证事实联系的紧密程度不同，对于待证事实证明力的大小与强弱也各不相同，因而具有不同的证明价值。一般而言，各国法律对证据的证明力预先不作规定，允许法官在审理案件中自由加以判断的证据制度，称为"自由心证证据制度"。[1]即审查评断获准进入诉讼程序的证据是否真实可靠，是否具有充分证明案件事实的证据价值，是否足以作为认定案件事实的依据。[2]

诉讼过程中，证据的证明力与证据能力既有联系又有区别，两者共同构成了证据最终是否能被采信作为定案依据的全部因素。对于证据的证明力，法律限制得较少，一般允许裁判者在审理案件过程中运用自由心证予以判断。而证据能力则主要由法律予以消极的限制。证明力主要反映的是证据的客观性和关联性，即证据在案件证明过程中的价值大小，而证据能力则主要反映证据的合法性。证据的证据能力表明，只有具备证据能力的证据才能作为认证的对象，才有可能成为定案的依据。证据的证明力则是对于其在诉讼中证据价值的体现。证据的证明力是法律对于证据价值的要求，而证据的证据能力则是法律对于其的形式要求，两者互为统一，共同构成了裁判者进行认证时的客体。证据的证明力及其证据能力密切联系，共同统一于证据之中。裁判者进行认证的过程中，必然包括对证据的证明力和证据能力两方面进行审查和确认。

第二节　诉讼程序有关规定

一、《刑事诉讼法》节选

《中华人民共和国刑事诉讼法》（节选）

（1979 年 7 月 1 日第五届全国人民代表大会第二次会议通过　根据 1996 年 3 月 17 日第八届全国人民代表大会第四次会议《关于修改〈中华人民共和国刑事诉讼法〉的决定》

---

① 卞建林主编：《证据法学（修订 2 版）》，中国政法大学出版社 2007 年版，第 63 页。
② 何家弘著：《从应然到实然——证据法学探究》，中国法制出版社 2008 年版，第 267 页。

第一次修正 根据 2012 年 3 月 14 日第十一届全国人民代表大会第五次会议《关于修改〈中华人民共和国刑事诉讼法〉的决定》第二次修正 根据 2018 年 10 月 26 日第十三届全国人民代表大会常务委员会第六次会议《关于修改〈中华人民共和国刑事诉讼法〉的决定》第三次修正)

第一编 总则
第二章 管辖
第二十五条 刑事案件由犯罪地的人民法院管辖。如果由被告人居住地的人民法院审判更为适宜的,可以由被告人居住地的人民法院管辖。

第五章 证据
第五十条 可以用于证明案件事实的材料,都是证据。
证据包括:
(一)物证;
(二)书证;
(三)证人证言;
(四)被害人陈述;
(五)犯罪嫌疑人、被告人供述和辩解;
(六)鉴定意见;
(七)勘验、检查、辨认、侦查实验等笔录;
(八)视听资料、电子数据。
证据必须经过查证属实,才能作为定案的根据。

第五十一条 公诉案件中被告人有罪的举证责任由人民检察院承担,自诉案件中被告人有罪的举证责任由自诉人承担。

第五十二条 审判人员、检察人员、侦查人员必须依照法定程序,收集能够证实犯罪嫌疑人、被告人有罪或者无罪、犯罪情节轻重的各种证据。严禁刑讯逼供和以威胁、引诱、欺骗以及其他非法方法收集证据,不得强迫任何人证实自己有罪。必须保证一切与案件有关或者了解案情的公民,有客观地充分地提供证据的条件,除特殊情况外,可以吸收他们协助调查。

第五十四条 人民法院、人民检察院和公安机关有权向有关单位和个人收集、调取证据。有关单位和个人应当如实提供证据。

行政机关在行政执法和查办案件过程中收集的物证、书证、视听资料、电子数据等证据材料,在刑事诉讼中可以作为证据使用。

对涉及国家秘密、商业秘密、个人隐私的证据,应当保密。

凡是伪造证据、隐匿证据或者毁灭证据的,无论属于何方,必须受法律追究。

第五十五条 对一切案件的判处都要重证据,重调查研究,不轻信口供。只有被告人供述,没有其他证据的,不能认定被告人有罪和处以刑罚;没有被告人供述,证据确实、充分的,可以认定被告人有罪和处以刑罚。

证据确实、充分，应当符合以下条件：

(一)定罪量刑的事实都有证据证明；

(二)据以定案的证据均经法定程序查证属实；

(三)综合全案证据，对所认定事实已排除合理怀疑。

第六章　强制措施

第七十八条　执行机关对被监视居住的犯罪嫌疑人、被告人，可以采取电子监控、不定期检查等监视方法对其遵守监视居住规定的情况进行监督；在侦查期间，可以对被监视居住的犯罪嫌疑人的通信进行监控。

第二编　立案、侦查和提起公诉

第二章　侦查

第四节　勘验、检查

第一百二十八条　侦查人员对于与犯罪有关的场所、物品、人身、尸体应当进行勘验或者检查。在必要的时候，可以指派或者聘请具有专门知识的人，在侦查人员的主持下进行勘验、检查。

第五节　搜查

第一百三十六条　为了收集犯罪证据、查获犯罪人，侦查人员可以对犯罪嫌疑人以及可能隐藏罪犯或者犯罪证据的人的身体、物品、住处和其他有关的地方进行搜查。

第一百三十七条　任何单位和个人，有义务按照人民检察院和公安机关的要求，交出可以证明犯罪嫌疑人有罪或者无罪的物证、书证、视听资料等证据。

第六节　查封、扣押物证、书证

第一百四十一条　在侦查活动中发现的可用以证明犯罪嫌疑人有罪或者无罪的各种财物、文件，应当查封、扣押；与案件无关的财物、文件，不得查封、扣押。

对查封、扣押的财物、文件，要妥善保管或者封存，不得使用、调换或者损毁。

第八节　技术侦查措施

第一百五十条　公安机关在立案后，对于危害国家安全犯罪、恐怖活动犯罪、黑社会性质的组织犯罪、重大毒品犯罪或者其他严重危害社会的犯罪案件，根据侦查犯罪的需要，经过严格的批准手续，可以采取技术侦查措施。

人民检察院在立案后，对于利用职权实施的严重侵犯公民人身权利的重大犯罪案件，根据侦查犯罪的需要，经过严格的批准手续，可以采取技术侦查措施，按照规定交有关机关执行。

追捕被通缉或者批准、决定逮捕的在逃的犯罪嫌疑人、被告人，经过批准，可以采取追捕所必需的技术侦查措施。

第一百五十一条　批准决定应当根据侦查犯罪的需要，确定采取技术侦查措施的种类和适用对象。批准决定自签发之日起三个月以内有效。对于不需要继续采取技术侦查措施的，应当及时解除；对于复杂、疑难案件，期限届满仍有必要继续采取技术侦查措施的，经过批准，有效期可以延长，每次不得超过三个月。

第一百五十二条　采取技术侦查措施，必须严格按照批准的措施种类、适用对象和期限执行。

侦查人员对采取技术侦查措施过程中知悉的国家秘密、商业秘密和个人隐私，应当保密；对采取技术侦查措施获取的与案件无关的材料，必须及时销毁。

采取技术侦查措施获取的材料，只能用于对犯罪的侦查、起诉和审判，不得用于其他用途。

公安机关依法采取技术侦查措施，有关单位和个人应当配合，并对有关情况予以保密。

第一百五十三条 为了查明案情，在必要的时候，经公安机关负责人决定，可以由有关人员隐匿其身份实施侦查。但是，不得诱使他人犯罪，不得采用可能危害公共安全或者发生重大人身危险的方法。

对涉及给付毒品等违禁品或者财物的犯罪活动，公安机关根据侦查犯罪的需要，可以依照规定实施控制下交付。

第一百五十四条 依照本节规定采取侦查措施收集的材料在刑事诉讼中可以作为证据使用。如果使用该证据可能危及有关人员的人身安全，或者可能产生其他严重后果的，应当采取不暴露有关人员身份、技术方法等保护措施，必要的时候，可以由审判人员在庭外对证据进行核实。

第三编 审判

第二章 第一审程序

第一节 公诉案件

第一百八十六条 人民法院对提起公诉的案件进行审查后，对于起诉书中有明确的指控犯罪事实的，应当决定开庭审判。

第一百八十八条 人民法院审判第一审案件应当公开进行。但是有关国家秘密或者个人隐私的案件，不公开审理；涉及商业秘密的案件，当事人申请不公开审理的，可以不公开审理。

不公开审理的案件，应当当庭宣布不公开审理的理由。

第一百九十二条 公诉人、当事人或者辩护人、诉讼代理人对证人证言有异议，且该证人证言对案件定罪量刑有重大影响，人民法院认为证人有必要出庭作证的，证人应当出庭作证。

人民警察就其执行职务时目击的犯罪情况作为证人出庭作证，适用前款规定。

公诉人、当事人或者辩护人、诉讼代理人对鉴定意见有异议，人民法院认为鉴定人有必要出庭的，鉴定人应当出庭作证。经人民法院通知，鉴定人拒不出庭作证的，鉴定意见不得作为定案的根据。

第一百九十六条 法庭审理过程中，合议庭对证据有疑问的，可以宣布休庭，对证据进行调查核实。

人民法院调查核实证据，可以进行勘验、检查、查封、扣押、鉴定和查询、冻结。

第一百九十七条 法庭审理过程中，当事人和辩护人、诉讼代理人有权申请通知新的证人到庭，调取新的物证，申请重新鉴定或者勘验。

公诉人、当事人和辩护人、诉讼代理人可以申请法庭通知有专门知识的人出庭，就鉴定人作出的鉴定意见提出意见。

法庭对于上述申请，应当作出是否同意的决定。

第二款规定的有专门知识的人出庭，适用鉴定人的有关规定。

第二百条　在被告人最后陈述后，审判长宣布休庭，合议庭进行评议，根据已经查明的事实、证据和有关的法律规定，分别作出以下判决：

（一）案件事实清楚，证据确实、充分，依据法律认定被告人有罪的，应当作出有罪判决；

（二）依据法律认定被告人无罪的，应当作出无罪判决；

（三）证据不足，不能认定被告人有罪的，应当作出证据不足、指控的犯罪不能成立的无罪判决。

第三章　第二审程序

第二百二十七条　被告人、自诉人和他们的法定代理人，不服地方各级人民法院第一审的判决、裁定，有权用书状或者口头向上一级人民法院上诉。被告人的辩护人和近亲属，经被告人同意，可以提出上诉。

附带民事诉讼的当事人和他们的法定代理人，可以对地方各级人民法院第一审的判决、裁定中的附带民事诉讼部分，提出上诉。

对被告人的上诉权，不得以任何借口加以剥夺。

第二百三十三条　第二审人民法院应当就第一审判决认定的事实和适用法律进行全面审查，不受上诉或者抗诉范围的限制。

共同犯罪的案件只有部分被告人上诉的，应当对全案进行审查，一并处理。

第二百三十六条　第二审人民法院对不服第一审判决的上诉、抗诉案件，经过审理后，应当按照下列情形分别处理：

（一）原判决认定事实和适用法律正确、量刑适当的，应当裁定驳回上诉或者抗诉，维持原判；

（二）原判决认定事实没有错误，但适用法律有错误，或者量刑不当的，应当改判；

（三）原判决事实不清楚或者证据不足的，可以在查清事实后改判；也可以裁定撤销原判，发回原审人民法院重新审判。

原审人民法院对于依照前款第三项规定发回重新审判的案件作出判决后，被告人提出上诉或者人民检察院提出抗诉的，第二审人民法院应当依法作出判决或者裁定，不得再发回原审人民法院重新审判。

第二百五十三条　当事人及其法定代理人、近亲属的申诉符合下列情形之一的，人民法院应当重新审判：

（一）有新的证据证明原判决、裁定认定的事实确有错误，可能影响定罪量刑的；

（二）据以定罪量刑的证据不确实、不充分、依法应当予以排除，或者证明案件事实的主要证据之间存在矛盾的；

（三）原判决、裁定适用法律确有错误的；

（四）违反法律规定的诉讼程序，可能影响公正审判的；

（五）审判人员在审理该案件的时候，有贪污受贿，徇私舞弊，枉法裁判行为的。

二、《民事诉讼法》节选

《中华人民共和国民事诉讼法》（节选）

(1991年4月9日第七届全国人民代表大会第四次会议通过 根据2007年10月28日第十届全国人民代表大会常务委员会第三十次会议《关于修改〈中华人民共和国民事诉讼法〉的决定》第一次修正 根据2012年8月31日第十一届全国人民代表大会常务委员会第二十八次会议《关于修改〈中华人民共和国民事诉讼法〉的决定》第二次修正 根据2017年6月27日第十二届全国人民代表大会常务委员会第二十八次会议《关于修改〈中华人民共和国民事诉讼法〉和〈中华人民共和国行政诉讼法〉的决定》第三次修正)

第一编 总则

第一章 任务、适用范围和基本原则

第三条 人民法院受理公民之间、法人之间、其他组织之间以及他们相互之间因财产关系和人身关系提起的民事诉讼，适用本法的规定。

第二章 管辖

第二节 地域管辖

第二十一条 对公民提起的民事诉讼，由被告住所地人民法院管辖；被告住所地与经常居住地不一致的，由经常居住地人民法院管辖。

对法人或者其他组织提起的民事诉讼，由被告住所地人民法院管辖。

同一诉讼的几个被告住所地、经常居住地在两个以上人民法院辖区的，各该人民法院都有管辖权。

第二十三条 因合同纠纷提起的诉讼，由被告住所地或者合同履行地人民法院管辖。

第二十八条 因侵权行为提起的诉讼，由侵权行为地或者被告住所地人民法院管辖。

第五章 诉讼参加人

第一节 当事人

第四十九条 当事人有权委托代理人，提出回避申请，收集、提供证据，进行辩论，请求调解，提起上诉，申请执行。

当事人可以查阅本案有关材料，并可以复制本案有关材料和法律文书。查阅、复制本案有关材料的范围和办法由最高人民法院规定。

当事人必须依法行使诉讼权利，遵守诉讼秩序，履行发生法律效力的判决书、裁定书和调解书。

第二节 诉讼代理人

第六十一条 代理诉讼的律师和其他诉讼代理人有权调查收集证据，可以查阅本案有关材料。查阅本案有关材料的范围和办法由最高人民法院规定。

第六章 证据

第六十三条 证据包括：

(一)当事人的陈述；

(二)书证；

(三)物证;

(四)视听资料;

(五)电子数据;

(六)证人证言;

(七)鉴定意见;

(八)勘验笔录。

证据必须查证属实,才能作为认定事实的根据。

第七十条　书证应当提交原件。物证应当提交原物。提交原件或者原物确有困难的,可以提交复制品、照片、副本、节录本。

提交外文书证,必须附有中文译本。

第七十一条　人民法院对视听资料,应当辨别真伪,并结合本案的其他证据,审查确定能否作为认定事实的根据。

第七十三条　经人民法院通知,证人应当出庭作证。有下列情形之一的,经人民法院许可,可以通过书面证言、视听传输技术或者视听资料等方式作证:

(一)因健康原因不能出庭的;

(二)因路途遥远,交通不便不能出庭的;

(三)因自然灾害等不可抗力不能出庭的;

(四)其他有正当理由不能出庭的。

第八十一条　在证据可能灭失或者以后难以取得的情况下,当事人可以在诉讼过程中向人民法院申请保全证据,人民法院也可以主动采取保全措施。

因情况紧急,在证据可能灭失或者以后难以取得的情况下,利害关系人可以在提起诉讼或者申请仲裁前向证据所在地、被申请人住所地或者对案件有管辖权的人民法院申请保全证据。

证据保全的其他程序,参照适用本法第九章保全的有关规定。

第七章　期间、送达

第二节　送达

第八十七条　经受送达人同意,人民法院可以采用传真、电子邮件等能够确认其收悉的方式送达诉讼文书,但判决书、裁定书、调解书除外。

采用前款方式送达的,以传真、电子邮件等到达受送达人特定系统的日期为送达日期。

第二编　审判程序

第十二章　第一审普通程序

第一节　起诉和受理

第一百一十九条　起诉必须符合下列条件:

(一)原告是与本案有直接利害关系的公民、法人和其他组织;

(二)有明确的被告;

(三)有具体的诉讼请求和事实、理由;

(四)属于人民法院受理民事诉讼的范围和受诉人民法院管辖。

第一百二十条 起诉应当向人民法院递交起诉状，并按照被告人数提出副本。

书写起诉状确有困难的，可以口头起诉，由人民法院记入笔录，并告知对方当事人。

第十四章 第二审程序

第一百六十四条 当事人不服地方人民法院第一审判决的，有权在判决书送达之日起十五日内向上一级人民法院提起上诉。

当事人不服地方人民法院第一审裁定的，有权在裁定书送达之日起十日内向上一级人民法院提起上诉。

三、《行政诉讼法》节选

《中华人民共和国行政诉讼法》（节选）

（1989 年 4 月 4 日第七届全国人民代表大会第二次会议通过 根据 2014 年 11 月 1 日第十二届全国人民代表大会常务委员会第十一次会议《关于修改<中华人民共和国行政诉讼法>的决定》第一次修正 根据 2017 年 6 月 27 日第十二届全国人民代表大会常务委员会第二十八次会议《关于修改<中华人民共和国民事诉讼法>和<中华人民共和国行政诉讼法>的决定》第二次修正）

第一章 总则

第二条 公民、法人或者其他组织认为行政机关和行政机关工作人员的行政行为侵犯其合法权益，有权依照本法向人民法院提起诉讼。

前款所称行政行为，包括法律、法规、规章授权的组织作出的行政行为。

第三章 管辖

第十八条 行政案件由最初作出行政行为的行政机关所在地人民法院管辖。经复议的案件，也可以由复议机关所在地人民法院管辖。

经最高人民法院批准，高级人民法院可以根据审判工作的实际情况，确定若干人民法院跨行政区域管辖行政案件。

第四章 诉讼参加人

第二十五条 行政行为的相对人以及其他与行政行为有利害关系的公民、法人或者其他组织，有权提起诉讼。

有权提起诉讼的公民死亡，其近亲属可以提起诉讼。

有权提起诉讼的法人或者其他组织终止，承受其权利的法人或者其他组织可以提起诉讼。

人民检察院在履行职责中发现生态环境和资源保护、食品药品安全、国有财产保护、国有土地使用权出让等领域负有监督管理职责的行政机关违法行使职权或者不作为，致使国家利益或者社会公共利益受到侵害的，应当向行政机关提出检察建议，督促其依法履行职责。行政机关不依法履行职责的，人民检察院依法向人民法院提起诉讼。

第三十三条 证据包括：

（一）书证；

（二）物证；

（三）视听资料；

（四）电子数据；

（五）证人证言；

（六）当事人的陈述；

（七）鉴定意见；

（八）勘验笔录、现场笔录。

以上证据经法庭审查属实，才能作为认定案件事实的根据。

第三十四条　被告对作出的行政行为负有举证责任，应当提供作出该行政行为的证据和所依据的规范性文件。

被告不提供或者无正当理由逾期提供证据，视为没有相应证据。但是，被诉行政行为涉及第三人合法权益，第三人提供证据的除外。

第三十五条　在诉讼过程中，被告及其诉讼代理人不得自行向原告、第三人和证人收集证据。

第三十七条　原告可以提供证明行政行为违法的证据。原告提供的证据不成立的，不免除被告的举证责任。

第三十九条　人民法院有权要求当事人提供或者补充证据。

第四十一条　与本案有关的下列证据，原告或者第三人不能自行收集的，可以申请人民法院调取：

（一）由国家机关保存而须由人民法院调取的证据；

（二）涉及国家秘密、商业秘密和个人隐私的证据；

（三）确因客观原因不能自行收集的其他证据。

第六章　起诉和受理

第四十四条　对属于人民法院受案范围的行政案件，公民、法人或者其他组织可以先向行政机关申请复议，对复议决定不服的，再向人民法院提起诉讼；也可以直接向人民法院提起诉讼。

法律、法规规定应当先向行政机关申请复议，对复议决定不服再向人民法院提起诉讼的，依照法律、法规的规定。

第七章　审理和判决

第一节　一般规定

第五十九条　诉讼参与人或者其他人有下列行为之一的，人民法院可以根据情节轻重，予以训诫、责令具结悔过或者处一万元以下的罚款、十五日以下的拘留；构成犯罪的，依法追究刑事责任：

（一）有义务协助调查、执行的人，对人民法院的协助调查决定、协助执行通知书，无故推拖、拒绝或者妨碍调查、执行的；

（二）伪造、隐藏、毁灭证据或者提供虚假证明材料，妨碍人民法院审理案件的；

（三）指使、贿买、胁迫他人作伪证或者威胁、阻止证人作证的；

（四）隐藏、转移、变卖、毁损已被查封、扣押、冻结的财产的；

（五）以欺骗、胁迫等非法手段使原告撤诉的；

（六）以暴力、威胁或者其他方法阻碍人民法院工作人员执行职务，或者以哄闹、冲击法庭等方法扰乱人民法院工作秩序的；

（七）对人民法院审判人员或者其他工作人员、诉讼参与人、协助调查和执行的人员恐吓、侮辱、诽谤、诬陷、殴打、围攻或者打击报复的。

人民法院对有前款规定的行为之一的单位，可以对其主要负责人或者直接责任人员依照前款规定予以罚款、拘留；构成犯罪的，依法追究刑事责任。

罚款、拘留须经人民法院院长批准。当事人不服的，可以向上一级人民法院申请复议一次。复议期间不停止执行。

第二节　第一审普通程序

第六十九条　行政行为证据确凿，适用法律、法规正确，符合法定程序的，或者原告申请被告履行法定职责或者给付义务理由不成立的，人民法院判决驳回原告的诉讼请求。

第三节　简易程序

第八十二条　人民法院审理下列第一审行政案件，认为事实清楚、权利义务关系明确、争议不大的，可以适用简易程序：

（一）被诉行政行为是依法当场作出的；

（二）案件涉及款额二千元以下的；

（三）属于政府信息公开案件的。

除前款规定以外的第一审行政案件，当事人各方同意适用简易程序的，可以适用简易程序。

发回重审、按照审判监督程序再审的案件不适用简易程序。

第四节　第二审程序

第八十九条　人民法院审理上诉案件，按照下列情形，分别处理：

（一）原判决、裁定认定事实清楚，适用法律、法规正确的，判决或者裁定驳回上诉，维持原判决、裁定；

（二）原判决、裁定认定事实错误或者适用法律、法规错误的，依法改判、撤销或者变更；

（三）原判决认定基本事实不清、证据不足的，发回原审人民法院重审，或者查清事实后改判；

（四）原判决遗漏当事人或者违法缺席判决等严重违反法定程序的，裁定撤销原判决，发回原审人民法院重审。

原审人民法院对发回重审的案件作出判决后，当事人提起上诉的，第二审人民法院不得再次发回重审。

人民法院审理上诉案件，需要改变原审判决的，应当同时对被诉行政行为作出判决。

第三节　电子数据证据有关规定

一、《公安机关办理刑事案件电子数据取证规则》节选

《公安机关办理刑事案件电子数据取证规则》（节选）

第一章　总则

第一条　为规范公安机关办理刑事案件电子数据取证工作,确保电子数据取证质量,提高电子数据取证效率,根据《刑事诉讼法》《公安机关办理刑事案件程序规定》等有关规定,制定本规则。

第二条　公安机关办理刑事案件应当遵守法定程序,遵循有关技术标准,全面、客观、及时地收集、提取涉案电子数据,确保电子数据的真实、完整。

第五条　公安机关接受或者依法调取的其他国家机关在行政执法和查办案件过程中依法收集、提取的电子数据可以作为刑事案件的证据使用。

第二章　收集提取电子数据

第一节　一般规定

第六条　收集、提取电子数据,应当由二名以上侦查人员进行。必要时,可以指派或者聘请专业技术人员在侦查人员主持下进行收集、提取电子数据。

第七条　收集、提取电子数据,可以根据案情需要采取以下一种或者几种措施、方法:

(一)扣押、封存原始存储介质;

(二)现场提取电子数据;

(三)网络在线提取电子数据;

(四)冻结电子数据;

(五)调取电子数据。

第八条　具有下列情形之一的,可以采取打印、拍照或者录像等方式固定相关证据:

(一)无法扣押原始存储介质并且无法提取电子数据的;

(二)存在电子数据自毁功能或装置,需要及时固定相关证据的;

(三)需现场展示、查看相关电子数据的。

根据前款第二、三项的规定采取打印、拍照或者录像等方式固定相关证据后,能够扣押原始存储介质的,应当扣押原始存储介质;不能扣押原始存储介质但能够提取电子数据的,应当提取电子数据。

第九条　采取打印、拍照或者录像方式固定相关证据的,应当清晰反映电子数据的内容,并在相关笔录中注明采取打印、拍照或者录像等方式固定相关证据的原因,电子数据的存储位置、原始存储介质特征和所在位置等情况,由侦查人员、电子数据持有人(提供人)签名或者盖章;电子数据持有人(提供人)无法签名或者拒绝签名的,应当在笔录中

注明，由见证人签名或者盖章。

第二节 扣押、封存原始存储介质

第十条 在侦查活动中发现的可以证明犯罪嫌疑人有罪或者无罪、罪轻或者罪重的电子数据，能够扣押原始存储介质的，应当扣押、封存原始存储介质，并制作笔录，记录原始存储介质的封存状态。

勘验、检查与电子数据有关的犯罪现场时，应当按照有关规范处置相关设备，扣押、封存原始存储介质。

第十一条 对扣押的原始存储介质，应当按照以下要求封存：

(一)保证在不解除封存状态的情况下，无法使用或者启动被封存的原始存储介质，必要时，具备数据信息存储功能的电子设备和硬盘、存储卡等内部存储介质可以分别封存；

(二)封存前后应当拍摄被封存原始存储介质的照片。照片应当反映原始存储介质封存前后的状况，清晰反映封口或者张贴封条处的状况；必要时，照片还要清晰反映电子设备的内部存储介质细节；

(三)封存手机等具有无线通信功能的原始存储介质，应当采取信号屏蔽、信号阻断或者切断电源等措施。

第十二条 对扣押的原始存储介质，应当会同在场见证人和原始存储介质持有人(提供人)查点清楚，当场开列《扣押清单》一式三份，写明原始存储介质名称、编号、数量、特征及其来源等，由侦查人员、持有人(提供人)和见证人签名或者盖章，一份交给持有人(提供人)，一份交给公安机关保管人员，一份附卷备查。

第十三条 对无法确定原始存储介质持有人(提供人)或者原始存储介质持有人(提供人)无法签名、盖章或者拒绝签名、盖章的，应当在有关笔录中注明，由见证人签名或者盖章。由于客观原因无法由符合条件的人员担任见证人的，应当在有关笔录中注明情况，并对扣押原始存储介质的过程全程录像。

第十四条 扣押原始存储介质，应当收集证人证言以及犯罪嫌疑人供述和辩解等与原始存储介质相关联的证据。

第十五条 扣押原始存储介质时，可以向相关人员了解、收集并在有关笔录中注明以下情况：

(一)原始存储介质及应用系统管理情况，网络拓扑与系统架构情况，是否由多人使用及管理，管理及使用人员的身份情况；

(二)原始存储介质及应用系统管理的用户名、密码情况；

(三)原始存储介质的数据备份情况，有无加密磁盘、容器，有无自毁功能，有无其他移动存储介质，是否进行过备份，备份数据的存储位置等情况；

(四)其他相关的内容。

第三节 现场提取电子数据

第十六条 具有下列无法扣押原始存储介质情形之一的，可以现场提取电子数据：

(一)原始存储介质不便封存的；

(二)提取计算机内存数据、网络传输数据等不是存储在存储介质上的电子数据的；

（三）案件情况紧急，不立即提取电子数据可能会造成电子数据灭失或者其他严重后果的；

（四）关闭电子设备会导致重要信息系统停止服务的；

（五）需通过现场提取电子数据排查可疑存储介质的；

（六）正在运行的计算机信息系统功能或者应用程序关闭后，没有密码无法提取的；

（七）其他无法扣押原始存储介质的情形。

无法扣押原始存储介质的情形消失后，应当及时扣押、封存原始存储介质。

第十七条　现场提取电子数据可以采取以下措施保护相关电子设备：

（一）及时将犯罪嫌疑人或者其他相关人员与电子设备分离；

（二）在未确定是否易丢失数据的情况下，不能关闭正在运行状态的电子设备；

（三）对现场计算机信息系统可能被远程控制的，应当及时采取信号屏蔽、信号阻断、断开网络连接等措施；

（四）保护电源；

（五）有必要采取的其他保护措施。

第十八条　现场提取电子数据，应当遵守以下规定：

（一）不得将提取的数据存储在原始存储介质中；

（二）不得在目标系统中安装新的应用程序。如果因为特殊原因，需要在目标系统中安装新的应用程序的，应当在笔录中记录所安装的程序及目的；

（三）应当在有关笔录中详细、准确记录实施的操作。

第十九条　现场提取电子数据，应当制作《电子数据现场提取笔录》，注明电子数据的来源、事由和目的、对象、提取电子数据的时间、地点、方法、过程、不能扣押原始存储介质的原因、原始存储介质的存放地点，并附《电子数据提取固定清单》，注明类别、文件格式、完整性校验值等，由侦查人员、电子数据持有人（提供人）签名或者盖章；电子数据持有人（提供人）无法签名或者拒绝签名的，应当在笔录中注明，由见证人签名或者盖章。

第二十条　对提取的电子数据可以进行数据压缩，并在笔录中注明相应的方法和压缩后文件的完整性校验值。

第二十一条　由于客观原因无法由符合条件的人员担任见证人的，应当在《电子数据现场提取笔录》中注明情况，并全程录像，对录像文件应当计算完整性校验值并记入笔录。

第二十二条　对无法扣押的原始存储介质且无法一次性完成电子数据提取的，经登记、拍照或者录像后，可以封存后交其持有人（提供人）保管，并且开具《登记保存清单》一式两份，由侦查人员、持有人（提供人）和见证人签名或者盖章，一份交给持有人（提供人），另一份连同照片或者录像资料附卷备查。

持有人（提供人）应当妥善保管，不得转移、变卖、毁损，不得解除封存状态，不得未经办案部门批准接入网络，不得对其中可能用作证据的电子数据增加、删除、修改。必要时，应当保持计算机信息系统处于开机状态。

对登记保存的原始存储介质，应当在七日以内作出处理决定，逾期不作出处理决定的，视为自动解除。经查明确实与案件无关的，应当在三日以内解除。

第四节　网络在线提取电子数据

第二十三条　对公开发布的电子数据、境内远程计算机信息系统上的电子数据，可以通过网络在线提取。

第二十四条　网络在线提取应当计算电子数据的完整性校验值；必要时，可以提取有关电子签名认证证书、数字签名、注册信息等关联性信息。

第二十五条　网络在线提取时，对可能无法重复提取或者可能会出现变化的电子数据，应当采用录像、拍照、截获计算机屏幕内容等方式记录以下信息：

（一）远程计算机信息系统的访问方式；

（二）提取的日期和时间；

（三）提取使用的工具和方法；

（四）电子数据的网络地址、存储路径或者数据提取时的进入步骤等；

（五）计算完整性校验值的过程和结果。

第二十六条　网络在线提取电子数据应当在有关笔录中注明电子数据的来源、事由和目的、对象，提取电子数据的时间、地点、方法、过程，不能扣押原始存储介质的原因，并附《电子数据提取固定清单》，注明类别、文件格式、完整性校验值等，由侦查人员签名或者盖章。

第二十七条　网络在线提取时需要进一步查明下列情形之一的，应当对远程计算机信息系统进行网络远程勘验：

（一）需要分析、判断提取的电子数据范围的；

（二）需要展示或者描述电子数据内容或者状态的；

（三）需要在远程计算机信息系统中安装新的应用程序的；

（四）需要通过勘验行为让远程计算机信息系统生成新的除正常运行数据外电子数据的；

（五）需要收集远程计算机信息系统状态信息、系统架构、内部系统关系、文件目录结构、系统工作方式等电子数据相关信息的；

（六）其他网络在线提取时需要进一步查明有关情况的情形。

第二十八条　网络远程勘验由办理案件的县级公安机关负责。上级公安机关对下级公安机关刑事案件网络远程勘验提供技术支援。对于案情重大、现场复杂的案件，上级公安机关认为有必要时，可以直接组织指挥网络远程勘验。

第二十九条　网络远程勘验应当统一指挥，周密组织，明确分工，落实责任。

第三十条　网络远程勘验应当由符合条件的人员作为见证人。由于客观原因无法由符合条件的人员担任见证人的，应当在《远程勘验笔录》中注明情况，并按照本规则第二十五条的规定录像，录像可以采用屏幕录像或者录像机录像等方式，录像文件应当计算完整性校验值并记入笔录。

第三十一条　远程勘验结束后，应当及时制作《远程勘验笔录》，详细记录远程勘验有关情况以及勘验照片、截获的屏幕截图等内容。由侦查人员和见证人签名或者盖章。

远程勘验并且提取电子数据的，应当按照本规则第二十六条的规定，在《远程勘验笔录》注明有关情况，并附《电子数据提取固定清单》。

第三十二条 《远程勘验笔录》应当客观、全面、详细、准确、规范，能够作为还原远程计算机信息系统原始情况的依据，符合法定的证据要求。

对计算机信息系统进行多次远程勘验的，在制作首次《远程勘验笔录》后，逐次制作补充《远程勘验笔录》。

第三十三条 网络在线提取或者网络远程勘验时，应当使用电子数据持有人、网络服务提供者提供的用户名、密码等远程计算机信息系统访问权限。

采用技术侦查措施收集电子数据的，应当严格依照有关规定办理批准手续。收集的电子数据在诉讼中作为证据使用时，应当依照刑事诉讼法第一百五十四条规定执行。

第三十四条 对以下犯罪案件，网络在线提取、远程勘验过程应当全程同步录像：

（一）严重危害国家安全、公共安全的案件；

（二）电子数据是罪与非罪、是否判处无期徒刑、死刑等定罪量刑关键证据的案件；

（三）社会影响较大的案件；

（四）犯罪嫌疑人可能被判处五年有期徒刑以上刑罚的案件；

（五）其他需要全程同步录像的重大案件。

第三十五条 网络在线提取、远程勘验使用代理服务器、点对点传输软件、下载加速软件等网络工具的，应当在《网络在线提取笔录》或者《远程勘验笔录》中注明采用的相关软件名称和版本号。

第五节 冻结电子数据

第三十六条 具有下列情形之一的，可以对电子数据进行冻结：

（一）数据量大，无法或者不便提取的；

（二）提取时间长，可能造成电子数据被篡改或者灭失的；

（三）通过网络应用可以更为直观地展示电子数据的；

（四）其他需要冻结的情形。

第三十七条 冻结电子数据，应当经县级以上公安机关负责人批准，制作《协助冻结电子数据通知书》，注明冻结电子数据的网络应用账号等信息，送交电子数据持有人、网络服务提供者或者有关部门协助办理。

第三十八条 不需要继续冻结电子数据时，应当经县级以上公安机关负责人批准，在三日以内制作《解除冻结电子数据通知书》，通知电子数据持有人、网络服务提供者或者有关部门执行。

第三十九条 冻结电子数据的期限为六个月。有特殊原因需要延长期限的，公安机关应当在冻结期限届满前办理继续冻结手续。每次续冻期限最长不得超过六个月。继续冻结的，应当按照本规则第三十七条的规定重新办理冻结手续。逾期不办理继续冻结手续的，视为自动解除。

第四十条 冻结电子数据，应当采取以下一种或者几种方法：

（一）计算电子数据的完整性校验值；

（二）锁定网络应用账号；

（三）采取写保护措施；

（四）其他防止增加、删除、修改电子数据的措施。

第六节　调取电子数据

第四十一条　公安机关向有关单位和个人调取电子数据，应当经办案部门负责人批准，开具《调取证据通知书》，注明需要调取电子数据的相关信息，通知电子数据持有人、网络服务提供者或者有关部门执行。被调取单位、个人应当在通知书回执上签名或者盖章，并附完整性校验值等保护电子数据完整性方法的说明，被调取单位、个人拒绝盖章、签名或者附说明的，公安机关应当注明。必要时，应当采用录音或者录像等方式固定证据内容及取证过程。

公安机关应当协助因客观条件限制无法保护电子数据完整性的被调取单位、个人进行电子数据完整性的保护。

第四十二条　公安机关跨地域调查取证的，可以将《办案协作函》和相关法律文书及凭证传真或者通过公安机关信息化系统传输至协作地公安机关。协作的办案部门经审查确认后，在传来的法律文书上加盖本地办案部门印章后，代为调查取证。

协作地办案部门代为调查取证后，可以将相关法律文书回执或者笔录邮寄至办案地公安机关，将电子数据或者电子数据的获取、查看工具和方法说明通过公安机关信息化系统传输至办案地公安机关。

办案地公安机关应当审查调取电子数据的完整性，对保证电子数据的完整性有疑问的，协作地办案部门应当重新代为调取。

第三章　电子数据的检查和侦查实验

第一节　电子数据检查

第四十三条　对扣押的原始存储介质或者提取的电子数据，需要通过数据恢复、破解、搜索、仿真、关联、统计、比对等方式，以进一步发现和提取与案件相关的线索和证据时，可以进行电子数据检查。

第四十四条　电子数据检查，应当由二名以上具有专业技术的侦查人员进行。必要时，可以指派或者聘请有专门知识的人参加。

第四十五条　电子数据检查应当符合相关技术标准。

第四十六条　电子数据检查应当保护在公安机关内部移交过程中电子数据的完整性。移交时，应当办理移交手续，并按照以下方式核对电子数据：

（一）核对其完整性校验值是否正确；

（二）核对封存的照片与当前封存的状态是否一致。

对于移交时电子数据完整性校验值不正确、原始存储介质封存状态不一致或者未封存可能影响证据真实性、完整性的，检查人员应当在有关笔录中注明。

第四十七条　检查电子数据应当遵循以下原则：

（一）通过写保护设备接入到检查设备进行检查，或者制作电子数据备份、对备份进行检查；

（二）无法使用写保护设备且无法制作备份的，应当注明原因，并全程录像；

（三）检查前解除封存、检查后重新封存前后应当拍摄被封存原始存储介质的照片，清晰反映封口或者张贴封条处的状况；

（四）检查具有无线通信功能的原始存储介质，应当采取信号屏蔽、信号阻断或者切断电源等措施保护电子数据的完整性。

第四十八条　检查电子数据，应当制作《电子数据检查笔录》，记录以下内容：

（一）基本情况，包括检查的起止时间，指挥人员、检查人员的姓名、职务，检查的对象，检查的目的等；

（二）检查过程，包括检查过程使用的工具，检查的方法与步骤等；

（三）检查结果，包括通过检查发现的案件线索、电子数据等相关信息。

（四）其他需要记录的内容。

第四十九条　电子数据检查时需要提取电子数据的，应当制作《电子数据提取固定清单》，记录该电子数据的来源、提取方法和完整性校验值。

第二节　电子数据侦查实验

第五十条　为了查明案情，必要时，经县级以上公安机关负责人批准可以进行电子数据侦查实验。

第五十一条　电子数据侦查实验的任务包括：

（一）验证一定条件下电子设备发生的某种异常或者电子数据发生的某种变化；

（二）验证在一定时间内能否完成对电子数据的某种操作行为；

（三）验证在某种条件下使用特定软件、硬件能否完成某种特定行为、造成特定后果；

（四）确定一定条件下某种计算机信息系统应用或者网络行为能否修改、删除特定的电子数据；

（五）其他需要验证的情况。

第五十二条　电子数据侦查实验应当符合以下要求：

（一）应当采取技术措施保护原始存储介质数据的完整性；

（二）有条件的，电子数据侦查实验应当进行二次以上；

（三）侦查实验使用的电子设备、网络环境等应当与发案现场一致或者基本一致；必要时，可以采用相关技术方法对相关环境进行模拟或者进行对照实验；

（四）禁止可能泄露公民信息或者影响非实验环境计算机信息系统正常运行的行为。

第五十三条　进行电子数据侦查实验，应当使用拍照、录像、录音、通信数据采集等一种或多种方式客观记录实验过程。

第五十四条　进行电子数据侦查实验，应当制作《电子数据侦查实验笔录》，记录侦查实验的条件、过程和结果，并由参加侦查实验的人员签名或者盖章。

第四章　电子数据委托检验与鉴定

第五十五条　为了查明案情，解决案件中某些专门性问题，应当指派、聘请有专门知识的人进行鉴定，或者委托公安部指定的机构出具报告。

需要聘请有专门知识的人进行鉴定，或者委托公安部指定的机构出具报告的，应当经县级以上公安机关负责人批准。

第五十六条　侦查人员送检时，应当封存原始存储介质、采取相应措施保护电子数据完整性，并提供必要的案件相关信息。

第五十七条　公安部指定的机构及其承担检验工作的人员应当独立开展业务并承担相应责任，不受其他机构和个人影响。

第五十八条　公安部指定的机构应当按照法律规定和司法审判机关要求承担回避、保密、出庭作证等义务，并对报告的真实性、合法性负责。

公安部指定的机构应当运用科学方法进行检验、检测，并出具报告。

第五十九条　公安部指定的机构应当具备必需的仪器、设备并且依法通过资质认定或者实验室认可。

第六十条　委托公安部指定的机构出具报告的其他事宜，参照《公安机关鉴定规则》等有关规定执行。

第五章　附则

第六十一条　本规则自 2019 年 2 月 1 日起施行。公安部之前发布的文件与本规则不一致的，以本规则为准。

二、《人民检察院电子证据鉴定程序规则》

《人民检察院电子证据鉴定程序规则》（试行）

第一章　总则

第一条　为规范人民检察院电子证据鉴定工作程序，根据《人民检察院鉴定机构登记管理办法》、《人民检察院鉴定人登记管理办法》和《人民检察院鉴定规则》（试行）等有关规定，结合检察机关电子证据鉴定工作实际，制定本规则。

第二条　电子证据是指由电子信息技术应用而出现的各种能够证明案件真实情况的材料及其派生物。

第三条　电子证据鉴定是人民检察院司法鉴定人根据相关的理论和方法，对诉讼活动中涉及的电子证据进行检验鉴定，并作出意见的一项专门性技术活动。

第四条　电子证据鉴定范围：

(一)电子证据数据内容一致性的认定；

(二)对各类存储介质或设备存储数据内容的认定；

(三)对各类存储介质或设备已删除数据内容的认定；

(四)加密文件数据内容的认定；

(五)计算机程序功能或系统状况的认定；

(六)电子证据的真伪及形成过程的认定；

(七)根据诉讼需要进行的关于电子证据的其他认定。

第二章　委托与受理

第五条　进行电子证据鉴定，委托单位应当提交以下材料：

(一)鉴定委托书；

(二)检材清单；

(三)检材及有关检材的各种记录材料(接受、收集、调取或扣押工作记录，使用和封存记录；检材是复制件的，还应有复制工作记录)；

(四)委托说明(包括检材的来源、真实完整、合法取得、固定及封存状况等)；

(五)其他所需材料。

第六条　重新鉴定或补充鉴定的，应说明理由并提交原鉴定书或检验报告。

第七条　接受委托时，应当听取案情介绍，并审查以下事项：

（一）委托主体和程序是否符合规定；

（二）鉴定要求是否属于受理范围；

（三）核对封存状况与记录是否一致；

（四）启封查验检材的名称、数量、品牌、型号、序列号等；

（五）检材是否具备鉴定条件；

（六）记录材料是否齐全，内容是否完整。

第八条　经审查符合要求的，应当予以受理。需要进一步审查的，应当在收到委托书之日起五个工作日内完成审查，并向委托单位作出答复。

具有下列情况之一的，应当不予受理：

（一）超出受理范围和鉴定范围的；

（二）违反委托程序要求的；

（三）不具备鉴定条件的；

（四）其他情形。

第九条　鉴定机构决定受理，应当填写《检验鉴定委托受理登记表》，并制作《电子证据检材清单》。检材未采取封存措施或记录材料不全的应当予以注明。

第十条　对受理的检材，应当场密封，由送检人、接收人在密封件上签名或者盖章，并制作《使用和封存记录》。

第十一条　《使用和封存记录》应记录以下内容：

（一）受理编号；

（二）检材的编号和名称；

（三）使用情况以及使用人；

（四）启封、封存时间、地点以及操作人。

第三章　检验鉴定

第十二条　检验鉴定应当由两名以上鉴定人员进行。必要时，可以指派或者聘请其他具有专门知识的人员参加。

第十三条　检验鉴定应当自受理之日起十五个工作日内完成。特殊情况不能完成的，经检察长批准，可以适当延长，并告知委托单位。

第十四条　受理鉴定后，鉴定人应当制定方案。必要时，可以进一步了解案情，查阅案卷，参与询问或讯问。

第十五条　检验鉴定过程应当严格按照技术规范操作，并做好相应的工作记录。检验鉴定应当对检材复制件进行，对检材的关键操作应当进行全程录像。检材每次使用结束后应当重新封签，并填写《使用和封存记录》。

特殊情况无法复制的，在检验鉴定过程中，采取必要措施，确保检材不被修改。对特殊原因采取的技术操作，应当在《使用和封存记录》中注明。

第十六条　检验鉴定过程应进行详细的工作记录，包括：

（一）操作起止时间、地点和人员；

(二)使用的设备名称、型号和软件名称等；

(三)具体方法和步骤；

(四)结果。

第十七条 检材具有无线通信功能的，鉴定人应当在屏蔽环境下进行操作，防止受外界影响造成内部数据的改变。

第十八条 鉴定过程中遇有下列情况之一的，应当中止鉴定：

(一)需要补充检材的，书面通知委托单位；

(二)委托单位要求终止鉴定的；

(三)其他原因。

第十九条 鉴定过程中遇有下列情况之一的，应当终止鉴定：

(一)补充检材后仍无法满足鉴定条件的，书面通知委托单位；

(二)委托单位要求终止鉴定的；

(三)其他原因。

第二十条 鉴定过程中遇到重大、疑难、复杂的专门性问题时，经检察长批准，鉴定机构可以组织会检鉴定。

第二十一条 根据鉴定要求，经检验鉴定确定的电子证据应当复制保存于安全的存储介质中。无法复制的，可通过截取屏幕图像、拍照、录像、打印等方式固定提取。

第四章 检验鉴定文书

第二十二条 检验鉴定完成后，应当制作检验鉴定文书。检验鉴定文书包括鉴定书和检验报告，经检验鉴定确定的电子证据作为检验鉴定文书的附件。

第二十三条 检验鉴定文书应当按照《人民检察院检验鉴定文书格式标准》制作。

第二十四条 检验鉴定文书正本交委托单位；副本连同记录材料等由鉴定机构存档备查。

第二十五条 鉴定文书的归档管理，应当依照人民检察院相关规定执行。

第五章 附则

第二十六条 本规则由最高人民检察院检察技术信息研究中心负责解释，自颁布之日起试行。

三、两高一部《关于办理刑事案件收集提取和审查判断电子数据若干问题的规定》

《关于办理刑事案件收集提取和审查判断电子数据若干问题的规定》
最高人民法院 最高人民检察院 公安部

为规范电子数据的收集提取和审查判断，提高刑事案件办理质量，根据《中华人民共和国刑事诉讼法》等有关法律规定，结合司法实际，制定本规定。

一、一般规定

第一条 电子数据是案件发生过程中形成的，以数字化形式存储、处理、传输的，能够证明案件事实的数据。

电子数据包括但不限于下列信息、电子文件：

（一）网页、博客、微博客、朋友圈、贴吧、网盘等网络平台发布的信息；

（二）手机短信、电子邮件、即时通信、通讯群组等网络应用服务的通信信息；

（三）用户注册信息、身份认证信息、电子交易记录、通信记录、登录日志等信息；

（四）文档、图片、音视频、数字证书、计算机程序等电子文件。

以数字化形式记载的证人证言、被害人陈述以及犯罪嫌疑人、被告人供述和辩解等证据，不属于电子数据。确有必要的，对相关证据的收集、提取、移送、审查，可以参照适用本规定。

第二条　侦查机关应当遵守法定程序，遵循有关技术标准，全面、客观、及时地收集、提取电子数据；人民检察院、人民法院应当围绕真实性、合法性、关联性审查判断电子数据。

第三条　人民法院、人民检察院和公安机关有权依法向有关单位和个人收集、调取电子数据。有关单位和个人应当如实提供。

第四条　电子数据涉及国家秘密、商业秘密、个人隐私的，应当保密。

第五条　对作为证据使用的电子数据，应当采取以下一种或者几种方法保护电子数据的完整性：

（一）扣押、封存电子数据原始存储介质；

（二）计算电子数据完整性校验值；

（三）制作、封存电子数据备份；

（四）冻结电子数据；

（五）对收集、提取电子数据的相关活动进行录像；

（六）其他保护电子数据完整性的方法。

第六条　初查过程中收集、提取的电子数据，以及通过网络在线提取的电子数据，可以作为证据使用。

二、电子数据的收集与提取

第七条　收集、提取电子数据，应当由二名以上侦查人员进行。取证方法应当符合相关技术标准。

第八条　收集、提取电子数据，能够扣押电子数据原始存储介质的，应当扣押、封存原始存储介质，并制作笔录，记录原始存储介质的封存状态。

封存电子数据原始存储介质，应当保证在不解除封存状态的情况下，无法增加、删除、修改电子数据。封存前后应当拍摄被封存原始存储介质的照片，清晰反映封口或者张贴封条处的状况。

封存手机等具有无线通信功能的存储介质，应当采取信号屏蔽、信号阻断或者切断电源等措施。

第九条　具有下列情形之一，无法扣押原始存储介质的，可以提取电子数据，但应当在笔录中注明不能扣押原始存储介质的原因、原始存储介质的存放地点或者电子数据的来源等情况，并计算电子数据的完整性校验值：

（一）原始存储介质不便封存的；

（二）提取计算机内存数据、网络传输数据等不是存储在存储介质上的电子数据的；

（三）原始存储介质位于境外的；

（四）其他无法扣押原始存储介质的情形。

对于原始存储介质位于境外或者远程计算机信息系统上的电子数据，可以通过网络在线提取。

为进一步查明有关情况，必要时，可以对远程计算机信息系统进行网络远程勘验。进行网络远程勘验，需要采取技术侦查措施的，应当依法经过严格的批准手续。

第十条　由于客观原因无法或者不宜依据第八条、第九条的规定收集、提取电子数据的，可以采取打印、拍照或者录像等方式固定相关证据，并在笔录中说明原因。

第十一条　具有下列情形之一的，经县级以上公安机关负责人或者检察长批准，可以对电子数据进行冻结：

（一）数据量大，无法或者不便提取的；

（二）提取时间长，可能造成电子数据被篡改或者灭失的；

（三）通过网络应用可以更为直观地展示电子数据的；

（四）其他需要冻结的情形。

第十二条　冻结电子数据，应当制作协助冻结通知书，注明冻结电子数据的网络应用账号等信息，送交电子数据持有人、网络服务提供者或者有关部门协助办理。解除冻结的，应当在三日内制作协助解除冻结通知书，送交电子数据持有人、网络服务提供者或者有关部门协助办理。

冻结电子数据，应当采取以下一种或者几种方法：

（一）计算电子数据的完整性校验值；

（二）锁定网络应用账号；

（三）其他防止增加、删除、修改电子数据的措施。

第十三条　调取电子数据，应当制作调取证据通知书，注明需要调取电子数据的相关信息，通知电子数据持有人、网络服务提供者或者有关部门执行。

第十四条　收集、提取电子数据，应当制作笔录，记录案由、对象、内容、收集、提取电子数据的时间、地点、方法、过程，并附电子数据清单，注明类别、文件格式、完整性校验值等，由侦查人员、电子数据持有人(提供人)签名或者盖章；电子数据持有人(提供人)无法签名或者拒绝签名的，应当在笔录中注明，由见证人签名或者盖章。有条件的，应当对相关活动进行录像。

第十五条　收集、提取电子数据，应当根据刑事诉讼法的规定，由符合条件的人员担任见证人。由于客观原因无法由符合条件的人员担任见证人的，应当在笔录中注明情况，并对相关活动进行录像。

针对同一现场多个计算机信息系统收集、提取电子数据的，可以由一名见证人见证。

第十六条　对扣押的原始存储介质或者提取的电子数据，可以通过恢复、破解、统计、关联、比对等方式进行检查。必要时，可以进行侦查实验。

电子数据检查，应当对电子数据存储介质拆封过程进行录像，并将电子数据存储介质通过写保护设备接入到检查设备进行检查；有条件的，应当制作电子数据备份，对备份进行检查；无法使用写保护设备且无法制作备份的，应当注明原因，并对相关活动进行录像。

电子数据检查应当制作笔录，注明检查方法、过程和结果，由有关人员签名或者盖章。进行侦查实验的，应当制作侦查实验笔录，注明侦查实验的条件、经过和结果，由参加实验的人员签名或者盖章。

第十七条　对电子数据涉及的专门性问题难以确定的，由司法鉴定机构出具鉴定意见，或者由公安部指定的机构出具报告。对于人民检察院直接受理的案件，也可以由最高人民检察院指定的机构出具报告。

具体办法由公安部、最高人民检察院分别制定。

三、电子数据的移送与展示

第十八条　收集、提取的原始存储介质或者电子数据，应当以封存状态随案移送，并制作电子数据的备份一并移送。

对网页、文档、图片等可以直接展示的电子数据，可以不随案移送打印件；人民法院、人民检察院因设备等条件限制无法直接展示电子数据的，侦查机关应当随案移送打印件，或者附展示工具和展示方法说明。

对冻结的电子数据，应当移送被冻结电子数据的清单，注明类别、文件格式、冻结主体、证据要点、相关网络应用账号，并附查看工具和方法的说明。

第十九条　对侵入、非法控制计算机信息系统的程序、工具以及计算机病毒等无法直接展示的电子数据，应当附电子数据属性、功能等情况的说明。

对数据统计量、数据同一性等问题，侦查机关应当出具说明。

第二十条　公安机关报请人民检察院审查批准逮捕犯罪嫌疑人，或者对侦查终结的案件移送人民检察院审查起诉的，应当将电子数据等证据一并移送人民检察院。人民检察院在审查批准逮捕和审查起诉过程中发现应当移送的电子数据没有移送或者移送的电子数据不符合相关要求的，应当通知公安机关补充移送或者进行补正。

对于提起公诉的案件，人民法院发现应当移送的电子数据没有移送或者移送的电子数据不符合相关要求的，应当通知人民检察院。

公安机关、人民检察院应当自收到通知后三日内移送电子数据或者补充有关材料。

第二十一条　控辩双方向法庭提交的电子数据需要展示的，可以根据电子数据的具体类型，借助多媒体设备出示、播放或者演示。必要时，可以聘请具有专门知识的人进行操作，并就相关技术问题作出说明。

四、电子数据的审查与判断

第二十二条　对电子数据是否真实，应当着重审查以下内容：

(一)是否移送原始存储介质；在原始存储介质无法封存、不便移动时，有无说明原因，并注明收集、提取过程及原始存储介质的存放地点或者电子数据的来源等情况；

(二)电子数据是否具有数字签名、数字证书等特殊标识；

(三)电子数据的收集、提取过程是否可以重现；

(四)电子数据如有增加、删除、修改等情形的，是否附有说明；

（五）电子数据的完整性是否可以保证。

第二十三条　对电子数据是否完整，应当根据保护电子数据完整性的相应方法进行验证：

（一）审查原始存储介质的扣押、封存状态；

（二）审查电子数据的收集、提取过程，查看录像；

（三）比对电子数据完整性校验值；

（四）与备份的电子数据进行比较；

（五）审查冻结后的访问操作日志；

（六）其他方法。

第二十四条　对收集、提取电子数据是否合法，应当着重审查以下内容：

（一）收集、提取电子数据是否由二名以上侦查人员进行，取证方法是否符合相关技术标准。

（二）收集、提取电子数据，是否附有笔录、清单，并经侦查人员、电子数据持有人（提供人）、见证人签名或者盖章；没有持有人（提供人）签名或者盖章的，是否注明原因；对电子数据的类别、文件格式等是否注明清楚。

（三）是否依照有关规定由符合条件的人员担任见证人，是否对相关活动进行录像。

（四）电子数据检查是否将电子数据存储介质通过写保护设备接入到检查设备；有条件的，是否制作电子数据备份，并对备份进行检查；无法制作备份且无法使用写保护设备的，是否附有录像。

第二十五条　认定犯罪嫌疑人、被告人的网络身份与现实身份的同一性，可以通过核查相关IP地址、网络活动记录、上网终端归属、相关证人证言以及犯罪嫌疑人、被告人供述和辩解等进行综合判断。

认定犯罪嫌疑人、被告人与存储介质的关联性，可以通过核查相关证人证言以及犯罪嫌疑人、被告人供述和辩解等进行综合判断。

第二十六条　公诉人、当事人或者辩护人、诉讼代理人对电子数据鉴定意见有异议，可以申请人民法院通知鉴定人出庭作证。人民法院认为鉴定人有必要出庭的，鉴定人应当出庭作证。

经人民法院通知，鉴定人拒不出庭作证的，鉴定意见不得作为定案的根据。对没有正当理由拒不出庭作证的鉴定人，人民法院应当通报司法行政机关或者有关部门。

公诉人、当事人或者辩护人、诉讼代理人可以申请法庭通知有专门知识的人出庭，就鉴定意见提出意见。

对电子数据涉及的专门性问题的报告，参照适用前三款规定。

第二十七条　电子数据的收集、提取程序有下列瑕疵，经补正或者作出合理解释的，可以采用；不能补正或者作出合理解释的，不得作为定案的根据：

（一）未以封存状态移送的；

（二）笔录或者清单上没有侦查人员、电子数据持有人（提供人）、见证人签名或者盖章的；

（三）对电子数据的名称、类别、格式等注明不清的；

（四）有其他瑕疵的。

第二十八条　电子数据具有下列情形之一的，不得作为定案的根据：

（一）电子数据系篡改、伪造或者无法确定真伪的；

（二）电子数据有增加、删除、修改等情形，影响电子数据真实性的；

（三）其他无法保证电子数据真实性的情形。

五、附则

第二十九条　本规定中下列用语的含义：

（一）存储介质，是指具备数据信息存储功能的电子设备、硬盘、光盘、优盘、记忆棒、存储卡、存储芯片等载体。

（二）完整性校验值，是指为防止电子数据被篡改或者破坏，使用散列算法等特定算法对电子数据进行计算，得出的用于校验数据完整性的数据值。

（三）网络远程勘验，是指通过网络对远程计算机信息系统实施勘验，发现、提取与犯罪有关的电子数据，记录计算机信息系统状态，判断案件性质，分析犯罪过程，确定侦查方向和范围，为侦查破案、刑事诉讼提供线索和证据的侦查活动。

（四）数字签名，是指利用特定算法对电子数据进行计算，得出的用于验证电子数据来源和完整性的数据值。

（五）数字证书，是指包含数字签名并对电子数据来源、完整性进行认证的电子文件。

（六）访问操作日志，是指为审查电子数据是否被增加、删除或者修改，由计算机信息系统自动生成的对电子数据访问、操作情况的详细记录。

第三十条　本规定自 2016 年 10 月 1 日起施行。之前发布的规范性文件与本规定不一致的，以本规定为准。

第四节　司法鉴定有关程序与规定

一、《全国人民代表大会常务委员会关于司法鉴定管理问题的决定》节选

《全国人民代表大会常务委员会关于司法鉴定管理问题的决定》（节选）

（2005 年 2 月 28 日第十届全国人民代表大会常务委员会第十四次会议通过　根据 2015 年 4 月 24 日第十二届全国人民代表大会常务委员会第十四次会议《关于修改〈中华人民共和国义务教育法〉等五部法律的决定》修正）

为了加强对鉴定人和鉴定机构的管理，适应司法机关和公民、组织进行诉讼的需要，保障诉讼活动的顺利进行，特作如下决定：

一、司法鉴定是指在诉讼活动中鉴定人运用科学技术或者专门知识对诉讼涉及的专门性问题进行鉴别和判断并提供鉴定意见的活动。

二、国家对从事下列司法鉴定业务的鉴定人和鉴定机构实行登记管理制度：

（一）法医类鉴定；

(二)物证类鉴定;

(三)声像资料鉴定;

(四)根据诉讼需要由国务院司法行政部门商最高人民法院、最高人民检察院确定的其他应当对鉴定人和鉴定机构实行登记管理的鉴定事项。

法律对前款规定事项的鉴定人和鉴定机构的管理另有规定的,从其规定。

六、申请从事司法鉴定业务的个人、法人或者其他组织,由省级人民政府司法行政部门审核,对符合条件的予以登记,编入鉴定人和鉴定机构名册并公告。

省级人民政府司法行政部门应当根据鉴定人或者鉴定机构的增加和撤销登记情况,定期更新所编制的鉴定人和鉴定机构名册并公告。

七、侦查机关根据侦查工作的需要设立的鉴定机构,不得面向社会接受委托从事司法鉴定业务。

人民法院和司法行政部门不得设立鉴定机构。

八、各鉴定机构之间没有隶属关系;鉴定机构接受委托从事司法鉴定业务,不受地域范围的限制。

鉴定人应当在一个鉴定机构中从事司法鉴定业务。

九、在诉讼中,对本决定第二条所规定的鉴定事项发生争议,需要鉴定的,应当委托列入鉴定人名册的鉴定人进行鉴定。鉴定人从事司法鉴定业务,由所在的鉴定机构统一接受委托。

鉴定人和鉴定机构应当在鉴定人和鉴定机构名册注明的业务范围内从事司法鉴定业务。

鉴定人应当依照诉讼法律规定实行回避。

十、司法鉴定实行鉴定人负责制度。鉴定人应当独立进行鉴定,对鉴定意见负责并在鉴定书上签名或者盖章。多人参加的鉴定,对鉴定意见有不同意见的,应当注明。

十一、在诉讼中,当事人对鉴定意见有异议的,经人民法院依法通知,鉴定人应当出庭作证。

十二、鉴定人和鉴定机构从事司法鉴定业务,应当遵守法律、法规,遵守职业道德和职业纪律,尊重科学,遵守技术操作规范。

十五、司法鉴定的收费标准由省、自治区、直辖市人民政府价格主管部门会同同级司法行政部门制定。

十七、本决定下列用语的含义是:

(一)法医类鉴定,包括法医病理鉴定、法医临床鉴定、法医精神病鉴定、法医物证鉴定和法医毒物鉴定。

(二)物证类鉴定,包括文书鉴定、痕迹鉴定和微量鉴定。

(三)声像资料鉴定,包括对录音带、录像带、磁盘、光盘、图片等载体上记录的声音、图像信息的真实性、完整性及其所反映的情况过程进行的鉴定和对记录的声音、图像中的语言、人体、物体作出种类或者同一认定。

二、《司法鉴定机构登记管理办法》节选

《司法鉴定机构登记管理办法》（节选）

第一章　总则

第三条　本办法所称的司法鉴定机构是指从事《全国人民代表大会常务委员会关于司法鉴定管理问题的决定》第二条规定的司法鉴定业务的法人或者其他组织。

司法鉴定机构是司法鉴定人的执业机构，应当具备本办法规定的条件，经省级司法行政机关审核登记，取得《司法鉴定许可证》，在登记的司法鉴定业务范围内，开展司法鉴定活动。

第四条　司法鉴定管理实行行政管理与行业管理相结合的管理制度。

司法行政机关对司法鉴定机构及其司法鉴定活动依法进行指导、管理和监督、检查。司法鉴定行业协会依法进行自律管理。

第八条　司法鉴定机构统一接受委托，组织所属的司法鉴定人开展司法鉴定活动，遵守法律、法规和有关制度，执行统一的司法鉴定实施程序、技术标准和技术操作规范。

第三章　申请登记

第十三条　司法鉴定机构的登记事项包括：名称、住所、法定代表人或者鉴定机构负责人、资金数额、仪器设备和实验室、司法鉴定人、司法鉴定业务范围等。

第十四条法人或者其他组织申请从事司法鉴定业务，应当具备下列条件：

（一）有自己的名称、住所；

（二）有不少于二十万至一百万元人民币的资金；

（三）有明确的司法鉴定业务范围；

（四）有在业务范围内进行司法鉴定必需的仪器、设备；

（五）有在业务范围内进行司法鉴定必需的依法通过计量认证或者实验室认可的检测实验室；

（六）每项司法鉴定业务有三名以上司法鉴定人。

第四章　审核登记

第十九条　法人或者其他组织申请从事司法鉴定业务，有下列情形之一的，司法行政机关不予受理，并出具不予受理决定书：

（一）法定代表人或者鉴定机构负责人受过刑事处罚或者开除公职处分的；

（二）法律、法规规定的其他情形。

第六章　名册编制和公告

第二十八条　凡经司法行政机关审核登记的司法鉴定机构及司法鉴定人，必须统一编入司法鉴定人和司法鉴定机构名册并公告。

第二十九条　省级司法行政机关负责编制本行政区域的司法鉴定人和司法鉴定机构名册，报司法部备案后，在本行政区域内每年公告一次。司法部负责汇总省级司法行政机关编制的司法鉴定人和司法鉴定机构名册，在全国范围内每五年公告一次。

未经司法部批准，其他部门和组织不得以任何名义编制司法鉴定人和司法鉴定机构名册或者类似名册。

三、《司法鉴定人登记管理办法》节选

《司法鉴定人登记管理办法》（节选）

第一章 总则

第三条 本办法所称的司法鉴定人是指运用科学技术或者专门知识对诉讼涉及的专门性问题进行鉴别和判断并提出鉴定意见的人员。

司法鉴定人应当具备本办法规定的条件，经省级司法行政机关审核登记，取得《司法鉴定人执业证》，按照登记的司法鉴定执业类别，从事司法鉴定业务。

司法鉴定人应当在一个司法鉴定机构中执业。

第四条 司法鉴定管理实行行政管理与行业管理相结合的管理制度。

司法行政机关对司法鉴定人及其执业活动进行指导、管理和监督、检查，司法鉴定行业协会依法进行自律管理。

第三章 执业登记

第十一条 司法鉴定人的登记事项包括：姓名、性别、出生年月、学历、专业技术职称或者行业资格、执业类别、执业机构等。

第十二条 个人申请从事司法鉴定业务，应当具备下列条件：

(一)拥护中华人民共和国宪法，遵守法律、法规和社会公德，品行良好的公民；

(二)具有相关的高级专业技术职称；或者具有相关的行业执业资格或者高等院校相关专业本科以上学历，从事相关工作五年以上；

(三)申请从事经验鉴定型或者技能鉴定型司法鉴定业务的，应当具备相关专业工作十年以上经历和较强的专业技能；

(四)所申请从事的司法鉴定业务，行业有特殊规定的，应当符合行业规定；

(五)拟执业机构已经取得或者正在申请《司法鉴定许可证》；

(六)身体健康，能够适应司法鉴定工作需要。

第十三条 有下列情形之一的，不得申请从事司法鉴定业务：

(一)因故意犯罪或者职务过失犯罪受过刑事处罚的；

(二)受过开除公职处分的；

(三)被司法行政机关撤销司法鉴定人登记的；

(四)所在的司法鉴定机构受到停业处罚，处罚期未满的；

(五)无民事行为能力或者限制行为能力的；

(六)法律、法规和规章规定的其他情形。

第十五条 司法鉴定人审核登记程序、期限参照《司法鉴定机构登记管理办法》中司法鉴定机构审核登记的相关规定办理。

第四章　权利和义务

第二十一条　司法鉴定人享有下列权利：

(一)了解、查阅与鉴定事项有关的情况和资料，询问与鉴定事项有关的当事人、证人等；

(二)要求鉴定委托人无偿提供鉴定所需要的鉴材、样本；

(三)进行鉴定所必需的检验、检查和模拟实验；

(四)拒绝接受不合法、不具备鉴定条件或者超出登记的执业类别的鉴定委托；

(五)拒绝解决、回答与鉴定无关的问题；

(六)鉴定意见不一致时，保留不同意见；

(七)接受岗前培训和继续教育；

(八)获得合法报酬；

(九)法律、法规规定的其他权利。

第二十二条　司法鉴定人应当履行下列义务：

(一)受所在司法鉴定机构指派按照规定时限独立完成鉴定工作，并出具鉴定意见；

(二)对鉴定意见负责；

(三)依法回避；

(四)妥善保管送鉴的鉴材、样本和资料；

(五)保守在执业活动中知悉的国家秘密、商业秘密和个人隐私；

(六)依法出庭作证，回答与鉴定有关的询问；

(七)自觉接受司法行政机关的管理和监督、检查；

(八)参加司法鉴定岗前培训和继续教育；

(九)法律、法规规定的其他义务。

四、《司法鉴定程序通则》节选

《司法鉴定程序通则》(节选)

第一章　总则

第二条　司法鉴定是指在诉讼活动中鉴定人运用科学技术或者专门知识对诉讼涉及的专门性问题进行鉴别和判断并提供鉴定意见的活动。司法鉴定程序是指司法鉴定机构和司法鉴定人进行司法鉴定活动的方式、步骤以及相关规则的总称。

第五条　司法鉴定实行鉴定人负责制度。司法鉴定人应当依法独立、客观、公正地进行鉴定，并对自己作出的鉴定意见负责。司法鉴定人不得违反规定会见诉讼当事人及其委托的人。

第六条　司法鉴定机构和司法鉴定人应当保守在执业活动中知悉的国家秘密、商业秘密，不得泄露个人隐私。

第七条　司法鉴定人在执业活动中应当依照有关诉讼法律和本通则规定实行回避。

第九条　司法鉴定机构和司法鉴定人进行司法鉴定活动应当依法接受监督。对于有违反有关法律、法规、规章规定行为的，由司法行政机关依法给予相应的行政处罚；对于有违反司法鉴定行业规范行为的，由司法鉴定协会给予相应的行业处分。

第二章　司法鉴定的委托与受理

第十一条　司法鉴定机构应当统一受理办案机关的司法鉴定委托。

第十二条　委托人委托鉴定的，应当向司法鉴定机构提供真实、完整、充分的鉴定材料，并对鉴定材料的真实性、合法性负责。司法鉴定机构应当核对并记录鉴定材料的名称、种类、数量、性状、保存状况、收到时间等。

诉讼当事人对鉴定材料有异议的，应当向委托人提出。

本通则所称鉴定材料包括生物检材和非生物检材、比对样本材料以及其他与鉴定事项有关的鉴定资料。

第十四条　司法鉴定机构应当对委托鉴定事项、鉴定材料等进行审查。对属于本机构司法鉴定业务范围，鉴定用途合法，提供的鉴定材料能够满足鉴定需要的，应当受理。

对于鉴定材料不完整、不充分，不能满足鉴定需要的，司法鉴定机构可以要求委托人补充；经补充后能够满足鉴定需要的，应当受理。

第十六条　司法鉴定机构决定受理鉴定委托的，应当与委托人签订司法鉴定委托书。司法鉴定委托书应当载明委托人名称、司法鉴定机构名称、委托鉴定事项、是否属于重新鉴定、鉴定用途、与鉴定有关的基本案情、鉴定材料的提供和退回、鉴定风险，以及双方商定的鉴定时限、鉴定费用及收取方式、双方权利义务等其他需要载明的事项。

第三章　司法鉴定的实施

第十八条　司法鉴定机构受理鉴定委托后，应当指定本机构具有该鉴定事项执业资格的司法鉴定人进行鉴定。

委托人有特殊要求的，经双方协商一致，也可以从本机构中选择符合条件的司法鉴定人进行鉴定。

委托人不得要求或者暗示司法鉴定机构、司法鉴定人按其意图或者特定目的提供鉴定意见。

第二十条　司法鉴定人本人或者其近亲属与诉讼当事人、鉴定事项涉及的案件有利害关系，可能影响其独立、客观、公正进行鉴定的，应当回避。

司法鉴定人曾经参加过同一鉴定事项鉴定的，或者曾经作为专家提供过咨询意见的，或者曾被聘请为有专门知识的人参与过同一鉴定事项法庭质证的，应当回避。

第二十三条　司法鉴定人进行鉴定，应当依下列顺序遵守和采用该专业领域的技术标准、技术规范和技术方法：

(一)国家标准；

(二)行业标准和技术规范；

(三)该专业领域多数专家认可的技术方法。

第二十七条　司法鉴定人应当对鉴定过程进行实时记录并签名。记录可以采取笔记、录音、录像、拍照等方式。记录应当载明主要的鉴定方法和过程，检查、检验、检测结果，以及仪器设备使用情况等。记录的内容应当真实、客观、准确、完整、清晰，记录的文本资料、音像资料等应当存入鉴定档案。

第三十条 有下列情形之一的，司法鉴定机构可以根据委托人的要求进行补充鉴定：

(一)原委托鉴定事项有遗漏的；

(二)委托人就原委托鉴定事项提供新的鉴定材料的；

(三)其他需要补充鉴定的情形。

补充鉴定是原委托鉴定的组成部分，应当由原司法鉴定人进行。

第三十一条 有下列情形之一的，司法鉴定机构可以接受办案机关委托进行重新鉴定：

(一)原司法鉴定人不具有从事委托鉴定事项执业资格的；

(二)原司法鉴定机构超出登记的业务范围组织鉴定的；

(三)原司法鉴定人应当回避没有回避的；

(四)办案机关认为需要重新鉴定的；

(五)法律规定的其他情形。

第三十二条 重新鉴定应当委托原司法鉴定机构以外的其他司法鉴定机构进行；因特殊原因，委托人也可以委托原司法鉴定机构进行，但原司法鉴定机构应当指定原司法鉴定人以外的其他符合条件的司法鉴定人进行。

接受重新鉴定委托的司法鉴定机构的资质条件应当不低于原司法鉴定机构，进行重新鉴定的司法鉴定人中应当至少有一名具有相关专业高级专业技术职称。

第四章 司法鉴定意见书的出具

第三十六条 司法鉴定机构和司法鉴定人应当按照统一规定的文本格式制作司法鉴定意见书。

第三十七条 司法鉴定意见书应当由司法鉴定人签名。多人参加的鉴定，对鉴定意见有不同意见的，应当注明。

第三十八条 司法鉴定意见书应当加盖司法鉴定机构的司法鉴定专用章。

第四十条 委托人对鉴定过程、鉴定意见提出询问的，司法鉴定机构和司法鉴定人应当给予解释或者说明。

第四十一条 司法鉴定意见书出具后，发现有下列情形之一的，司法鉴定机构可以进行补正：

(一)图像、谱图、表格不清晰的；

(二)签名、盖章或者编号不符合制作要求的；

(三)文字表达有瑕疵或者错别字，但不影响司法鉴定意见的。

补正应当在原司法鉴定意见书上进行，由至少一名司法鉴定人在补正处签名。必要时，可以出具补正书。

对司法鉴定意见书进行补正，不得改变司法鉴定意见的原意。

第五章 司法鉴定人出庭作证

第四十三条 经人民法院依法通知，司法鉴定人应当出庭作证，回答与鉴定事项有关的问题。

第四十四条　司法鉴定机构接到出庭通知后，应当及时与人民法院确认司法鉴定人出庭的时间、地点、人数、费用、要求等。

第四十五条　司法鉴定机构应当支持司法鉴定人出庭作证，为司法鉴定人依法出庭提供必要条件。

第四十六条　司法鉴定人出庭作证，应当举止文明，遵守法庭纪律。

五、《公安机关鉴定规则》节选

《公安机关鉴定规则》（节选）

第一章　总则

第二条　本规则所称的鉴定，是指为解决案(事)件调查和诉讼活动中某些专门性问题，公安机关鉴定机构的鉴定人运用自然科学和社会科学的理论成果与技术方法，对人身、尸体、生物检材、痕迹、文件、视听资料、电子数据及其他相关物品、物质等进行检验、鉴别、分析、判断，并出具鉴定意见或检验结果的科学实证活动。

第三条　本规则所称的鉴定机构，是指根据《公安机关鉴定机构登记管理办法》，经公安机关登记管理部门核准登记，取得鉴定机构资格证书并开展鉴定工作的机构。

第四条　本规则所称的鉴定人，是指根据《公安机关鉴定人登记管理办法》，经公安机关登记管理部门核准登记，取得鉴定人资格证书并从事鉴定工作的专业技术人员。

第五条　公安机关的鉴定工作，是国家司法鉴定工作的重要组成部分。公安机关鉴定机构及其鉴定人依法出具的鉴定文书，可以在刑事司法和行政执法活动，以及事件、事故、自然灾害等调查处置中应用。

第二章　鉴定人的权利与义务

第八条　鉴定人享有下列权利：

(一)了解与鉴定有关的案(事)件情况，开展与鉴定有关的调查、实验等；

(二)要求委托鉴定单位提供鉴定所需的检材、样本和其他材料；

(三)在鉴定业务范围内表达本人的意见；

(四)与其他鉴定人的鉴定意见不一致时，可以保留意见；

(五)对提供虚假鉴定材料或者不具备鉴定条件的，可以向所在鉴定机构提出拒绝鉴定；

(六)发现违反鉴定程序，检材、样本和其他材料虚假或者鉴定意见错误的，可以向所在鉴定机构申请撤销鉴定意见；

(七)法律、法规规定的其他权利。

第九条　鉴定人应当履行下列义务：

(一)遵守国家有关法律、法规；

(二)遵守职业道德和职业纪律；

(三)遵守鉴定工作原则和鉴定技术规程；

(四)按规定妥善接收、保管、移交与鉴定有关的检材、样本和其他材料；

（五）依法出庭作证；

（六）保守鉴定涉及的国家秘密、商业秘密和个人隐私；

（七）法律、法规规定的其他义务。

第三章 鉴定人的回避

第十条 具有下列情形之一的，鉴定人应当自行提出回避申请；没有自行提出回避申请的，有关公安机关负责人应当责令其回避；当事人及其法定代理人也有权要求其回避：

（一）是本案当事人或者当事人的近亲属的；

（二）本人或者其近亲属与本案有利害关系的；

（三）担任过本案证人、辩护人、诉讼代理人的；

（四）担任过本案侦查人员的；

（五）是重新鉴定事项的原鉴定人的；

（六）担任过本案专家证人，提供过咨询意见的；

（七）其他可能影响公正鉴定的情形。

第四章 鉴定的委托

第十六条 公安机关办案部门对与案（事）件有关需要检验鉴定的人身、尸体、生物检材、痕迹、文件、视听资料、电子数据及其他相关物品、物质等，应当及时委托鉴定。

第二十一条 委托鉴定单位及其送检人向鉴定机构介绍的情况、提供的检材和样本应当客观真实，来源清楚可靠。委托鉴定单位应当保证鉴定材料的真实性、合法性。

对受到污染、可能受到污染或者已经使用过的原始检材、样本，应当作出文字说明。

对具有爆炸性、毒害性、放射性、传染性等危险的检材、样本，应当作出文字说明和明显标识，并在排除危险后送检；因鉴定工作需要不能排除危险的，应当采取相应防护措施。不能排除危险或者无法有效防护，可能危及鉴定人员和机构安全的，不得送检。

第二十二条 委托鉴定单位及其送检人不得暗示或者强迫鉴定机构及其鉴定人作出某种鉴定意见。

第五章 鉴定的受理

第二十四条 鉴定机构可以受理下列委托鉴定：

（一）公安系统内部委托的鉴定；

（二）人民法院、人民检察院、国家安全机关、司法行政机关、军队保卫部门，以及监察、海关、工商、税务、审计、卫生计生等其他行政执法机关委托的鉴定；

（三）金融机构保卫部门委托的鉴定；

（四）其他党委、政府职能部门委托的鉴定。

第二十九条 鉴定机构对检验鉴定可能造成检材、样本损坏或者无法留存的，应当事先征得委托鉴定单位同意，并在鉴定事项确认书中注明。

第六章 鉴定的实施

第三十一条 鉴定工作实行鉴定人负责制度。鉴定人应当独立进行鉴定。

鉴定的实施，应当由两名以上具有本专业鉴定资格的鉴定人负责。

第三十五条 鉴定人应当按照本专业的技术规范和方法实施鉴定，并全面、客观、准确地记录鉴定的过程、方法和结果。

多人参加鉴定，鉴定人有不同意见的，应当注明。

第四十条　对鉴定意见，办案人员应当进行审查。

对经审查作为证据使用的鉴定意见，公安机关应当及时告知犯罪嫌疑人、被害人或者其法定代理人。

第四十一条　犯罪嫌疑人、被害人对鉴定意见有异议提出申请，以及办案部门或者办案人员对鉴定意见有疑义的，公安机关可以将鉴定意见送交其他有专门知识的人员提出意见。必要时，询问鉴定人并制作笔录附卷。

第七章　补充鉴定、重新鉴定

第四十二条　对有关人员提出的补充鉴定申请，经审查，发现有下列情形之一的，经县级以上公安机关负责人批准，应当补充鉴定：

(一)鉴定内容有明显遗漏的；

(二)发现新的有鉴定意义的证物的；

(三)对鉴定证物有新的鉴定要求的；

(四)鉴定意见不完整，委托事项无法确定的；

(五)其他需要补充鉴定的情形。

经审查，不存在上述情形的，经县级以上公安机关负责人批准，作出不准予补充鉴定的决定，并在作出决定后三日以内书面通知申请人。

第四十三条　对有关人员提出的重新鉴定申请，经审查，发现有下列情形之一的，经县级以上公安机关负责人批准，应当重新鉴定：

(一)鉴定程序违法或者违反相关专业技术要求的；

(二)鉴定机构、鉴定人不具备鉴定资质和条件的；

(三)鉴定人故意作出虚假鉴定或者违反回避规定的；

(四)鉴定意见依据明显不足的；

(五)检材虚假或者被损坏的；

(六)其他应当重新鉴定的情形。

重新鉴定，应当另行指派或者聘请鉴定人。

经审查，不存在上述情形的，经县级以上公安机关负责人批准，作出不准予重新鉴定的决定，并在作出决定后三日以内书面通知申请人。

第四十四条　进行重新鉴定，可以另行委托其他鉴定机构进行鉴定。鉴定机构应当从列入鉴定人名册的鉴定人中，选择与原鉴定人专业技术资格或者职称同等以上的鉴定人实施。

第八章　鉴定文书

第四十五条　鉴定文书分为《鉴定书》和《检验报告》两种格式。

客观反映鉴定的由来、鉴定过程，经过检验、论证得出鉴定意见的，出具《鉴定书》。

客观反映鉴定的由来、鉴定过程，经过检验直接得出检验结果的，出具《检验报告》。

鉴定后，鉴定机构应当出具鉴定文书，并由鉴定人及授权签字人在鉴定文书上签名，同时附上鉴定机构和鉴定人的资质证明或者其他证明文件。

第五十条 委托鉴定单位有要求的,鉴定机构应当向其解释本鉴定意见的具体含义和使用注意事项。

第九章 鉴定资料和检材样本的管理

第五十一条 鉴定机构和委托鉴定单位应当在职责范围内妥善管理鉴定资料和相应检材、样本。

第五十二条 具有下列情形之一的,鉴定完成后应当永久保存鉴定资料:

(一)涉及国家秘密没有解密的;

(二)未破获的刑事案件;

(三)可能或者实际被判处有期徒刑十年以上、无期徒刑、死刑的案件;

(四)特别重大的火灾、交通事故、责任事故和自然灾害;

(五)办案部门或者鉴定机构认为有永久保存必要的;

(六)法律、法规规定的其他情形。

其他案(事)件的鉴定资料保存三十年。

第十章 出庭作证

第五十三条 公诉人、当事人或者辩护人、诉讼代理人对鉴定意见有异议,经人民法院依法通知的,公安机关鉴定人应当出庭作证。

第五十四条 鉴定人出庭作证时,应当依法接受法庭质证,回答与鉴定有关的询问。

第五十五条 公安机关应当对鉴定人出庭作证予以保障,并保证鉴定人的安全。

参 考 文 献

保罗·戈斯汀, 2008. 著作权之道: 从谷登堡到数学点播机[M]. 金海军, 译. 北京: 北京大学出版社.

北京市第二中级人民法院知识产权审判庭, 北京知识产权法研究会, 2014. 知识产权案件裁判理念与疑难案例解析[M]. 北京: 法律出版社.

卞建林, 谭世贵, 2014. 证据法学[M]. 3版. 北京: 中国政法大学出版社.

陈磊, 谢宗晓, 2018. 信息安全管理体系(ISMS)相关标准介绍[J]. 中国质量与标准导报, 252(10): 18-20.

杜志淳, 霍宪丹, 2002. 中国司法鉴定制度研究[M]. 北京: 中国法制出版社.

甘清云, 2018. 《信息安全风险评估规范》修订思考[J]. 网络安全技术与应用, 216(12): 14,28.

高亚楠, 刘丰, 陈永刚, 2018. 信息安全风险管理标准体系研究[J]. 信息安全研究, 4(10): 62-67.

顾穗珊, 刘珊珊, 2019. 信息安全管理体系构建与对策研究[J]. 情报科学, 37(8): 108-113, 151.

国家密码管理局政策法规室, 2019. 《中华人民共和国密码法》解读[J]. 网信军民融合, 31(12): 50-52.

何家弘, 2008. 从应然到实然——证据法学探究[M]. 北京: 中国法制出版社.

吕尧, 李东格, 2019. 《密码法》解读及影响分析[J]. 网络空间安全, 10(11): 74-78.

屈崇丽, 2003. 中国程序法[M]. 北京: 北京工业大学出版社.

全国人大财经委员会电子商务法起草组, 2018. 中华人民共和国电子商务法条文释义[M]. 北京: 法律出版社.

全国信息安全标准化技术委员会秘书处, 2019. 信息安全国家标准目录(2018版). https://www.tc260.org.cn/file/xxaqgjbzml1.pdf.

陶凯元, 2017. 知识产权审判指导2016年第2辑(总第28辑)[M]. 北京: 人民法院出版社.

王永全, 廖根为, 2018, 网络空间安全法律法规解读[M]. 西安: 西安电子科技大学出版社.

王永全, 廖根为, 涂敏, 2019. 信息犯罪与计算机取证实训教程[M]. 北京: 人民邮电出版社.

王永全, 唐玲, 刘三满, 2018. 信息犯罪与计算机取证[M]. 北京: 人民邮电出版社.

王泽鉴, 2001. 侵权行为法 第一册 基本理论 一般侵权行为[M]. 北京: 中国政法大学出版社.

王泽鉴, 2009. 侵权行为[M]. 北京: 北京大学出版社.

王政坤, 2018. 中国网络安全管理体制回顾与展望[J]. 网络空间安全, 9(12): 45-49.

魏红芹, 2016. 计算机信息安全管理[M]. 北京: 中国纺织出版社.

肖文莉, 2017. 信息安全标准化战略实施对国家发展的促进作用[C]//中国标准化协会. 第十四届中国标准化论坛论文集.

谢宗晓, 刘立科, 2016. 信息安全风险评估/管理相关国家标准介绍[J]. 中国标准导报, 223(5): 30-33.

徐羽佳, 胡影, 上官晓丽, 2019. 我国数据安全标准化情况综述[J]. 中国信息安全, (12): 56-59.

许玉娜, 王姣, 2016. 国家信息安全标准化概述[J]. 信息安全研究, 8(5): 32-36.

杨立新, 李颖, 俞里江, 等, 2012. 中国媒体侵权责任案件法律适用指引——中国侵权责任法重述之媒体侵权责任[J]. 河南财经政法大学学报, (1): 21-37.

叶必丰, 2015. 行政法与行政诉讼法 [M]. 4版. 北京: 中国人民大学出版社.

詹毅, 2009. 网络游戏中物品的民法属性[J]. 知识产权法研究, 7(1): 241-270.

占善刚, 刘显鹏, 2013. 证据法论 [M]. 2 版. 武汉: 武汉大学出版社.

张雪锋, 2014. 信息安全概论[M]. 北京: 人民邮电出版社.

赵旭东, 2018. 中华人民共和国电子商务法释义与原理[M]. 北京: 中国法制出版社.